자동차 전기 전자 공학

박태화 · 송용식 · 이완재 공저

머리말

과학기술의 눈부신 발전에 따라 인류 문명의 결정체 중의 하나인 자동차의 첨단화가 가속화되고 있다. 특히 컴퓨터 기술과 전기·전자공학의 발달로 최근의 자동차는 전자제어화되고 있는 추세로서, 과거와는 달리 현재와 미래의 기술자는 자동차 시스템의 이론을 이해하고 이러한 시스템이 어떻게 상호 작용하는가에 대하여 유연하게 대응할 수 있어야 한다. 이러한 관점에서 저자는 오랜 경험을 토대로 자동차를 전공하는 학생들과 정비기술자 그리고 자동차에 관심이 있는 많은 일반인들에게 나날이 달라지고 있는 자동차 전기·전자공학 분야의 신기술 정보를 제공하여 앞으로의 기술 진보에 유연하게 대응할 수 있도록 다음 몇 가지 사항에 유의하여 이 책을 집필하였다.

첫째, 새로운 기술 정보에 바탕을 두어 다양한 자동차 분야의 기술 흐름을 원론적으로 이해할 수 있도록 하였다. 방대한 자동차 시스템을 세분하여 각 시스템의 상호작용에 중점을 두어 체계적으로 분석, 종합하여 자동차 전기·전자 분야의 기본 지식을 유기적으로 함양할 수 있도록 하였다.

둘째, 현재의 기술흐름과 앞으로의 기술 진보를 예측할 수 있도록 배려하였다. 각 시스템의 수명주기에 초점을 맞추어 기본 디자인, 구조 및 작동 원리, 정비사항 등 필수적인 주제에 지면을 배려함은 물론, 현재 연구되고 있는 신기술 관련 사항도 적절히 소개하여 미래의 자동차 전기·전자 분야의 기술 흐름에 효율적으로 대처할 수 있도록 하였다.

셋째, 신교육에서 지향하는 이론 학습과 실험·실습의 조화 교육을 지향하였다. 보다 세부 전개되어야 할 주제에 많은 지면과 삽화를 제공하고, 학습자의 창의성을 고양할 수 있도록 사색의 공간을 제공하여 자동차 전기·전자 분야의 신기술 흐름이 학습자의 인지체계에 자연스럽게 축적될 수 있도록 하였다.

독자 여러분이 이러한 의도를 충분히 이해하여 이 교재에서 제시하는 길을 따라 지속적으로 관심을 기울일 때 자동차 신기술에 대한 폭넓은 이해와 앞으로의 기술 진보에 능동적으로 대처할 수 있을 것으로 판단된다. 보다 더 충실한 교재가 될 수 있도록 지속적인 수정, 보완을 약속드리며, 이 교재의 출판을 위해 애써주신 기한재 여러분에게 사의를 표하며, 독자 여러분의 힘찬 정진과 건투를 빈다.

제1장 자동차 전기 · 전자제어/7

제2장 전기 · 전자의 일반적 사항/11

제3장 반도체(Semi Conductor)/69

제4장 축전지(Battery)/115

제5장 기동장치(Starting System)/155

제12장 에어백(Air Bag)/261

제13장 난방 및 냉방장치/273

제14장 바디 콘트롤 모듈(BCM) 및 IMS/323

제15장 다중통신장치(Multi Information System)/343

제1장 자동차 전기 · 전자제어

자동차 운전자의 편리성을 만족시키고, 높은 성능으로 개선하기 위하여 기계 제어방식에서 전자제어를 접목시켜 장치를 구성한 것을 카 일렉트로닉스(Car Electronics)라 한다. 마이크로컴퓨터로 대표되는 반도체의 성능이 향상되어, 카 일렉트로닉스에서 요구되는 "정밀도", "높은 신뢰성", "낮은 생산 원가", "소형화"를 만족하는 부품들이 실용화되고 있다.

최근의 자동차에서 대표적으로 사용되고 있는 카 일렉트로닉스는 가솔린기관 전자제어, 디젤기관 전자제어, 동력 전달장치 전자제어, 섀시 전자제어, 보디 전자제어 및 정보통신 등이 있으며 기관- 직접 연소실에 분사, 공기와 혼합시켜 초희박 연소를 실현함으로써 연비와 출력을 동시에 향상시켜 연료 소비율 감소 및 환경에 대응하기 위한 GDI(Gasoline Direct Injection), LPI(Liquid Petroleum Injection)가 사용되고 있다.

변속기의 전자제어는 자동변속기와 수동변속기(Manual Transmisson)를 기반으로 수동변속기의 장점과 자동변속기의 장점을 집어넣은 DCT(Dual Clutch Transmission)를 상용화하고 있고. 무단 변속기(CVT)와 4WD(4Wheel Drive) 등도 전자제어로 동력성능이 향상된 장치가 사용되고 있다.

또한 자동차의 기본기능인 주행, 조향, 정지 등의 동작을 전자 제어하여 응답성, 조향 안전성, 쾌적성, 주행안전성 등을 개선하는 장치를 섀시 전자제어라 한다. 섀시 전자제어에는 현가장치 제어, 조향장치 제어, ESC(Electronic Stability Control, 차체자세 제어장치. ABS, 듀, TCS, 자동감속제어, 요 모멘트 제어등 포함)) 제어, 4WS(4Wheel Steering) 제어 등이 있다.

조향장치 제어는 동력조향 장치의 조향력을 전자제어하는 것으로, 저속주행에서는 조향력을 가볍게 하고, 고속 주행에서는 무겁게 하여 조향 안전성을 확보하고, 기호에 따른 조향특성을 선택하도록 하는 EPS(Electric Power Steering), MDPS(Moter Driven Power Steering)가 이용되며, 보디 전자제어는 자동차의 쾌적성, 편리성, 안전성의 향상이나 차량의 상품성을 높이기 위한 것이며, 전자동 에어컨, 디지털 계기판, 와이퍼 제어, 라이트 제어, 후방 장해물 검출 장치, 도난방지, 다중 통신, 도어로크(door lock), 파워 윈도(power window), 파워 시트(power seat), 시트벨트(seat belt), 에어백(air bag) 등을 말한다.

정보통신은 자동차의 외부와 통신을 하여 얻은 데이터 등에 의해 운전자나 승객에게 여러 가지의 정보를 제공하기 위한 것이며, 다중 정보(Multi information), 네비게이션(Navigation), 그리고 자동차 전화 등을 총괄하여 정보통신이라 한다.

다중 정보는 지도 정보, 정비 정보, TV 방송, 후방 감시 카메라 정보 등을 운전자 또는 승객의 선택에 의해 표시하는 장치이다. 표시 장치에는 CRT(Cathode Ray Tube), 컬러 LCD(Liquid Crystal Display) 등이 사용된다.

1.1 자동차 전기 · 전자 장치의 구성

자동차에서 사용되는 전기 · 전자 장치는 다음과 같이 구성되어 있다.

1. 축전지(Battery)

축전지는 화학적 에너지를 이용하여 전기적 에너지를 발생하는 기구이다. 그 기능은 기관을 시동할 때 전원으로 작동하며, 발전기의 고장으로 인한 전원 공급이 차단되었을 때 전류를 공급하며, 또한 발전기와 전장부품 부하와의 사이에 불평형이 발생하였을 경우에도 도와주는 기능을 한다.

2. 기동장치(Starting System)

자동차에서 사용하는 내연기관은 자기기동(self starting)을 할 수 없기 때문에 외부의 힘으로 구동시키는데 이 장치를 기동장치라 한다. 기동장치의 구성요소는 축전지를 비롯하여 점화 스위치(IG switch), 기동전동기, 배선 등이다.

3. 점화장치(Ignition System)

점화장치는 가솔린, CNG, LPG 기관에서만 사용되며, 낮은 전압의 직류 전원을 이용하여 높은 전압(25,000～60,000V 정도)으로 유도하는 장치이며, 정확한 시기에 강한 불꽃을 일으켜 연소실 내에 압축된 혼합가스를 점화 · 폭발시키는 일을 한다.

점화장치의 구성요소는 점화스위치, 점화코일, 파워트랜지스터, 배전기, 고압케이블, 점화플러그 등이며, 예전에는 배전기에 단속기 접점을 설치하여 1차 전류의 단속작용을 하였으나 최근에는 파워트랜지스터를 이용하는 고강력 점화방식(HEI)이나 전자 배전 점화방식(DLI)을 사용하고 있다.

4. 충전장치(Charging System)

충전장치는 기관을 시동할 때 소모된 축전지를 충전하며, 운행 중 여러 가지 전장부품에 전력을 공급하는 것이다. 충전장치의 구성요소는 발전기와 전압 조정기 및 충전 경고등으로 되어 있다.

5. 등화장치(Light System)

등화장치는 야간에 자동차를 안전하게 주행하는데 필요한 등화장치와 신호용 등화장치로 구성되어 있다. 주행용 등화장치에는 전조등, 미등, 차폭등, 번호등, 후퇴등 등이 있으며, 신호용 등화 장치에는 방향 지시등과 제동등 등이 있다.

6. 계기장치

계기장치는 자동차의 운행에 필요한 자동차의 상태를 운전자에게 제공하는 것이며, 운전석 앞쪽 또는 I/P중앙의 계기판에 종합적으로 설치되어 있다. 계기장치는 지침의 움직임으로 지시하는 지침 방식과 작동이 비정상일 때 경고등이 점등되어 경고하는 경고등 방식이 있다.

7. 안전 및 부속장치

[1] 안전장치

안전장치는 자동차가 주행할 때 필요한 장치이며, 자동차 안전기준에 적합하여야 한다. 안전장치에는 윈드 실드 와이퍼, 윈드 와셔, 경음기, 방향 지시등, 제동등, 번호등, 미등 등이 있다.

[2] 부속장치

부속장치는 운전자와 승객이 쾌적하게 느낄 수 있도록 하기 위한 것이다. 그 종류에는 히터, 에어컨, 라디오, 스테레오, 네비게이션 등이 있다.

제2장 전기 · 전자의 일반적 사항

2.1 전기 · 전자의 역사와 정체

1. 전기의 역사

인류가 전기(電氣, electricity)를 알게 된 것은 BC 600년 경 그리스의 학자 탈레스(Thales)가 비단으로 문지른 호박(琥珀, amber)이 털(毛)과 같은 가벼운 물체를 흡인하는 현상을 발견하면서부터이다. 16세기경 영국의 물리학자 길버트(William Gillbert)는 호박뿐만 아니라 유리(glass), 황(sulfur), 레진(resin) 등도 호박과 같은 작동함을 발견하였다. 길버트는 호박의 라틴어 "elek-tron"을 사용하여 이것으로부터 전기(electricity), 전자(electron)와 같은 용어가 만들어졌다.

전기(electricity)라는 용어는 16세기 말 영국의 물리학자 토마스(Thomas Brown)에 의해 처음으로 사용되었다. 1672년 독일의 게릭(Otto von Guerick)은 마찰전기를 일으키는 장치를 발명하였으며, 이것을 이용하여 전기불꽃을 얻는데 성공하였다. 1700년대 미국의 프랭클린(Benjamin Franklin)은 "전기는 모든 물질에 존재하며 물질을 서로 마찰하면 이동할 수 있음"을 알았다. 또 연의 실험을 통해 번개에는 전기가 있으며, 2종류의 전기에 대해 양전기(positive electron)와 음전기(negative electron)라는 용어를 처음 사용하였다.

1785년 프랑스의 물리학자 쿨롱(Charles Augustin de Coulomb)은 대전된 물체 사이에 작용하는 전기력인 "인력과 반발력에 관한 법칙"을 제안하였다. 1819년 덴마크의 과학자 에르스테드(Hans Christian Oersted)는 전기가 자기(磁氣)를 일으킨다는 사실을 발견하여 전기-자기학의 비약적인 발전을 가져왔으며, 그 후 영국의 페러데이(Michael Faraday)는 전기와 자기를 더욱더 연구하여 1831년에 자기가 전기를 발생시킨다는 "전자유도작용"을 발견하였으며 이 법칙은 현재의 발전기나 변압기의 기본원리로 사용되고 있다.

2. 전기의 정체

전기란 마찰된 물체가 다른 물체를 흡수하고 있을 때 흡수하는 힘의 원천을 말한다. 모든 물질은 분자로 이루어져 있으며, 분자는 또 원자의 집합체로 이루어진다. 전자론에 의하면 원자는 다시 양(+)전기를 띤 원자핵과 음(-)전기를 띤 전자로 이루어져 있다. 그러나 일반적인 물질은 원자핵을 가진 양전기와 전자를 가진 음전기의 양(量)이 같기 때문에 상쇄(相殺)되어 전기의 성질을 나타내지 않고 중성상태가 된다. 이와 같이 원자는 중성이지만 원자 내의 전자와 원자핵의 결합이 파괴되면 전기적 성질을 띠게 된다. 예를 들어 중성성질에서 전자가 궤도를 이탈하여 튀어 나가면 물질은 양전기를 가진 원자핵이 많아짐으로 (+)전기를 띠고 반대로 전자가 궤도 내로 유입되면 전자가 많아지기 때문에 음전기를 얻어 (-)의 전기를 띠게 된다. 원자를 형성하고 있는 전자 중에서 가장 바깥쪽 궤도를 돌고 있는 전자는 원자핵에서 가장 멀리 있기 때문에 핵에 의한 구속력이 약하므로 궤도에서 이탈하기 쉬워 점차로 다른 궤도로 이탈하여 이동할 수 있다. 이와 같은 전자를 자유전자라 하며 전기에 있어서 여러 가지 현상은 이 자유전자가 외부로부터의 자극 또는 충격으로 인하여 이동하기 때문에 나타나는 것이다.

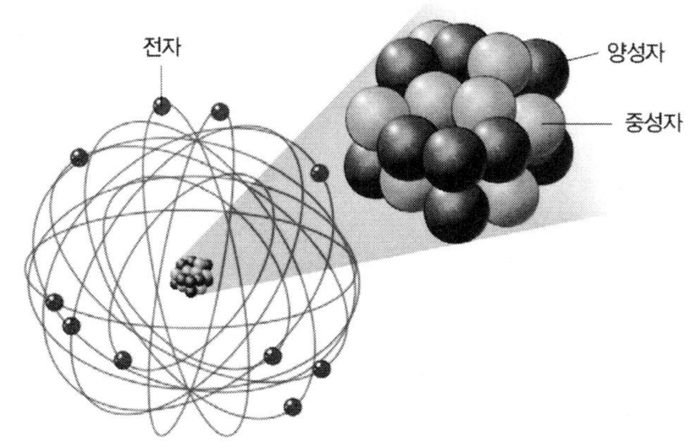

그림 2-1 원자의 구조

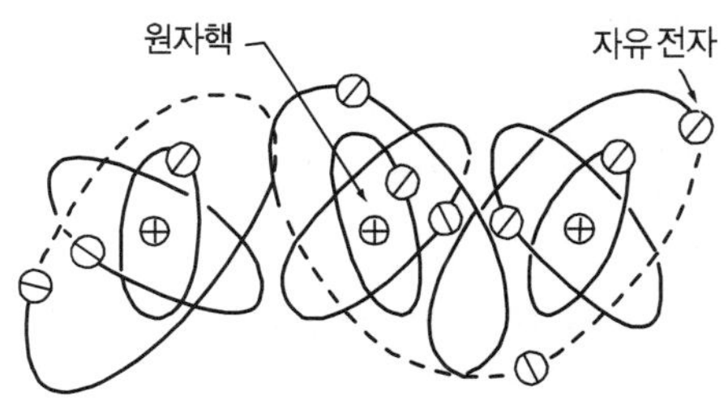

그림 2-2 자유전자의 이동

3. 정전기

정전기는 마찰전기와 대전물체에 정지되어 있는 전기이며, 이동하여도 속도가 느리고 자기작용 또는 줄(Joul)열의 현상이 발생되지 않는다. 정전기는 (+) 전기와 (-) 전기가 있으며 (+) 전기와 (-)전기 사이에는 쿨롱의 법칙(Coulomb' law)에 따른 흡인력과 반발력이 작용한다.

참고

- 쿨롱의 법칙 : 두 대전물체 사이에 작용하는 힘은 대전물체가 가지고 있는 전하량의 곱에 비례하고 두 대전물체 사이 거리의 2승에 반비례한다.
- 1쿨롱 : 진공 중에서 동일한 양의 전하를 가지고 있는 두 대전 물체가 1m 만큼 떨어져 있고 작용하는 힘이 9×10^9(N)일 때 그 대전물체가 지니고 있는 전기량을 말하며 기호는 C로 표시한다.

[1] 마찰전기

서로 다른 물체로 마찰시켰을 때 물체 상호간에는 마찰전기가 발생한다. 즉, 건조한 유리막대를 비단으로 마찰시키면 비단은 종이 조각과 같은 가벼운 물체를 끌어당긴다.

이것은 마찰로 인하여 온도가 상승하고 자유전자가 유리막대에서 비단으로 이동하였기 때문에 유리막대에는 새로운 전자가 필요하며 이러한 것이 종이 조각의 전자를 끌어당기는 힘으로 작용한다.

이러한 현상을 정전기가 발생하였다고 하며 모든 물체는 마찰을 시켰을 때 정전기가 발생한다.

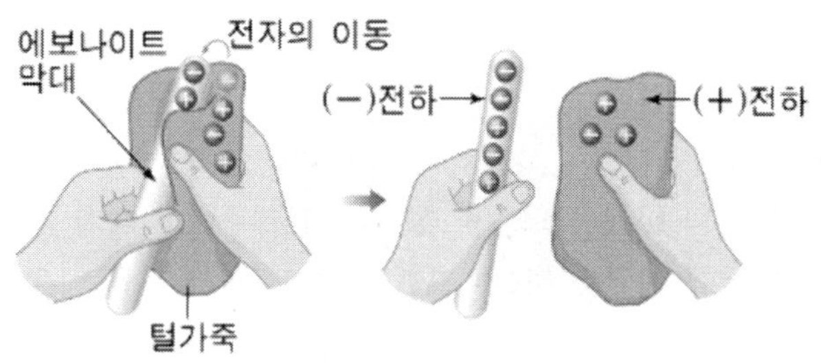

그림 2-3 마찰에 의한 전기발생

[2] 정전유도

전기적으로 중성인 도체에 (-)대전물체를 가까이하면 도체 내의 자유전자는 대전물체의 (-)전하에 반발하여 대전물체에서 먼 쪽에 모이고 대전물체에 가까운 쪽에 (+)전하를 지니게 된다.

이와 같이 대전물체를 가까이하였을 때 대전물체의 가까운 쪽에 대전물체와 다른 전하를 먼 쪽에 같은 전하를 발생케 하는 현상을 정전유도라 한다.

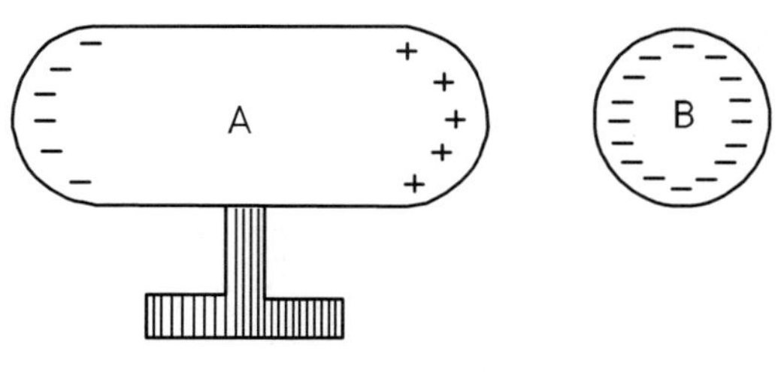

그림 2-4 도체의 정전유도

[3] 축전기(Condenser)

축전기는 절연체를 사이에 두고 2장의 편평한 금속판 A · B를 매우 가까운 거리에서 마주보도록 한 후 각각에 전원의 (+), (-)를 연결하고 전압을 가하면 2장의 금속판으로 전원에서 (+), (-)의 전하가 이동하여 A판의 (+)전하와 B판의 (-)전하가 서로 잡아당기기 때문에 전기를 저장해 둘 수 있다.

이와 같이 전압을 가하면 전하가 저장되는 기구를 말한다.

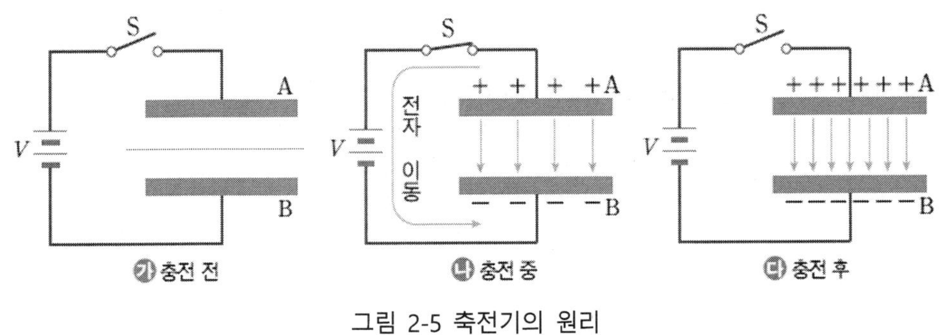

그림 2-5 축전기의 원리

(1) 축전기의 정전용량

축전기에 저장되는 전기량(전하의 양) Q는 가해지는 전압 E에 비례하고 이들을 관계를 공식으로 나타내면 $Q = C{\cdot}E$가 된다. 여기서 C는 비례상수이다. 즉, 2장의 금속판에 단위 전압을 가했을 때, 저장되는 전하의 크기로 능력을 나타내는데 이것을 정전용량이라 하며 정전용량은 다음과 같은 조건에 따라 증감된다.

① 가해지는 전압에 비례한다.
② 상대하는 금속판의 면적에 비례한다.
③ 금속판 사이의 절연체 절연도에 비례한다.
④ 금속판의 사이의 거리에 반비례한다.

(2) 축전기의 정전용량의 단위

정전용량의 단위는 패럿(farad; 기호 F)을 사용하며 1F은 1V의 전압을 가하였을 때 1쿨롱의 전기가 저장되는 용량을 말한다. 패럿의 단위는 실용상 너무 크기 때문에 그 100만 분의 1의 단위를 사용하며 이것을 마이크로 패럿(μF)이라 부른다. 또 이것의 100만 분의 1의 작은 단위를 마이크로 마이크로 패럿(μμF) 또는 피코패럿(pF)이라 한다.

(3) 축전기의 특성

축전기가 설치된 회로에 직류(DC)전압이 흐르면 축전기에는 짧은 시간 동안 충전이 되며, 충전이 완료되면 전류는 차단된다.

이때 축전기의 저항 값은 무한대(∞)에 가깝다. 충전할 때 전원은 축전기의 한쪽 금속판으로부터 전자를 흡인하여 반대쪽 금속판으로 보낸다.

즉, 2장의 금속판 중 하나는 전자 과잉상태가 되며, 반대쪽 금속판은 전자 부족상태가 되어 2장의 금속판 사이에 전압이 저장된다.

이 상태에서 전원을 제거하더라도 2장의 금속판에는 전압이 그대로 유지된다. 다음에 회로를 단락회로로 하면 축전기에 저장되어 있던 전하는 방전된다. 그리고 축전기 2장의 금속판에 가하는 전압을 점차 증가시켜 일정 수준이상이 되면 절연체가 손상되고 축전기는 통전 상태가 된다. 이것을 절연파괴라 부른다.

(4) 축전기의 종류

축전기는 2장의 금속판 사이에 들어가는 절연체의 종류에 따라 종이 축전기, 운모 축전기, 세라믹 축전기, 전해 축전기 등이 있으며 용량의 가변성 여부에 따라 고정형과 가변형으로 분류되며 자동차에서는 주로 고정형을 사용한다.

① 종이 축전기

종이 축전기는 얇은 2장의 은박지를 2~3장의 종이 절연체를 사이에 두고 둥글게 감은 후 케이스 안에 넣고 은박지의 한쪽은 케이스에 접지시키고, 다른 한쪽은 전선으로 연결하여 케이스 밖으로 빼내어 리드 선으로 사용한다.

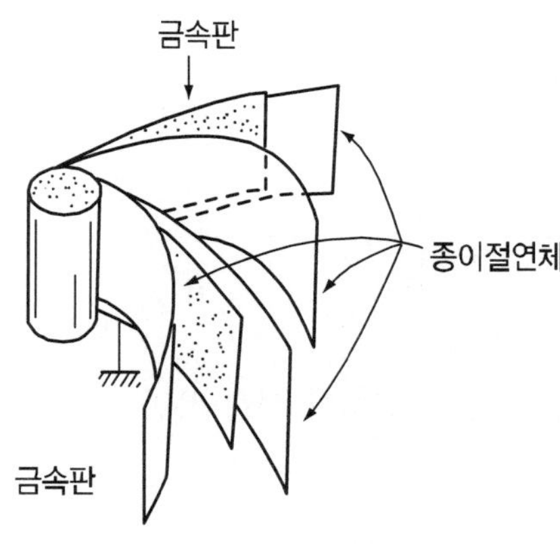

그림 2-6 종이 축전기의 구조

② 운모 축전기

운모 축전기는 얇은 알루미늄 판의 양쪽 면에 얇은 운모판을 녹여 붙인 것이며 자체 단락 제거 효과가 있다.

③ 세라믹 축전기

세라믹 축전기는 세라믹(ceramic)을 절연체로 사용한 것이며, 이산화티탄이나 규산염을 사용하여 매우 높은 절연도를 얻을 수 있다.

④ 전해 축전기

전해 축전기는 양극판으로는 알루미늄 박지를, 음극판으로는 전해액을 바른 종이를 사용한다. 절연층으로는 양극판 위에 매우 얇은 산화 알루미늄을 사용한다. 이 축전기는 각 단자에 (+)극, (-)극이 지정되어 있어 사용할 때 반드시 극성을 맞추어야 한다.

⑤ MP(Metalized) 축전기

MP 축전기는 은박지 대신에 절연지에 직접 금속분말을 부착한 것을 사용한다. 금속 층이 종이 축전기보다 매우 얇기 때문에 축전기의 용량을 증대시킬 수 있으며, 소형으로 제작할 수 있다. 특징은 내열성과 내압성은 부족하지만 부분적으로 파손되어도 자기 회복기능이 있어 지속적으로 사용할 수 있다.

(5) 축전기 연결

축전기의 연결에는 직렬 연결방법과 병렬 연결방법이 있다.

① 축전기의 직렬 연결방법

여러 개의 축전기를 직렬로 연결하면 각각의 정전용량과는 관계없이 일정한 양의 전하가 축전기에 충전되며 정전용량을 감소시키는 결과로 된다. 그리고 합성용량은 각각의 정전용량 중 가장 작은 것보다도 더 작다. 축전기를 직렬로 연결하면 전체 전압의 일부만 인가되므로 전압에 대한 내구 성능이 향상된다. 축전기를 직렬로 연결할 때 전압은 다음과 같다.

$$E = E_1 + E_2 + E_3 + \ldots\ldots + E_N$$

$$\frac{Q}{C} = \frac{Q}{C_1} + \frac{Q}{C_2} + \frac{Q}{C_3} + \ldots\ldots + \frac{Q}{C_N}$$

여기서 각 항을 Q로 나누면

$\frac{1}{C} = \frac{1}{C_1} + \frac{1}{C_2} + \frac{1}{C_3} + \ldots\ldots + \frac{1}{C_N}$이 된다.

또 몇 개의 축전기를 직렬로 연결한 경우 전체의 정전 용량은 1개일 때보다 작아진다. 이것을 공식으로 표시하면 다음과 같다.

$$C = \frac{1}{\frac{1}{C_1} + \frac{1}{C_2} + \frac{1}{C_3}} [F]$$

이것은 (+)전하와 (-)전하가 상쇄된다고 생각하면 된다. 따라서 두 금속판 사이에 거리는 멀어지는 효과가 발생하며, 이것을 그림으로 표시하면 그림 2-7과 같다. 정전용량이 같은 2개의 축전기를 직렬로 연결하면 전체 정전용량은 1/2이 되고, 3개를 연결하면 전체 정전용량은 1/3, 4개를 연결하면 1/4이 된다.

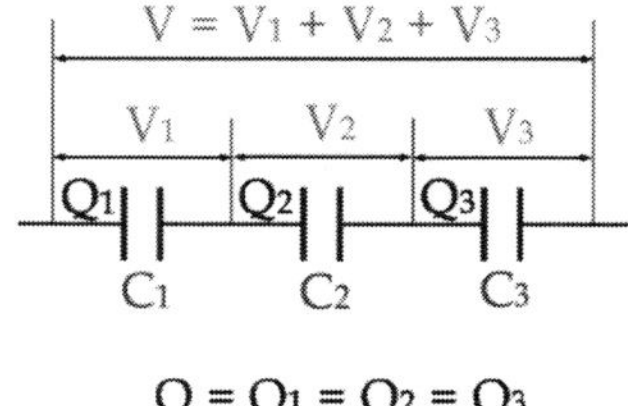

그림 2-7 축전기의 직렬연결

② 축전기의 병렬연결

여러 개의 축전기를 병렬로 연결하면 전극 판의 면적을 증가시키는 것과 같은 효과를 얻을 수 있다. 따라서 합성 정전용량 C는 각각의 축전기 용량의 합과 같아진다. 병렬연결에서의 전압은 다음과 같다.

$$E = E_1 \times E_2 \times E_3 \times \ldots\ldots \times E_N$$

그리고, 합성 정전용량은 각각의 전하의 합과 같다.

$$Q = Q_1 + Q_2 + Q_3 + \ldots\ldots + Q_n$$

$$Q = C_1E + C_2E + C_3E + \ldots\ldots + C_NE$$

여기서 양변을 E로 나누면

$C = C_1 + C_2 + C_3 + \ldots\ldots + C_N$이 된다.

만약 3개의 축전기를 병렬로 연결하였을 때 전체 정전용량은 1개의 용량보다 3배가 커진다. 이것을 공식으로 나타내면 $C = C_1 + C_2 + C_3 + \ldots\ldots + C_N$[F]로 된다. 이것은 두 금속판의 면적이 증가한 것으로 생각하면 된다.

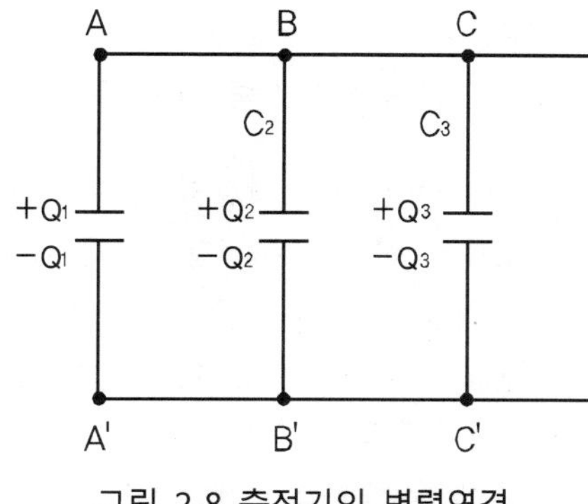

그림 2-8 축전기의 병렬연결

(6) 축전기의 충전 및 방전

축전기는 직류(DC)는 통하지 않으나 교류(AC)는 통한다. 이것은 그림 2-9에 나타낸 바와 같이 축전기에 전지를 접속하면 축전기에 충전이 시작되어 축전기의 양쪽 전극의 전압이 전지의 전압과 같아질 때까지 전류가 흘러 들어가며, 충전이 완료되면 전류가 흐르지 않는다.

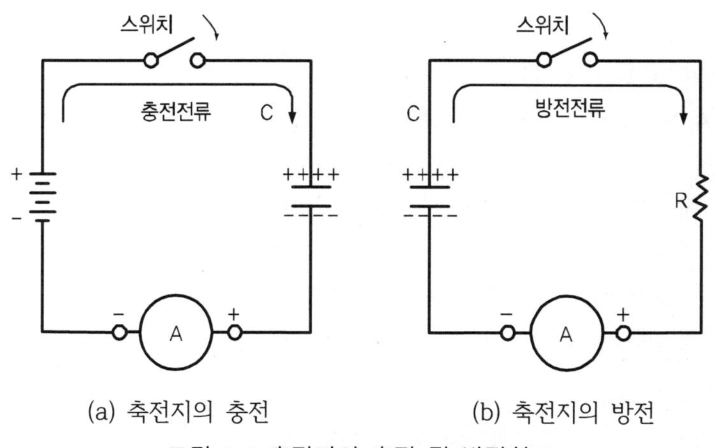

(a) 축전지의 충전 (b) 축전지의 방전

그림 2-9 축전기의 충전 및 방전회로

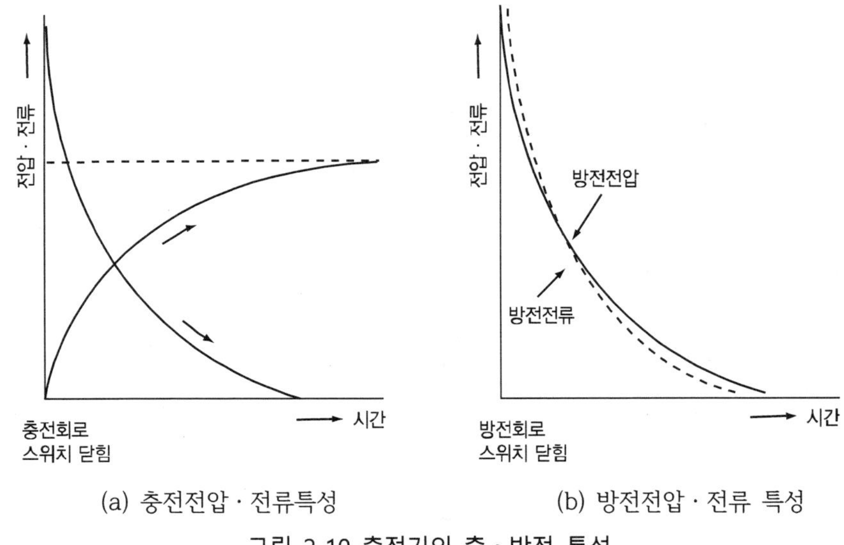

(a) 충전전압 · 전류특성 (b) 방전전압 · 전류 특성

그림 2-10 축전기의 충 • 방전 특성

축전기가 충전된 상태에서 전지를 분리하면 전하가 저장된 상태로 있으나 축전기를 접속하면 방전된다. 이와 같이 충전 및 방전은 순간적으로 이루어지며 교류에서는 (+), (-)가 차례로 흐르기 때문에 충전 및 방전이 반복되는 것과 같은 상태를 이루어 전류가 흐른다. 그러나 축전기의 용량이 적을 경우에는 적은 전류가 흘러도 곧바로 전압이 상승하여 그 이상 전류가 흐르지 않게 된다. 따라서 용량이 적은 축전기에서는 전류가 흐르지 못하게 되어 축전기에도 교류에 대하여 일종의 저항 성질을 나타낸다. 이 축전기의 교류적 저항을 용량 리액턴스(capacitive reactance)라 한다.

4. 동전기(動電氣)

동전기는 전하가 물질 속을 이동하는 전기로 시간의 경과에 대하여 전압 및 전류가 일정 값을 유지하고 흐름방향도 일정한 직류(DC)전기와 시간의 경과에 대하여 전압 및 전류가 시시각각으로 변화하고 흐름의 방향도 정방향과 역방향으로 차례로 반복되어 흐르는 교류(AC)전기가 있다.

[1] 전류

도체 내에는 자유롭게 이동할 수 있는 자유전자가 많다. 이 자유전자가 전기를 전도하는 역할을 한다. 그러나 도체 자체만으로는 자유전자를 이동시킬 수 없다. 그림 2-11에 나타낸 바와 같이 (+)전하를 지닌 B와 (-)전하를 가진 A사이를 도체로 연결하면 자유전자가 B의 (+)전하에 흡인되어 B쪽으로 이동하여 (+)전하와 결합되어 중성이 된다. 이로 인하여 도체 속의 자유전자가 모두 B쪽으로 이동하여 도체 A에는 자유전자가 부족하게 된다. 이와 같이 도체 속의 전자이동은 B의 (+)전하가 모두 중성이 될 때까지 계속되며, 이 전자의 이동을 전류라 한다.

전자의 이동은 (-)전하로 대전한 물체와 (+)전하로 대전한 물체를 도체로 연결하면 이동한다. 즉, (+)전하 대전물체의 부족한 전자를 보충하기 위해 (-)전하 대전물체의 과잉전자가 이동하여 전기가 흐른다. 전자는 (-)쪽에서 (+)쪽으로 이동하고 있으나 우리는 전류의 흐름을 (+)쪽에서 (-)쪽으로 흐른다고 약속하고 있다. 이것은 전자가 발견되지 못한 때의 과학자들이 정한 방향이다. 즉 양전하와 음전하를 연결하면 전자의 흐름이 생기는데 이것을 전류가 흐른다고 말한다. 수도관 내의 물의 흐름을 전류라고 생각하면 된다.

전류의 기본 단위 : A(암페어)

1 [A] : 1초 동안에 1[c]의 전하가 이동한 전류의 양

1 [c] : 6.24 × 1018개의 전자(약 6000억의 1000만 배) 100W 전구와 60W 전구의 밝기 차이는 흐르는 전류 양의 차이다.

전류의 3작용은 발열작용, 화학작용, 자기작용

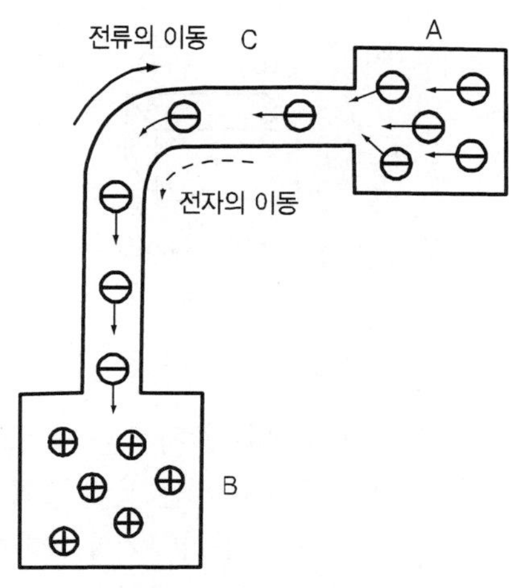

그림 2-11 전자의 이동

(1) 전류의 발열작용

도체에는 저항이 있기 때문에 전류를 흐르게 하면 열이 발생하며, 열량은 흐르는 전류의 2승과 저항의 곱에 비례한다. 또 전류가 크거나 도체에 저항이 클수록 열이 많이 발생한다. 전구, 예열 플러그(디젤기관의 시동보조 기구), 시가라이터, 전열기 등에 이용한다.

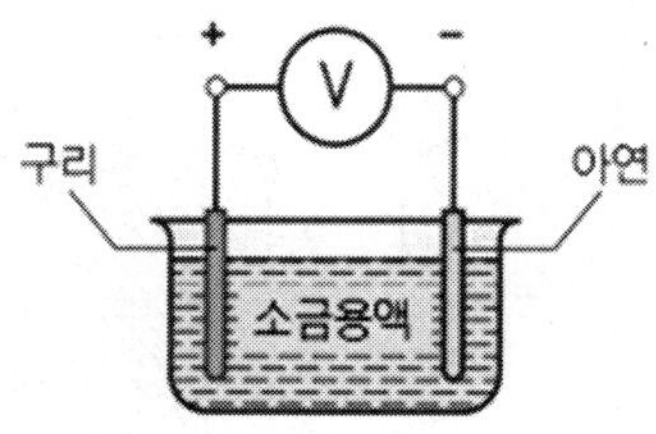

그림 2-12 전류의 화학작용

(2) 전류의 화학작용

묽은 황산에 구리판과 아연판을 넣고 전류를 흐르게 하면 전해작용이 일어나며, 이때 아연판은 황산

에 녹아서 (-)전하를 띤다. 또한 황산 속의 수소이온은 아연이온에 반발되어 구리판은 (+)전하를 띄게 되면서 화학작용을 일으키며 축전지, 전기 도금 등에 이용한다.

(3) 자기작용

도체에 전류가 흐르면 그 주위 공간에는 자기(磁氣)현상이 나타난다. 즉, 전기에너지를 기계에너지로 변환시키는 작용을 말한다. 자기작용을 이용한 것은 전동기, 발전기, 솔레노이드 등이 있다.

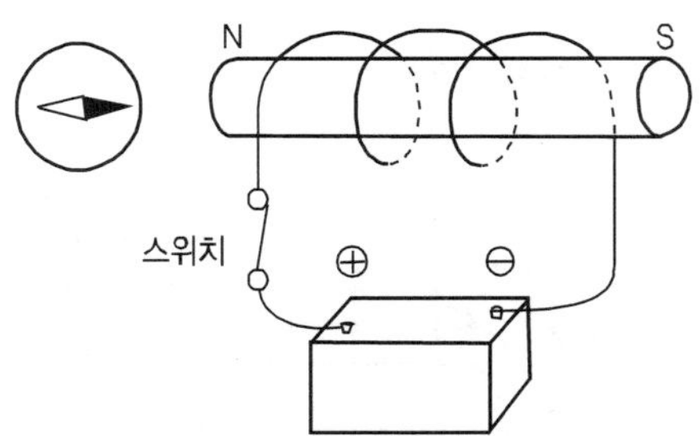

그림 2-13 전류의 자기작용

[2] 전압

그림 2-14에 나타낸 바와 같이 물이 담긴 용기 A와 B사이를 파이프로 연결하면 물은 수위가 높은 A쪽에서 낮은 B쪽으로 흐르며, 이때 물이 흐르는 세기는 용기 A와 B의 수압에 의해 결정된다. 한편 전기회로에서는 (+)전하(용기의 A에 해당함)와 (-)전하(용기의 B에 해당함) 사이를 전선으로 연결하면 (+)전하는 전선을 통하여 (-)전하를 향하여 전류가 흐른다. 이때 A에서 B를 향하여 어느 정도의 전기적 압력이 가해졌다고 가정할 수 있는데 이 전기적인 압력을 전압이라 한다.

즉 도체의 전하는 같은 전하와는 반발력이 작용하여 다른 전하가 있는 쪽으로 이동하고, 전하가 적은 쪽 또는 다른 전하가 있는 쪽으로 이동하려는 힘이 있는데 이것을 전압이라 한다. 전류는 전압의 차이가 클수록 많이 흐르며 전압의 단위로는 볼트(Voltage 약호 V)를 사용한다. 1V란 1옴(Ω)의 도체에 1A의 전류를 흐르게 할 수 있는 전기적인 압력이다.

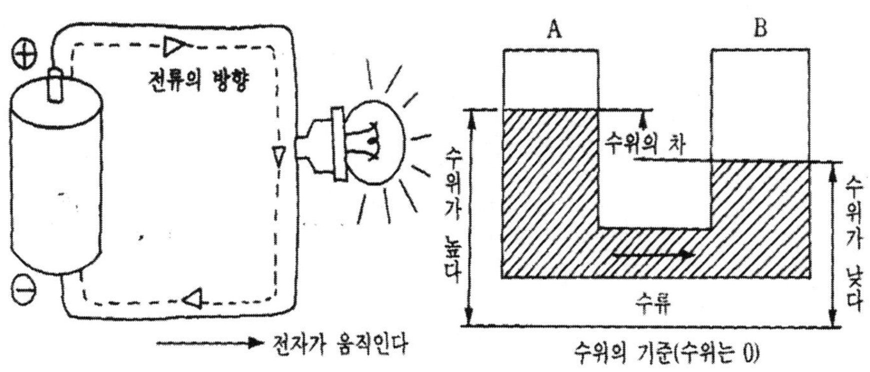

그림 2-14 수압과 전압

[3] 기전력(Electro Motive Force)

그림 2-15에 나타낸 바와 같이 A와 B 두 용기의 수위차이가 없어지면 물은 흐르지 못한다. 이때 수로(水路)에 지속적으로 물이 흐르게 하려면 물 펌프를 설치하여 B용기의 물을 A용기로 퍼 올려 수압 차이를 만들어주면 된다.

전기의 경우에도 도체에 계속 전류를 흐르게 하려면 전압을 발생시켜야 하는데, 이 전압을 만들어내는 힘을 기전력이라 한다. 즉, 원자핵과 전자를 분리시켜 전하를 지속적으로 발생시키는 힘을 말한다. 기전력의 크기는 전압으로 표시되며, 단위로 볼트(V)이다.

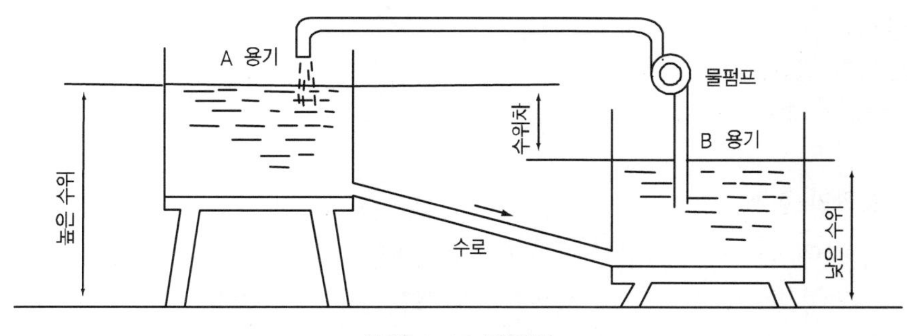

그림 2-15 기전력

[4] 저항

전자가 물질 속을 이동할 때 이 전자의 이동을 방해하는 것을 저항이라 한다. 단위는 옴(Ohm, 약호 Ω)을 사용한다. 1Ω이란 1A의 전류를 흐르게 할 때 1V의 전압을 필요로 하는 도체의 저항을 말한다. 저항은 자유전자의 수, 원자핵의 구조, 물질의 형상, 온도 등에 따라서 변화한다. 그리고 전압이 같아도 도체의 단면적이 작으면 전류가 잘 흐르지 못하고, 도체의 단면적이 크면 전류가 잘 흐른다. 저항에는 다음과 같은 것들이 있다.

(1) 물질의 고유저항

이 저항은 길이 1m, 단면적 1㎡인 도체 두 면사이의 저항 값을 비교한 것이며 비저항(比抵抗)이라고도 한다. 기호는 ρ를 사용하며, 1㎤의 고유저항의 단위는 Ωcm이나 실용상의 단위는 μΩcm를 사용한다.

참고 : 도체의 교유저항

도체 이름	고유 저항(μΩcm, 20℃)	도체 이름	고유 저항(μΩcm, 20℃)
은	1.62	니켈	6.9
구 리	1.69	철	10.0
금	2.40	강	20.6
알루미늄	2.62	주 철	57 ~ 114
황 동	5.7	니켈 - 크롬	100 ~ 110

(2) 도체의 형상에 의한 저항

도체의 저항은 그 길이에 비례하고 단면적에는 반비례한다. 즉 도체 속을 전자가 이동할 때 단면적이 커지면 저항이 작아지고, 도체의 길이가 길면 저항이 증가한다. 전압과 도체의 길이가 일정할 때 도체의 지름을 1/2로 하면 저항은 4배로 증가하고 전류는 1/4로 감소한다. 도체의 고유저항은 다음의 공식으로 산출한다.

$$R = \rho\frac{\ell}{A}$$

여기서, R : 물체의 저항(Ω)
ρ : 물체의 고유 저항(Ωcm)
ℓ : 도체의 길이(cm)
A : 도체의 단면적(cm)

(3) 온도와 저항과의 관계

도체의 저항은 온도에 따라서 변화하는데, 온도상승에 따라 저항 값이 증가하는 것과 반대로 감소하는 것이 있다. 일반적으로 금속은 온도상승에 따라 저항 값이 증가하며, 탄소 · 반도체 및 절연체 등은 감소한다. 금속의 저항 값은 온도상승에 비례하여 직선적으로 증가한다. 온도 1℃ 상승하였을 때 저항 값이 어느 정도 크게 되었는가의 비율을 표시하는 것을 그 저항의 온도계수라 한다. 구리선의 경우 온도가 1℃ 상승하면 그 저항은 약 0.004배가 증가한다. 따라서 이것의 저항이 1Ω이면 1℃ 상승하였을 때 1.004Ω이 되고, 20℃ 상승하면 1+ (0.004×20) = 1.08Ω이 된다. 온도계수는 일반적으로 기호 α를 사용하며, 어떤 온도 t_1℃일 때의 저항 값을 알면 임의의 온도 t_2℃에서의 저항 값은 다음 공식으로 구할 수 있다.

$$R_2 = R_1[1+\alpha_1(t_2 - t_1)]$$

여기서, R_2 : t_2℃일 때의 저항 값
R_1 : t_1℃일 때의 저항 값
α_1 : t_1℃의 온도계수

따라서 도체의 저항을 고려할 경우에는 항상 도체의 온도를 고려하여야 한다. 또 저항이 온도와 함께 변화하는 것을 이용하여 온도변화에서 저항 값을 알 수 있으며, 저항변화에서 상승한 온도를 알 수 있다. 자동차용 교류발전기에서 사용하는 실리콘다이오드는 온도가 상승하면 저항 값이 감소하여 과대전류가 흘러 파손되므로 온도가 낮아지도록 냉각 팬이나 히트싱크를 사용하여 과대전류의 흐름을 방지한다.

(5) 접촉저항

이 저항은 도체의 접촉면에서 발생되는 저항을 말하며, 접촉면이 헐거우면 저항이 증가되어 전류의 흐름이 방해된다. 접촉저항은 접촉면적과 접촉압력의 증가에 따라 감소한다.

2.2 전기회로

1. 전기회로의 구성

완전한 전기회로를 구성하려면 전원의 한쪽으로부터 시작하여 전기를 사용하는 전장부품(부하)을 거쳐 전원의 나머지 한쪽까지 도체로 연결하여야 한다. 또 회로에는 전류의 공급 및 차단과 제어용 장치, 회로 보호장치, 계기판 등이 사용된다. 회로에는 도체에 흐르는 전압과 전류의 크기 및 흐름 등을 알 수 있도록 하여 도체를 보호하고 안전한 전류가 흐르도록 하여야 한다. 전기회로에는 전원의 종류에 따라 직류회로와 교류회로가 있다.

그림 2-16 전기회로의 구성

[1] 전원

전원은 기전력을 지속적으로 발생시켜 전장부품에 전류 및 전압을 공급하기 위한 것으로 화학적 에너지를 전기적 에너지로 변환시켜 주는 축전지(battery)와 기계적 에너지를 전기적 에너지로 변환시키는 발전기가 있다.

[2] 부하(전장부품)

부하란 전원의 전류를 공급받아 전기적 에너지에 의해 작동되는 모든 부품을 말하며, 부하에는 저항이 있어 전기를 사용할 때 전류의 흐름을 제한하여 부하에 알맞은 전류로 부하를 보호하여야 한다.

[3] 전기회로의 보호장치

전기회로의 보호장치란 퓨즈, 회로 차단기, 과부하 릴레이 등을 말하며, 전선에 전류가 흐르면 전류의 2승에 비례하는 줄(Joul)열이 발생한다. 이에 따라 전장부품 및 전기회로에 과대전류가 흐르게 되면 전선의 피복을 변질시키거나 전장부품이 손상되고 심하면 회로가 끊어진다. 이와 같이 전기회로에 과대전류의 흐름을 방지하여 전장부품 및 전선을 보호하고 차량의 화재를 미연에 방지한다. 전기회로 보호장치는 회로에 직렬로 접속되며 납과 주석의 합금이나 아연 합금을 사용한다.

(1) 퓨저블 링크(fusible link)

차량의 충돌 또는 정비상의 실수로 인하여 퓨즈가 설치되지 않은 전기회로 또는 전장부품에서 발생되는 단락 등에 의하여 전기회로와 전장부품에 과대전류가 흐르는 것을 방지한다. 따라서 퓨저블 링크는 축전지와 퓨즈회로 이전의 전장부품 및 회로를 보호하기 위한 목적으로 설치한다. 퓨저블 링크의 재질은 구리(Cu)이며, 전선의 단면적이 일반전선에 비해 매우 가늘며, 피복은 불연성 재료를 사용한다.

(2) 퓨즈(fuse)

퓨즈는 전장부품 및 전기회로를 보호하기 위해 설치한다. 그 용량은 전기회로의 전장부품에 인가되는 전류의 크기에 의해 결정되며, 전기회로에 과대한 전류가 흐르면 퓨즈에 열이 발생하게 되고 이 열에 의해 녹아 끊어져 각종 전장부품과 전선을 보호한다. 퓨즈를 교환할 때에는 같은 규격의 용량(A)을 가진 것인지 확인하고, 보다 큰 용량을 가진 퓨즈나 철사 등으로 대체해서는 안 된다. 퓨즈는 단락으로 인하여 전선이 손상되거나 과대전류가 전장부품에 흐르지 않도록 하는 것이며, 회로 중에 직렬로 접속되어 있다. 퓨즈는 용융점이 약 70℃ 정도이며, 납과 주석의 합금으로 되어 있다.

그리고 퓨즈가 녹아 끊어지는 원인은 다음과 같다.

① 전기회로의 합선에 의해 과대전류가 흐르는 경우
② 퓨즈의 노화에 의한 경우
③ 접촉불량에 의한 경우

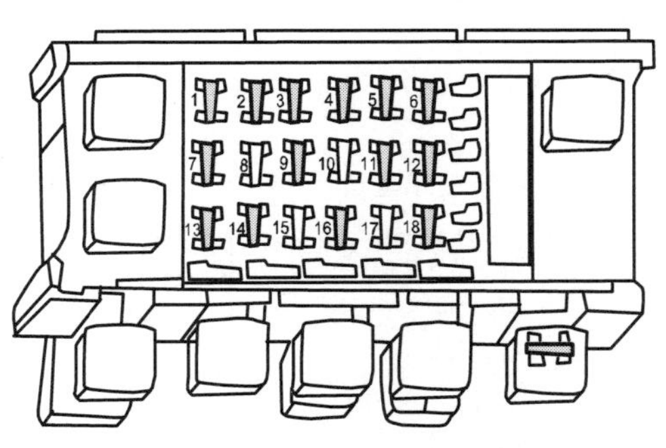

그림 2-17 퓨즈박스의 구조

(3) 회로 차단기(circuit breaker)

회로 차단기는 퓨즈와 같은 기능을 하는 것으로 바이메탈의 작용을 이용한 것이다. 과대전류가 회로 차단기를 거쳐 전장부품에 흐르면 바이메탈이 열을 받아 회로 차단기의 접속부분이 차단되며, 다시 온도가 낮아지면 접속부분이 연결되어 전류가 흐른다. 회로 차단기는 전류의 변동이 큰 곳에서 사용한다.

(4) 서멀 퓨즈(thermal fuse-열형 융단 퓨즈)

서멀 퓨즈는 전류의 발열작용을 이용한 것으로 운전석의 담배 라이터 회로 및 히터 팬 저항 등의 회로에서 이용된다. 예를 들어 담배 라이터가 가열되었을 때 라이터가 홀더에서 빠지지 않으면 화재의 위험성이 매우 높다. 이런 경우 화재로부터 보호하기 위한 안전장치이다.

[4] 자동차용 전선

전선은 각 전장부품 사이를 연결하여 전류를 공급하기 위한 회로를 구성하는 것으로 전원인 축전지나 발전기에서 나오는 전선이나 하니스(harness)를 통하여 각 전장부품에 이르기까지 연결된 선을 말한다.

(1) 배선방식

① 단선방식
이 방식은 전원의 (+)극에 해당하는 전장부품의 (+)쪽 까지는 전선을 통하여 연결하고, (-)쪽은 바로 차체에 접지시키는 것이다.

특징은 배선작업이 쉽고, 전선이 절약되며, 점검 및 정비작업이 쉬우나, 절연전선의 손상, 누전 등에 의한 단락이 발생하기 쉽고, 접촉저항 등에 의한 전압강하가 발생한다.

② 복선방식
이 방식은 전원에서 전장부품까지 (+)와 (-)의 전선을 별도로 설치한 것으로, 즉 전원의 (+)에서 전장부품을 거쳐 다시 전원의 (-)로 되돌아온다. 특징은 전압강하는 없으나 전선의 소비가 커지고, 회로가 복잡해진다. 전조등 회로와 같은 전장부품은 반드시 복선방식으로 배선을 하여야 한다.

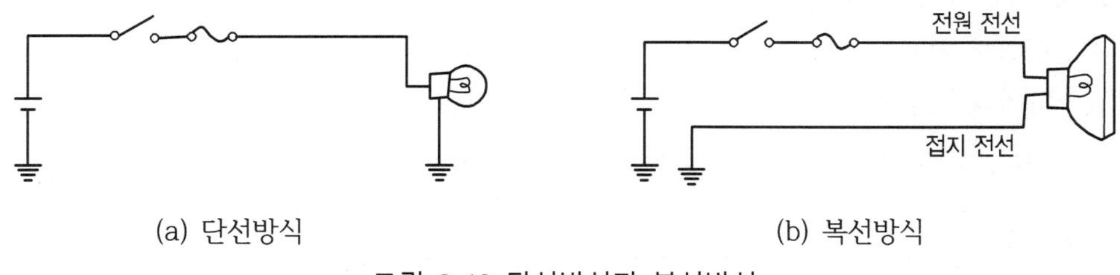

그림 2-18 단선방식과 복선방식

(2) 전선의 굵기

전기회로에서 전선을 굵기는 매우 중요하다. 전선의 굵기를 결정하는 요소를 요약하면 다음과 같다.

① 전류의 크기 및 전장부품에 흐르는 전류의 연속성에 따라 결정한다.
② 전선에 흐르는 전류가 클수록, 전선의 길이가 길수록 전선은 굵어야 한다.
③ 전류가 흐르는 시간이 길수록 전선은 굵어야 한다.
④ 주위의 온도, 진동, 기계적인 운동상태 등에 따라 결정한다.
⑤ 전압강하, 최대 허용전류 등으로 결정한다.

(3) 자동차용 전선의 규격표시

회로도에 03.L/O로 표시되어 있는 경우에 그 의미는 다음과 같다. 먼저 0.3는 전선의 단면적, L은 바탕색, O은 줄무늬색을 의미한다.

[회로의 표기:0.3L/O]

그림 2-19 전선의 규격표시 방법

2. 전기회로의 법칙

[1] 옴의 법칙(Ohm' Law)

"도체에 흐르는 전류는 도체에 가해진 전압에 정비례하고 도체에 흐르는 전류는 도체의 저항에 반비례한다"는 법칙으로 어떤 전기회로에 전압을 가하면 그 회로에는 전류가 흐르기 때문에 전류, 전압, 저항 사이에는 밀접한 관계가 있으므로 복합적으로 고려하여야 한다. 즉, 전기회로 중에 전류가 적게 흐르는 것은 저항이 크거나 가해지는 전압이 낮기 때문이다. 옴의 법칙을 공식으로 나타내면 다음과 같다.

$$I = \frac{E}{R} \cdots\cdots ①$$

여기서, I : 도체에 흐르는 전류(A)
E : 도체에 가해진 전압(V)
R : 도체의 저항(Ω)

의 관계공식으로 표시되며, 또 공식 ①을 변형하면

$$R = \frac{E}{I} \cdots\cdots ②$$

$$E = IR \cdots\cdots ③$$

이 된다. 이상의 3가지 공식에서 전압, 전류 및 저항 가운데 어느 것이든지 2가지만 알면 나머지 1개로 구할 수 있다.

공식 ③의 전압(E)는 전기회로 중의 저항(R)에 I의 전류가 흐르면 이 저항의 양끝에서 $E = IR$의 전압이 소비되는 것을 의미한다. 또 저항 R인 도체에 I의 전류를 흐르도록 하기 위해서는 E의 전압이 필요하다는 것을 의미한다.

[2] 합성저항

저항의 기본적인 접속방법에는 직렬접속 방법과 병렬접속 방법이 있다. 어느 접속이든 전체저항(R)은 전체전류(I)로 나눈 $R = \frac{E}{I}$가 되며, R은 R_1, R_2 등 여러 개의 저항을 합성한 것이므로 이 R을 합성저항이라 한다. 여러 개의 저항이 접속되어 있는 전기회로를 해석할 때에는 전체저항, 즉 합성저항을 구하면 편리하다.

(1) 저항의 직렬접속 회로

몇 개의 저항을 한 줄로 접속하는 것을 저항의 직렬접속 회로라 한다. 전압을 이용할 때 사용하며, 그림 2-20에 나타낸 바와 같이 2개 이상의 저항을 직렬로 접속하면 각 저항에 흐르는 전류는 일정하고, 전원전압이 나누어져 흐른다. 그리고 합성저항은 각 저항의 합과 같고, 각각의 저항에 흐르는 전류는 같다. 또 각 저항에 공급되는 전압의 합은 전원전압과 같다. 저항을 직렬로 접속하면 다음과 같은 특징이 있다.

① 합성저항의 값은 각 저항의 합과 같다.
② 각 저항에 흐르는 전류는 일정하다.
③ 각 저항에 가해지는 전압의 합은 전원의 전압과 같다.

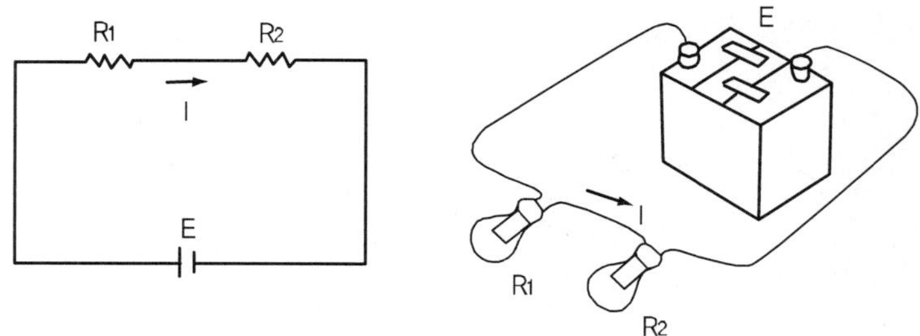

그림 2-20 저항의 직렬접속 회로

그리고 직렬접속 회로에서 어느 저항에서나 항상 똑같은 전류가 흐른다. 즉 R_1에 흐르는 전류와 R_2에 흐르는 전류는 같다. 각 저항의 양끝의 전압은 E_1, E_2라 하면 옴의 법칙에 따라

$$E_1 = IR_1, \quad E_2 = IR_2$$

가 된다. 따라서

$$E = E_1 + E_2 = IR_1 + IR_2 = I(R_1 + R_2)$$

이 되므로, 단자 사이의 합성저항을 R이라 하면

$E = IR$이 되어 $IR = I(R_1 + R_2)$

가 되므로 $R = R_1 + R_2$가 된다.

따라서, n개의 저항 R_1, R_2, $R_3 \cdots\cdots R_n$을 직렬로 연결하였을 때 합성저항 R은 각 저항의 합과 같게 되므로

$$R = R_1 + R_2 + R_3 + \cdots\cdots + R_n$$

으로 되어 직렬접속 회로의 합성저항은 각 저항의 어느 하나보다 크다.

(2) 저항의 병렬접속 회로

몇 개의 저항을 그림 2-21에 나타낸 바와 같이 접속한 것을 병렬접속 회로라 한다. 모든 저항을 두

단자에서 공통으로 연결하는 것으로 작은 저항을 얻고자 하는 경우와 전류를 이용하고자 할 때 사용한다. 2개의 저항에서는 어느 곳에서나 같은 전압이 흐르며, 병렬접속 하는 전장부품의 전압은 전원 전압과 같다.

따라서, 전원에서 나오는 전류는 각 전장부품에 흐르는 전류의 합이 되므로 병렬로 접속한 전장부품이 많을 경우에는 용량이 큰 전원을 사용하여야 한다. 저항을 병렬로 접속하였을 때 특징은 다음과 같다.

① 적은 저항을 얻으려고 할 때 즉, 전류를 이용하고자 할 때 접속하여 사용한다.
② 합성 저항의 값은 각 저항의 역수의 합의 역수와 같다.
③ 각 회로에 흐르는 전류는 다른 회로의 저항에 영향을 받지 않는다.
④ 회로의 양끝에 걸리는 전류는 상승한다.
⑤ 각 회로에 동일한 전압이 가해지므로 전압은 일정하다.

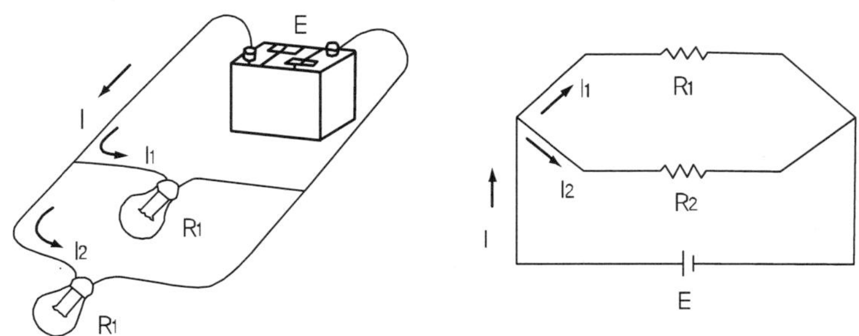

그림 2-21 저항의 병렬접속 회로

그리고, 단자 사이에 전압 E를 가하면 각 저항 R_1, R_2, R_3에는 같은 전압이 가해지므로 각 회로의 전류는 옴의 법칙에 따라 다음과 같이 구한다.

들어온 전류를 I라 하면 전류 I는 분기점에서 나누어져 I_1, I_2, I_3가 되어 각 저항에 흐르므로 I는 I_1, I_2, I_3의 합과 같다.

즉 $I = I_1 + I_2 + I_3$가 되고

$$I = \frac{E}{R_1} + \frac{E}{R_2} + \frac{E}{R_3} = E\left(\frac{1}{R_1} + \frac{1}{R_2} + \frac{1}{R_3}\right)$$

이 된다. 그리고 단자 사이의 합성저항을 R이라 하면

$I = \frac{E}{R}$가 되며, $\frac{E}{R} = E\left(\frac{1}{R_1} + \frac{1}{R_2} + \frac{1}{R_3}\right)$이므로 $\frac{1}{R} = \frac{1}{R_1} + \frac{1}{R_2} + \frac{1}{R_3}$이 된다.

따라서, n개의 저항 R_1, R_2, $R_3 \cdots\cdots R_n$을 병렬로 연결하였을 때 그 합성저항을 R이라 하면

$$\frac{1}{R} = \frac{1}{R_1} + \frac{1}{R_2} + \frac{1}{R_3} + \cdots\cdots + \frac{1}{R_n}$$

이 된다.

(3) 저항을 직·병렬로 연결하였을 때의 특징

① 직렬 접속과 병렬 접속을 혼합하여 결선하는 방법이다.

② 전류 및 전압을 동시에 이용하고자 할 때 결선한다.

③ 직·병렬 접속의 성질

㉮ 합성 저항은 직렬 합성 저항과 병렬 합성 저항을 더한 값이 된다.

㉯ 전압과 전류는 모두 상승한다.

㉰ 합성 저항은 다음과 같이 나타낸다.

$$\text{합성 저항}(R) = R_1 + \frac{1}{\frac{1}{R_2} + \frac{1}{R_3}}$$

(4) 건전지의 직렬 및 병렬연결

① 건전지의 직렬연결

1.5V의 건전지에서 높은 전압이 요구될 경우에는 그림 2-22에 나타낸 바와 같이 건전지의 (-)극에 Ⅱ의 건전지 (+)극을 차례로 접속하면 된다.

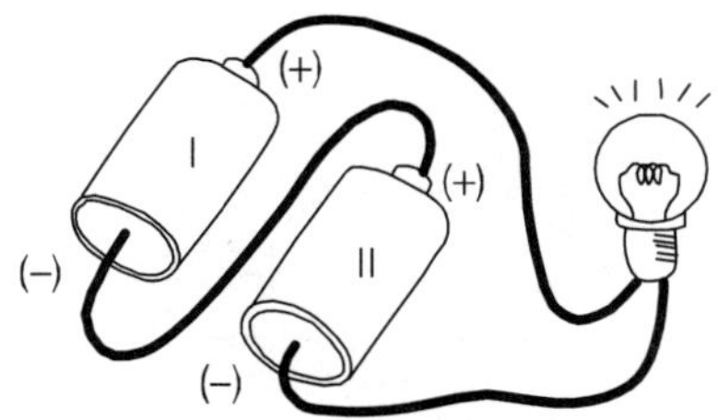

그림 2-22 건전지의 직렬연결

이와 같은 연결방법을 건전지의 직렬연결이라 한다. 이때 합성 기전력(몇 개의 기전력이 합성된 크기의 전압)은 각 건전지의 기전력의 합이 된다. 따라서 큰 전압을 필요로 할 경우에는 직렬로 연결한다.

㉮ 2개의 전원을 직렬 연결한 합성 기전력

2개의 전원을 직렬로 연결한 회로도를 나타내면 그림 2-23의 왼쪽과 같다. 이때의 합성 기전력은 $E = E_1 + E_2$[V]이다. 또 그림의 오른쪽 회로에서 전원 E_1, E_2에 $r_1[\Omega]$, $r_2[\Omega]$의 각각의 내부저항이 있으면

합성저항=$(R + r_1 + r_2)[\Omega]$

합성 기전력=$E_1 + E_2$[V]이 되고,

회로에 흐르는 전류=$I = \dfrac{E_1 + E_2}{R + r_1 + r_2}$[A]가 된다.

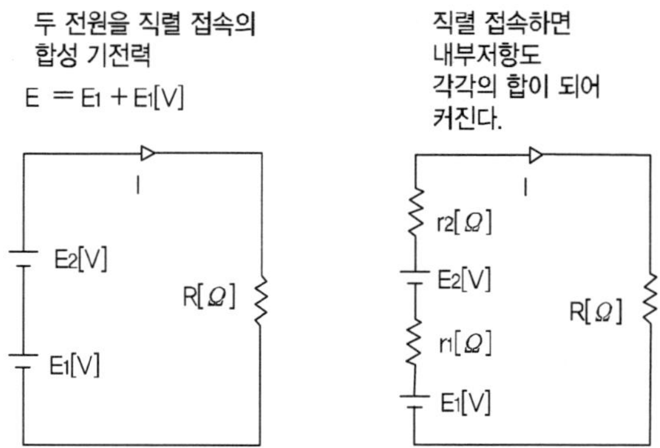

그림 2-23 내부저항이 있는 전원의 직렬연결

④ n개의 건전지의 직렬연결

n개의 건전지(기전력 E[V])를 직렬로 연결한 합성 기전력은 nE[V]로 되고, 합성 내부저항은 nr[Ω]으로 되어 각각 n배로 된다. 그림 2-24에 나타낸 바와 같이 부하저항 R[Ω]을 접속하였을 때 회로에 흐르는 전류 I는 다음과 같은 공식으로 구할 수 있다.

$$I = \frac{nE}{R + nr}[\mathrm{A}]$$

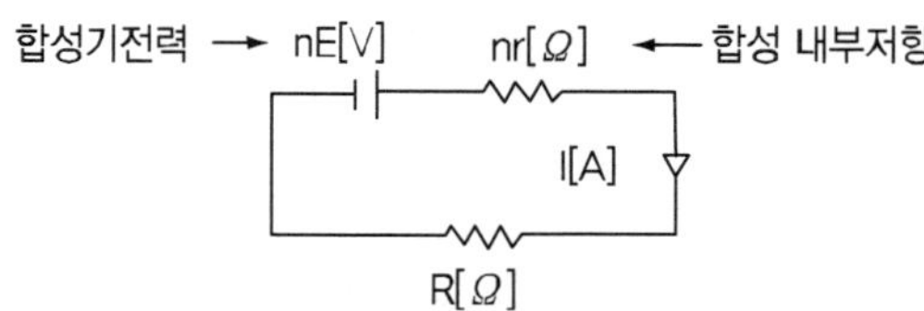

그림 2-24 부하저항 R[Ω]의 접속

② 건전지의 병렬연결

그림 2-25에 나타낸 바와 같이 건전지의 (+)극과 (+)극, (-)극과 (-)극을 연결한 것을 건전지의 병렬연결이라 한다.

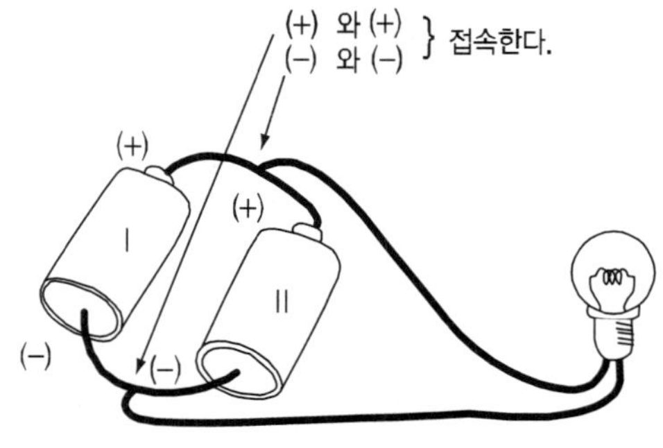

그림 2-25 건전지의 병렬연결

그림 2-26는 회로도를 나타낸 것이며 a, b 사이의 기전력은 병렬연결하기 전의 1개의 기전력과 같음을 알 수 있다.

여기서 부하저항 R[Ω]에 흐르는 전류를 I[A]로 할 때 각 병렬 연결한 전원에 흐르는 전류는 그림 2-26에 나타낸 바와 같이 $\frac{I}{2}$[A]씩 흐른다.

따라서, 건전지를 병렬로 연결하면 1개일 때보다 오랫동안 사용할 수 있다.

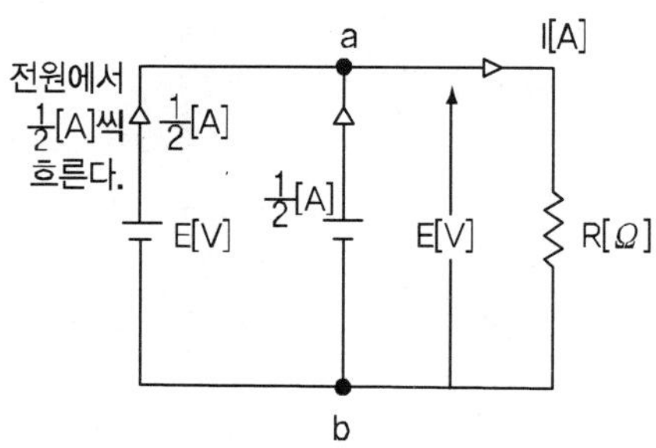

그림 2-26 병렬전원의 전류

㉮ 건전지 병렬연결의 단자전압

그림 2-27에 나타낸 바와 같이 전원의 내부저항 r[Ω]이 있을 때에는 전압이 강하하므로 단자전압은 $V=\left(E-\frac{I}{2}r\right)$[V]가 된다.

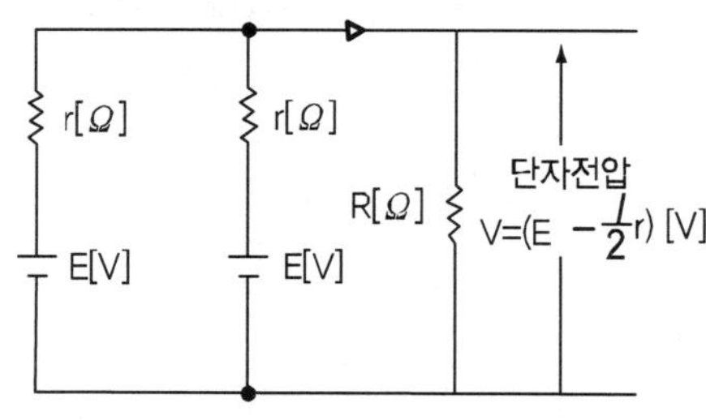

그림 2-27 병렬연결의 단자전압

㉯ m개의 건전지의 병렬연결

그림 2-28에 나타낸 바와 같이 m개의 건전지(기전력 E[V]), 내부저항 r[Ω]를 연결하고 부하저항 R[Ω]을 접속하였을 때 기전력은 1개의 기전력과 같다.

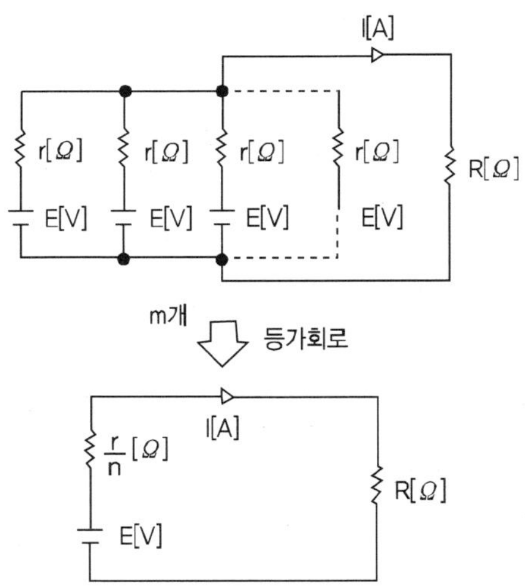

그림 2-28 m개의 건전지의 병렬연결

한편, 합성저항 r[Ω]이 m개 병렬로 연결되므로 $\frac{r}{m}$[Ω]으로 된다. 또 회로 전체의 합성저항(부하저항+합성 내부저항)은 $R+\left(\frac{r}{m}\right)$가 된다. 따라서, 부하저항 R에 흐르는 전류는

$$I=\frac{E}{R+\left(\frac{r}{m}\right)}[\mathrm{A}]$$

가 되므로 각 건전지에 흐르는 전류의 크기는 회로전류 I[A]가 m개로 분배되기 때문에 $\frac{I}{m}$[A]가 된다.

㉰ 건전지 직 · 병렬연결의 경우

$$I=\frac{nE}{R+\frac{nr}{m}}$$

[3] 키르히호프 법칙(Kirchhoff's Law)

복잡한 회로의 전압 · 전류 및 저항을 취급할 경우에는 옴의 법칙을 발전시킨 키르히호프의 법칙을 사용한다. 예를 들면 전원이 2개 이상 있는 회로에서의 전체 합성 기전력의 계측이나 복잡한 전기회로의 각 부분의 전류분포 등을 구할 때 이 법칙을 쓰면 편리하다.

(1) 키르히호프의 제 1 법칙

이 법칙은 전류에 관련된 것으로 직렬회로에서의 전체전류는 각 저항을 통하여 흐르나 병렬회로에서는 전체회로가 2군데 이상의 회로로 나누어져 흐르며, 이 전류는 그 통로를 통하여 흐른 후 다시 합해져 흐른다.

또, 직 · 병렬회로에서는 회로의 어떤 부분은 2군데 이상의 통로로 구성되어 있으며, 다른 어떤 부분은 1군데의 통로만으로 구성되어 있다.

그러나 회로의 연결과는 관계없이 “회로 내의 어떤 한 점에 유입한 전류의 총합은 유출한 전류의 총합과 같다.”는 법칙이다. 그림 2-29의 O점에서 다음 공식이 성립된다.

$$I_1 + I_2 = I_3 + I_4$$

$$(I_1 + I_2) - (I_3 + I_4) = 0$$

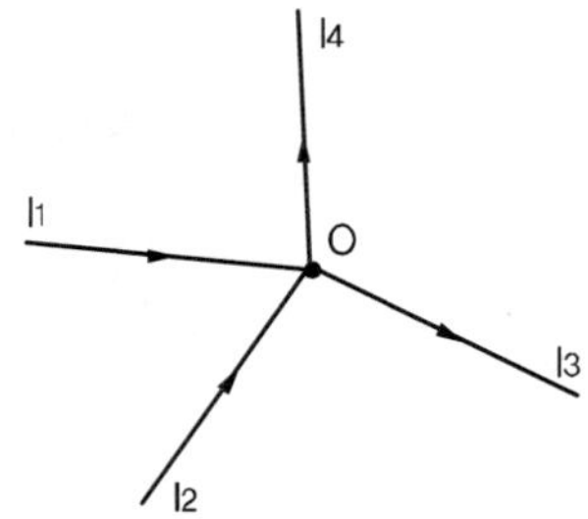

그림 2-29 키르히호프의 제1법칙

(2) 키르히호프의 제 2 법칙

이 법칙은 전압에 관련된 것으로, 그림 2-30에 나타낸 바와 같이 기전력 E[V]에 의해 R[Ω]의 저항에 I[A]의 전류가 흐르는 회로에서 옴의 법칙에 따라 $E = IR$이 된다. 이것을 문자로 나타내면 “기전력 = 전압강하에 의한 전압의 합”으로 되어 $A \to B \to C \to D$의 방향에서는 기전력과 전압강하가 같다는 것을 의미한다. 이상의 설명은 간단한 회로의 경우이나 전원 2개 이상 있는 복잡한 회로에서도 적용된다. 즉 “임의의 폐회로(1개의 접속점을 출발하여 전원 · 저항 등을 거쳐 원래의 출발점으로 되돌아오는 닫힌 회로)에 있어서 기전력의 총합과 저항에 의한 전압 강하의 총합은 같다.”는 법칙이다.

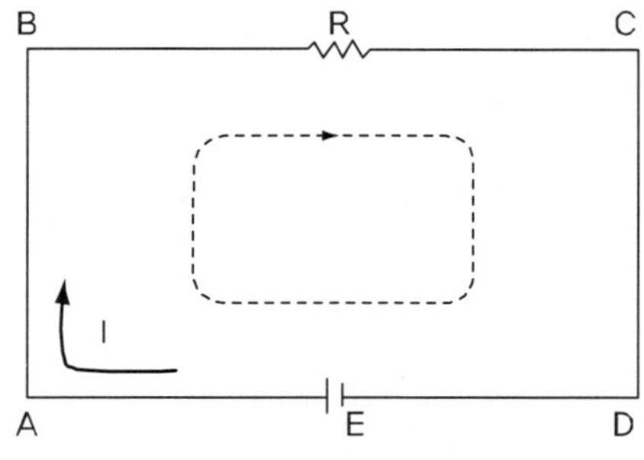

그림 2-30 키르히호프의 제2법칙

[4] 전압강하

전압 강하란 전선의 저항이나 회로 접속부분에 접촉저항 등에 의해 소비되는 전압을 말하며, 직렬접속을 할 때 많이 발생된다. 또 전압강하는 축전지 단자, 스위치, 배선, 접속부분 등에서 발생되기 쉬우며, 전압강하가 크면 전장부품의 성능이 저하된다. 따라서 배선의 길이와 굵기는 알맞은 것을 사용하여야 하며 연결부가 확실하게 접속되도록 하여야 한다.

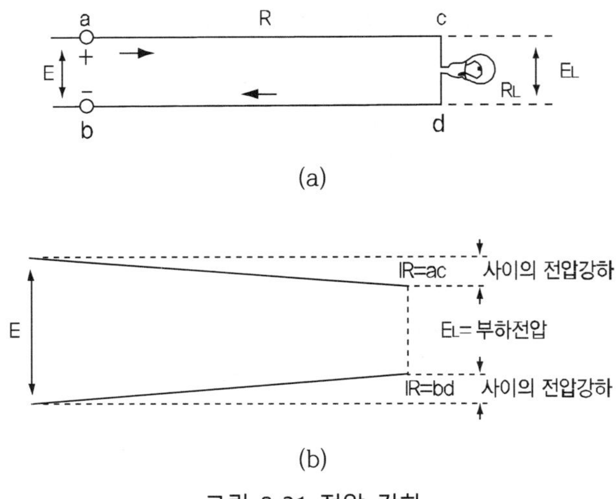

그림 2-31 전압 강하

2.3 전력과 전력량

1. 전력

전력이란 전기가 단위시간 동안에 하는 일의 양을 말하며, 전류를 흐르게 하여 열이나 기계적 에너지를 발생시키는 힘이다. 전력은 전압과 전류를 곱한 것에 비례한다. 전력의 표시는 다음과 같다.
I[A]의 전류를 E[V]의 전압을 가하여 흐르게 할 때 전력 P[W]는

$$P = EI \quad \cdots\cdots ①$$

로 표시된다. 만약 I[A]의 전류가 R[Ω]의 저항 속을 흐르고 있다면 $E = IR$의 관계가 있으므로

$$P = EI = IR \times I = I^2R \quad \text{즉, } P = I^2R \quad \cdots\cdots ②$$

이 되어 전력은 모든 저항에 소비된다는 것을 알 수 있다.

또, $I = \frac{E}{R}$의 관계가 있으므로

$$P = EI = \frac{E}{R} \times E = \frac{E^2}{R} \quad \text{즉, } P = \frac{E^2}{R} \quad \cdots\cdots ③$$

으로 표시할 수 있다. 전력의 단위는 와트(watt, 기호 W)를 사용하며 큰 단위로는 1,000W 즉, 1킬로와트(kW)를 사용한다.

2. 전력량

전력량은 전력과 사용시간에 비례하는 것으로, 전력량은 전류가 어떤 시간동안에 한 일의 총량을 말한다. 즉 P[W]의 전력을 t초 동안 사용하였을 때 전력량[W]는

$W = P \times t$[와트 초 또는 줄[J]] ································ ④

로 표시된다. 그리고 I[A]의 전류가 R[Ω]의 저항 속을 t초 동안 흐를 경우에는

$W = I^2 \times R \times t$ ··· ⑤

[1] 줄의 법칙(Joul' Low)

"전류에 의하여 발생한 열은 도체의 저항과 전류의 제곱 및 흐르는 시간에 비례한다"는 법칙이다. 또, 저항 R[Ω]의 도체에 전류 I[A]가 흐를 때 1초마다 소비되는 에너지 $I^2 \times R$[W]는 모두 열이 된다. 이때의 열을 줄 열이라 한다. 줄 열(H)

$H \fallingdotseq 0.24I^2Rt$[cal] ·· ⑥

의 관계 공식이 성립한다.

[2] 전선의 허용 전류

전선에 전류가 흐르면 전류의 2 승에 비례하는 줄 열이 발생되어 절연 피복이 변질 및 손상되어 화재 발생의 원인이 되므로 전선에서 안전한 전류의 상태로 사용할 수 있는 한도의 전류를 전선의 허용전류라 한다.

2.4 전기와 자기의 관계

1. 자기(磁氣, Magnetism)

자기는 자석과 자석의 공간 또는 자석과 전류 사이에서 작용하는 힘의 근원이 되는 것으로 금속 조각 등을 잡아당기는 힘을 자기라 한다. 또한 자철광이 금속 조각 등을 잡아당기는 성질을 자성(磁性)이라 한다.

2. 자석의 성질

자철광은 철이나 니켈 등을 흡인하는 성질을 지니고 있는데 이 성질을 자성이라 하며, 흡인하는 힘을 자기라 한다. 그리고 자성을 지니고 있는 물체를 자석이라 부른다. 자석에는 자철광과 같은 천연자석이외에 직류발전기의 계자철심에 사용되는 영구자석과 기동전동기의 솔레노이드 스위치와 같이 코일에 전류를 흐르게 하면 자석이 되는 인공자석 등이 있다.

자동차의 전기장치에서는 주로 인공자석이 사용되며, 기동전동기의 계자코일과 계자철심, 솔레노이드 스위치, 각종 릴레이 등에는 인공자석을 사용한다.

그리고 윈드실드 와이퍼모터, 전자제어방식 기관의 연료펌프에는 인공자석과 영구자석을 함께 사용하고 있다. 자석의 성질은 같은 자극은 서로 밀고 다른 자극은 서로 잡아당기며, N(North)극과 S(South)극이 있다.

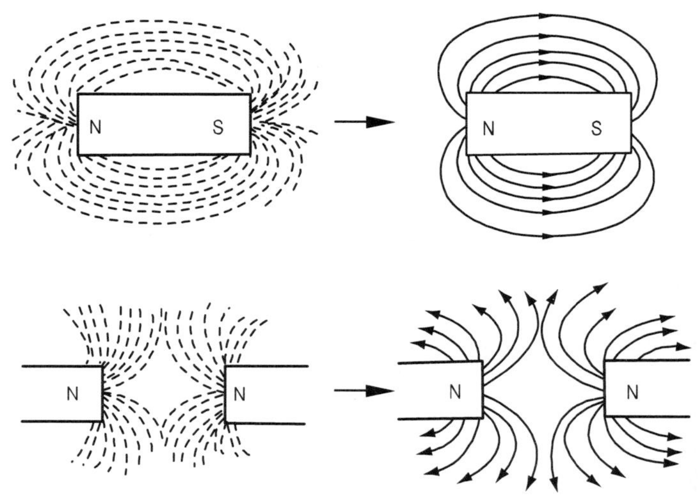

그림 2-32 자석의 성질

또 N극과 S극은 자석의 중심을 매달았을 때 이것이 지시하는 형태에 의해서 알 수 있다. N극은 지구의 S극에 상응된다. 다른 자석이나 금속 등이 자석에 흡인될 수 있는 영역에서 자력은 활성화 상태이다.

이 자력이 작용하는 범위를 자계(magnetic field)라 한다. 자석 위에 쇳가루를 뿌리면 즉시 그 영역이 형성되는데 그 곡선의 배열은 그림 2-31에 나타낸 바와 같다.

3. 자석과 자기

[1] 자성체의 종류

(1) 자성체

자기 유도에 의해서 자화되거나 자성을 지니게 되는 물체로 자극에 가까운 쪽에는 다른 종류의 극성이 형성되고, 자극의 먼 쪽에는 같은 종류의 극성이 형성되는 철, 니켈, 코발트, 크롬 등이 이에 속한다.

(2) 반자성체

자계를 작용시키면 자기 유도에 의해서 자극에 가까운 쪽에는 같은 종류의 극성이 형성되고 자극의 먼 쪽에는 다른 종류의 극성이 형성되는 물체로 수소, 탄소, 인, 구리, 안티몬 등이 이에 속한다.

(3) 비자성체

자계 중에 놓인 상태에서도 거의 자기를 느끼지 않는 물체로 알루미늄, 황동, 백금, 베이클라이트 등이 이에 속한다.

[2] 자계·자력선 및 자속

(1) 자극

자극이란 자석의 양끝이며, N, S극이 있고 어느 극이나 단독으로 존재할 수 없다. 자극은 같은 극은 서로 밀고, 다른 극은 서로 잡아당기는 성질이 있다.

(2) 자계

자석 근처에서 자력이 미치고 있는 주위 공간을 자계 또는 자장이라 한다. 자석 위에 유리판을 올려놓고 그 위에 쇳가루를 뿌리 다음 가볍게 두드리면 그림 2-33에 나타낸 바와 같이 N극과 S극을 형성하는 곡선의 형상이 생긴다. 이와 같이 자석이 작용하는 범위를 말한다.

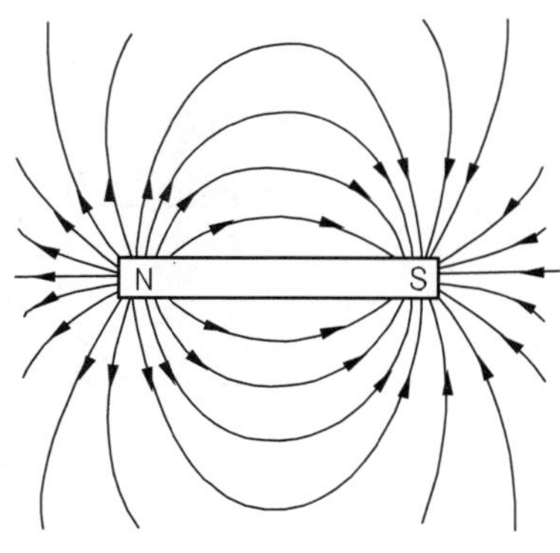

그림 2-33 자력선

(3) 자력선

자력선이란 N극과 S극 사이에서의 자석의 힘 즉, 자력이 어떤 경로를 거쳐서 작용하고 있는가를 보이는 선을 말한다. 즉 자계의 강도나 방향을 나타내는 선으로 자력선의 밀도로 강도를 알 수 있으며, 자력선의 배열 상태로 방향을 알 수 있다.

또한 자력선은 편의상 N극에서 S극으로 들어가는 것이라 방향을 정하였으며, 페러데이 가설에 의하면 자력선은 N극과 S극을 마주하면 고무줄과 같은 성질을 지니고 있으므로 서로 끌어당기고 S극과 S극 또는 N극과 N극은 서로 반발하여 서로 멀어지려는 성질이 있다.

그림 2-33에 나타낸 바와 같이 쇳가루가 배열되는 것은 쇳가루 하나 하나가 모두 작은 자석으로 되어 자력의 방향으로 배열되기 때문이다. 이것은 N극과 S극 사이에서 자기의 힘 즉, 자력이 어떤 경로를 통하여 작용하고 있는 가를 보여주는 선이라 생각되며 이 선을 자력선이라 한다. 자력선의 성질은 다음과 같다.

① 자력선은 N극에서 나와 S극으로 들어간다.
② 자계의 방향은 자력선의 방향에 의해 정해진다.
③ 자력선의 밀도(자속 밀도)는 자계의 강도에 의한다.
④ 각각의 자력선은 서로 반발하거나 유입되지 않는다.

(4) 자속

자속(磁束)은 자력선의 방향과 직각이 되는 단위 면적을 통과하는 전체의 자력선을 말하며, 단위는 웨버(Wb, webber)를 사용하며 단위 면적을 통과하는 자속을 자속 밀도라 하며 자속 밀도의 단위는 Wb/m^2을 사용한다. 이 자력선의 방향과 직각이 되는 단위 면적($1cm^2$)을 통과하는 전체 자력선을 자속(magnetic flux)이라 부른다.

자력선은 일반적으로 N극에서 S극으로 향하는 방향에 화살표를 넣어 표시한다. N극과 S극을 마주하면 자력선이 고무줄과 같은 성질을 지니고 있으므로 서로 잡아당기고, N극과 N극, S극과 S극을 마주하면 자력선은 같은 극에서 서로 멀어지려는 성질이 있다. 이것은 전동기와 발전기의 기본 원리에 사용된다.

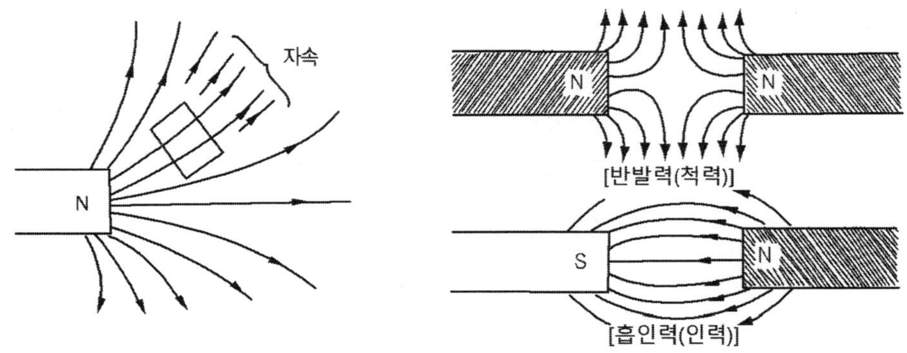

그림 2-34 자속과 자력선의 작용

(5) 쿨롱의 법칙(Coulomb' Law)

프랑스의 물리학자 쿨롱에 의해 발견된 전기력 및 자기력에 관한 법칙이다. 자석의 세기는 그 부근에 다른 자석을 놓았을 때 양쪽 자극 사이에 작용하는 흡입력 또는 반발력의 크기로 표시한다. 즉, 자극의 세기(흡입력 또는 반발력)는 거리의 2승에 반비례하고 두 자극의 곱에는 비례한다는 법칙이며, 두 자극의 거리가 가까우면 자극의 세기는 강해지고 거리가 멀면 자극의 세기는 약해진다.

$$F \propto \frac{M_1 \cdot M_2}{r^2}$$

여기서, F : 자극의 세기

M_1, M_2 : 2개 자극의 세기

r : 자극 사이의 거리

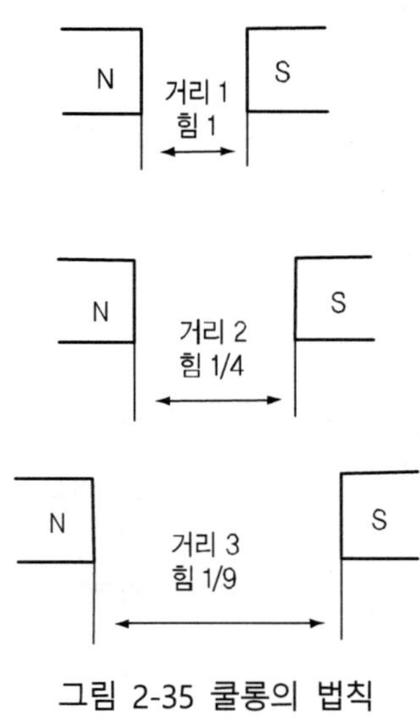

그림 2-35 쿨롱의 법칙

(6) 자기 유도

자기를 지니지 아니한 철이나 니켈을 접근시키면 흡인하게 되는데 이것은 자석이 형성하는 자계에 의해 철이나 니켈이 자기를 띠어 자석이 되기 때문이다. 즉, 철이나 니켈을 자석에 접근시키면 철이나 니켈은 자극에서 먼 쪽에 같은 종류의 자극을, 가까운 쪽에 다른 종류의 자극이 발생하여 자극에 흡인되는 현상이다.

이와 같이 자석이 아닌 것을 자계 속에 넣으면 자석이 되는 작용을 자기 유도라 하며 이때 철이나 니켈은 자기 유도에 의해 자화되었다고 한다.

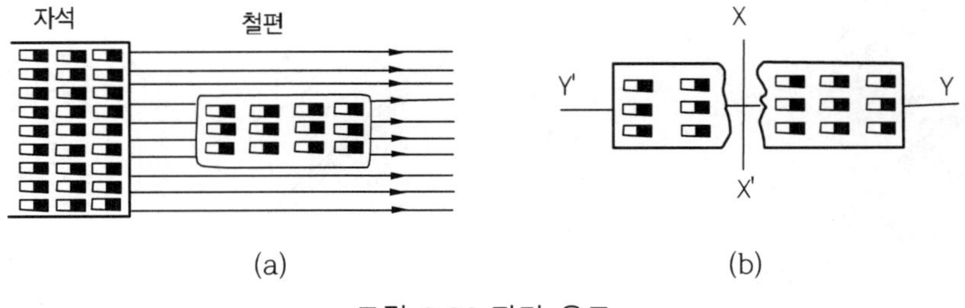

그림 2-36 자기 유도

그리고 연강(錬鋼)의 경우에는 자석이 가까이 있을 때는 자화되지만 자석을 멀리하면 자기가 없어지므로 일시적인 자석이 된다. 또 경강(硬鋼)의 경우는 일단 자화되면 자석을 멀리하더라도 자기가 남아 있게 되는데 이때 남아 있는 자기를 잔류 자기라 한다. 이와 같이 잔류 자기가 안정되어 시간이 경과하여도 자기가 변화하지 않는 것을 영구 자석이라 한다.

잔류 자기를 제거하려면 반대 방향에서 자화력을 가하면 된다. 이와 같이 경강이 자화할 때에는 자기적인 경력이 나타나는데 이런 현상을 히스테리시스(hysteresis)라 한다.

경강을 자화하는 방향을 주기적으로 변화시키면 히스테리시스로 인하여 열이 발생하여 온도가 상승한다.

4. 전류에 의한 자계 형성

두꺼운 종이에 구멍을 뚫고 도선을 통과시킨 후 도선에 전류를 흐르게 한 다음 종이 위에 쇳가루를 뿌리면 쇳가루는 도선을 중심으로 하여 여러 갈래의 원형을 형성하는데 이것은 도선에 전류가 흐르면 도선 주위에 맴돌이 자력선이 발생하기 때문이다. 이 자력선을 이용하여 자동차에서는 각종 릴레이와 전동기 등에서 이용하고 있다.

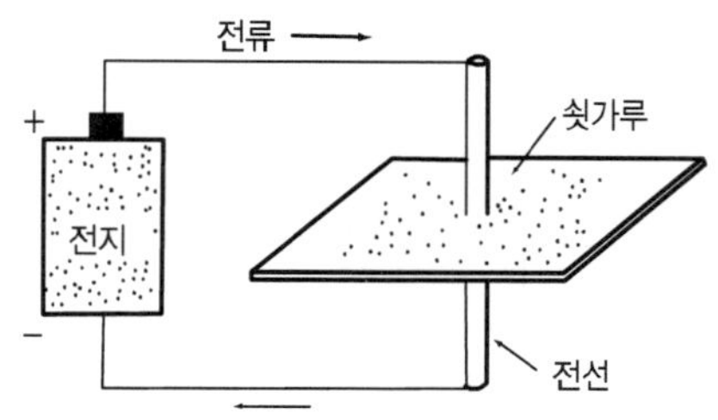

그림 2-37 전류가 형성하는 자계

[1] 앙페르의 오른 나사의 법칙

프랑스의 물리학자 앙페르(Andre marie Ampare)가 전류와 자석과의 관계를 발견한 법칙이다. 즉, 전선에 전류를 흐르게 하면 그 주위에 전류의 세기에 비례하고 전선에서의 거리에 반비례하는 자계가 발생하며 그 자력선은 전선을 중심으로 하는 동심원 형상이 되며 전류가 흐르는 방향과 자력선의 방향 사이에는 다음의 관계가 성립된다. "전류의 방향을 오른 나사의 진행 방향으로 일치시키면 자력선의 방향은 오른 나사가 돌려지는 방향과 일치한다."이것을 앙페르의 오른 나사의 법칙이라 한다.

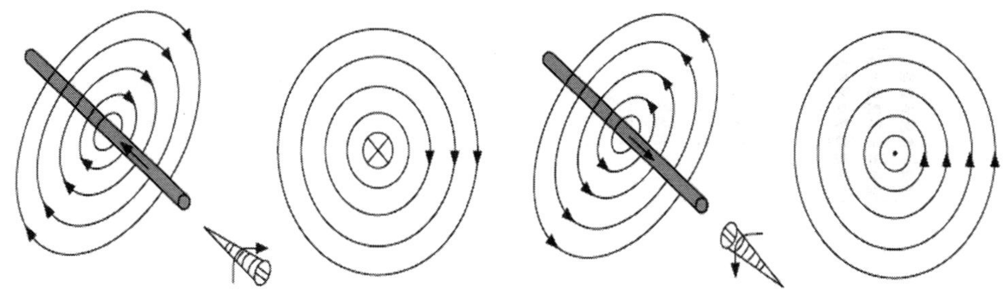

그림 2-38 앙페르의 오른 나사 법칙

[2] 코일이 형성하는 자계

코일(coil)모양으로 전선을 여러 번 감고 전류를 흐르게 하면 자력선의 세기는 각 코일에서 발생하는 자력선의 합이 되며, 자력선이 나오는 쪽이 N극, 들어가는 쪽이 S극이 되며 이때 자계는 코일의 바깥쪽과 안쪽에서 하나로 연결된다. 코일 주위의 자계는 전류가 클수록, 코일의 권수가 많을수록 크며, 그리고 코일 내부에 철심을 넣고 전류를 흐르게 하면 철심에서 발생하는 자속은 코일의 권수와 전류의 곱에 비례하여 증가하고 막대 자석과 같은 작용을 한다. 이 원리를 이용하여 자동차에서는 기동전동기의 솔레노이드 스위치, 전기자 코일, 계자 코일 등에서 이용한다.

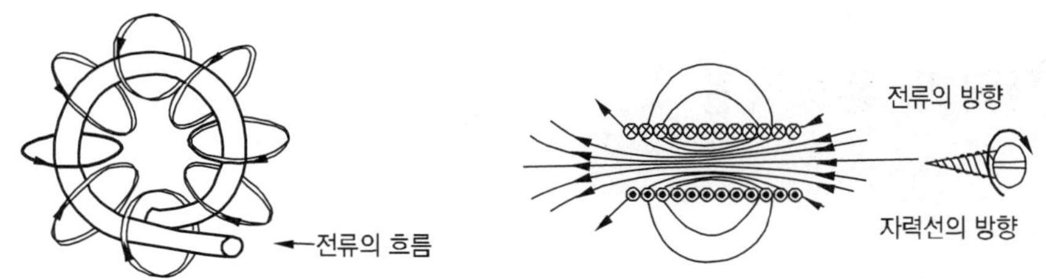

그림 2-39 코일이 형성하는 자계

[3] 오른손 엄지손가락의 법칙

코일에 발생하는 자력선을 보면 막대 자석의 자력선과 비슷하며 코일의 자력선의 방향을 알고자 할 때 오른손 엄지손가락의 법칙을 이용하면 쉽다. 즉, 엄지손가락을 제외한 4개의 손가락을 그림 2-40에 나타낸 바와 같이 코일에 전류가 흐르는 방향으로 잡았을 때 엄지손가락 방향으로 자력선(자계)이 나온다. 이때 엄지손가락이 N극 방향이 되며, 이 자극은 전류의 흐름 방향과 코일을 감은 방향을 바꾸면 극성도 바뀐다.

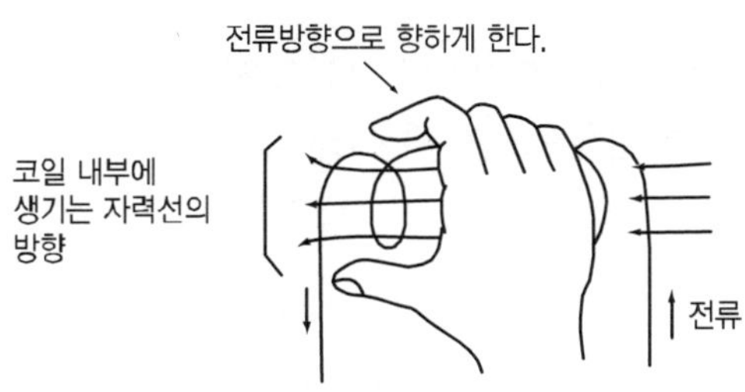

그림 2-40 오른손 엄지손가락 법칙

[4] 솔레노이드(Solenoid)

코일을 여러 번 감고 전류를 흐르게 하였을 때 자석이 되도록 한 기구를 솔레노이드라 한다. 또한 솔레노이드 내부에 철심을 넣고(이것을 전자석이라 함) 솔레노이드에 전류를 흐르게 하면 철심에 자속이 발생하며 이 자속은 철심이 포화되지 않는 한 솔레노이드의 권수와 여기에 흐르는 전류와의 곱에 비례하여 증가한다. 권수와 전류와의 곱은 자속을 발생시키는 능력을 표시하는 것이며 이를 기자력이라 하며 단위는 암페어 횟수(AT, Ampere Turn)이다.

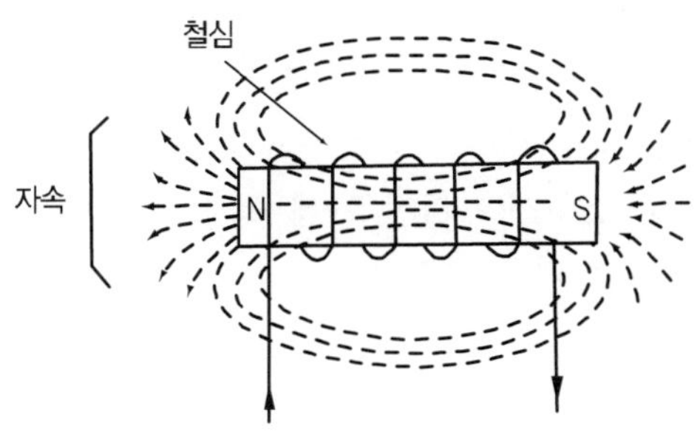

그림 2-41 솔레노이드의 자속

2.5 전자력과 유도작용

1. 전자력(電磁力)

자계 내에 도체를 놓고 전류가 흐르도록 하면 부근에 있는 도체에는 흡인력이 작용한다. 이때 자극을 고정하고 도체를 자유로이 움직일 수 있도록 하면 그 힘이 도체에 작용하여 도체가 움직일 수 있는데 이 힘을 전자력이라 한다.

즉, 전선에 전류가 흐르면 앙페르의 오른 나사 법칙에 의해 전선 주위에 자력선이 발생하며 자력선의 1/2은 힘이 증가하고, 1/2은 감소한다.

또한 자석에서 나오는 자력선은 직선으로 이동하려는 성질이 있으므로 도체를 밀어내는 힘이 작용한다. 전자력의 세기는 자계의 방향과 직류의 방향이 직각일 때 가장 크며, 도체의 길이, 전류의 크기, 자계의 세기에 비례하여 증가한다.

그리고 전자력의 방향은 자석에서 나오는 자력선의 방향과 도체에 흐르는 전류의 방향에 의해 결정되며 이들 방향의 관계는 플레밍의 왼손 법칙으로 정해진다.

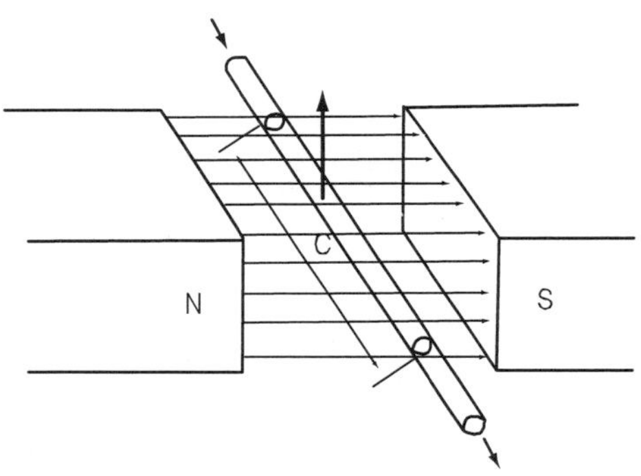

그림 2-42 전자력

따라서 전류를 일정하게 공급할 때 코일의 권수를 많이 할수록 자력은 더욱 커진다. 그러나 코일의 권수가 많아지면 전선의 길이가 길어지므로 저항이 증가한다. 따라서 같은 양의 전류를 공급하고 보다 많은 양의 권선을 하면서 저항을 감소시키려면 굵은 코일을 사용하거나 전압을 높여 주어야 한다.

또 전자력을 받는 방향은 도체에 흐르는 전류의 방향과 주위의 자계의 방향에 따라 결정된다. 자계의 크기를 나타내는 자속밀도 B[wb/m^2]인 자장 안에 직각으로 l[m]의 도선을 놓고 도선에 I[A]의 전류를 흐르게 하면, 전자력 F[N]는 다음과 같다.

$$F = B \cdot l \cdot I \text{[N]}$$

즉, 전자력 = 자계의 세기×전류×도체의 길이로 표시된다.

2. 플레밍의 왼손 법칙

영국의 전기 공학자 플레밍(John Ambrose Fleming)에 의해 고안된 전자기의 법칙에 3손가락을 이용한 법칙이다. 자력선의 방향, 전류의 방향 및 도체가 움직이는 힘의 방향에는 일정한 관계가 있으며 이것을 왼손을 이용하여 보면 도체가 움직이는 방향을 정확하고 쉽게 알 수 있다. 이 법칙은 인지를 자력선의 방향에 가운데 손가락을 전류의 방향에 일치시키면 도체에는 엄지손가락 방향으로 전자력이 작용한다는 법칙이며 기동 전동기, 전류계, 전압계 등의 원리이다.

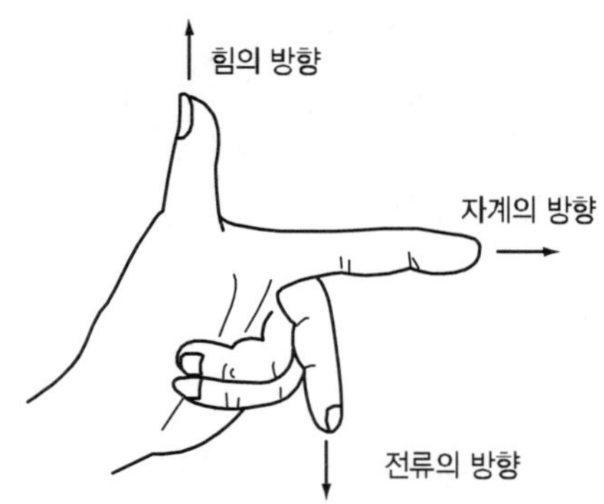

그림 2-43 플레밍의 왼손 법칙

그림 2-44은 전동기의 원리를 나타낸 것이다. N극과 S극에 의해 발생한 자속밀도 B[wb/m^2]인 자장 안에서 한 변의 길이가 L[m]이고 간격이 D[m]인 도체에 전류 I[A]를 흐르도록 하면 플레밍의 왼손법칙에 의해 시계방향으로 회전하려는 회전력 T[N·m]가 다음과 같이 발생한다.

$$T = F \cdot D = B \cdot L \cdot D \cdot I \, [\text{N·m}]$$

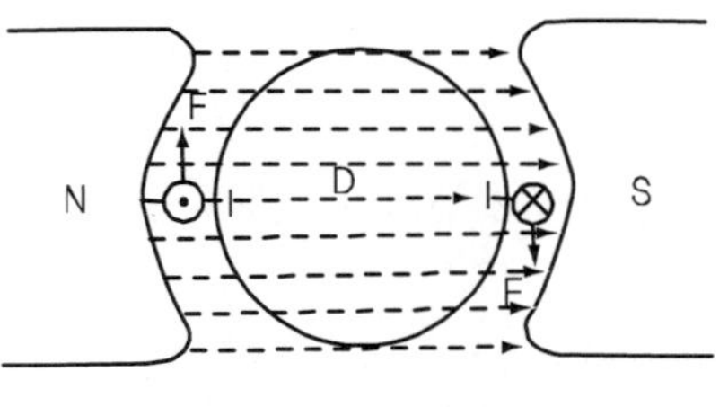

그림 2-44 전동기의 원리

직류 전동기는 도체가 계속하여 일정한 방향으로 회전하도록 하기 위하여 1/2회전할 때마다 흐르는 방향을 기계적으로 바꾸어 항상 N극 부근에서는 전류가 나오는 방향에, S극 부근에서는 전류가 들어가는 방향으로 전류가 흐르도록 한다.

3. 릴레이(Relay)

릴레이는 전자석을 이용한 스위치이며, 전류를 ON/OFF 작용을 하는데 이용된다. 부하가 큰 경우에는 전기회로에 사용하는 스위치의 용량도 커야 한다. 이러한 상황하에서 릴레이를 사용하면 스위치의 용량이 작은 것을 사용할 수 있다. 릴레이는 전자석과 넓은 접점으로 만들어지며, 전자석에 전류가 흐를 때 접점이 상하방향으로 접촉할 수 있도록 되어 있는데, 접점이 닫힐 때 ON이 된다. 릴레이의 전류를 차단하면 접점의 스프링 장력에 의해 제자리로 되돌아오게 되어 정상상태의 위치로 되는데 이 경우는 접점이 열리는 경우이며 OFF된다. 릴레이 형태는 평상상태에는 열려 있으나(OFF 상태) 자력을 띠면 닫히는(ON)되는 NO(normal open type)형태와 평상상태에서는 닫혀 있으나 자력을 띠면 열리는 NC(normal closed type)형태가 있다.

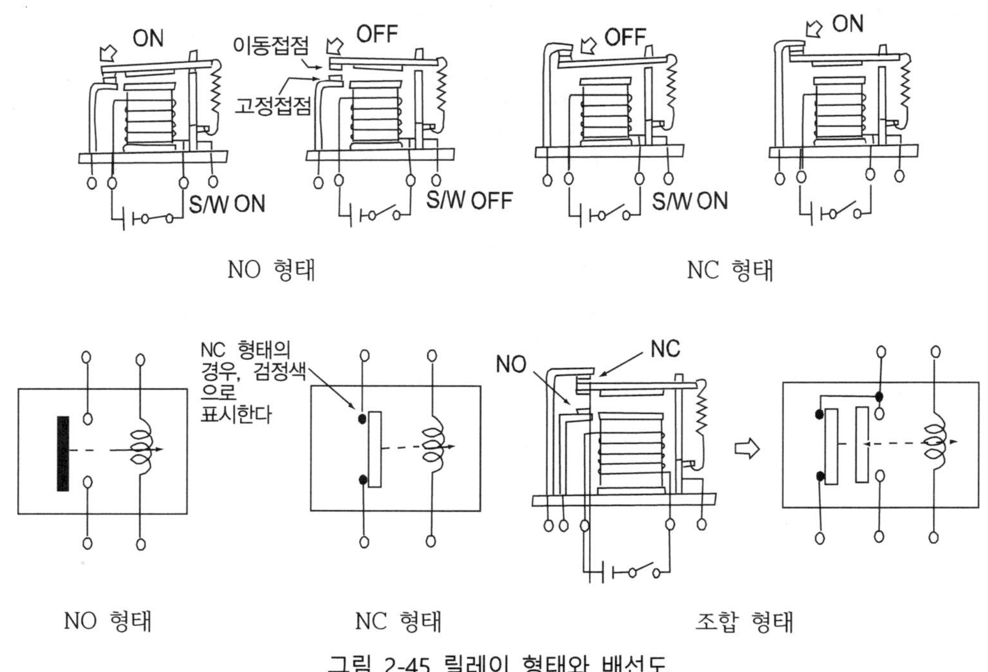

그림 2-45 릴레이 형태와 배선도

4. 전자 유도 방법

이것은 도체와 자력선이 교차되면 도체에 기전력이 발생되는 현상을 말하며, 유도 기전력을 발생시키는 방법은 다음과 같다.

① 도체와 자력선과의 상대 운동에 의한 방법 : 발전기, 전동기 등에서 이용한다.

② 도체에 영향하는 자력선을 변화시키는 방법 : 점화코일, 변압기 등에서 이용한다.

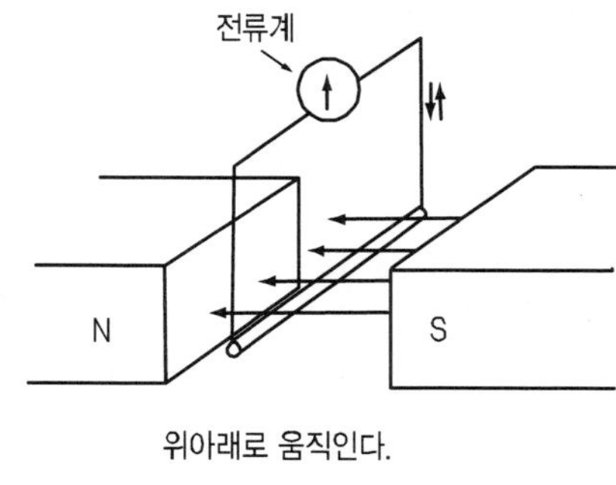

그림 2-46 전자 유도 작용(1)

[1] 도체와 자력선과의 상대 운동에 의한 방법

이 방법은 자계 내에 자력선과 직각이 되도록 도체를 넣고, 그 양 끝에 전류계를 설치한 다음 도체를 자력선과 직각 방향으로 움직이면 도체에는 전류가 발생되어 전류계 바늘이 움직인다. 이때 도체나 자석 중에서 어느 것을 움직여도 전류계 바늘은 움직인다. 그리고 움직이는 속도를 빨리 하면 전류계 바늘의 움직임도 커진다.

즉, 직류 발전기는 자계 내에서 도체를 움직여 전류를 발생시키는 방식이며, 교류 발전기는 도체를 고정하고 자석을 움직여서 전류를 발생시키는 방식이다.

이 현상을 정리하면 다음과 같은 것을 알 수 있다.

① 도체 또는 자석을 움직이면 전류계 바늘이 흔들린다.
② 전류계 바늘의 흔들림은 도체가 움직이는 방향과는 반대로 된다.
③ 도체 및 자석의 움직임이 빠를수록 전류계 바늘의 흔들림이 커진다.
④ 도체 및 자석을 정지하면 전류계 바늘은 흔들리지 않는다.

[2] 도체에 영향하는 자력선을 변화시키는 방법

이 방법은 코일에 자석을 가까이하였다가 멀리하거나(그림 2-47(a)), 코일과 마주보는 다른 코일에 전류를 증가시키거나(그림 2-47(b)), 코일 자신의 전류를 증감시켜 그 자속 수를 증감시키면 코일에 기전력이 유도된다(그림 2-47(c)). 이것은 코일 내를 통과하는 자속 수가 변화되면 변화된 양에 상당하는 자력선과 코일이 교차하여 이 변화가 지속되는 동안 그 코일에 기전력이 발생한다.

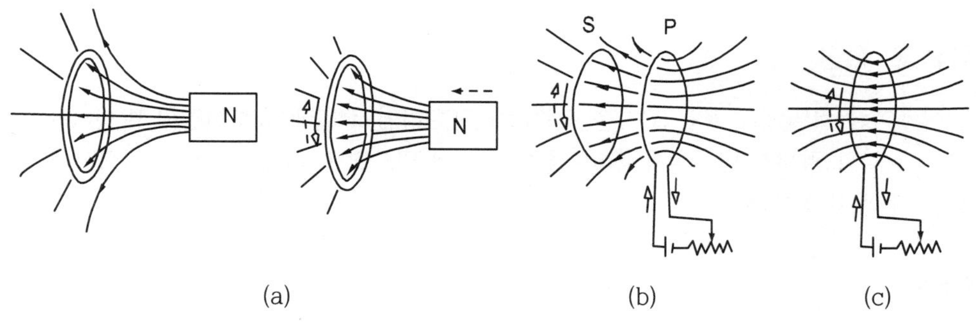

그림 2-47 전자 유도 작용(2)

[3] 플레밍의 오른손 법칙

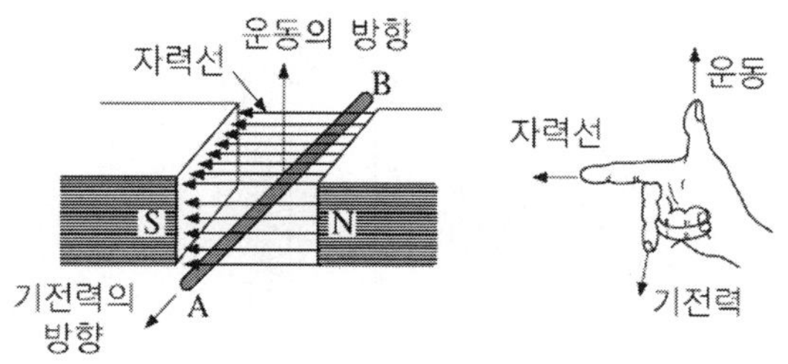

그림 2-48 플레밍의 오른손 법칙

유도 기전력의 방향은 (+), (-) 도체를 움직이는 운동 방향과 자력선의 방향에 따라 결정되는데 이들 방향의 관계는 다음과 같다. 오른손 엄지, 인지 및 중지를 서로 직각이 되게 펴고 인지를 자력선의 방향으로, 엄지를 운동의 방향으로 일치시키면 중지의 방향으로 유도 기전력이 발생한다는 법칙이며, 발전기의 원리이다.

[4] 렌츠의 법칙(Lenz' Law)

"유도 기전력은 코일 내의 자속의 변화를 방해하는 방향으로 생긴다"는 법칙을 렌츠의 법칙이라 한다. 즉, 코일에 자석을 가까이 접근시킬 때에는 자석에서 가까운 쪽에 같은 종류의 극이 발생하도록 코일에 기전력이 발생하여 자석의 접근을 방해하고, 자석을 코일에서 멀리하면 자석에서 가까운 쪽에 다른 종류의 극이 생기도록 기전력이 발생하여 자석이 멀리 가는 것을 방해한다.

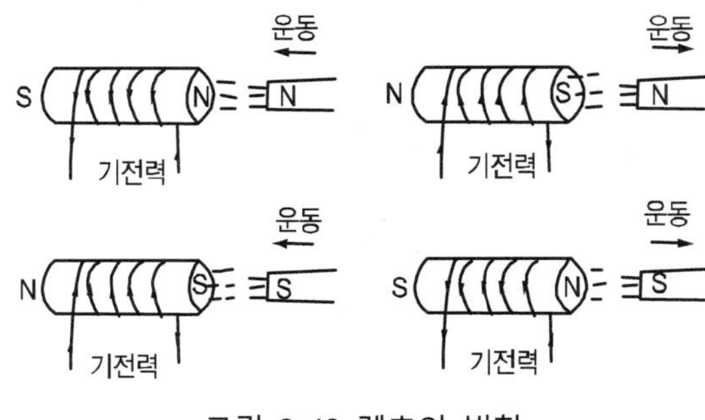

그림 2-49 렌츠의 법칙

5. 전자유도 작용

전자유도 작용이란 코일에 흐르는 전류를 단속(ON-OFF)하면 코일에 유도전압이 발생하는 작용이다. 유도 작용은 코일의 권수가 많을수록 크며, 철심이 들어 있으면 더욱 크며, 유도 기전력의 크기는 전류의 변화 속도에 비례한다.

[1] 전자유도

그림 2-50에 나타낸 바와 같이 코일 속에 자석을 넣었다가 빼었다를 반복하면 코일 속을 통과하는 자속이 변화하기 때문에 코일에는 기전력이 유기되어 전류계 바늘이 움직인다.

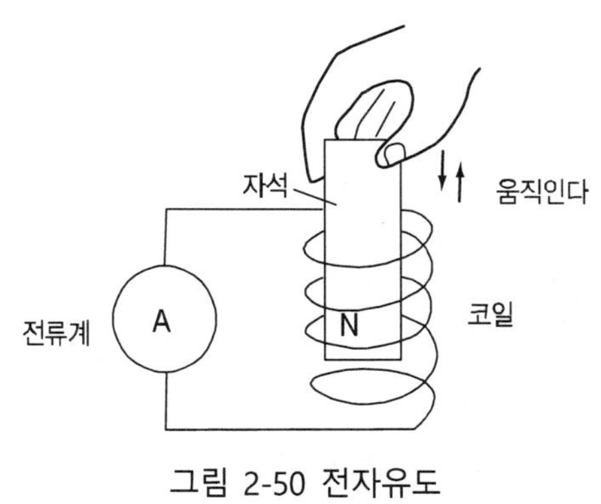

그림 2-50 전자유도

즉, 코일 속의 자속이 변화하는 것은 코일이 자속을 끊는 것과 같은 작용으로 되어 기전력이 유기되는데 이 작용을 전자 유도 또는 전자 유도 작용이라 한다.

전자 유도에 의하여 발생하는 기전력의 크기는 단위 시간 동안의 자속 변화량과 코일의 권수를 곱한 값으로 결정되며, 전자 유도 작용은 자계 내에서 도체를 움직여 기전력을 발생시키는 방법으로 발전기에서 이용되고 있다. 그리고 코일을 통과하는 자속을 변화시켜 유도 기전력을 발생시키는 방법은 점화 코일에서 사용하고 있다. 유도 기전력의 크기는 다음과 같다.

(1) 도체에 자력선을 변화 시켰을 경우

맨 처음 도체와 교차되어 있는 자력선의 수가 Φ이였다고 하면 이 자력선이 t인 시간이 변화하여 Φ'가 되었을 때 발생되는 기전력 E의 크기는

$$E = \frac{\Phi - \Phi'}{t}$$

로 표시되며, 도체가 N권수의 코일이며 유도 작용이 겹치기 때문에

$$E = \frac{\Phi - \Phi'}{t} N$$

이 된다.

(2) 도체와 자력선과 상대 운동을 할 경우

이때의 기전력 크기는 단위 시간에 끊은 자력선의 수에 비례한다. 즉, t초 동안 Φ의 자력선을 끊었다고 하면 기전력의 크기 E는

$$E = \frac{\Phi}{t}$$

가 되며, 기전력은 상대 운동 속도가 빠를수록, 끊은 자력선의 수가 많을수록(자속 밀도가 클수록) 커진다.

[2] 자기유도작용과 상호유도작용

(1) 자기유도작용

코일에 흐르는 전류를 변화시키면 코일과 교차하는 자력선도 변화하므로 그 변화를 방해하려는 방향으로 역기전력이 발생한다. 이와 같은 전자유도작용을 자기유도작용(self induction)이라 한다. 자기유도작용은 코일의 권수가 많을수록 철심이 들어 있을수록 커진다. 즉, 그림 2-51의 (a)에 나타낸 바와 같이 스위치를 ON으로 하여 코일에 전류가 흐르도록 하면 코일 내부에 자속이 발생하며 코일에는 렌츠의 법칙에 의하여 기전력이 발생하여 전류의 흐름을 방해한다.

그리고 그림 2-51의 (b)에 나타낸 바와 같이 스위치를 OFF시키면 자속이 급격히 감소하면서 다시 코일에 역기전력이 발생한다. 이와 같이 코일 자체의 전류 변화에 의하여 기전력이 유도되는 작용이다. 자동차의 점화장치에서 사용하는 점화코일의 1차 코일에서 사용하며 12V의 전압을 200~300V

로 승압시킨다.

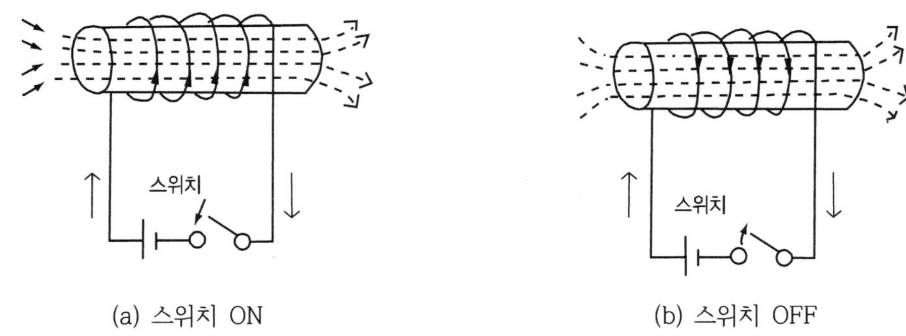

(a) 스위치 ON (b) 스위치 OFF

그림 2-51 자기유도작용의 원리

그림 2-51에서 스위치를 ON으로 하면 자기 유도 작용에 의하여 전류의 반대 방향으로 흐르는 기전력이 코일 내에서 발생하며 이로 인하여 전류는 비교적 천천히 증가하여 일정 값을 유지한다. 이때는 자속의 변화 속도가 낮기 때문에 코일 내에 발생하는 기전력도 전원 전압보다 높아지지 않는다.

그러나 스위치를 OFF시키면 자력선이 급격히 감소하기 때문에 큰 유도 기전력이 발생한다. 이에 따라 자기 유도 작용도 그 만큼 크게 되어 전원 전압보다 매우 높은 전압이 발생한다. 일반적으로 자기 유도 작용에 의하여 발생되는 기전력의 크기는 전류의 변화 속도에 비례한다. 즉

기전력 $\propto$ 전류의 변화 속도

기전력 = 자기 인덕턴스(L)×전류의 변화 속도

가 된다. 따라서

$$L = \frac{\text{기전력}}{\text{전류의 변화 속도}}$$

이 비례상수 L은 코일의 자기 인덕턴스(self inductance)라 하며 단위는 헨리(Henry, 기호 H)를 사용한다. 즉, 자기 인덕턴스 L(H)의 코일에서 그 코일에 흐르는 전류가 t초 동안에 I(A) 변화하였을 때 기전력의 크기 E는

$$E = \frac{I}{t}$$

로 표시한다.

(2) 상호 유도 작용

그림 2-52에 나타낸 바와 같이 A와 B 코일을 가까이한 후 A 코일에 흐르는 전류를 스위치로 단속(ON-OFF)하면 B 코일에 기전력이 발생한다. 이것은 A 코일의 전류에 의하여 발생한 자력선이 스위치의 OFF에 따라 전류와 함께 변화하기 때문이다.

이때 렌츠의 법칙에 의해 자력선의 방향은 1차 코일의 전류 흐름과 반대 방향이다. 이와 같이 하나의 전기회로에 자력선의 변화가 생겼을 때 그 변화를 방해하려고 다른 회로에 기전력이 발생하는 작

용을 상호 유도 작용(mutual induction)이라 한다. 여기서 전원과 연결된 A 코일을 1차 코일, B 코일을 2차 코일이라 하며 자동차에서는 점화코일의 2차 코일에서 상호 유도 작용을 이용하여 20,000~30,000V의 높은 전압을 얻는다. 그리고 상호 유도 작용에 의한 2차 코일 기전력의 크기는 1차 코일의 전류 변화 속도에 비례한다. 즉,

2차 코일의 기전력 ∝ 1차 코일의 전류 변화 속도

2차 코일의 기전력 = 상호 인덕턴스(M) × 1차 코일 전류의 변화 속도

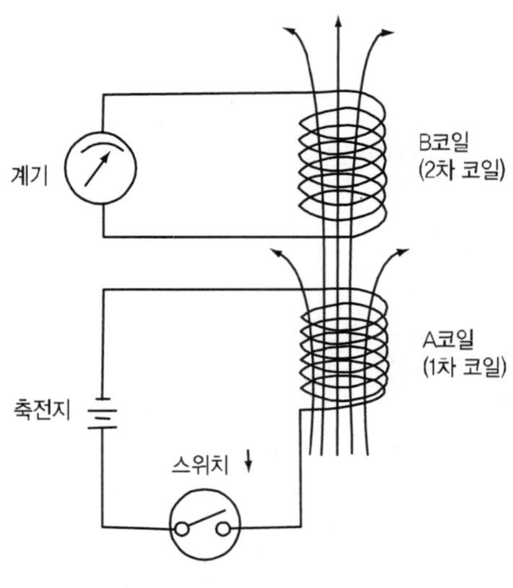

그림 2-52 상호유도작용

또 상호 유도 작용은 1차 코일에 흐르는 전류의 변화로 높거나 낮은 상호 유도 기전력을 얻을 수 있다. 기전력 용량의 등급은 2차 코일에 의해 결정되며 상호 유도의 기호를 M, 그리고 측정 단위는 H(Henry)를 사용한다.

상호 유도의 1H는 1차 코일에 초당 1A의 전류를 변화시키고 이 1차 코일에 의해서 2차 코일이 1V의 기전력을 발생하는 것을 말한다. 이것을 방정식으로 나타내면 다음과 같다.

$$e_2 = \frac{MI}{t}[V]$$

여기서, e_2 : 상호 유도 기전력

M : 상호 인덕턴스(H)

그리고 상호 인덕턴스는 자기 인덕턴스와 코일의 권수에 비례한다.

$$M = L \times \frac{2\text{차 코일의 권수}(N_2)}{1\text{차 코일의 권수}(N_1)}$$

$$e_2 = L \times \frac{N_2}{N_1} \times \frac{I}{t} = e_1 \times \frac{N_2}{N_1}$$

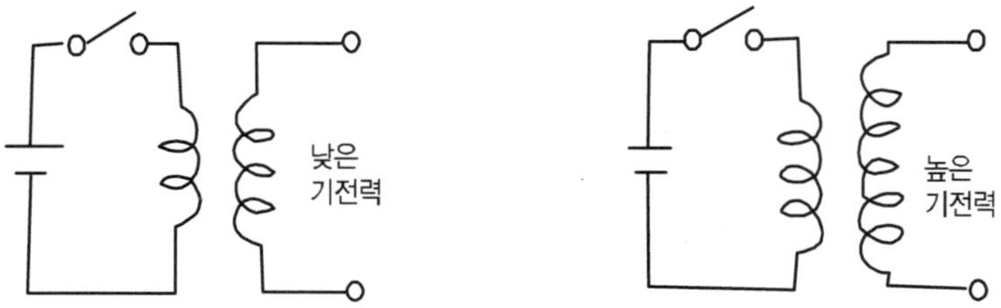

낮은 기전력

높은 기전력

(a) 낮은 상호 인덕턴스　　　(b) 높은 상호 인덕턴스

그림 2-53 인덕턴스와 코일 권수

[3] 역기전력

코일 B의 전압은 코일 A와 B의 권선에 비례한다. 점화 스위치를 ON으로 하면 발생하는 기전력은 다음 공식에 따른다.

$$E = \frac{N_B}{N_A} \times V_B [V]$$

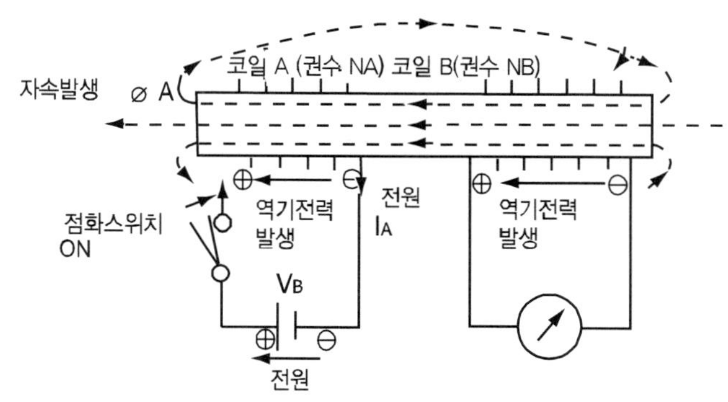

그림 2-54 전류 변화와 역기전력

따라서 코일 A에 전원을 연결하고 스위치를 ON으로 할 경우에 코일 A에 전원 전압과 같은 전압이 발생하며, 그 방향은 전원 전압에 대항하는 방향으로 되어 시간에 따라 작아진다. 이와 같이 전류에 대하여 코일에 발생하는 전압을 역기전력이라 한다.

그림 2-55에 나타낸 바와 같이 스위치를 ON으로 하면 코일 A의 역기전력은 최초의 전압과 같기 때문에 전류는 0이지만 그 후 전류가 흐르기 시작하여 그림 2-56에 나타낸 바와 같이 점차 증가한다.

이때 코일 A에는 저항 R이 있기 때문에 옴의 법칙에 의하여 전류 I_A가 흐르면 그 저항에는 전압 강하가 발생하여 다음과 같은 공식의 크기로 된다.

$$V = I_A \times R [V]$$

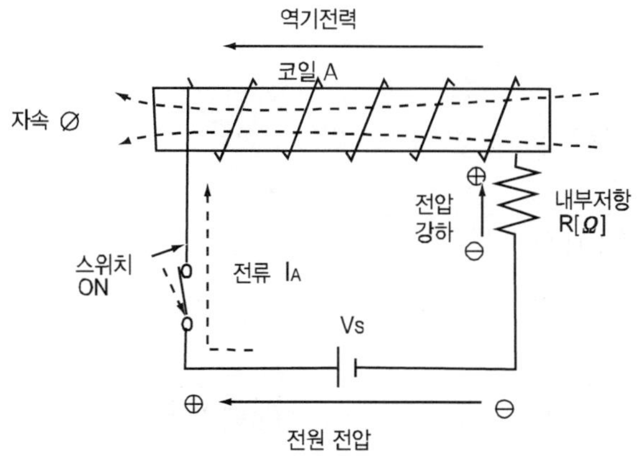

그림 2-55 코일 A의 역기전력

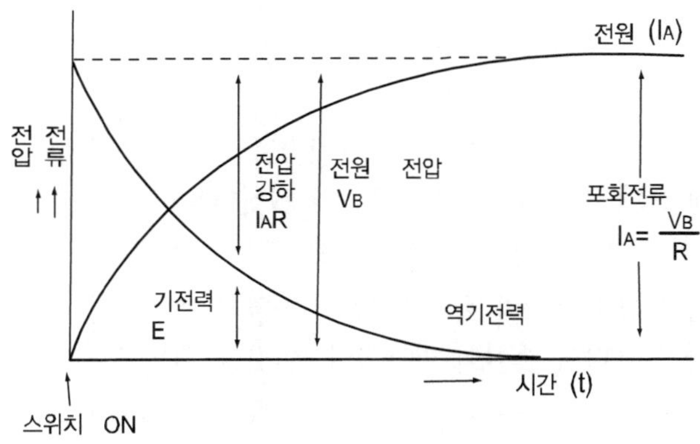

그림 2-56 전류의 변화와 역기전력

이 전압 강하 때문에 코일 A에 흐르는 전압은 전류가 증가하여 약해지고, 역기전력도 약해진다. 이때 코일의 역기전력 E[V]와 저항에 발생하는 전압 강하 $I_A \times R$[V]을 가한 것이 통상 전압과 같아지나, 역기전력과 전압 강하는 시간과 함께 변화하여 일정 전류(포화 전류)로 될 때 전압 강하는 100%가 되고 역기전력은 0이 된다.

$$V_B = E + I_A R$$

이와 같이 스위치를 ON으로 할 경우에는 역기전력이 최초의 전원 전압과 같은 전압으로 나타나 시간과 함께 감소하며, 이에 따라 흐르는 전류도 일정 전류로 되어 최종적인 포화 전류는

$$I_A = \frac{V_B}{R} [A]$$

로 되어 안정된다.

이렇게 하여 일정 전류로 흐르고 있는 코일의 전류를 끊으면 전류가 갑자기 0으로 되고 자속 또한 0으로 된다. 따라서 자속이 0으로 되는 변화가 발생하기 때문에 기전력(E)이 발생하며 이것은 다음 공식과 같이 자속 변화율(dΦ/dt)에 코일 권수를 곱한 크기의 전압이 된다.

$$E = -N\frac{d\Phi}{dt}[V]$$

N : 코일 권수, dΦ : 자속 변화, dt : 시간 변화

6. 자기 포화와 히스테시스

철에 자력을 공급하였을 때 자계의 강도가 어느 점 까지 증가한 후에는 자력이 일정하게 되는 현상을 자기 포화 현상이라 한다.

또 코일에 교류 전류를 사용하였을 경우 잉여 자력 때문에 전류를 공급한 즉시 자력을 얻는 것은 불가능하다. 이와 같이 전류가 쓸모없이 열(heat)로 방출되는 현상을 히스테리시스 손실(hysteresis loss) 또는 이력현상(履歷 現像)이라 한다.

7. 맴돌이 전류

도체 속을 자력선이 흐르고 있을 때 자력선이 증가하거나 도체와 자력선이 상대 운동을 하면 전자유도 작용에 의하여 도체 중에 기전력이 발생하며, 이 기전력으로 인하여 흐르는 유도 전류는 그 도체 중에서 저항이 가장 적은 통로를 통하여 맴돌이를 이루며 흐른다.

이와 같은 전류를 맴돌이 전류(와전류)라 한다. 맴돌이 전류가 흐르고 있는 도체에는 그 도체의 저항에 해당하는 열이 발생하여 에너지 손실이 발생한다. 이것을 맴돌이 전류 손실이라 한다.

교류 회로에서 사용하고 있는 변압기의 철심이 사용 중 서서히 온도가 상승하는 것은 맴돌이 전류 때문이다. 그리고 그림 2-57에 나타낸 바와 같이 원판의 자극 바로 아래쪽에 플레밍의 오른손 법칙에 의한 맴돌이 전류가 유기되며 그 결과로 맴돌이 전류가 흐른다.

이 맴돌이 전류와 자극 사이에는 플레밍의 왼손 법칙에 따르는 회전력이 작용하여 원판의 운동이 저지된다. 이것을 맴돌이 전류 브레이크라 부르며 자동차의 감속 브레이크에서 사용된다.

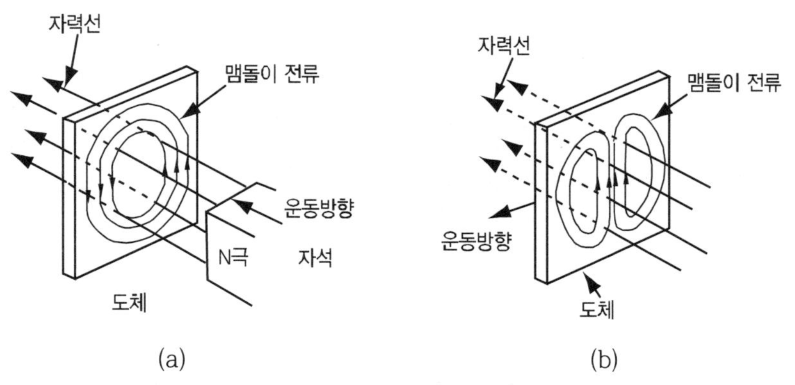

그림 2-57 맴돌이 전류

2.6 교류(AC, Alternate Current)

1. 교류의 발생

그림 2-58에 나타낸 바와 같이 자계 내에서 전선을 O점을 축으로 하여 일정한 속도로 회전 운동을 시키면 전선 a, b의 윗부분에서 운동하고 있는 경우에는 자력선을 오른쪽에서 왼쪽 방향으로 절단하므로 (+)방향의 기전력이 유기되고, a, b의 아랫부분에서 운동하고 있을 때에는 자력선을 왼쪽에서 오른쪽 방향으로 절단하기 때문에 (-)방향의 기전력이 유기된다.

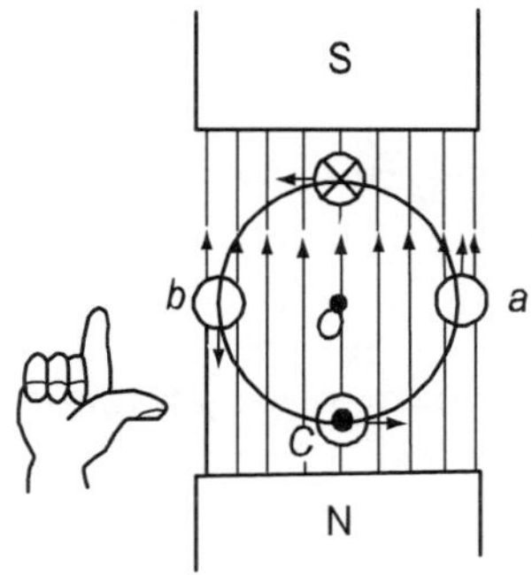

그림 2-58 교류의 발생

따라서 a, b를 경계로 하여 1/2회전할 때마다 전선 내의 기전력은 그 방향을 ⊗(전류가 들어가는 방향의 기호), ⊙(전류가 나오는 방향의 기호)로 차례로 바꾸어 발생한다. 이 기전력의 크기는 전선이 일정한 시간 내에 자력선을 절단하는 비율에 비례하기 때문에 그 크기를 ⊗ 또는 ⊙의 크기로 표시하면 그림 2-59의 (b)에 나타낸 바와 같이 사인파(정현파) 곡선으로 표시된다.

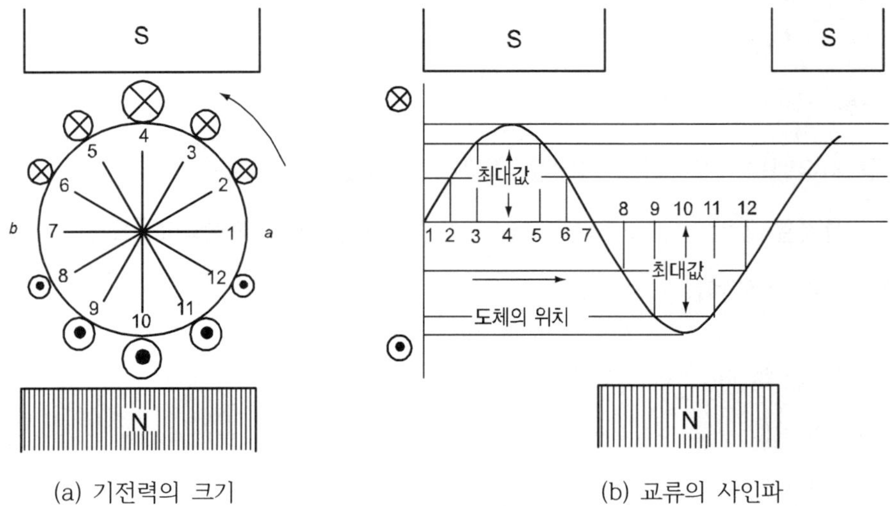

(a) 기전력의 크기

(b) 교류의 사인파

그림 2-59 기전력의 크기

2. 교류 표시 방법

[1] 교류의 크기

그림 2-59 (a)에 나타낸 바와 같이 자속 밀도가 B[Wb/m^2]인 균일한 자장 내에서 코일 변의 길이가 l[m]인 코일을 v[m/s]의 일정한 속도로 반시계 방향으로 회전시키면 기전력 유도에 유효한 속도 v'는 자속의 방향과 직각 성분인 $v' = v\sin\theta$가 된다.

따라서 각 순간에 2개의 코일 변에서 유기되는 순시 기전력 e[V]는 다음과 같이 표시된다.

$$e = 2 \cdot B \cdot \ell \cdot v \cdot \sin\theta[\mathrm{V}] = Em \cdot \sin\theta[\mathrm{V}]$$

여기서, Em : $2 \cdot B \cdot l \cdot v$[V]이며, 순시 기전력의 최대 값이다.

[2] 교류의 주파수와 주기

그림 2-59 (b)에 나타낸 바와 같이 코일의 위치 1에서부터 다음의 1까지 파형이 그리는 변화를 1사이클(cycle)이라 하며, 1사이클 동안에 걸리는 시간을 주기라 하고, 1초 동안의 사이클 수를 주파수라 한다.

주파수의 단위는 헬츠(기호 Hz)로 표시한다. 주기 T[s]와 주파수 f[Hz], 또는 사이클/초 사이에는 다음의 관계가 성립한다.

$$T = \frac{1}{f}[\mathrm{s}]$$

그림 2-58에서는 자극의 수가 2개였으나 자극의 수가 4개로 되면 1/2회전마다 같은 변화가 반복되기 때문에 1회전에 대하여 2사이클의 변화를 하게 된다. 즉, 자극 수에 비례하여 주파수가 증가한다. 자극수를 P, 매분 회전속도를 n[rpm]이라 하면 주파수 f[Hz]는 다음과 같다.

$$f = \frac{\frac{\mathrm{n \cdot P}}{2}}{60} = \frac{\mathrm{n \cdot P}}{60}$$

[3] 교류의 전력

교류의 크기를 나타내는 방법으로는 최대값, 평균값, 실효값 등을 사용한다. 사인파 교류의 평균값은 순간 값의 1/2사이클 동안 평균을 취한 것으로 최대값의 $\frac{2}{\pi}$배에 해당되며, 정류기로 바꾼 직류의 값을 구할 때 주로 사용한다.

$$\text{평균 값} = \frac{2}{\pi} \times \text{최대값} \fallingdotseq 0.637 \times \text{최대값}$$

교류의 실효값은 직류와 같은 크기의 열량을 내는 교류의 크기를 표시한 것인데 사인파 교류의 실효값은 최대값의 $\frac{1}{\sqrt{2}}$배에 해당한다.

$$실효값 = \frac{1}{\sqrt{2}} \times 최대\ 값 \fallingdotseq 0.707 \times 최대값$$

그리고 사인파 교류의 기전력이 공식(교류의 크기)에서 나타낸 바와 같이 발전기 코일의 회전각도 θ의 사인값에 비례하여 변화하기 때문에 이 기전력에 의해서 흐르는 전류도 최대값을 Im이라 하면 전류의 순간값 i[A]는 다음과 같다.

$$i = Im \cdot \sin\theta$$

교류 회로의 전력도 전압과 전류의 곱으로 표시되지만, 전압과 전류의 크기와 방향이 수시로 변화하기 때문에 전류 전력과는 다르게 표시한다.

[4] 교류 회로의 특징

직류 회로에 전류가 흐를 때에는 회로 내의 저항만 고려하여 전류의 크기를 구할 수 있으나 교류 회로에서는 전압이 시시각각으로 변화하기 때문에 회로 내에 코일과 같은 인덕턴스(inductance)나 축전기(condenser)와 같은 부품이 있을 경우에는 전류의 흐름이 변화되므로 직류 회로에 비하여 계산이 복잡해진다.

교류 회로에서는 인덕턴스와 용량을 저항에 합성하여 고려하여야 한다. 직류 회로의 저항에 상당하는 교류 회로의 저항을 임피던스(impedance)라 한다.

(1) 저항만이 있는 교류 회로의 경우

그림 2-60 (a)와 (b)에 나타낸 바와 같이 저항 R만이 있는 회로에 교류 전압 E를 가하면 전류 I는 전압과 같은 파형으로 변화한다. 이와 같이 전압과 전류의 파형이 함께 변화할 때 전압과 전류는 동상(in phase)이라 한다.

그림 2-60 (c)에 나타낸 바와 같이 저항 R만 연결한 회로에 전압계와 전류계를 접속하고 측정한 전압과 전류의 실효값을 각각 E와 I라 하면 직류 회로에서의 옴의 법칙과 같다.

$$I = \frac{E}{R} [A]$$

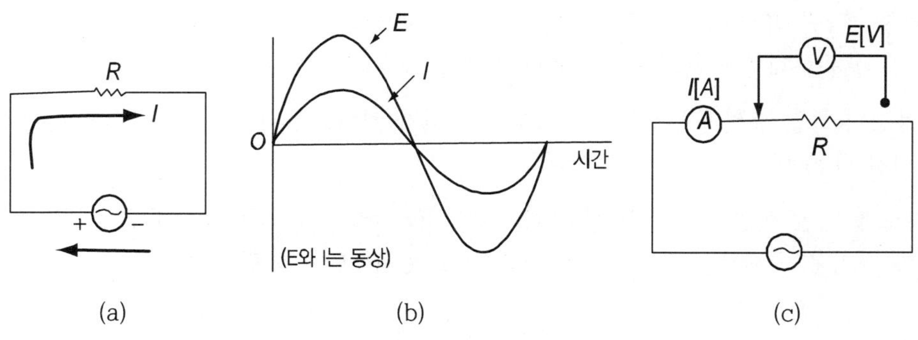

그림 2-60 저항만이 있는 교류 회로

(2) 인덕턴스가 있는 교류 회로의 경우

그림 2-61에 나타낸 바와 같이 자체 인덕턴스가 있는 코일에 교류 전압(E)을 가하여 전류(I)를 흐르게 하면 전류에 의한 자속의 변화 때문에 코일 내에 전자 유도 작용이 발생하기 때문에 가한 전압(E)과는 항상 반대 방향으로 작용하는 역기전력이 작용하여 전류가 흐르는 것을 방해한다.

이와 같이 전류가 흐르는 것을 방해하는 작용을 유도 리액턴스(inductive reactance)라 하는데 이것은 직류 회로에서의 저항과 같은 역할을 한다. 인덕턴스 L[H]인 코일에 주파수가 f[Hz]인 교류 전압을 가했을 때 유도 리액턴스 X_L[Ω]은 다음과 같다.

$$X_L = 2\pi \cdot f \cdot L[\Omega]$$

그림 2-61의 (b)에 나타낸 바와 같이 저항이 전혀 없는 코일에 흐르는 전류의 파형은 전압 파형보다 90° 만큼 위상이 늦어지지만, 저항이 있으면 크기도 작아지고 위상차도 90°보다 작아진다.

이것은 저항 R을 연결한 경우 회로의 임피던스 Z은 다음 공식과 같이 되어 유도 리액턴스 X_L보다 커지기 때문이다.

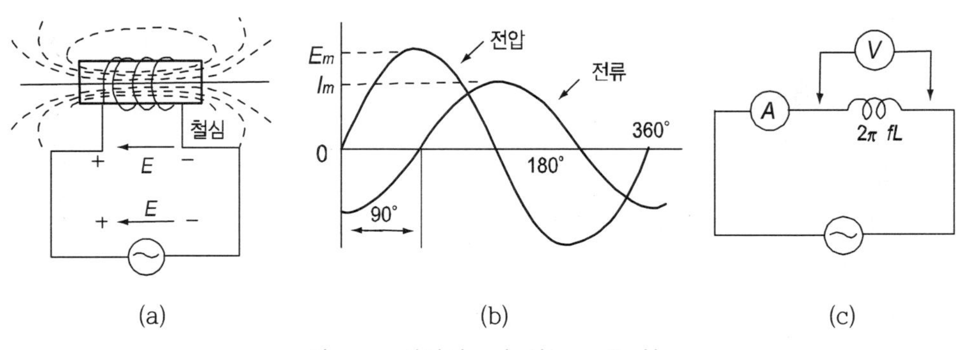

그림 2-61 인덕턴스가 있는 교류 회로

$$Z = \sqrt{R^2 + X_L^2}\,[\Omega]$$

(3) 축전기(condenser)가 있는 회로

그림 2-62에 나타낸 바와 같이 축전기 C가 있는 회로에 교류 전압 E를 가하면, 전압의 크기와 방향이 끊임없이 바뀌기 때문에 축전기는 충전과 방전을 계속하여 축전기 C에는 항상 교류가 흐른다.

축전기의 용량이 크면 충전과 방전에서 이동되는 전하가 커지고, 주파수 f가 클수록 충전과 방전 횟수가 많아지기 때문에 전류가 흐르기 쉽다.

지금 이 회로에 가한 전압과 전류의 실효값을 각각 E와 I라 하면 $I = 2\pi \cdot f \cdot C \cdot E$의 관계가 성립되기 때문에 전류 흐름을 방해하는 작용의 용량 리액턴스 X_C는 다음과 같이 정의된다.

$$X_C = \frac{1}{2\pi \cdot f \cdot C}$$

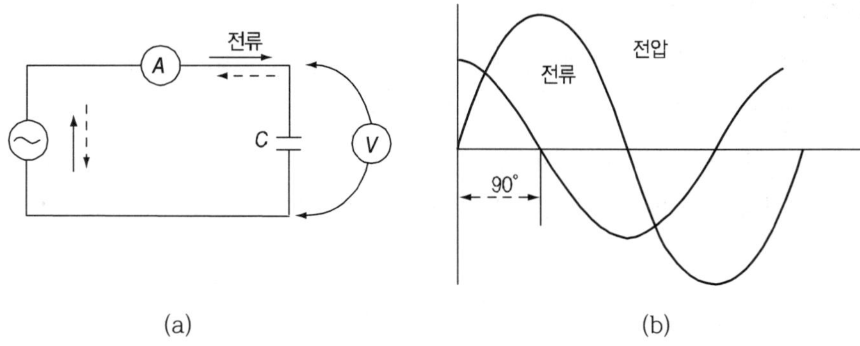

그림 2-62 축전기가 있는 교류 회로

그림 2-62 (b)에 나타낸 바와 같이 축전기만 있는 회로에 흐르는 전류의 파형은 전압 파형보다 90° 만큼 위상이 앞선다.

그러나 저항 R을 직렬로 연결하면 회로의 임피던스 Z은 다음과 같이 되어 용량 리액턴스 Xc보다 커지기 때문에 전류의 크기도 작아지고, 위상차도 90°보다 작아진다.

$$Z = \sqrt{R^2 + Xc^2}\,[\Omega]$$

3. 단상 교류

[1] 단상 교류의 발생

자계 내에서 도체를 회전시키면 직류 기전력이 얻어지며, 반대로 도체 속에서 자석을 회전시키면 교류 기전력이 얻어진다.

그림 2-63는 자석이 1회전하였을 때 도체에 발생되는 기전력의 크기 및 방향을 나타낸 것이며, 기전력을 발생하는 도체가 코일 1조로 되어 있는 것을 단상 교류라 하며, 이 형식의 발전기를 단상 교류 발전기라 한다.

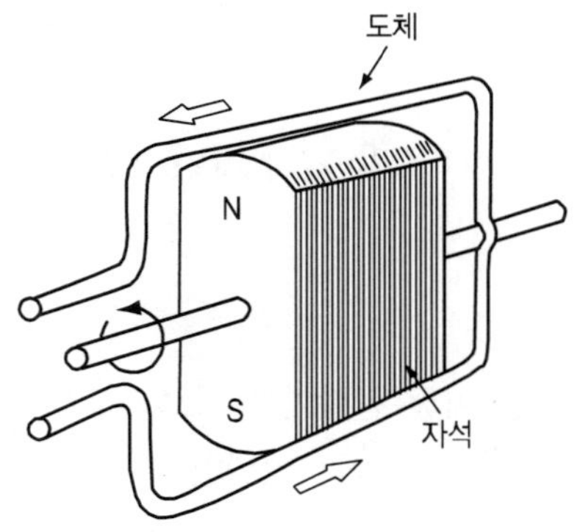

그림 2-63 단상 교류의 발생

[2] 단상 교류발전기의 회전속도와 주파수의 관계

그림 2-64에 나타낸 바와 같이 a로부터 a'까지의 기전력 변화를 1사이클이라 하며, 이 기전력의 변화를 1초 동안에 반복하는 횟수를 주파수라 한다.

즉, 자석이 1초 동안에 1회전한다고 하면 발생되는 주파수는 1사이클이 된다. 4극의 자석인 경우에는 1/2회전마다 기전력의 변화가 반복되기 때문에 자석 1회전에 대해 2사이클의 변화를 하게 된다.

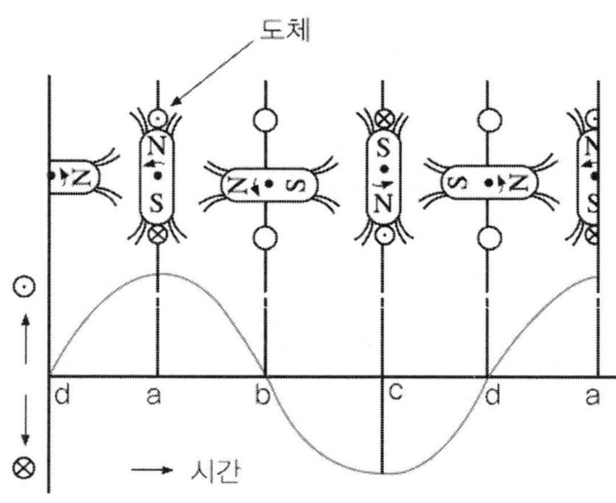

그림 2-64 단상 교류의 기전력

자석의 자극수를 많게 할수록 또 회전속도를 빠르게 할수록 발생하는 주파수도 증가하며 이것을 관계식으로 나타내면 다음과 같다.

① 주파수 ∝ 자극수×회전속도

② $f = \dfrac{\frac{n \cdot P}{2}}{60} = \dfrac{n \cdot P}{120}$

여기서, f : 주파수[Hz]
N : 매분 회전속도(rpm)
P : 자극수

단상 교류의 전력 P는 전압과 전류의 실효값을 각각 E[V], I[A]라 하고 전압과 전류의 위상차를 θ라 하면 다음과 같이 된다.

$$P = E \cdot I \cdot \cos\theta$$

여기서, 전압과 전류 실효값의 곱 EI를 피상 전력이라 하고 피상 전력 EI에 대한 유효 전력 P의 비율인 $\cos\theta$를 역률이라 하며 이것은 부하의 저항과 인덕턴스 용량의 값에 따라 변화한다.

백열 전등이나 전열기의 역률은 100%에 가까우나 유도 전동기의 역률은 50~90% 정도이다.

4. 3상 교류

[1] 3상 교류의 개요

3상 교류(three phase AC)는 단상 교류 3개를 조합한 것으로 단상 교류에 비하여 고능률이고 경제성이 우수하다. 때문에 자동차용 발전기도 3상 교류발전기를 사용하고 있다.

또한 종래의 것보다 저속 회전에서도 발생 전압이 높아서 축전지 충전 능력이 뛰어나고 고속 회전에서도 극히 안정된 성능을 나타낸다.

[2] 3상 교류의 발생

3상 교류는 그림 2-65와 2-66에 나타낸 바와 같이 감긴 수가 같은 3개의 코일 aa_0, bb_0, cc_0를 120° 간격으로 스테이터(stator)에 배치한 다음 자석 N, S를 로터(rotor)로 하여 일정한 속도로 회전시키면 각 코일에는 기전력 E_A, E_B, E_C가 유기되어 3상 교류가 발생된다.

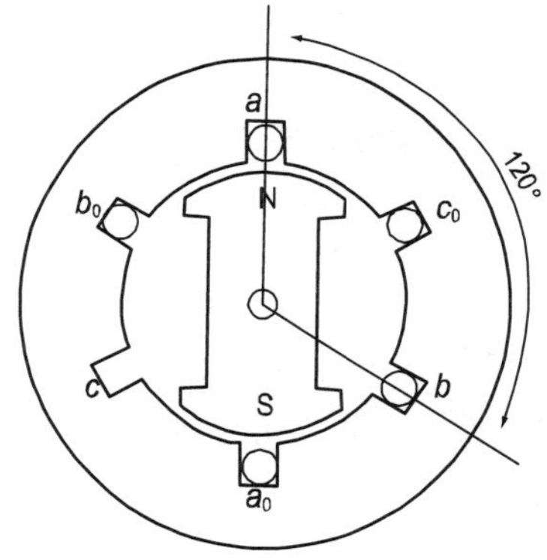

그림 2-65 3상 교류 발전기의 단면

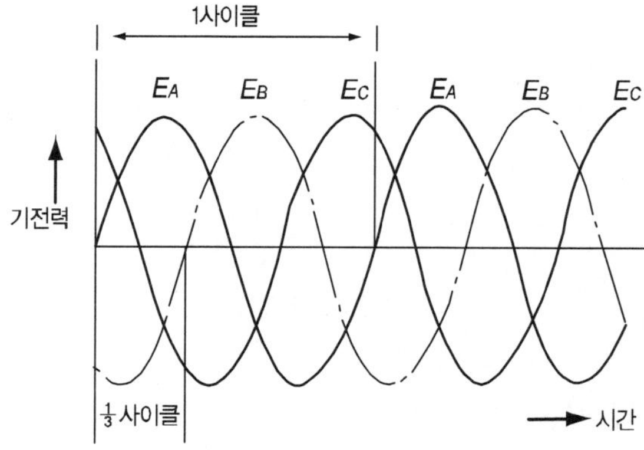

그림 2-66 3상 교류의 기전

[3] 3상 코일의 결선 방법

(1) Y 결선(또는 스타 결선)

Y 결선은 그림 2-67에 나타낸 바와 같이 각 코일의 한 끝을 공통점에 접속하고, 다른 한 끝에서 셋을 끌어낸 방식이다.

선간 전압은 상 전압의 $\sqrt{3}$배이며, 저속에서도 높은 전압 발생과 중성점의 전압을 이용할 수 있다.

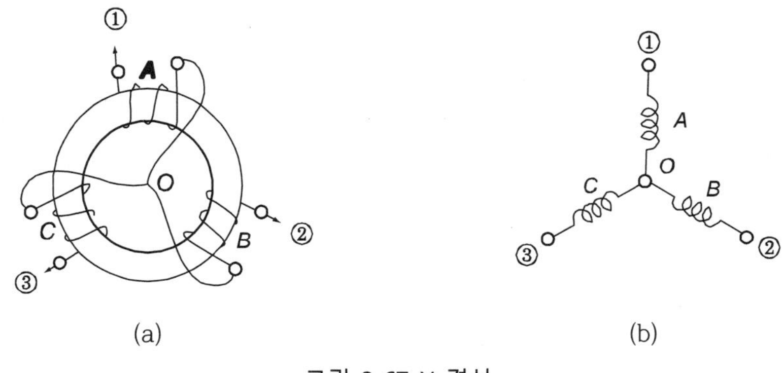

그림 2-67 Y 결선

(2) 3각형 결선(또는 델타(Δ)결선)

3각형 결선은 그림 2-68에 나타낸 바와 같이 각 코일의 한끝을 차례로 접속하여 둥글게 하고 각 코일의 접속점에서 1개씩 끌어낸 방식이다. 선간 전류는 상 전류의 $\sqrt{3}$배이다.

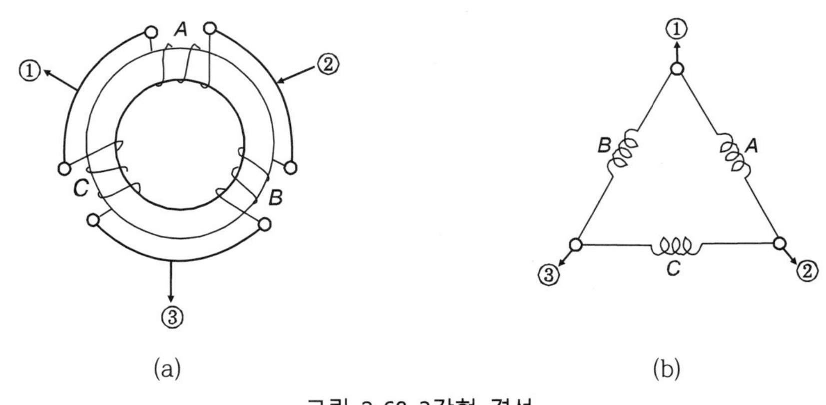

그림 2-68 3각형 결선

[4] 3상 교류의 선간 전압 및 전류

① 그림 2-69 (a)와 같은 3각형 결선에서의 선간 전압 V는 각 상 전압 E_A, E_B, E_C와 같으나 단자 ac 사이에 부하가 연결되었을 경우에 흐르는 선간 전류는 상 전류의 $\sqrt{3}$배로 된다.

② 그림 2-69의 (b)와 같이 결선 된 Y 결선의 선간 전압은 상 전압 E_A, E_B,E_C의 크기가 같을 경우에는 상 전압의 $\sqrt{3}$배가 되고 선간 전류는 상 전류의 크기는 같으나 위상이 다르다.

③ 교류 발전기의 상 전압이 같을 경우에는 Y 결선의 선간 전압이 3각형 결선의 선간 전압보다 높기 때문에 자동차용 교류 발전기에서는 Y 결선이 많이 사용된다. 여기서, 상 전압 및 상 전류란 E_A, E_B,E_C 각 코일의 전압 및 전류를 말하며, 선간 전압 및 선간 전류란 외부 단자 사이의 전압 및 전류를 말한다.

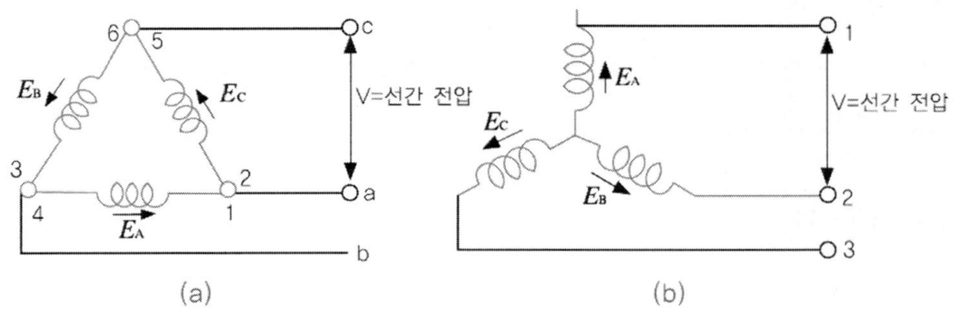

그림 2-69 선간 전압

[5] 3상 전력

① 단상 교류 회로의 전력은 전압과 전류 및 역률의 곱으로 표시되지만, 3상 교류회로에서는 3개의 단상 교류회로가 동시에 존재하기 때문에 각 상의 전력을 구할 수 있다. 즉, 3상 교류 회로에서 각 상의 상 전압 및 상 전류를 E_A, E_B, E_C 및 I_A, I_B, I_C라 하고, 상 전압 및 상 전류의 위상 차이를 각각 θ_A, θ_B, θ_C라 하면 3상 전력 P는 다음과 같이 각 상의 전력 P_A, P_B, P_C의 합으로 된다.

$$P = P_A + P_B + P_C = E_A \cdot I_A \cdot \cos\theta_A + E_B \cdot I_B \cdot \cos\theta_B + E_C \cdot I_C \cdot \cos\theta_C$$

② 평형 3상 교류회로에서는 각 상 전압과 상 전류의 크기 및 위상차이가 같기 때문에 이들을 E_P, I_P 및 θ라 하면 평형 3상 교류회로의 전력 P는 다음과 같이 표시된다.

$$P = 3 \cdot E_P \cdot I_P \cdot \cos\theta = \sqrt{3} \cdot V \cdot I \cdot \cos\theta$$

③ 위 공식으로 표시되는 전력 P는 유효 전력이고, $\sqrt{3}\,V \cdot I$는 피상 전력이라 한다. 또한 교류 회로에서 전혀 일을 할 수 없는 전력 $Pa = \sqrt{3}\,V \cdot I \cdot \sin\theta$[VAR]을 무효 전력이라 한다.

1. 저항이 4Ω인 전구를 12V의 축전지에 의하여 점등했을 때 접속이 올바른 상태에서 전류(A)는 얼마인가?

㉮ 4.8A ㉯ 2.4A ㉰ 3.0A ㉱ 6.0A

해설 $I = \frac{E}{R} = \frac{12}{4} = 3A$

2. 20Ω저항의 양끝에 전압을 가할 때 2A의 전류가 흐른다고 하면 이 저항에 걸리는 전압은?

㉮ 10V ㉯ 20V ㉰ 30V ㉱ 40V

해설 E=I×R=2(A)×20(Ω) = 40V

3. 그림과 같이 12V의 축전지에 저항 3개를 직렬로 연결했을 때 전류계의 값은?

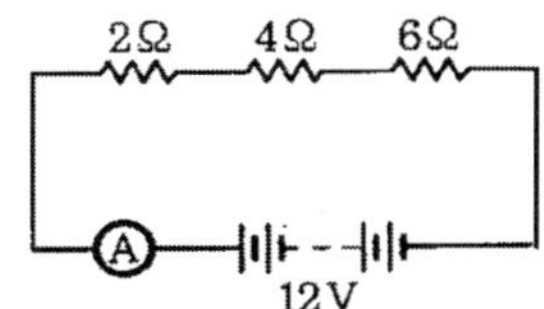

㉮ 1[A] ㉯ 2[A] ㉰ 3[A] ㉱ 4[A]

해설 ① 직렬 회로의 합성저항(R) $= 2\Omega + 4\Omega + 6\Omega = 12\Omega$

② 전류(I)= $\frac{12V}{12\Omega} = 1A$

4. 그림에서 2Ω과 4Ω사이의 전선에 걸리는 전압은 얼마인가?

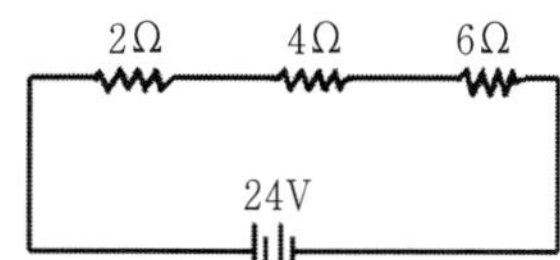

㉮ 2V ㉯ 4V ㉰ 8V ㉱ 12V

해설 ① 전류 = $\frac{24V}{2\Omega + 4\Omega + 6\Omega} = 2A$

② 전압=2A×2Ω=4V

5. 그림은 냉각수 온도 센서 회로이다. 냉각수 온도 센서의 저항 값이 180Ω일 때 전압계는 몇 V가 지시되는가?(단, 전선의 고유저항은 무시한다.)

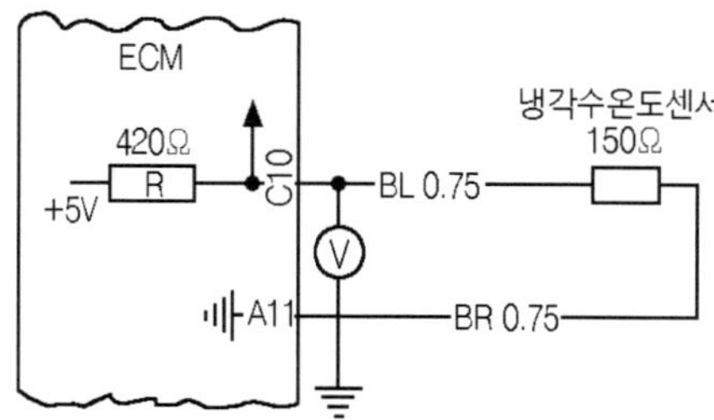

㉮ 0.5 ㉯ 1.5 ㉰ 2.1 ㉱ 3.5

해설 ① $I = \frac{5}{420 + 180} = 0.0083A$

② $E = 0.0083 \times 180 = 1.499\,V$

6. 12V 배터리를 사용하는 자동차에서 6Ω의 저항이 걸리는 부품 2개를 직렬로 연결하였다. Ⓑ와 접지사이의 전압은?

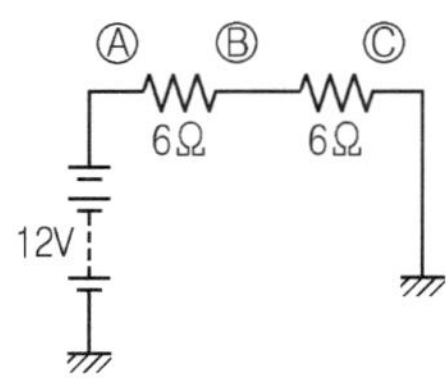

㉮ 2V ㉯ 6V ㉰ 12V ㉱ 24V

해설 $E = IR = 1\text{A} \times 6\Omega = 6\text{V}$

7. 병렬회로에서 R_1=1Ω, R_2=3Ω, R_3=5Ω이면 합성저항은 얼마인가?

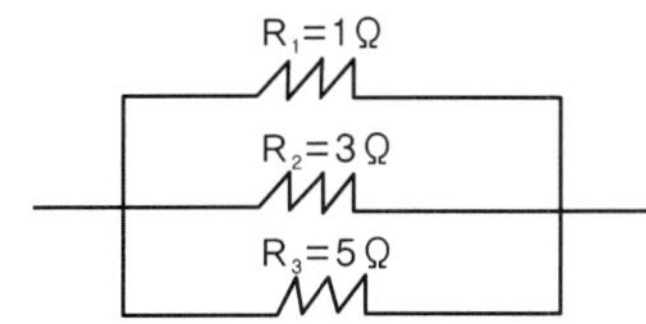

㉮ $1\frac{8}{15}\Omega$ ㉯ $\frac{15}{23}\Omega$ ㉰ $\frac{9}{8}\Omega$ ㉱ $\frac{9}{15}\Omega$

해설 $\frac{1}{R} = \frac{1}{R_1} + \frac{1}{R_2} + \frac{1}{R_3} + \cdots + \frac{1}{R_n}$에서

$\frac{1}{1} + \frac{1}{3} + \frac{1}{5} = \frac{23}{15} \quad \therefore R = \frac{15}{23}$

8. 다음 그림에서 전체저항을 구하면?

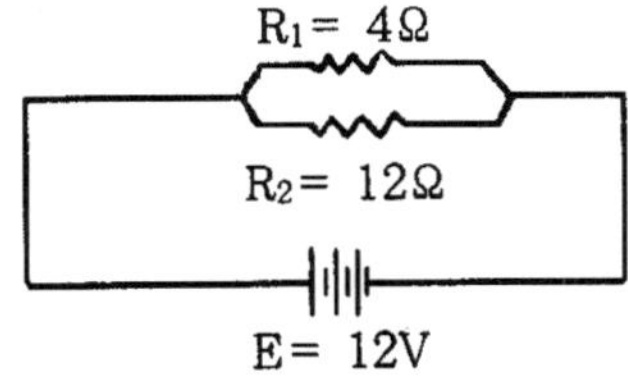

㉮ R=1Ω ㉯ R=2Ω ㉰ R=3Ω ㉱ R=4Ω

해설 $\frac{1}{R} = \frac{1}{4} + \frac{1}{12} = \frac{4}{12} = \frac{1}{3} \quad \therefore R = 3$

9. 그림과 같은 회로에 20A의 전류가 흐른다면 2Ω의 저항이 연결된 곳에는 얼마의 전류가 흐르는가?

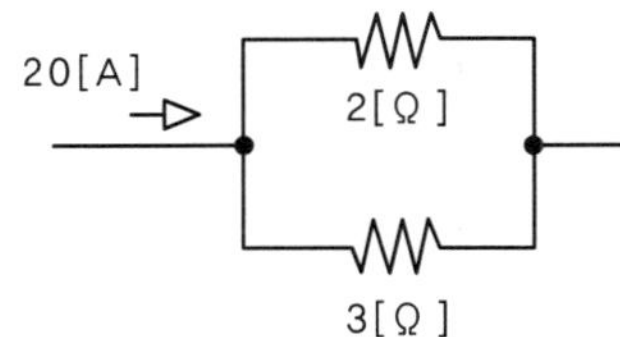

㉮ 4A ㉯ 8A ㉰ 12A ㉱ 16A

해설 ① 병렬회로의 합성저항= $\frac{1}{2}+\frac{1}{3} = \frac{5}{6}$ $\therefore R = \frac{6}{5}$

② 전압(E)= $20A \times \frac{6}{5}\Omega = 24V$

③ 전류(I)= $\frac{24V}{2\Omega} = 12A$

10. 다음 그림에서 전류계 Ⓐ에 흐르는 전류는?

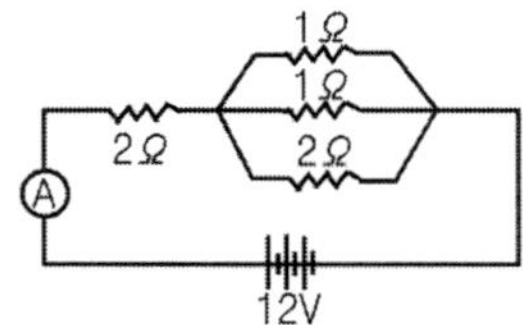

㉮ 3A ㉯ 4A ㉰ 5A ㉱ 6A

해설 ① 병렬회로의 합성저항= $\frac{1}{R}=\frac{1}{1}+\frac{1}{1}+\frac{1}{2}=\frac{5}{2}$ $\therefore$ $R\frac{2}{5}(\Omega)$

② 합성저항 $R=2+\frac{2}{5}=\frac{12}{5}(\Omega)$이다.

③ 옴의 법칙에 의해 $I=\frac{E}{R}=\frac{5}{12}\times 12=5(A)$

11. 다음 그림과 같이 10Ω, 20Ω, 30Ω의 저항이 병렬로 연결되어 전류계와 함께 배터리에 연결되어 있다. 전류계에 흐르는 전류는?

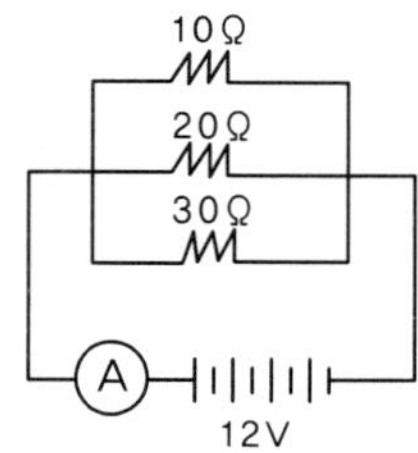

㉮ 2.2A ㉯ 5.5A ㉰ 20A ㉱ 65.5A

해설 ① 병렬 합성저항 $\frac{1}{R}=\frac{1}{R_1}+\frac{1}{R_2}+\frac{1}{R_3}+......+\frac{1}{R_n}$

$\therefore$ $\frac{1}{10}+\frac{1}{20}+\frac{1}{30}=\frac{11}{60}$ 따라서, $R=\frac{60}{11}=5.45\Omega$

② 전류(I) $=\frac{12V}{5.45\Omega}=2.2A$

12. 기전력이 2.5V, 내부저항이 0.15Ω인 전지 30개를 직렬로 접속할 때 1Ω의 저항에 흐르는 전류는 몇 A인가?

㉮ 13.64A ㉯ 15.26A ㉰ 17.24A ㉱ 19.26A

해설 $I=\frac{N\cdot E}{R+N\cdot r}$ [여기서, I : 부하에 흐르는 전류, E : 기전력(전압), r : 내부 저항, N : 전지를 연결한 개수, R : 외부 저항]

$$\therefore \quad \frac{30\times2.5}{1+(30\times0.15)}=13.64\text{A}$$

13. 기전력 2Volt 내부저항 0.2Ω의 전지 10개를 병렬로 접속했을 때 부하 4Ω에 흐르는 전류는?

㉮ 0.333A ㉯ 0.498A ㉰ 0.664A ㉱ 13.64A

해설 $I=\dfrac{E}{\dfrac{r}{N}+R}$

$$\therefore \quad \frac{2}{\dfrac{0.2}{10}+4}=0.498\text{A}$$

14. 기전력 1.5V, 내부저항 0.2Ω, 전지 10개는 직렬로, 10개는 병렬로 연결하였을 때 외부저항이 1.8Ω이라면 이때 외부저항에 흐르는 전류는 몇 A인가?

㉮ 24.5A ㉯ 39.5A ㉰ 42.5A ㉱ 54.5A

해설 $\therefore \ I=\dfrac{N\cdot E}{\dfrac{N\cdot r}{N}+R} \ \dfrac{10\times1.5}{\dfrac{10\times0.2}{10}+1.8}=39.5\text{A}$

15. 다음 그림에서 $I_1=1[A]$, $I_2=2[A]$, $I_3=3[A]$, $I_4=4[A]$로 전류가 흐를 때 I_5에 흐르는 전류는 몇 [A]인가?

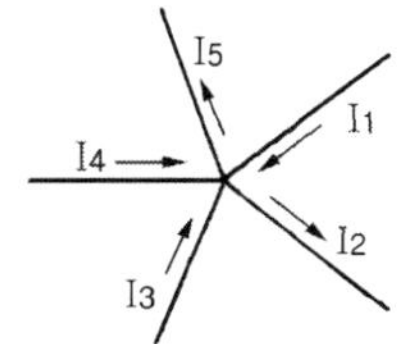

㉮ 2[A] ㉯ 4[A] ㉰ 6[A] ㉱ 8[A]

해설 유입전류$(I_1+I_3+I_4)$=유출전류(I_2+I_5)에서 $1+3=4=2+I_5$에서

$I_5=6A$

16. 전압 15V, 출력전류 30A인 자동차용 발전기의 출력은 몇 W인가?

㉮ 144 ㉯ 288 ㉰ 450 ㉱ 525

해설 $P=EI$ [여기서, P : 출력(W), E : 전압(V), I : 전류(A)]

17. 다음의 회로에 있어서 12V용 전구에 규정전압을 넣었을 때 2.5A의 전류가 흘렀다. 이 전구의 용량은 얼마인가?

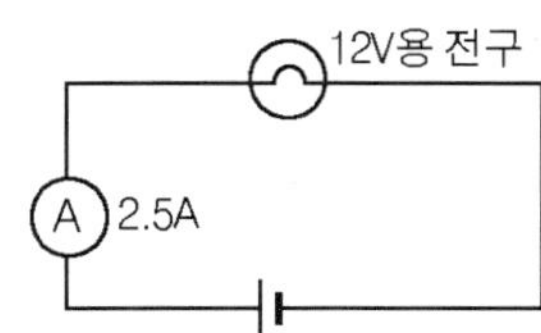

㉮ 30W ㉯ 25W ㉰ 40W ㉱ 35W

해설 $P=EI$에서 12V×2.5A = 30W

18. 12V 50W 헤드라이트 4개를 병렬로 연결하였을 때 흐르는 전류는?(2007.4.1.검사)

㉮ 약 4.16A ㉯ 약 16.7A ㉰ 약 12.5A ㉱ 약 50.3A

해설 $I=\frac{P}{E}$[여기서, I : 전류(A), P : 전력(W), E : 전압(V)]

$=\frac{50\text{W}\times 4}{12\text{V}}=16.67\text{A}$

19. 그림과 같이 12V-12W의 전구 2개를 병렬로 연결할 때 전류계 A에 흐르는 전류는?

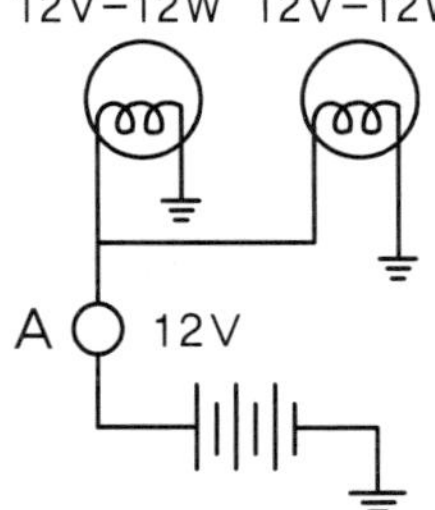

㉮ 1A ㉯ 2A ㉰ 3A ㉱ 4A

해설 $I=\frac{P}{E}$[여기서, P : 출력(W), E : 전압(V), I : 전류(A)]

$\therefore\ \frac{12\text{W}\times 2}{12\text{V}}=2\text{A}$

20. 그림과 같은 회로에서 가장 적당한 퓨즈는?

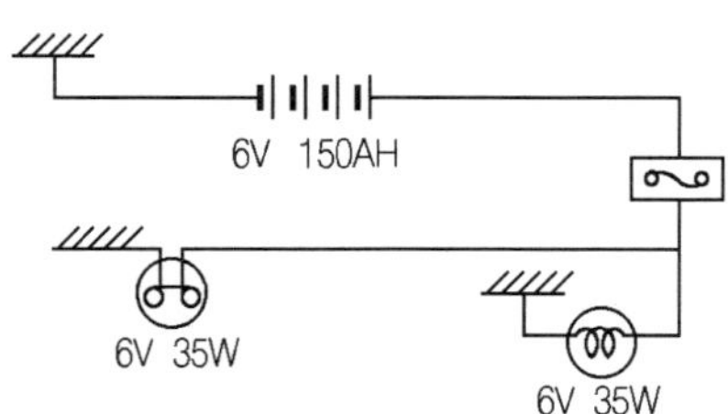

㉮ 10A ㉯ 15A ㉰ 25A ㉱ 30A

해설 $I=\frac{P}{E}\quad\therefore\ \frac{35+35}{6}=11.67\text{A}$

따라서 퓨즈는 15A를 사용하여야 한다.

21. 다음 중에서 전기저항이 가장 큰 전구는?

㉮ 12V용 6W ㉯ 12V용 12W ㉰ 24V용 6W ㉱ 24V용 12W

해설 $R=\frac{E^2}{P}$

① $\frac{12^2}{6}=24\Omega$ ② $\frac{12^2}{12}=12\Omega$ ③ $\frac{24^2}{6}=96\Omega$ ④ $\frac{24^2}{12}=48\Omega$

22. 120V, 80W 전동기를 100V 전원에 사용할 때의 일률은?

㉮ 180W ㉯ 48.5W ㉰ 61.3W ㉱ 55.6W

해설 ① $R=\frac{E^2}{P}$[여기서, P : 전력(W), E : 전압(V), R : 저항(Ω)] ∴ $\frac{120^2}{80}=180\Omega$

② $P=\frac{E^2}{R}$ ∴ $\frac{100^2}{180}=55.6\text{W}$

23. 전압이 100V일 때 600W의 전열기가 있다. 전압이 변화되어 80V로 되었을 때 전열기의 실제 전력은?

㉮ 300W ㉯ 384W ㉰ 424W ㉱ 480W

해설 ① $R=\frac{E^2}{P}$[여기서, P : 전력(W), E : 전압(V), R : 저항(Ω)] ∴ $\frac{100^2}{600}=16.67\Omega$

② $P=\frac{E^2}{R}$ ∴ $\frac{80\text{V}^2}{16.67\Omega}=384\text{W}$

24. 14V 축전지에 연결된 전구의 소비전력이 60W이다. 축전지의 전압이 떨어져 12V가 되었을 때 전구의 실제 전력은 약 몇 W인가?

㉮ 3.27W ㉯ 25.5W ㉰ 30.2W ㉱ 44.1W

해설 $P=\frac{E^2}{R}$

① $R=\frac{14^2}{60}=3.26\Omega$ ② $P=\frac{12^2}{3.26}=44.1W$

25. 축전기에 12V의 전압을 인가하여 0.00003C의 전기량이 충전되었다면 축전기의 용량은?

㉮ 2.0μF ㉯ 2.5μF ㉰ 3.0μF ㉱ 3.5μF

해설 $C=\frac{Q}{V}$[여기서, C : 축전기 용량, Q : 축적된 전하량, V : 가한 전압]

∴ $\frac{0.00003}{12}=0.0000025\text{F}=2.5\mu\text{F}$

26. 12V - 0.3μF, 12V - 0.6μF의 축전기를 병렬로 접속했다. 두 개의 축전기에는 얼마의 전기량이 축전되는가?

㉮ 0.9μC ㉯ 10.8μC ㉰ 13.3μC ㉱ 60μC

해설 축전기 병렬접속의 전기량 : $C=C_1+C_2+C_2+\cdots+C_n$

∴ 0.3+0.6 = 0.9μC

27. 니크롬선의 고유저항은 110μΩcm이다. 단면적 0.001cm2, 길이 5m의 니크롬선의 저항은?

㉮ 5.5Ω ㉯ 55Ω ㉰ 550Ω ㉱ 0.55Ω

해설 $\text{R}=\rho\frac{\ell}{\text{A}}$에서 $110\times10^{-6}\times\frac{500}{0.001}=55\Omega$

[여기서, R : 저항, ρ : 도체의 고유 저항, ℓ : 도체의 길이, A : 도체의 단면적]

1	다	2	라	3	가	4	나	5	나
6	나	7	나	8	다	9	다	10	다
11	가	12	가	13	나	14	나	15	다
16	다	17	가	18	나	19	나	20	나
21	다	22	라	23	나	24	라	25	나
26	가	27	나						

제3장 반도체(Semi Conductor)

자동차의 전기장치에도 반도체 기술의 발달로 반도체 소자를 사용하는 전자회로 부품이 많아졌다. 전자부품은 수명이 길 뿐만 아니라 신뢰성도 높기 때문에 자동차에 있어서 앞으로의 기술혁신은 각 장치의 전자 제어화가 중심이 될 것이므로 전자공학의 기초는 매우 중요하다. 여기에서는 자동차의 전자화에 필수적인 반도체 소자와 센서 등에 대해서 설명하도록 한다.

3.1 반도체의 개요

물질의 분류에는 여러 가지 방법이 있다. 유기물과 무기물, 또는 고체, 액체, 기체 등으로 분류한다. 또한 전기적으로 전기가 잘 통하는 물질로 구리, 알루미늄, 철 등과 같은 전도체(양도체, 도체)와 전기가 잘 통하지 않는 도자기, 플라스틱 등과 같은 절연체로 분류된다. 자동차의 전선이나 전기 회로에는 이 두 가지 물질을 조합하여 사용하고 있다. 그러나 이 두 물질에 대한 명확한 경계는 없다. 전류의 흐름은 저항(정확히 저항률로서 단위 입방체의 저항을 말함)의 크기에 의해 결정되는데 물질은 금속과 같이 10-6Ωcm 정도로 낮은 전도체에서부터 1018Ωcm 정도에 이르는 절연체까지 여러 가지 물질이 존재한다. 그러나 어느 정도의 저항률을 가진 물질을 전도체로 한다는 규약은 없으며 절연체에 대해서도 마찬가지다. 하지만 일반적으로 전도체와 절연체 사이의 저항률을 가지는 물질을 반도체라 하는데 아래 그림처럼 물질을 저항률을 기준으로 전도체, 절연체, 반도체로 구분해 보면, 확실한 경계는 없으나 약10-6Ωcm에서부터 1010Ωcm의 물질을 반도체라 할 수 있다.

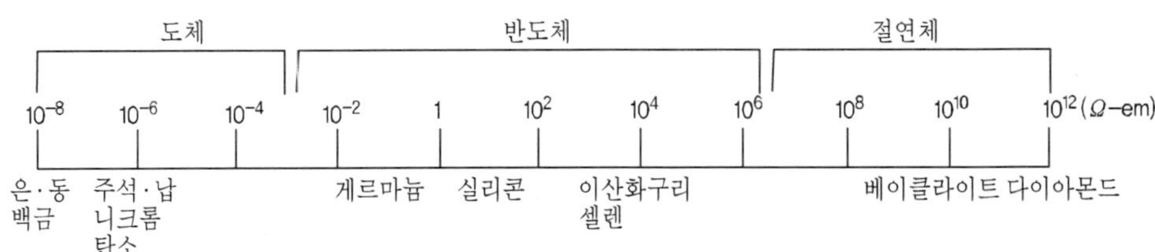

그림 3-1 각종 물질의 고유 저항

반도체는 아래와 같은 특징을 가지고 있다.

① 일반적인 금속은 가열하면 저항이 커지지만 반도체는 반대로 작아진다.
② 반도체에 섞여 있는 불순물의 양에 따라 저항의 크기를 조절할 수 있다.
③ 교류를 직류로 바꾸는 정류 작용을 할 수도 있다.
④ 빛을 받으면 저항이 작아지거나 전기를 일으키는데 이를 광전 효과라 한다.
⑤ 어떤 반도체는 전류를 공급하면 빛을 내기도 한다.

3.2 원자와 가전자의 구조 및 작용

1. 원자와 가전자의 구조

원자의 구조는 그림 3-2에 나타낸 바와 같이 원자핵을 중심으로 하여 그 둘레에 정해진 수의 전자가 존재하고 있으며, 원자핵은 양성자(proton)와 중성자(neutron)로 구성되어 있다. 양성자는 전자(electron)의 수와 같은 수만큼 존재하며, 전기적으로는 (+)전하를 지닌다. 그리고 중성자는 전기적으로 중성이다. 한편 전자는 원자핵의 둘레를 회전하고 있으며, 전기적으로는 (-)전하를 띤다.

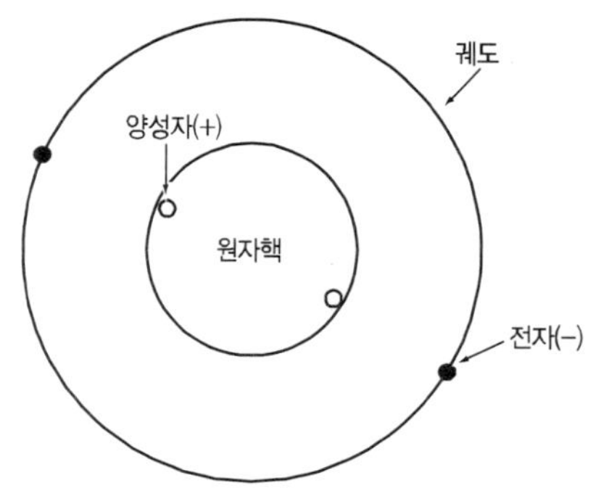

그림 3-2 물질의 원자구조

이 원자의 구조가 도체·절연체 및 반도체의 전도성을 결정하는 요인이 된다. 이 구조에 대한 설명을 탄소원자의 구조를 예를 들어 설명하면 다음과 같다. 그림 3-3에 나타낸 바와 같이 탄소원자는 원자핵 속에 6개의 양성자가 있다. 양성자는 (+)전하를 지니고 있으므로 탄소원자는 6개의 (+)전하를 가지고 있다는 의미이다. 또, 원자둘레에는 이 6개의 (+)전하와 평형을 이룰 수 있도록 6개의 전자가 배열되어 있으며, 이 전자의 배열이 전도성의 요인이 된다. 그리고 전자는 같은 궤도상에 있지 않고 K각과 L각의 2개 궤도상에 각각 2개와 4개로 나누어져 회전한다.

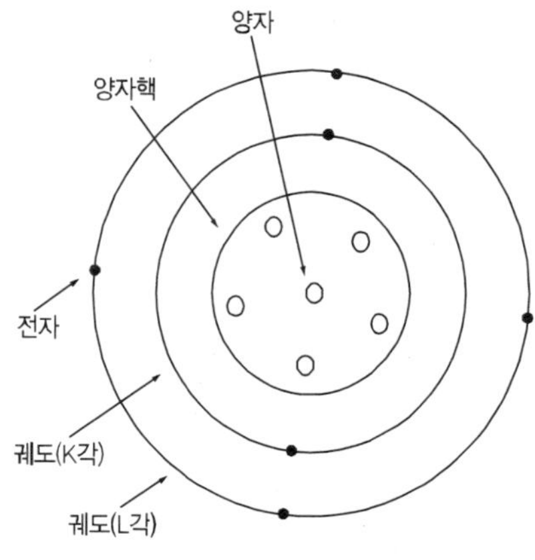

그림 3-3 탄소원자의 구조

원자핵 둘레의 전자 궤도는 그림 3-4에 나타낸 바와 같이 안쪽으로부터 K, L, M 및 N 각이라 부르며, 이들 궤도에 속할 수 있는 전자의 정원은 각각 최대 2, 8, 18 및 32개이나 실제로 각 궤도에 존재하는 전자 수는 정원대로 궤도를 채우고 있는 경우는 드물다.

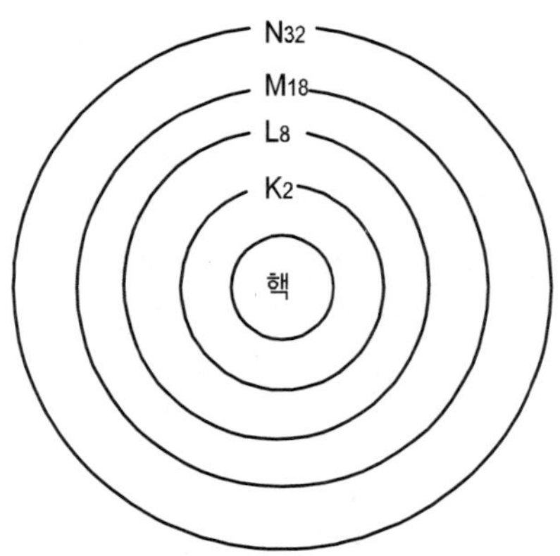

그림 3-4 궤도 명칭 및 전자 정원 수

여기서, 다시 탄소원자의 전자배열의 예를 들면 다음과 같다. 탄소원자의 전자 수가 6개이므로 6개 중 안쪽의 K각에 전자 정원수 2개가 채워지고 나머지 4개의 전자는 다음의 L각 궤도로 들어간다. L각의 정원수는 8개이므로 4개의 전자는 L각 궤도 속에 충분히 수용된다.

그림 3-3에서 가장 바깥쪽에 있는 궤도에 있는 전자를 가전자라 부르며, 이것은 원자핵으로부터 가장 멀리 있기 때문에 구속력이 약해 원자핵과의 결속력이 약하다. 모든 원자는 전자가 L각 궤도의 전자 정원수를 모두 채우고 있을 때 또는 전자 수가 8개일 때 화학적으로 안정이 된다. 그러나 화학적으로 불안정한 원자는 가전자를 다른 원자에 주거나 다른 원자로부터 받아들여 화학적으로 안정된 상태를 유지하려고 한다. 이로 인해 그 원자는 활동이 활발해진다.

이 화학적 활발성은 전기의 전도성에 크게 관계한다. 한편, 화학적으로 안정되어 있는 원자는 다른 원자에 전자를 주거나 다른 원자로부터 얻을 수 없으므로 전기적으로는 전자가 이동할 수 없어 절연체가 된다. 따라서, 화학적으로 안정이 되지 않은 원자는 화학적으로 전자가 활발하게 움직이게 되므로 전기적으로는 전도성을 지니게 된다. 이와 같이 전도성은 그 물질의 원자구조 특히 가전자에 의해 결정된다.

2. 가전자의 작용

어떤 원자로부터 1개의 가전자가 나가면 그 원자는 1개 분량만큼의 (-)전하를 잃게되므로 전기적 평형이 무너져 (+)전하를 지니게 되고, 반대로 다른 원자로부터 전자를 받으면 (-)전하를 지니게 된다. 그런데 원자로부터 전자가 튀어 나가게 하려면 외부로부터의 에너지가 필요하다.

가전자는 원자핵으로부터 가장 멀리 있어 인력(引力)이 다른 전자에 비해 약하기 때문에 그 인력보다 큰 전압 · 열 및 빛 등의 에너지가 가해지면 가장 바깥쪽 궤도로부터 튀어나와 자유전자가 된다. 이 자유전자의 움직임이 물체의 전도성에 큰 영향을 주며 원자 사이의 결합 속에서 매우 큰 역할을 한다. 그리고 원자의 결합 방법에는 2가지가 있는데 그 하나는 이온결합이라 하여 소금(염화나트륨[NaCl])이 대표적이다. 소금은 나트륨(Na^{+})과 염소(Cl^{-})이온이 전기적으로 결합되어 있다. 또 다른 하나는 공유결합이라 하여 다이아몬드와 같이 몇 개 원자의 전자가 서로 공유하여 결합하고 있는 것이다.

3. 공유 결합

공유결합은 주로 반도체에서 발생하는데 대표적인 반도체인 실리콘(Si)과 게르마늄(Ge)이 여기에 해당된다. 예를 들면 실리콘의 원자번호는 14이며, 그림 3-5에 나타낸 바와 같이 원자핵의 둘레에 14개의 전자가 있고, 각 궤도의 전자 수는 K각에 2개, L각에 8개를 채우고 가장 바깥쪽 궤도인 M각에는 4개의 가전자가 있다. 이 4개의 가전자가 원자끼리 서로 튀어나가 결합하고 있다.

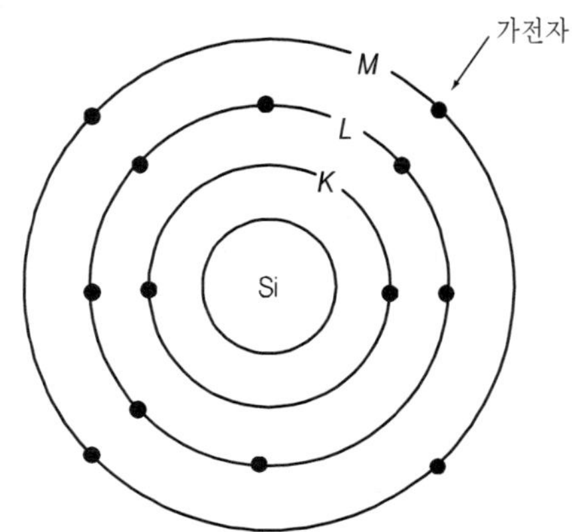

그림 3-5 실리콘 원자의 구조

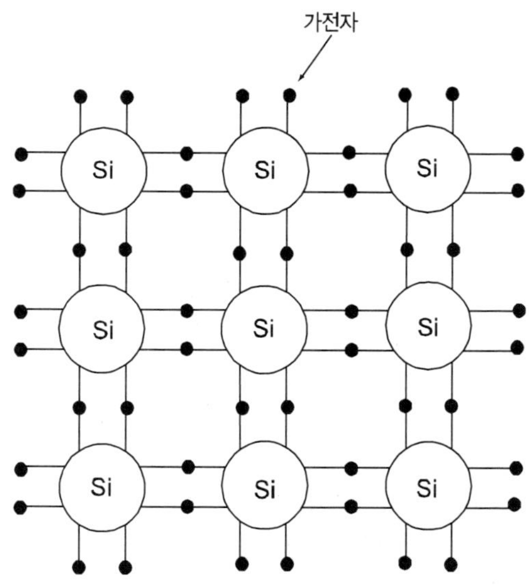

그림 3-6 실리콘 원자의 공유결합

그리고 게르마늄의 원자번호는 32이이며, 각 궤도의 전자 수는 K각에 2개, L각에 8개, M각에 8개가 있기 때문에 가장 바깥쪽 전자는 4개이다. 이 4개의 가전자가 원자로부터 튀어나가 결합하며, 1개의 게르마늄 원자는 인접한 4개의 게르마늄 원자와 가전자를 공유하여 결합한다. 이와 같은 결합을 공유결합이라 한다.

4. 반도체의 전류흐름

반도체에서 공유결합을 하고 있는 원자 사이의 결합이 절연체보다 약한 것은 외부로부터 에너지가 가해지면 결합된 원자의 가전자가 떨어져서 자유전자가 되기 때문이다. 다이아몬드 구조를 형성하고 있는 가전자에 전기적 에너지가 가해지면 가전자에는 전류의 흐름방향과 역방향으로 힘이 작용된다. 이 상태에서 전압을 서서히 높이면 어떤 점에서 전압에 의한 힘이 원자핵으로부터의 인력(引力)보다 커져 가전자는 궤도에서 튀어나와 자유전자가 된다.

가전자가 자유전자로 되면 가전자가 있던 자리에는 전자가 없는 빈자리가 발생하는데 이것을 홀(hole, 정공)이라 한다. 홀은 부근에서 회전하고 있는 자유전자를 붙잡아 빈자리를 메우려고 한다. 즉, 반도체 양 끝에 전압을 가하면 (-)전하를 가진 자유전자는 전류흐름의 역방향(+방향)으로 이동하고 (+)전하를 가진 홀은 전류의 흐름방향(-방향)으로 이동하여 전류가 흐른다. 또 자유전자와 홀의 수는 반도체에 가해지는 전압이 높을수록 증가하므로 반도체에 흐르는 전류도 증가한다. 자유전자나 홀은 전기 전도작용을 하므로 캐리어(carrier, 전기 운반자)라 부른다.

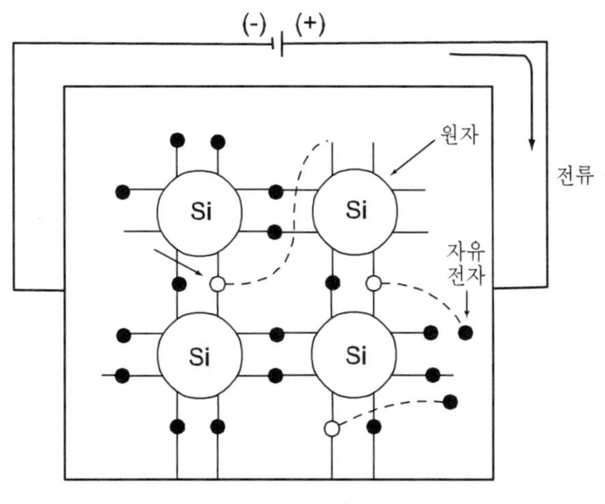

그림 3-7 자유전자의 생성

3·3 반도체의 종류와 전류의 흐름

반도체는 불순물이 들어있지 않은 순수한 결정의 것을 진성 반도체라 하고, 이 진성 반도체에 불순물을 첨가한 것을 불순물 반도체라 한다. 진성 반도체에 첨가되는 불순물은 주로 원자가 3 또는 5인

원소들이다. 이들 3가 또는 5가의 원소들이 진성 반도체에 첨가되면 진성 반도체의 결정구조에 변화가 발생한다. 즉, 공유결합 구조를 형성할 할 때 전자가 1개 부족하거나 남게 된다. 이때 전자 과잉 상태인 반도체를 N형 반도체, 전자가 부족하고 홀 과잉인 반도체를 P형 반도체라 한다.

1. 진성 반도체

다른 원자가 거의 혼합되지 아니하고, 순도 거의 100%에 가까운 물질의 반도체를 진성 반도체 또는 순물질 반도체라 한다. 진성 반도체는 외부로부터 전압·열 및 빛 등의 에너지를 가하면 전자나 홀의 수가 증가하여 서서히 전도성이 높아진다. 특히, 반도체는 열을 가하여 온도가 높아지면 전기저항이 감소하여 전류가 흐르기 쉽게 되는 성질이 있다. 이것은 반도체의 큰 특징으로 금속 등과는 반대되는 성질이다.

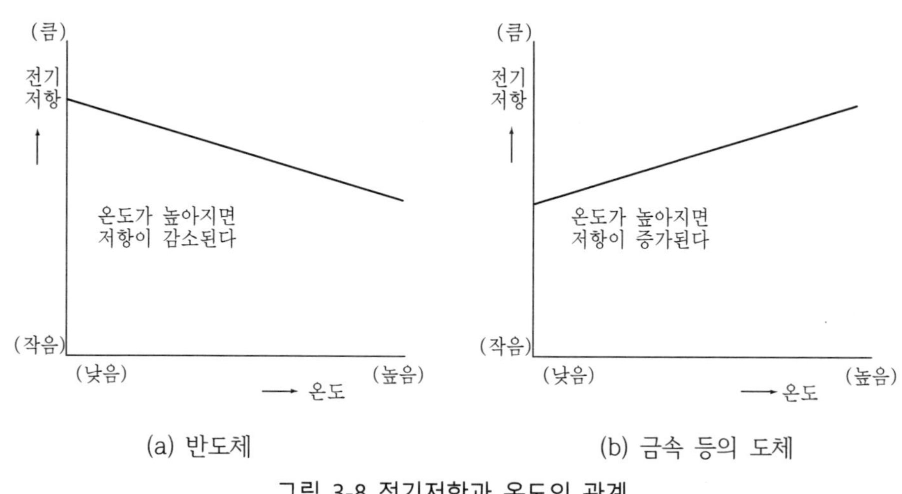

(a) 반도체 (b) 금속 등의 도체

그림 3-8 전기저항과 온도의 관계

2. 불순물 반도체

진성 반도체의 전도성을 높이기 위해 특정의 불순물을 매우 적은 양을 첨가한 것을 불순물 반도체라 한다. 다이오드, 트랜지스터, 사이리스터, 서미스터 등 우리들 주위에 있는 반도체로 만든 부품은 대부분 불순물 반도체이다. 이 불순물 반도체는 반도체 원자에 첨가되는 불순물에 따라 2가지로 나누어지는데 하나는 반도체 속의 홀을 증가시키는 것이며, 이것을 P(Positive)형 반도체라 한다. 또 다른 하나는 반도체 속의 자유전자를 증가시키는 것으로 이것은 N(Negative)형 반도체라 한다. P형과 N형의 불순물 반도체에서 불순물의 양의 바꾸면 자유전자나 홀의 양이 조절되어 전도성을 조절할 수 있다.

[1] P형 반도체

P형 반도체의 P는 "양(陽) 또는 +"로 표시한다. 예를 들면 4개의 가전자를 지닌 실리콘에 3개의 가전자를 가진 인듐(In)이나 알루미늄(Al) 원자를 불순물로 첨가하면 그림 3-9에 나타낸 바와 같이 4개

의 가전자를 지닌 실리콘이 공유결합하여 다이아몬드 구조를 만든다. 그러나 다이아몬드 구조를 만들기 위해서 공유하기 위한 전자 1개가 부족하게 된다. 이 전자 1개의 부족분이 홀(hole)이 되어 양(+)의 성질을 지닌 반도체가 된다. P형 반도체는 이 홀이 캐리어가 되어 전도성을 높이는 작용을 하며, 이렇게 홀을 형성하는 불순물 원자를 억셉터(acceptor)라 한다.

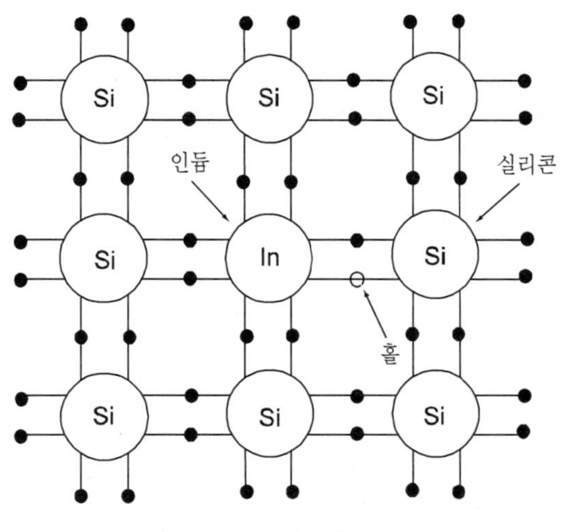

[그림 3-9 P형 반도체의 구성

[2] N형 반도체

N형 반도체의 N은 "음(陰) 또는 -"을 표시한다. 예를 들면 4개의 가전자를 지닌 실리콘에 5개의 가전자를 가진 비소(As), 안티몬(Sb), 인(P) 등의 원자를 불순물로 첨가하면 4개의 가전자를 가진 실리콘이 공유결합을 하여 다이아몬드 구조를 만든다. 이때 전자 1개가 남는다.

이 남은 1개의 전자는 원자핵으로부터의 구속력이 약하기 때문에 자유전자가 된다. 따라서, 전체로서는 음(-)의 성질을 지닌 반도체가 된다. 이와 같이 자유전자를 만들어내는 불순물 원자를 도너(doner)라 한다.

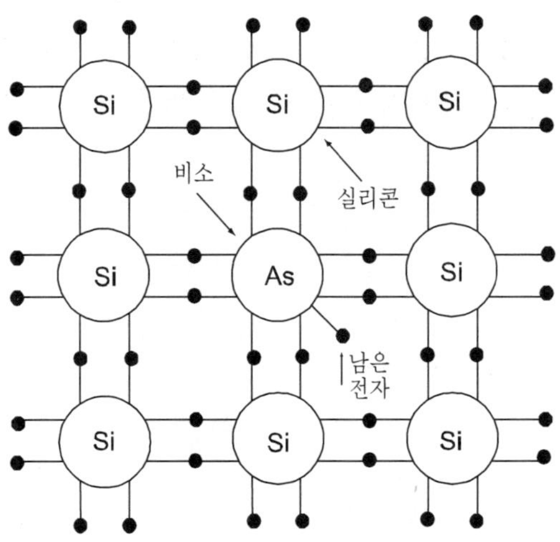

그림 3-10 N형 반도체의 구성

3·4 반도체 소자의 종류와 그 작용

1. 반도체 소자의 개요

실리콘이나 게르마늄 등 반도체를 응용하여 만든 것을 반도체 소자라 하며, P형 반도체 및 N형 반도체만으로 또는 1개나 2개 이상의 반도체의 접합으로 되어 있다.

P형 반도체 및 N형 반도체만의 것을 무 접합, 접합면이 하나의 것을 단 접합, 2개의 것을 이중 접합, 3개 이상의 것을 다중 접합이라 한다.

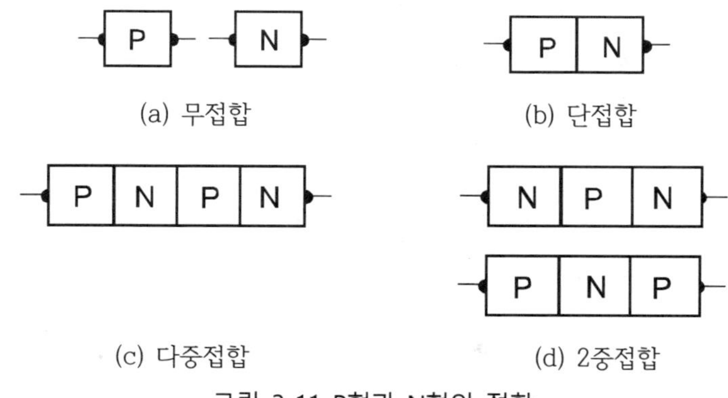

그림 3-11 P형과 N형의 접합

2. 반도체 소자의 종류와 그 작용

[1] 다이오드(Diode)

다이오드는 P형 반도체와 N형 반도체를 접합한 것으로 순방향의 접속에서는 전류가 흐르고 역방향 접속에서는 전류가 흐르지 않는 특성이 있어 교류전기를 직류전기로 변환시키는 정류회로에 이용된다.

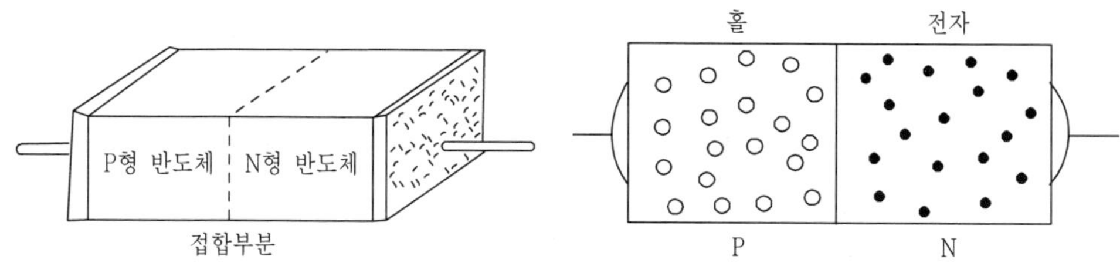

그림 3-12 다이오드의 구조

(1) 다이오드에서 전류가 흐를 때(순방향 바이어스)

그림 3-13에 나타낸 바와 같이 P형 반도체에는 (+)극을 연결하고, N형 반도체에는 (-)극을 연결하면 PN접합부분의 전위장벽은 외부 전압손실에 따라 거의 없어진다. 전위장벽이 낮아지면 절연층의 폭도 좁아져 홀과 자유전자가 이동한다.

여기서 중요한 사항은 가한 전압에 따라 홀은 접합면을 지나 P형에서 N형으로 들어가고, 자유전자는 N형에서 P형으로 들어가 전류가 흐르는 것이다. 이와 같이 전류가 흐르는 것을 순방향 바이어스(forward bias)라 한다. 즉, P형의 홀은 (+)극에 반발하여 N형으로 유입되고, N형의 전자는 (-)극에 반발하여 P형 속으로 유입한다. 이에 따라 다이오드에는 전류가 흐르게 된다.

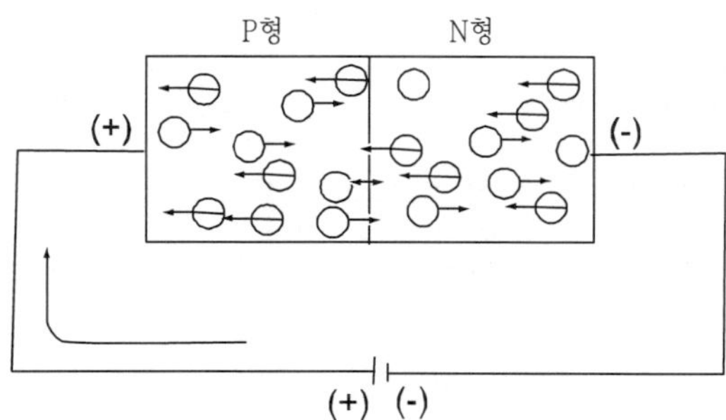

그림 3-13 전류가 흐를 때(순방향 바이어스)

(2) 다이오드에 전류가 흐르지 않을 때(역 방향 연결)

그림 3-14에 나타낸 바와 같이 P형 반도체에는 (-)극을 연결하고 N형 반도체에는 (+)극으로 전원을 역방향으로 연결하면 P형의 홀은 (-)극 쪽으로, N형의 전자는 (+)극으로 이동하여 P형과 N형의 접합부 부근에는 홀이나 자유전자 등의 캐리어가 거의 없는 절연층이 크게 발생하여 다이오드에는 전류가 흐르지 못한다.

이와 같이 전류가 흐르지 못하는 것을 역방향 바이어스(reverse bias)라 한다. 즉 다이오드에 역방향의 전압을 가하면 전류가 흐르지 못한다. 또 역방향의 전압이 높아질수록 절연층의 폭이 넓어져 한층 더 전류가 흐르지 못한다. 그러나 이 전압은 한계가 정해져 있기 때문에 일정 전압이상이 되면 전류가 급격히 흘러 다이오드가 파손된다.

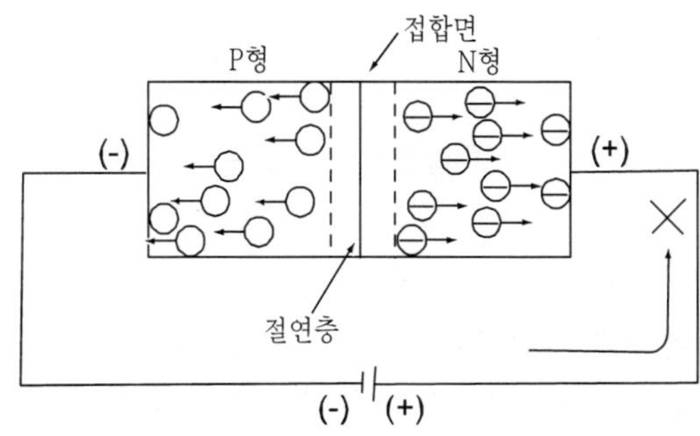

그림 3-14 전류가 흐르지 않을 때(역방향 바이어스)

(3) 다이오드를 이용한 회로

① 교류발전기 다이오드의 정류방법

그림 3-15의 (a)를 예를 들어 설명하도록 한다. A(+), B(-)상 사이에 전압이 발생하면 전류는 2번 다이오드를 통하여 부하로 흘러 3번 다이오드를 통해 B까지 흐른다. 다음에 A(-), B(+)상 사이의 전압이 발생하여 전류는 4번 다이오드를 통해 부하로 흘러 1번 다이오드를 통해 A까지 흐른다. 그림 3-15의 (b)와 (c)는 그림 3-15의 (a)와 같은 방법으로 이해를 하면 된다. 이것을 각상, 각 전선에 흐르는 전류는 그림과 같은 순서로 방향을 바꾸고, 부하 쪽에서는 항상 일정한 방향으로 전류가 흐르며, 다이오드 1개의 부하율은 1/3이라는 것을 알 수 있다.

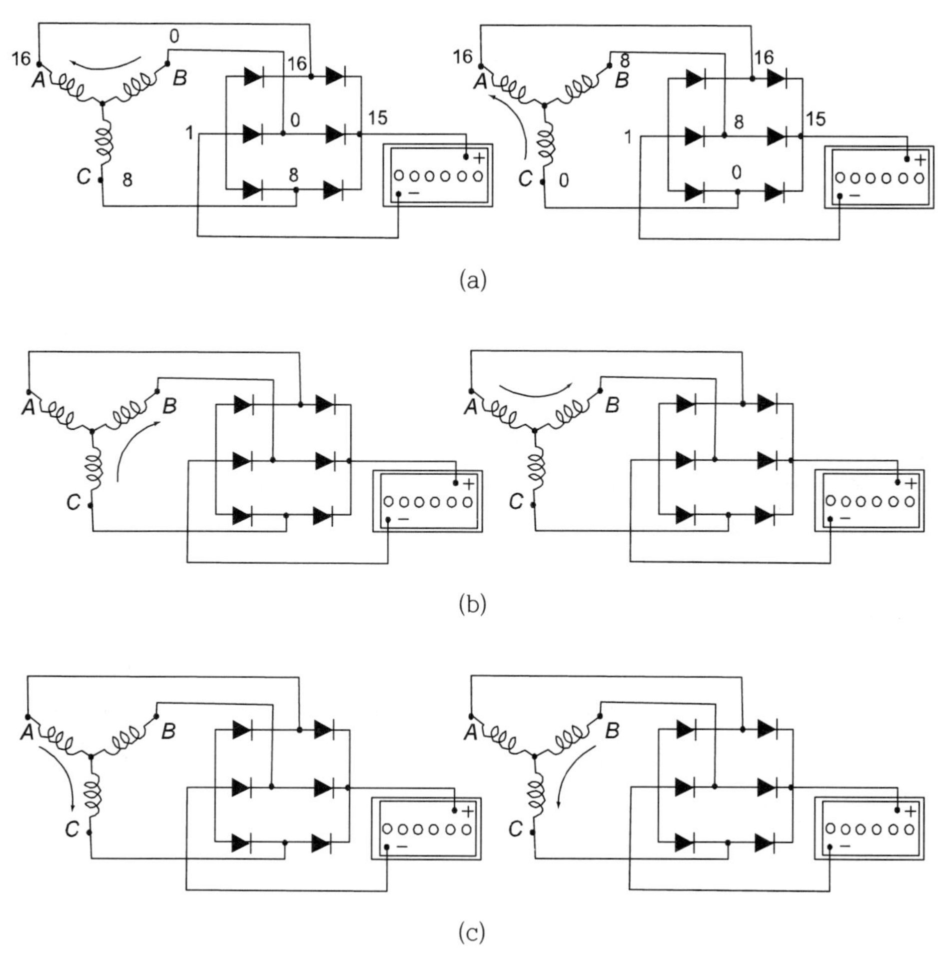

그림 3-15 교류발전기 다이오드의 정류방법

② 스위치 손상 방지용 회로

그림 3-16에 나타낸 바와 같이 회로에 스위치(1)를 ON으로 하면 전류는 다이오드 및 전자석을 거쳐 접지로 흐르며, 전자석에 의해 스위치(2)가 ON되어 전동기를 회전시킨다. OFF에서 ON으로 될 때에는 전자의 이동이 약하기 때문에 역기전력이 크지 않아 문제가 없지만 스위치(1)이 ON에서 OFF로

될 경우에는 전류의 흐름이 크기 때문에 자기 유도 작용에 의해 전류의 크기에 비례하여 역기전력이 증가한다.

이 역기전력이 만약 스위치(1)로 흐르면 스위치 손상 및 잡음의 원인이 될 수 있다. 그러나 다이오드를 설치하면 스위치는 역방향이지만 다이오드는 순방향이기 때문에 발생된 역기전력은 다이오드를 통하여 다시 흡수·소멸되어 스위치(1)를 보호할 수 있다.

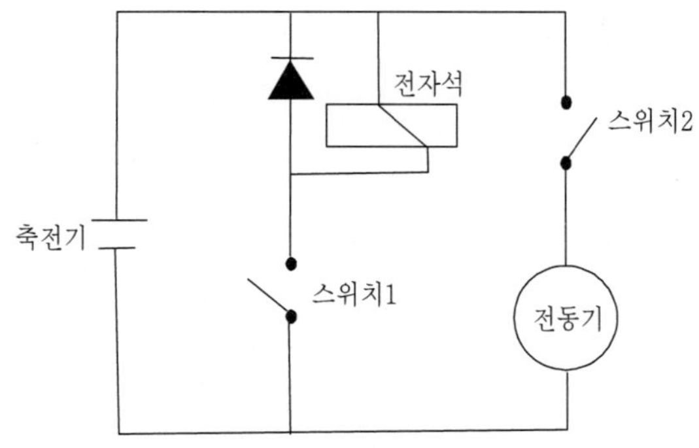

그림 3-16 스위치 손상 방지용 회로

(4) 다이오드의 성질

정류용 다이오드는 전압의 한쪽 방향에 대해서는 낮은 저항으로 되어 전류가 흐르도록 하고, 반대방향으로는 높은 저항으로 되어 전류의 흐름을 저지하는 성질을 이용한 것이다. 즉, 순방향 전류특성은 정격전류를 얻기 위한 전압은 약 1.0~2.5V 정도이나 역방향 전류특성은 그 전압을 어떤 값까지 점차 높이더라도 적은 전류 밖에는 흐르지 못한다.

그러나 어떤 값에 도달하면 전류의 흐름이 급격히 증가한다. 이 급격히 큰 전류가 흐를 때를 항복전압 또는 역내압이라 한다. 다이오드를 사용할 경우에는 순방향으로는 정력전류를, 역방향으로는 역내압 등에 주의하여야 한다. 다이오드 규격 표의 값은 특수한 경우를 제외하고 주위온도를 25℃로 한다.

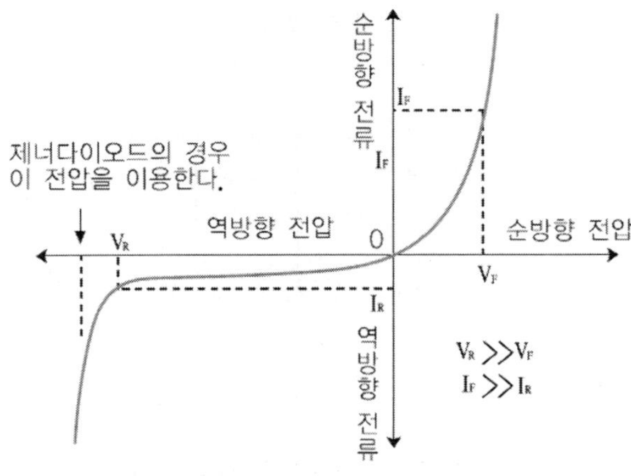

그림 3-17 다이오드의 출력특성

[2] 제너다이오드(Zener Diode)

이것은 실리콘다이오드의 일종으로 어떤 전압 하에서는 역방향으로도 전류를 통하게 설계된 것이다. 제너다이오드는 역방향에 가해지는 전압이 어떤 값에 도달하면 순방향 바이어스와 같이 급격히 전류가 흐른다. 이때의 전압을 제너전압 또는 브레이크다운 전압(제너다이오드에서 역방향으로 전류가 흐를 때의 전압)이라 한다. 또 역방향 전압이 점차로 낮아져 제너전압 이하가 되면 역방향 전류가 거의 0이 된다. 이 제너전압은 온도 및 사용에 의한 변화가 적어 자동차용 교류발전기의 전압조정기의 전압 검출이나 일정 전압회로에서 사용한다.

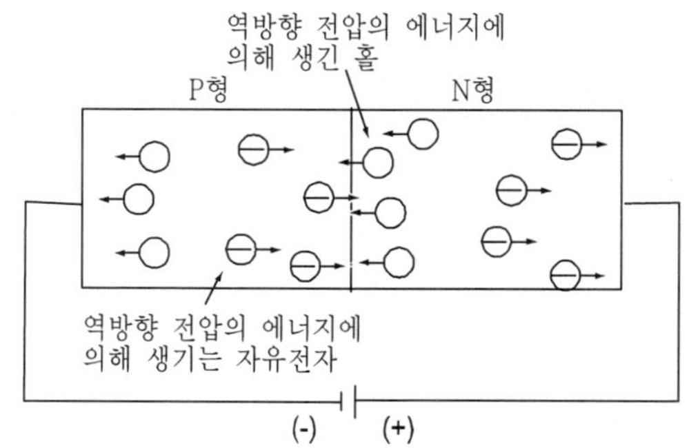

그림 3-18 제너다이오드에 제너 전압을 가한 상태

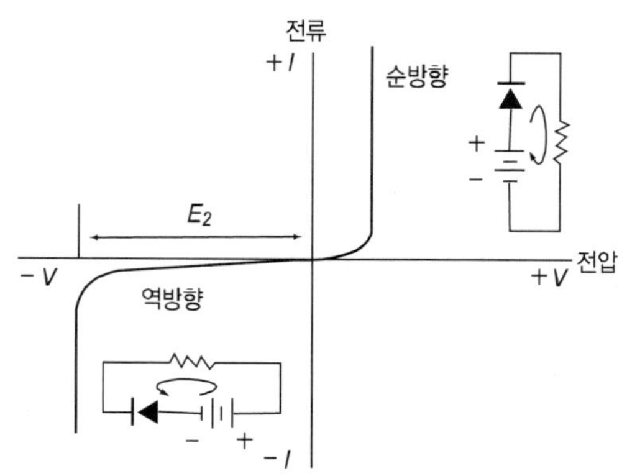

그림 3-19 제너다이오드의 특성

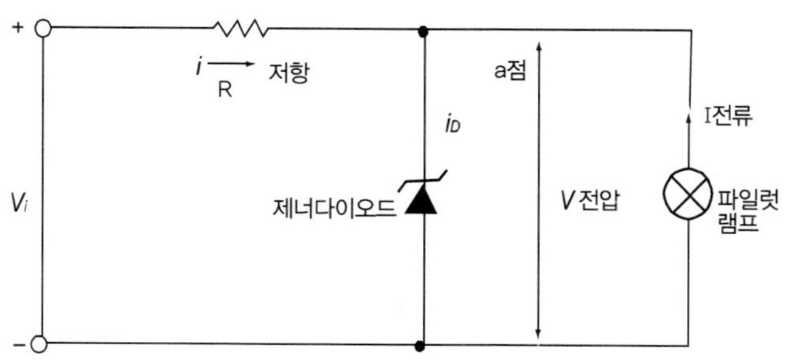

그림 3-20 제너다이오드의 일정전압회로

[3] 발광다이오드(LED; Light Emission Diode)

(1) 발광다이오드의 개요

발광다이오드는 LED라고도 한다. LED는 일반 다이오드처럼 순방향으로만 전류가 흐르며 스스로 빛을 내는 특성을 지닌 반도체이다. 현재는 적색과 녹색만이 개발되어 있으며 두 가지를 동시에 켜면 황색이 되는데 이세가지 색을 혼합하여 여러 가지 색을 만들 수 있고 따라서 시계의 숫자 표시나 전자 장비의 표시등 같은 여러 가지의 표시 장치로 다양하게 사용된다.

발광 다이오드는 백열전구에 비하여 수명이 길고, 소비 전력이 작아 mA에서도 작동되며 응답 속도가 빠르다는 장점을 가지고 있어 최근에는 대체 조명으로 각광 받고 있다. 또한 원격 정보 전달이 가능하고 정전압 다이오드처럼 전류가 흐르기 위해서는 약 0.6V의 전압이 필요하다 자동차에서는 헤드램프, 정지등, 미등, 오디오의 이퀄라이저, 조명등, 표시등, 광학식 위치 센서 또는 회전각 센서 등에 사용되며 또한 테스트 램프용으로 사용된다.

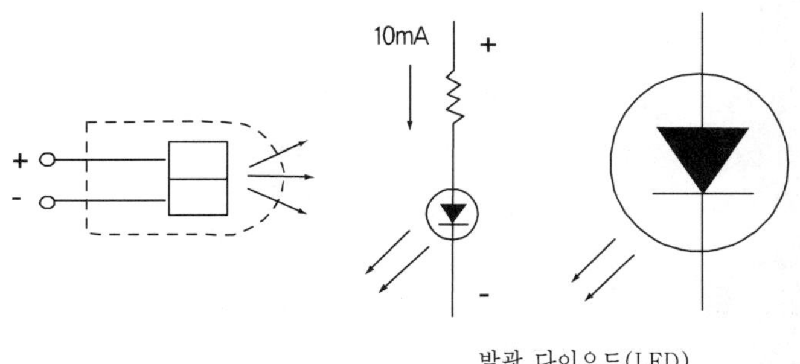

그림 3-21 발광다이오드의 기호

(2) 발광 다이오드를 이용한 회로

그림 3-22에 나타낸 회로에서 스위치를 ON으로 하면 전류는 저항 R_1을 통하여 저항 R_2를 거쳐 발광다이오드로 흐르며 이에 따라 발광다이오드의 빛에 의해 포토다이오드가 빛을 받으면 저항이 감소하여 포토다이오드에 전류가 흐른다.

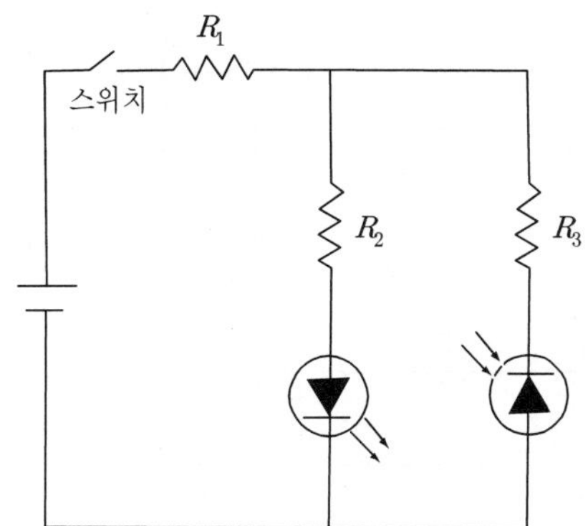

그림 3-22 발광다이오드를 이용한 회로

일반적으로 발광다이오드는 0.6V 이상에서 2.5V 정도의 전압을 가하면 빛이 발생하지만 축전지 전압 12V에 직접 연결하면 즉시 파손된다. 따라서 직렬로 연결된 저항 R_2를 두어 매우 작은 전압만 발광 다이오드로 흐르도록 하고 있다.

[4] 포토다이오드(Photo Diode)

(1) 포토다이오드의 개요

포토다이오드는 P형과 N형의 접합부분에 빛을 쪼이면 빛 에너지에 의해 역방향으로 전류가 흐르며, 빛이 강할수록 자유전자 수도 증가되어 더욱 많은 전류가 흐르게 된다. 다이오드는 역방향 전류가 흐르지 않는다고 했는데 예외적으로 두 가지가 있다. 하나는 제너 다이오드이고 또 하나는 포토다이오드로서 빛을 쪼이면 반대로도 전류가 통하는 성질을 가지고 있다. 포토다이오드의 종류로는 적외선 감지, 레이저 감지, 일반 빛감지 포토다이오드가 있으며 특징은

① 빛이 들어오는 광량과 출력되는 전류의 직진성이 좋아 데이터 처리가 용이하다.
② 응답 속도가 빠르다.
③ 출력 분산이 적다.
④ 주변의 온도변화에 따른 출력 변동이 적다.

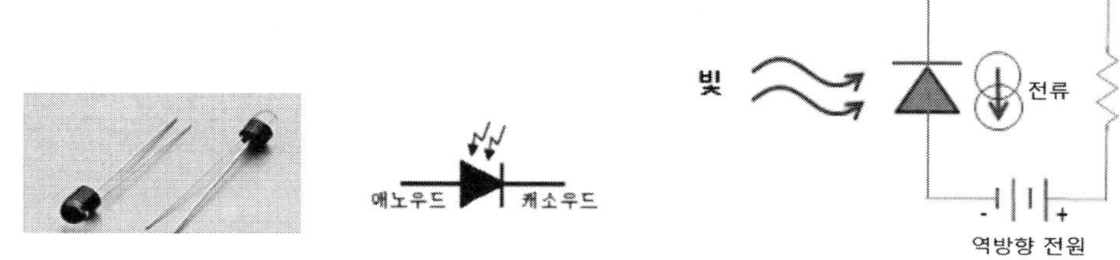

그림 3-23 포토다이오드의 작동

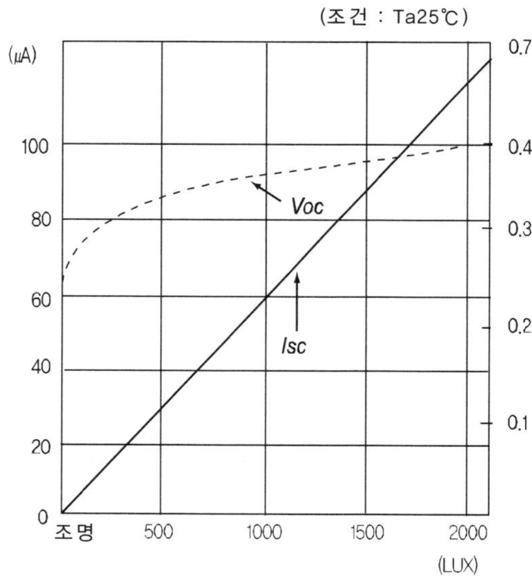

그림 3-24 포토다이오드의 기호와 특성

(2) 포토다이오드를 이용한 회로

① 포토다이오드의 기본회로

그림 3-25에 나타낸 회로에서 포토다이오드가 빛을 받으면 저항 값이 감소하여 축전지 전류는 접지로 흐르며(A점의 전압은 빛의 양에 따라 낮아짐) 이에 따라 트랜지스터의 베이스 전류가 차단되어 트랜지스터가 OFF되므로 부하로 전류가 흐르지 못한다. 또 포토다이오드가 빛을 받지 못하면 저항 값이 증가하기 때문에 축전지 전류는 접지로 흐르지 못하고(A점의 전압이 높아진다.), 트랜지스터의 베이스로 전류가 흘러 트랜지스터가 ON이 되므로 전류가 흐르게 된다.

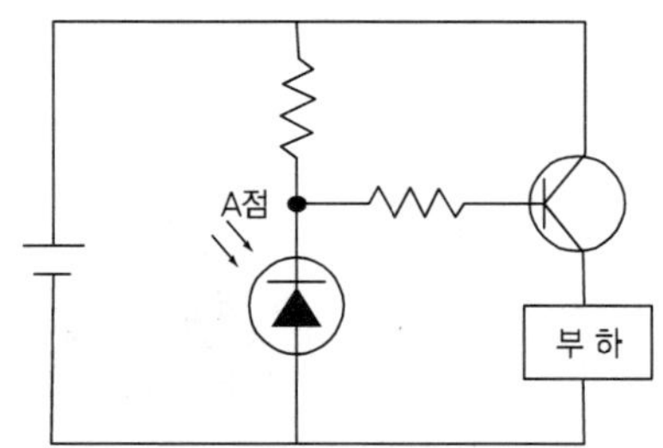

그림 3-25 포토다이오드의 기본 회로

② 발광다이오드와 포토다이오드를 이용한 디지털 파형

그림 3-26에 나타낸 회로에서 스위치를 ON으로 하면 축전지의 전류는 스위치, 저항 R_1을 거쳐 발광다이오드로 흘러 빛을 발생시킨다. 또 포토다이오드는 발광다이오드의 빛을 받아 저항 값이 감소하기 때문에 또 하나의 전류는 저항 R_2로 흘러 포토다이오드로 흐른다. 따라서 포토다이오드에 가해지는 전압 V_L은 0V, 스위치를 OFF로 하면 앞에서 설명한 것과 반대로 되어 V_L의 전압은 12V가 된다. 이와 같이 스위치를 ON, OFF를 계속하면 디지털 파형이 나온다.

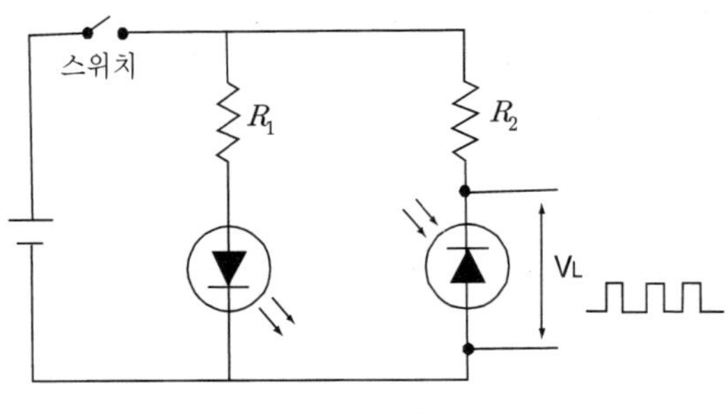

그림 3-26 디지털 파형

[5] 트랜지스터(TR; Transistor)

(1) 트랜지스터의 개요

트랜지스터는 PN형 다이오드의 N형 쪽에 또 하나의 P형을 접합하거나(PNP형), P형 쪽에 또 하나의 N형을 접합한 것(NPN형)이 있다. 3개의 부분에는 각각 인출선이 부착되어 있으며, 중앙부분을 베이스(base, 기호 B), 트랜지스터의 형식에 관계없이 각각의 전극에서 끌어낸 리드선 단자를 이미터(emitter, 기호 E), 그리고 나머지 단자를 컬렉터(collector, 기호 C)라 한다. 그리고 트랜지스터는 작은 신호전류로 큰 전류를 단속하는 스위칭회로, 작은 전기신호를 큰 신호로 증폭하는 증폭회로 및 발진회로 등에서 이용된다.

① PNP 형 트랜지스터의 특징

㉮ N 형 반도체를 중심으로 하여 양쪽에 P 형 반도체를 접합한다.

㉯ 이미터, 베이스, 컬렉터의 3개 단자로 구성되어 있다.

㉰ 베이스 단자를 제어하여 전류를 단속하며, 저주파용 트랜지스터이다.

㉱ 전류는 이미터에서 베이스로 흐른다.

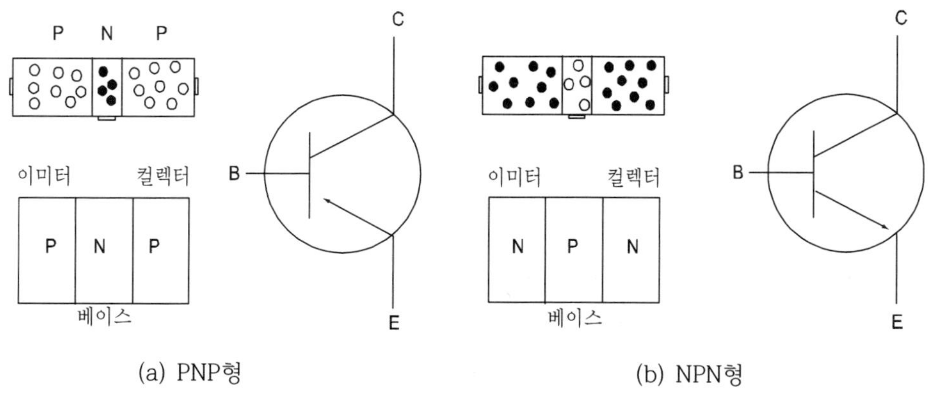

(a) PNP형　　(b) NPN형

그림 3-27 트랜지스터의 구조

② NPN 형 트랜지스터의 특징

㉮ P 형 반도체를 중심으로 양쪽에 N 형 반도체를 접합한다.

㉯ 이미터, 베이스, 컬렉터의 3개 단자로 구성되어 있다.

㉰ 베이스 단자를 제어하여 전류를 단속하며, 고주파용 트랜지스터이다.

㉱ 전류는 베이스에서 이미터로 흐른다.

(2) 트랜지스터의 작동원리

① 트랜지스터에 전류가 흐르는 경우

㉮ PNP형 트랜지스터의 경우

PNP형에 그림 3-28의 (a)에 나타낸 바와 같이 베이스(B)에 (+)전원을, 컬렉터(C)에 (-)전원을 각각 연결하면 베이스와 컬렉터에는 역방향 전압이 가해져 있기 때문에 외부 전원에 의한 흡인작용으로 전류가 흐르지 못한다. 그러나 그림 (b)에 나타낸 바와 같이 이미터(E)에 (+)전원을, 베이스에 (-)전원을 연결하면 이미터와 베이스 사이에는 순방향 전압이 가해져 있기 때문에 외부로부터 공급되는 전원의 극성에 반발하여 전류가 흐른다.

이때 이미터의 P형 쪽에서는 불순물 농도를 증가시켰으므로 홀이 많이 발생하고, 베이스의 N형

쪽은 두께가 매우 얇기 때문에 불순물의 농도가 더욱 부족해지므로 전자가 매우 적다. 이에 따라 이미터 내의 홀은 베이스로 유입되어 그 일부분의 베이스 전자와 결합하여 소멸되므로 약간의 베이스 전류가 된다.

또 그림 (c)와 같이 이미터에 (+)전원을, 베이스에 (-)전원, 컬렉터에 (-)전원을 각각 연결하면 이미터에 나온 홀은 베이스의 전자와 결합하지 못한 홀이 컬렉터 전압에 의해 컬렉터 쪽으로 이동하여 컬렉터 전류가 되며, 이미터의 홀은 전원의 (+)에서 점차 공급되어 이것이 이미터 전류로 된다. 따라서 이미터 전류의 대부분은 컬렉터 전류로 되며 베이스 전류는 매우 적다.

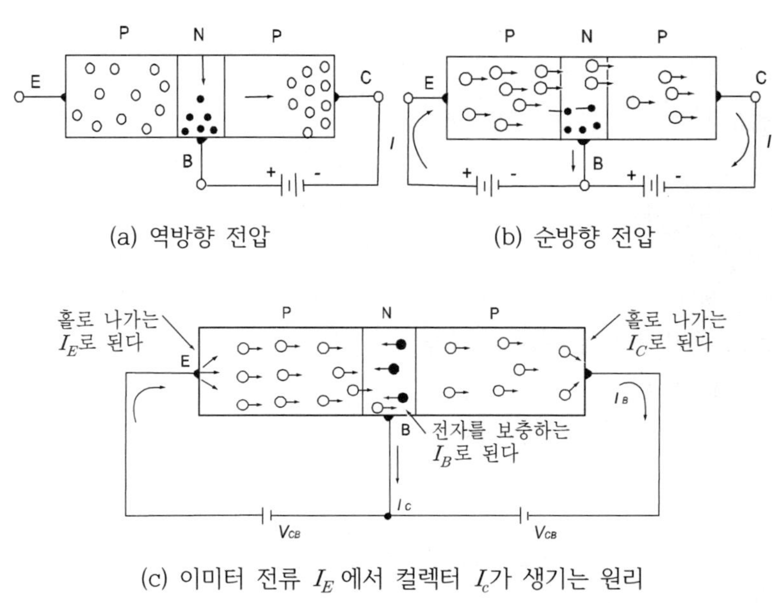

(a) 역방향 전압 (b) 순방향 전압

(c) 이미터 전류 I_E 에서 컬렉터 I_c가 생기는 원리

그림 3-28 PNP형에서 전류가 흐를 때

㉯ NPN형 트랜지스터의 경우

그림 3-29에 나타낸 바와 같이 베이스에 (-)전원을, 컬렉터에 (+)전원을 각각 연결하면 베이스와 컬렉터 사이에는 역방향 전압이 가해져있기 때문에 전위장벽이 높아 전류가 거의 흐르지 못한다. 그러나 그림 (b)와 같이 이미터에 (-)전원을, 베이스에 (+)전원을 연결하면 이미터와 베이스 사이에는 순방향 전압이 가해지기 때문에 전류가 흐른다. 이때 이미터 N형 쪽에는 불순물 농도를 증가시켰으므로 전자가 많이 발생하고, 베이스 P형 쪽은 두께가 매우 얇고 불순물 농도를 낮추었으므로 홀의 발생이 적다.

또 그림 (c)와 같이 이미터에 (-)전원을, 베이스에 (+)전원을, 컬렉터에 (+)전원을 각각 연결하면 이미터 내의 전자는 베이스 쪽으로 유입되어 그 일부분의 홀과 결합하여 소멸되며, 적은 수의 홀은 전원의 (+)극에 의해 계속 공급되므로 이것이 약간의 베이스 전류가 된다. 또, 베이스 전류와 결합하지 못한 이미터의 전자는 컬렉터 쪽의 전압에 의해 컬렉터 쪽으로 이동하여 컬렉터 전류가 된다. 일반적으로 이미터 전류 중의 95~98%가 컬렉터 전류가 되고 나머지 2~5%는 베이스 전류가 된다.

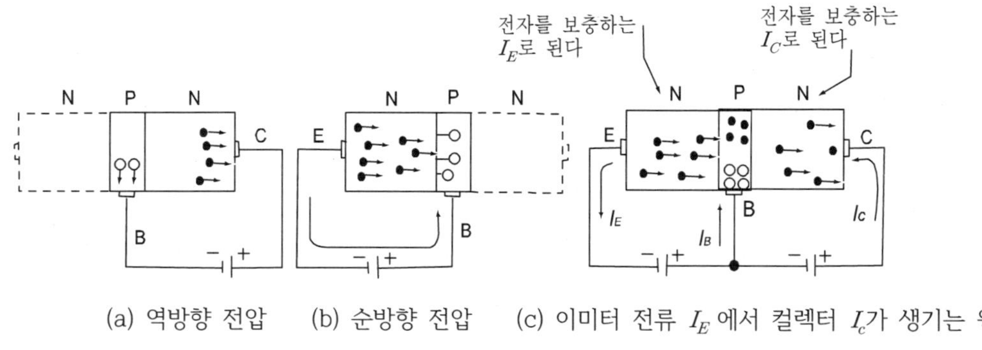

(a) 역방향 전압 (b) 순방향 전압 (c) 이미터 전류 I_E 에서 컬렉터 I_c가 생기는 원리

그림 3-29 NPN형에서 전류가 흐를 때

② 트랜지스터에 전류가 흐르지 못하는 경우

㉮ PNP형의 경우

그림 3-30에 나타낸 바와 같이 이미터에 (-)전원을, 베이스에 (+)전원을, 컬렉터에 (-)전원을 각각 연결하면 이미터 쪽의 홀은 전원의 (-)에 의해 흡인되고, 베이스 내의 전자는 전원의 (+)에 흡인되어 접합부분에는 빈 공간(절연층)이 발생하므로 베이스 전류가 거의 흐르지 못하므로 이미터에서 컬렉터로 전류가 흐르지 못한다. 이와 같이 베이스 전류를 ON 또는 OFF시킴에 따라 컬렉터 전류를 제어할 수 있다.

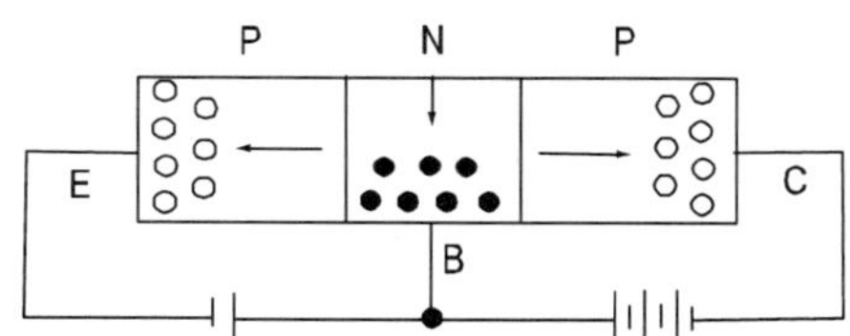

그림 3-30 PNP형에서 전류가 흐르지 못할 때

㉯ NPN형의 경우

그림 3-31에 나타낸 바와 같이 이미터에 (+)전원을, 베이스에 (-)전원을, 컬렉터에 (+)전원을 각각 연결하면 이미터 쪽의 전자는 전원의 (+)에 의해 흡인되고, 베이스 내의 홀은 전원의 (-)에 흡인되어 접합부분에는 빈 공간(절연층)이 발생하므로 베이스 전류가 거의 흐르지 못하므로 컬렉터에서 이미터로 전류가 흐르지 못한다. 이와 같이 베이스 전류를 ON 또는 OFF시킴에 따라 컬렉터 전류를 제어할 수 있다.

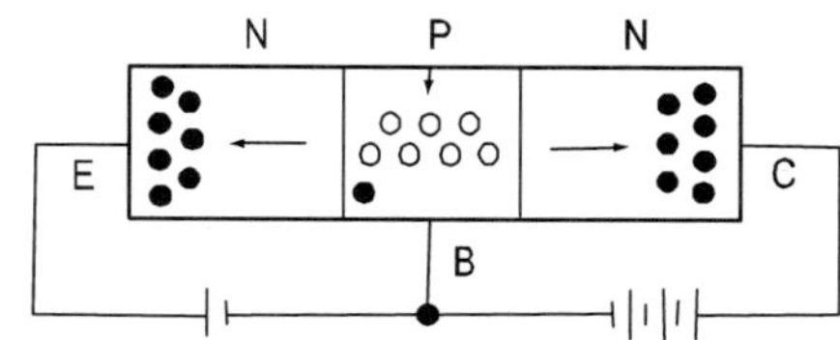

그림 3-31 NPN형에서 전류가 흐르지 못할 때

(3) 트랜지스터의 작용

① 트랜지스터의 증폭작용

그림 3-32에 나타낸 바와 같이 저항 R_B를 통하여 (+)전원을 연결하면 이미터의 전자는 베이스의 (+)전원에 의해 흡인되므로 베이스 전류가 흐른다. 그러나 베이스의 두께가 매우 얇기 때문에 이미터 전자는 컬렉터의 전자와 함께 컬렉터의 (+)전원으로 흡인되므로 이미터와 컬렉터 사이가 통전상태로 되어 컬렉터 전류가 된다.

또, 베이스 두께가 매우 얇기 때문에 베이스 내에 존재하는 홀의 수가 매우 작아 이미터 단자는 베이스의 홀 쪽으로 이동하는 양보다 컬렉터 (+)전원 쪽으로 이동하는 양이 매우 많아진다.

즉, 베이스 전류보다 컬렉터의 전류가 약 10~200배 정도 많이 흐른다. 적은 양의 베이스 전류로 큰 컬렉터 전류를 얻을 수 있으며, 또 베이스 전류를 바꾸면 컬렉터 전류의 양을 증가시킬 수 있는데 이 작용을 트랜지스터의 증폭작용이라 하며 증폭률은 다음과 같이 나타낸다.

$$증폭률 = \frac{컬렉터\ 전류}{베이스\ 전류}$$

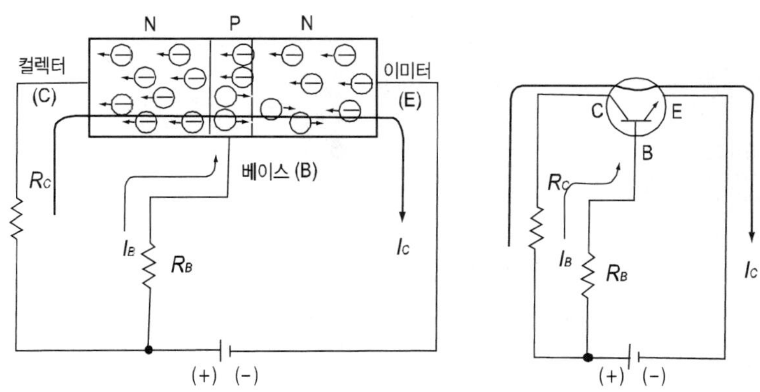

그림 3-32 트랜지스터의 증폭작용

② 트랜지스터의 스위칭작용

증폭 작용의 설명에서 트랜지스터의 이미터와 컬렉터 간에 전류가 흐르게 하려면 베이스에 전류를 흐르게 하면 된다고 했다. 즉 이것은 베이스 전류를 단속함으로써 이미터와 컬렉터 사이를 ON, OFF 할 수 있다는 것이다. 이것을 트랜지스터의 스위칭 작용이라 한다.

◎ 트랜지스터의 스위칭 작용과 릴레이와 비교

① 스위칭 동작의 ON, OFF는 빠르다. 1초에 1,000회 이상 반복 동작이 가능(릴레이는 100내지 200회 정도)하다.

② 기계 접점이 없기 때문에 릴레이와 같은 접점의 개폐 시 채터링이 없고 동작이 안정된다.

③ 베이스 전류를 가감하여 컬렉터 전류를 컨트롤 할 수 있다.

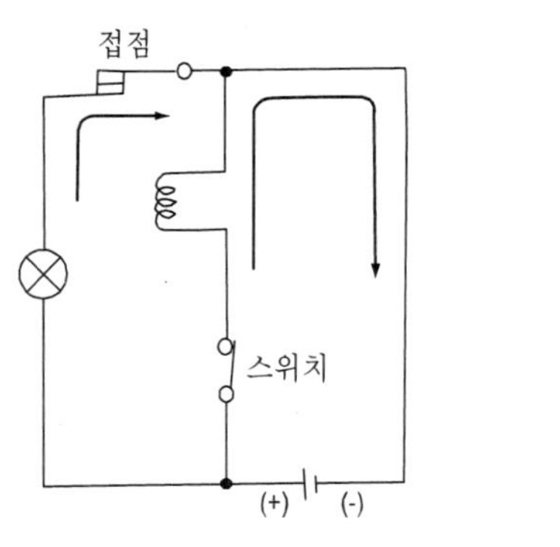

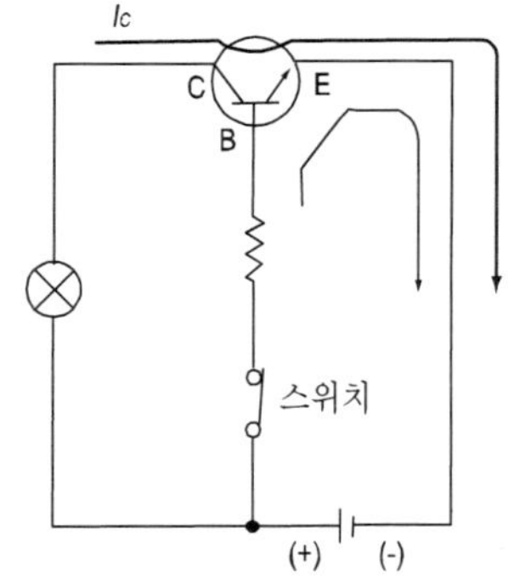

(a) 램프 릴레이 (b) NPN 트랜지스터의 스위칭 작용

그림 3-33 트랜지스터의 스위칭작용

[6] 다링톤 트랜지스터(Darlington Transistor)

다링톤 트랜지스터는 높은 컬렉터 전류를 얻기 위해 2개의 트랜지스터를 1개의 반도체 결정에 집적(集積)하고 이것을 1개의 하우징으로 밀봉한 것이다. 이 트랜지스터도 이미터, 베이스, 컬렉터의 3개 단자를 지니고 있다. 자동차에서는 높은 출력회로와 높은 전압에 대한 내구성이 요구되는 회로에서 사용한다. 다링톤 트랜지스터의 특징은 1개의 트랜지스터로 2개의 증폭효과를 낼 수 있기 때문에 매우 적은 베이스 전류로 큰 전류를 제어할 수 있다.

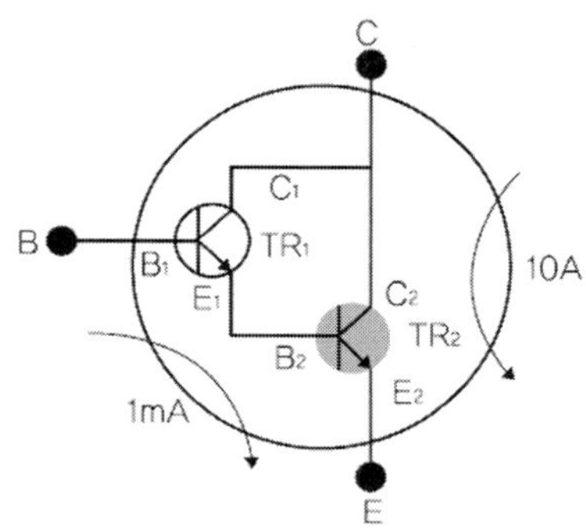

그림 3-34 다링톤 트랜지스터의 구조

[7] 포토트랜지스터(Photo Transistor)

(1) 포토트랜지스터의 개요

포토트랜지스터는 PN 접합부에 빛을 쪼이면 빛의 에너지에 의해 전자와 홀이 외부의 회로에 흐른다. 이미터와 컬렉터의 2개의 단자로 구성되어 있고, 베이스는 빛에 의해서 제어되며, 빛에 의해 전자와 홀이 형성되면 역방향 전류가 증가하여 빛에 대응하는 출력전류가 흐르는데 이것을 광(photo) 전류라 한다. 주로 NPN형이 사용되며 베이스 전극은 끌어냈으나 빛이 베이스 전류를 대신하므로 전극이 없다. 포토트랜지스터는 조향핸들 각속도 센서, 차고 센서 등에서 사용하며 특징은 다음과 같다.

① 베이스 전극이 없다. ② 광 출력전류가 매우 크다.

③ 소형이고 취급이 쉽다. ④ 내구성 및 신호성능이 풍부하다.

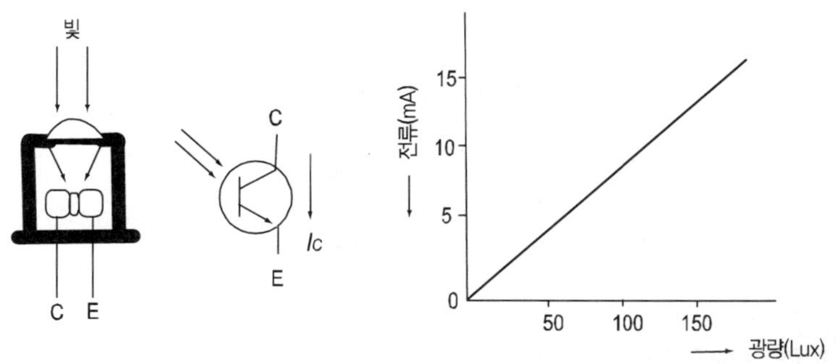

그림 3-35 포토트랜지스터의 구조와 출력특성

(2) 포토트랜지스터의 응용 회로

그림 3-36에 나타낸 바와 같은 회로에서 전원을 연결한 다음 포토트랜지스터에 빛 에너지를 가하면 실선 ①의 방향으로 전류가 흐른다. 이에 따라 포토트랜지스터 베이스에는 전류가 흐르지 못하기 때문에 실선 ③의 방향으로 전류가 흐르지 못해 램프가 점등되지 않는다.

그러나 주위가 어두워지면 포토트랜지스터의 통전능력이 감소하여 서서히 실선 ③의 방향으로 베이스 전류가 흘러 램프가 점등된다.

즉, 저항과 포토트랜지스터 및 램프를 이용하여 주위의 밝기에 따라 자동적으로 램프가 점등 및 소등되는 방식으로 할 수 있다.

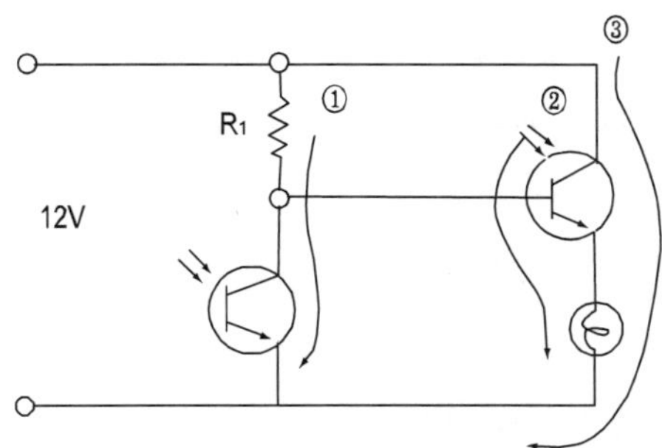

그림 3-36 포토트랜지스터의 회로

[8] 전계 효과 트랜지스터

일반적인 트랜지스터가 작동하기 위해서는 베이스에 조금이라도 전류가 흘러야 한다. 이러한 단점을 보완하여 만든 것으로 FET(Field Effect Transistor)라 부르는 전계 효과 트랜지스터가 있으며 이들을 분류하면 접합형과 MOS(Metal Oxide Semi conductor)형의 2종류가 있다.

전계 효과 트랜지스터는 PN접합 부분에는 다이오드와 마찬가지로 절연층이 있으며, 이 폭이 게이트와 소스 사이의 역방향 전압에 비례하여 변화한다. 즉 게이트 전압의 크기를 바꾸어 드레인으로부터 소스로 흐르는 전류를 제어한다.

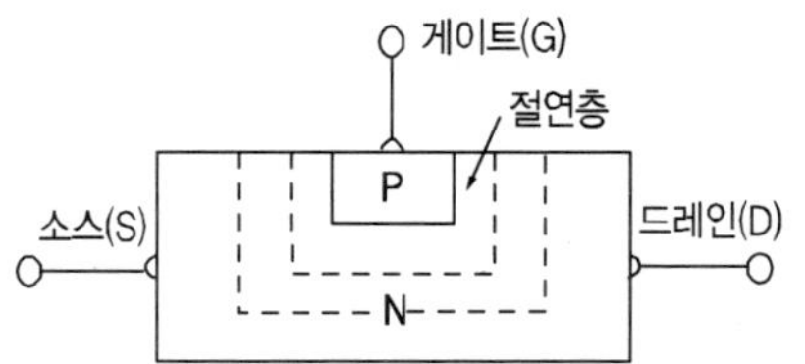

그림 3-37 전계 효과 트랜지스터의 구조

(1) 접합형 전계 효과 트랜지스터의 개요

접합형 전계 효과 트랜지스터는 P형 반도체(N형 반도체인 경우도 있음) 기판의 양쪽 면에 각각 P형 반도체를 접합하고, N형 반도체의 양끝과 양면의 P형 반도체로부터 각각 단자를 두고 있다. 기판 양끝의 단자를 소스(source, S)와 드레인(Drain, D)이라 하며, 양면의 P형 반도체에서 나온 단자를 게이트(gate, G)라 한다. 여기서 소스(S)는 (-), 드레인(D)은 (+) 그리고 게이트(G)는 제어단자이다.

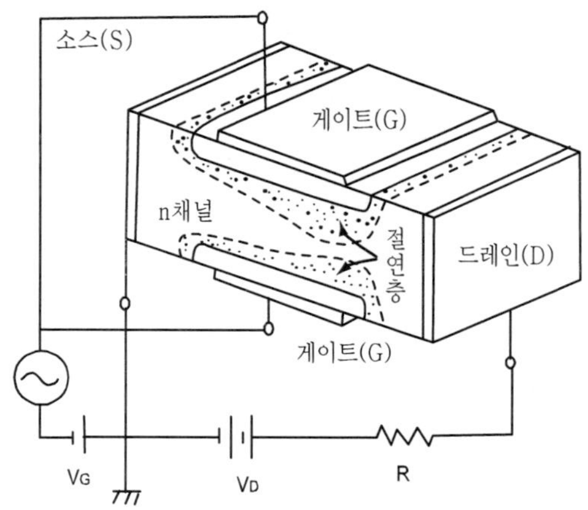

그림 3-38 접합형 전계 효과 트랜지스터의 구조

(2) 접합형 전계 효과 트랜지스터의 작동 원리

그림 3-38에 나타낸 바와 같이 N형 채널 접합형 전계 효과 트랜지스터의 드레인이 (+)극, 소스가 (-)극이 되도록 전압을 공급하고 게이트와 소스 사이에 역방향의 전압을 가하면 게이트에는 (-)극의 전압이 작용한다.

반도체에는 주어진 게이트의 홀에 의하여 서로 상하방향으로 몰리게 되므로 가운데 N형 반도체에는 절연층이 넓어져 단면적이 좁아지므로 드레인에서 소스로 전류가 잘 흐르지 못한다.

P형 채널 접합형 전계 효과 트랜지스터의 작동원리도 N형 채널과 같다. 다만, 전원의 극성이 반대일 뿐이다. 즉, 일반적인 트랜지스터에는 베이스에 전류가 공급되어야만 전류가 흐르는데 비해, 전계 효과 트랜지스터는 반대로 게이트에 전기를 공급하지 않을수록 전기가 잘 통하며, 게이트로 전기를 공급하여도 절연층만 두꺼워지기 때문에 신호로 사용되는 게이트는 전력소비가 없다.

[9] MOS형 전계 효과 트랜지스터

(1) MOS형 전계 효과 트랜지스터의 개요

그림 3-39에 나타낸 바와 같이 P형 실리콘 기판 위에 N형 채널을 형성하기 위하여 N형으로 도핑한 후 표면을 산화시켜 절연특성이 높은 산화규소 층을 형성시킨다. 접합형과 같이 N형 영역의 한쪽을 소스라 하고, 다른 쪽을 드레인이라 하며 산화막 전극을 게이트라 부른다. 그리고 MOS형 전계 효과 트랜지스터에서 P형 실리콘을 기본 재료로 사용하여 N형인 것을 N채널 MOS 전계 효과 트랜지스터, N형 실리콘을 기본 재료로 사용하여 P형 채널로 한 것을 P채널 MOS 전계 효과 트랜지스터라 한다. 또 게이트 전압의 인가에 의한 채널의 형성에 따라 MOS 전계 효과 트랜지스터는 증가형과 공핍형으로 나눈다.

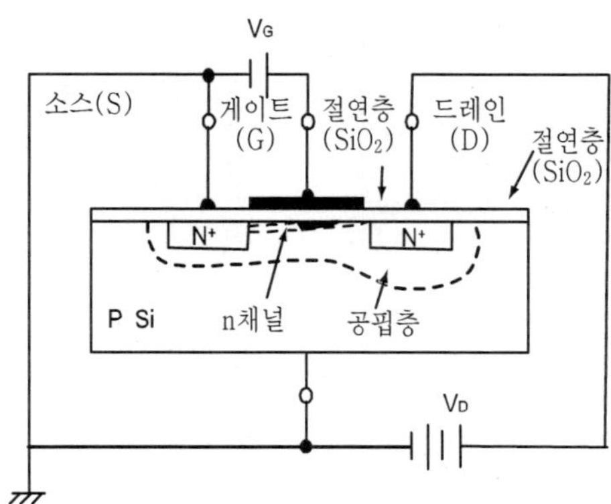

그림 3-39 MOS형 전계 효과 트랜지스터의 구조

(2) MOS형 전계 효과 트랜지스터의 작동원리

공핍형도 접합형과 같은 원리로 작동한다. 게이트와 소스 사이에 전압을 공급하지 않는 경우에는 공핍층이 좁기 때문에 드레인에는 많은 전류가 흐른다. 그리고 게이트에 전압을 증가시키면 N채널의 전자가 게이트의 (-)전압에 반발하여 공핍층이 넓어지기 때문에 채널이 좁아진다. 채널이 좁아지면 드레인에 흐르는 전류는 감소한다. 따라서 게이트 전압(V_G)으로 드레인 전류를 제어할 수 있다.

한편, 증가형은 게이트에 전압을 공급하지 않으면 드레인에 전류가 흐르지 않는다. 전류가 흐르도록 하려면 N형의 소스로부터 전자가 나와 P형 기판을 통하여 N형의 드레인까지 도달하여야 한다. 그러나 P형의 기판과 N형의 드레인 전극 사이가 역방향이므로 전류가 흐르지 못한다. 따라서 게이트 전압(V_G)을 공급하면 게이트 전극은 P형 기판으로부터 전자를 흡인하여 드레인과 소스 사이에 전자가 밀집된 N형 채널을 형성하여 전류가 흐르도록 한다. 이때 게이트 전압이 증가하면 N형 통로는 더욱 넓어져 드레인에는 더 많은 전류가 흐른다.

[10] 다층 반도체 소자

다층 반도체 소자란 PN접합을 3개 이상 갖는 전류 제어형인 부저항 소자이며 ON 상태와 OFF 상태인 2개의 안정 상태를 가지며 OFF 상태에서 ON 상태로 또는 그 반대로도 스위치 작용이 가능한 것이다. 그 종류에는 사이리스터, 다이악, 트라이악 등이 있다.

(1) 사이리스터(Thylister or SCR; Silicon Controlled Rectifier)

① 사이리스터의 구조

사이리스터는 PNPN접합 또는 NPNP접합의 4층 또는 그 이상의 여러 층 구조로 되어 있다. 애노드(A; anode [+]), 캐소드(K; cathode [-]), 게이트(G; gate [제어 단자])로 이루어지며, 애노드에서 캐소드로 흐르는 전류가 순방향 흐름이다. 작동은 게이트에 (+)전원을, 캐소드에 (-)전원의 전류를 공급하면 애노드와 캐소드 사이가 순간적으로 통전된다. 애노드와 캐소드가 통전된 것은 게이트 전류를 제거하여도 계속 통전이 유지되며, 애노드 전위를 0으로 만들어야 해제된다.

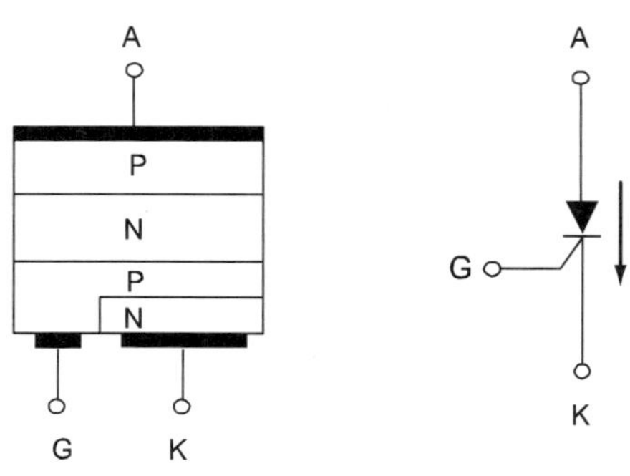

그림 3-40 사이리스터의 구조

② 사이리스터의 작동원리

그림 3-41에서 PNP형 트랜지스터를 Q_1, NPN형 트랜지스터를 Q_2라 하고, 애노드에 (+)전원을, 캐소드에 (-)전원을 연결하면 Q_2의 베이스에 해당하는 게이트에 전압이 공급되지 않는 상태가 되므로 Q_2가 차단되어 Q_1의 베이스 전류에 해당하는 Q_2의 컬렉터 전류 I_{C1}이 흐르지 못한다.

따라서 Q_1도 차단된 상태를 유지하므로 사이리스터에는 전류가 흐르지 않는다. 그러나 이 상태에서 (+)극의 전압을 가하면 Q_2가 ON되어 컬렉터 전류 I_{C1}이 흐른다. 이에 따라 Q_1도 ON되며, Q_1의 이미터 전류 I_{C2}가 흐르게 되므로 게이트에 가해진 전압을 제거하더라도 계속해서 전류가 흐른다. 즉, 사이리스터의 게이트에 (+)극의 가하였다가 제거하여도 계속해서 전류가 흐른다.

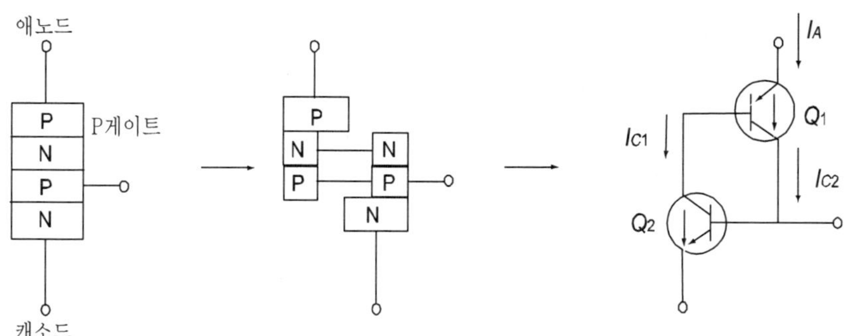

그림 3-41 사이리스터의 작동원리

(2) 다이악(DIAC)

다이악(DIAC, Diode Alternating Switch)의 구조는 그림 3-42에 나타낸 바와 같이 4층 다이오드 2개를 역방향으로 병렬 접속하여 양방향 대칭 5층 반도체 소자로 만든 것이다.

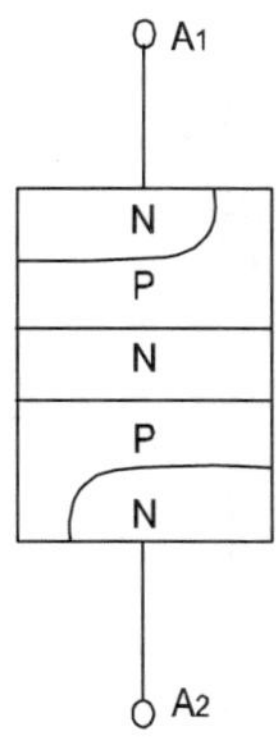

그림 3-42 다이악의 구조

다이악은 (-)극 단자가 없는 대신 (+)극 1(A_1)과 (+)극2 (A_2)가 있다. (+)극 1이 (+)극 2에 대하여 (+)일 때 이용할 수 있는 반도체 층은 P_1, N_2, P_2와 N_3이다. (+)극 2가 (+)극 1에 대하여 (+)일 때 사용할 수 있는 반도체 층은 P_2, N_2, P_1과 N_1이다.

양끝의 주 전극단자를 각각 애노드 1, 2(A_1, A_2)라 한다. 그림 3-43에 나타낸 바와 같이 A_1에 (+), A_2에 (-)가 되도록 전원을 공급하면 상부의 N_1과 P_1의 접합 층은 역방향이 된다.

그러나 P_1은 A_1과 연결되어 있기 때문에 전류가 흐를 경우에는 직접 P_1쪽으로 흐른다. 즉, N_1층이 없는 것과 같다. 따라서 A_1에 (+)전압이 작용할 때 그림의 (a)에 나타낸 바와 같이 등가회로가 가능해진다. 반대로 A_1에 (-), A_2에 (+)가 되도록 전원을 공급하면 N_2층이 없는 것과 같다.

따라서 A_2에 (+)전압이 작용할 경우에는 그림의 (b)에 나타낸 바와 같은 등가회로가 가능해진다.

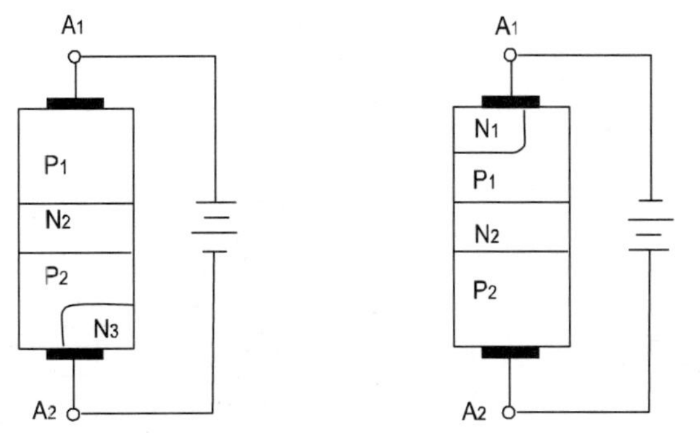

(a) A_1이 (+)일 때의 등가회로　　(b) A_1이 (-)일 때의 등가회로

그림 3-43 다이악의 작동 원리

(3) 트라이악

트라이악(TRIAC, Triode Alternating Current Switch)은 그림 3-44에 나타낸 바와 같이 2개의 사이리스터(SCR)를 역(逆) 병렬로 접속하여 1개의 5층 반도체 소자로 제작하고 이 5층 반도체 소자에 2개의 제어단자를 설치한 것이다. 제어단자를 게이트(G), 양끝의 주 단자를 각각 애노드 1, 2(A_1, A_2)라 한다. 작동원리는 A_1에 (+)극의 반파가 작용하면 아래쪽의 PN접합이 공핍층이 되며, 반대로 A_2에 (+)극의 반파가 작용하면 위쪽의 PN접합이 공핍층이 된다. 트라이악은 게이트를 통하여 공급되는 전압에 의해 사이리스터와 같은 과정을 거쳐 통전된다.

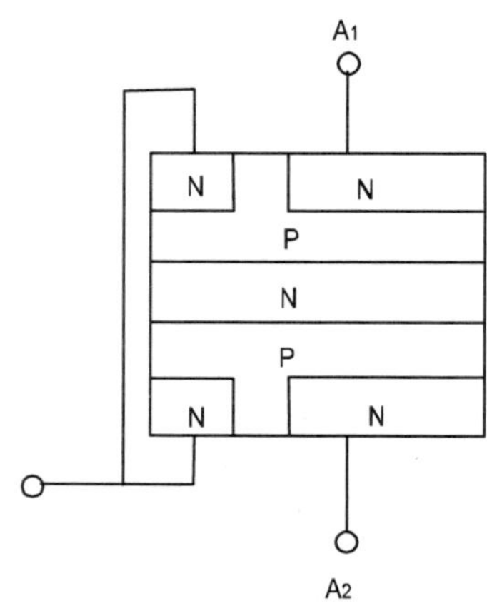

그림 3-44 트라이악의 구조

[11] 서미스터(Thermistor)

(1) 서미스터의 개요

서미스터는 온도의 변화에 대해 저항값이 크게 변화하는 반도체를 말한다. 서미스터는 (-)온도계수를 갖는 부특성(NTC: negative temperature coefficient) 서미스터, (+)온도계수를 갖는 정특성(PTC: positive temperature coefficient) 서미스터, 어떤 온도에 있어서 전기저항이 급격히 변화하는 CTR(critical temperature resistor) 서미스터가 있다.

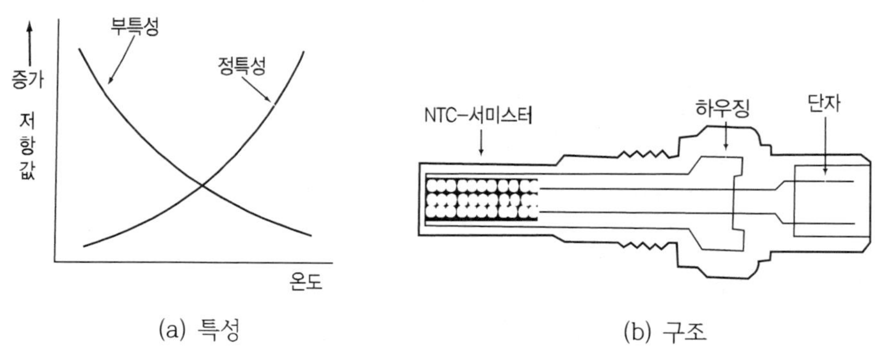

(a) 특성　　(b) 구조

그림 3-45 서미스터 특성 및 구조

PTC 서미스터는 정온 발열, 과전류 보호용 등으로 주로 사용되며, NTC 서미스터는 엔진의 냉각수 온도 센서, 흡입 공기 온도 센서, 에어컨 온도 센서, 온도계 유닛 등의 주로 온도 감지용 센서로 사용된다. 니켈, 코발트, 망간 등에 산화물을 혼합하여 결합제와 1000℃ 이상의 고온에서 소결하여 만든 반도체 온도 감지용 소자이다.

(2) 서미스터 응용 회로

그림 3-46에 나타낸 바와 같이 연료 보유량 경고등 회로에서 점화스위치를 ON으로 하였을 때 서미스터가 연료 보유량보다 낮은 쪽에 있으면 연료에 의해 냉각되어 온도가 낮아지기 때문에 저항 값이 증가하여 경고등이 소등된다.

반대로 연료 보유량이 감소하면 공기 중에 노출되기 때문에 서미스터의 열 발생으로 인하여 온도가 상승하여 저항 값이 감소하여 회로에 전류가 공급되어 경고등이 점등된다.

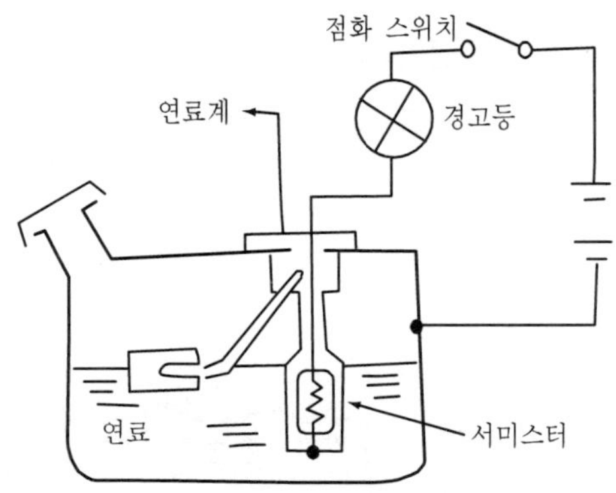

그림 3-46 연료탱크에 응용한 서미스터 회로

(3) 수온 센서

그림 3-47은 수온 센서에서 사용하는 서미스터 회로이다. 부특성 서미스터를 이용한 냉각 수온 센서 회로로 냉각 수온의 변화에 따라 서미스터의 저항이 변화된다. 이때 직렬 회로로 구성된 고정 저항과 서미스터 간에 발생되는 전압 강하의 변화를 전자 제어 유닛이 감지하므로 수온을 알게 된다.

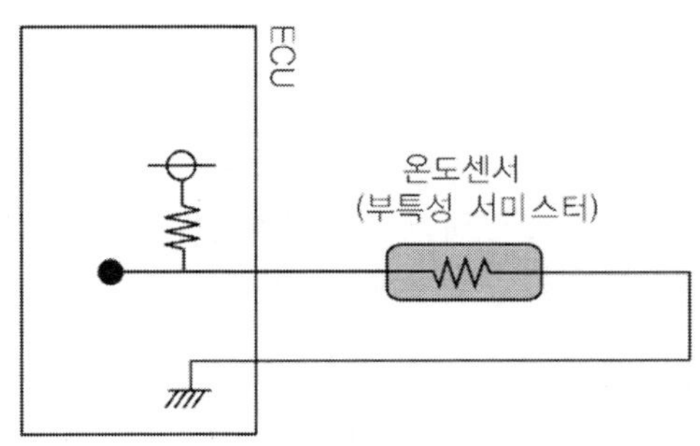

그림 3-47 수온센서 회로

[12] 반도체 피에조 저항형 센서(압전 소자)

이 센서는 반도체의 단 결정이 압력을 받으면 결정 자체의 고유저항이 변하는 성질을 이용한 것이며, 압력의 변화에 대응하여 변화되는 전기저항을 검출하는 것이다.

즉 전기저항의 변화를 전류의 변화로 바꾸어 압력의 상태를 검출한다. 반도체 피에조 저항형 센서는 MAP(Manifold Absolute Pressure)센서, 대기압력 센서, 노크 센서 등에서 사용된다.

[13] 광전도 셀(Photo Conductive Cell)

(1) 광전도 셀의 개요

광전도 셀은 광전 변환소자의 대표적인 것이며, 카드뮴(Cd)과 황(S)을 결합한 후 가열 소결시키거나 단결정으로 하여 만든 것이다. 황화 카드뮴(CdS) 셀이 빛의 강약에 따라 저항 값이 변화한다.

즉, 빛이 강할 때에는 저항 값이 감소하고, 빛이 약하면 저항 값이 커진다. 그리고 2전극 사이에 전압을 가하여 빛에 의한 저항변화를 전류변화로 바꾸어 외부로 끌어내는 것이다.

광전도 셀은 카메라의 노출계, 가로등의 자동 점멸, 광전 스위치, 오토라이트(auto light) 등에서 사용된다.

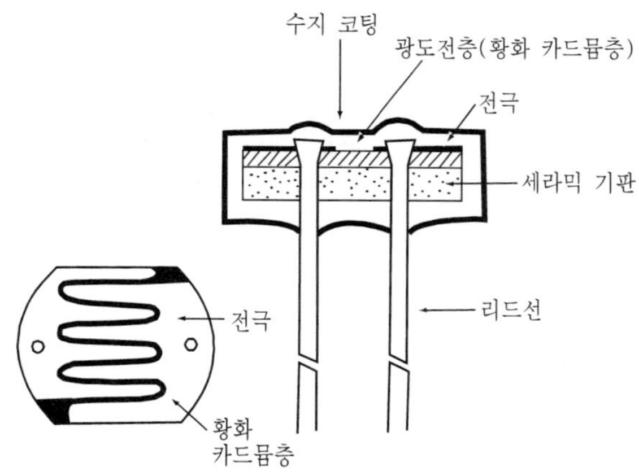

그림 3-48 광전도 셀의 구조

(2) 광전도 셀의 응용 회로

그림 3-49의 회로에서 빛을 받으면 광전도 셀의 저항 값이 감소하여 베이스에 전류가 흐르지 않아 트랜지스터가 OFF된다. 트랜지스터가 OFF되면 이미터와 컬렉터 사이의 저항 값이 증가하기 때문에 램프는 소등된다.

반대로 빛을 받지 못하면 광전도 셀의 저항 값이 증가하기 때문에 베이스에 전압이 높아져 전류가 흐르므로 트랜지스터가 ON이 된다. 따라서 컬렉터와 이미터 사이의 저항 값이 감소하여 램프는 점등된다.

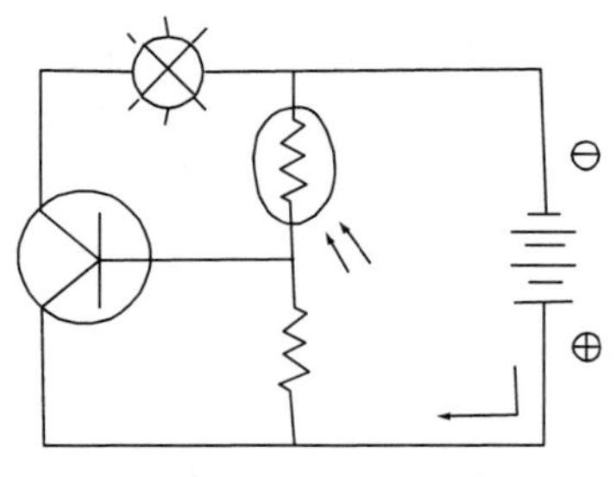

그림 3-49 광전도 셀의 응용 회로

[14] 홀 효과(Hall Effect)

(1) 홀 효과의 개요

홀 소자는 작고 얇으며 편평한 판으로 만든 것이다. 전류가 판에 흐르면, 전압이 자속과 전류방향의 직각부분으로 판 사이에서 발생하며, 이 전압은 판 사이를 흐르는 전류 밀도와 자속 밀도에 비례한다. 이 자장(磁場)에 따라 전압이 발생하는 것을 홀 효과라 한다.

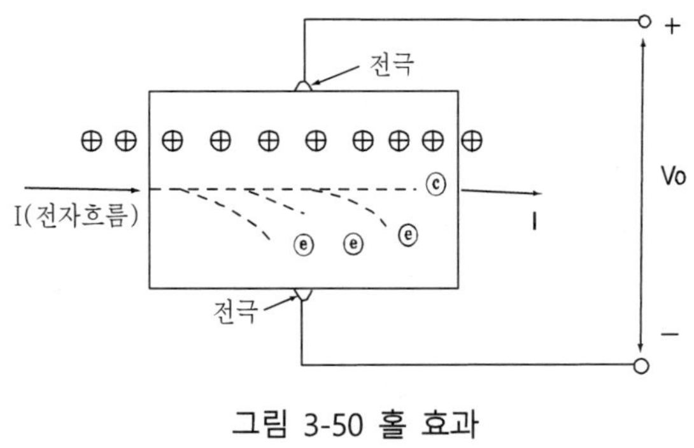

그림 3-50 홀 효과

(2) 홀 효과의 응용 회로

홀 효과는 자동차에서는 주로 홀 센서로 사용되고 있으므로 홀 센서에 대해 설명하도록 한다.

① 홀 센서의 역할

홀 센서는 캠 축에 설치되어 캠 축 1회전(크랭크축 2회전)당 1개의 펄스 신호를 발생시켜 컴퓨터(ECU)로 입력시킨다. 컴퓨터는 이 신호에 의해 1번 실린더의 압축 상사점을 검출하며 연료 분사순서와 점화순서를 결정한다.

② 홀 센서의 작동원리

그림 3-51에 나타낸 바와 같이 캠 축에는 1개의 돌기가 있으며, 홀 센서 내부에는 홀 소자와 트랜지스터가 들어 있으며 작동은 다음과 같다. 점화스위치를 ON으로 하면 컴퓨터에서 공급된 5V의 전원은 ①을 통하여 ②로 접지되고 센서 전원 5V는 트랜지스터의 컬렉터에 대기한다. 이때 캠 축이 회전하여 캠 축에 있는 돌기가 감응부분에 오게 되면 감응부분에서 자력이 형성되며, 이때 ③과 ④에 전

압이 발생한다. ③에서 발생된 전압에 의해 트랜지스터가 구동되며 컬렉터에 와 있던 센서 전원이 이미터(E)로 흐르게 되므로 그림 3-52에 나타낸 바와 같은 신호를 컴퓨터가 감지한다.

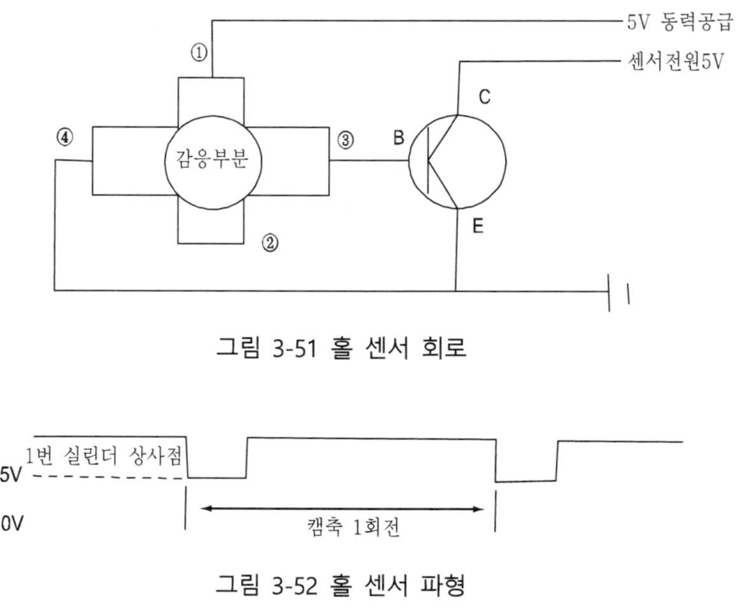

그림 3-51 홀 센서 회로

그림 3-52 홀 센서 파형

3·5 표시장치(Display)

표시장치의 종류에는 발광다이오드(LED), 액정표시장치(LCD), 진공형광 표시장치(VFD), 음극선관(CRT) 등이 있다.

1. 액정표시장치(LCD, Liquid Crystal Display)

[1] 액정표시장치의 구조

액정표시장치는 소요되는 전력과 전압이 매우 낮기 때문에 디지털 표시장치에서 주로 사용된다. 액정표시장치의 액정은 선형(linear)적으로 편광(偏光)된 빛을 회전극성으로 바꿀 수 있다. 선형적인 편광이란 항상 같은 방향으로 빛의 파장이 진동하는 것을 말한다. 햇빛과 인공조명의 빛은 대부분 편향되지 아니하고 여러 방향으로 각각 진동을 한다. 편향되지 않은 빛을 편광 물질에 통과시키면 편향된다. 액정표시장치는 투명하고 전도성을 지니도록 코팅된 유리판 사이에 액정이 끼어있다.

투명한 전도체는 글자를 구성하기 위해 앞 유리판에 둔다. 다음에 액정분자가 원하는 정열을 할 수 있도록 절연 판을 유리판에 코팅한다. 앞쪽 분자의 편향은 수직방향이며, 뒤쪽으로 갈수록 분자가 수평으로 편향될 때까지 회전한다. 따라서 액정의 분자가 앞판에서부터 뒤 판으로 90°회전하여 전압이 가해지지 않은 상태에서 이들 분자들의 편광이 앞과 뒤의 편광기구와 일치한다.

[2] 액정표시장치의 작동

(1) 액정 셀에 전압을 가하지 않은 상태

액정 셀에 전압을 가하지 아니한 상태에서 액정표시장치의 작동을 그림 3-53의 (a)를 통해 설명하도록 한다. 빛이 수직 편광기구를 거치면서 수직으로 편광이 된 뒤에 액정을 통과하면서 분자의 방향에 따라 빛의 편광이 바뀐다.

빛이 수평 편광기구에 도달하면 90˚로 편광 방향이 바뀌어 수평으로 편광이 이루어지는데 이때 빛은 뒤쪽의 반사경에서 반사된다. 그리고 다시 액정을 통과하여 편광이 90˚ 회전한 다음 수직 편광기구로 다시 나온다. 이렇게 하여 반사된 일반적인 빛을 보게 된다.

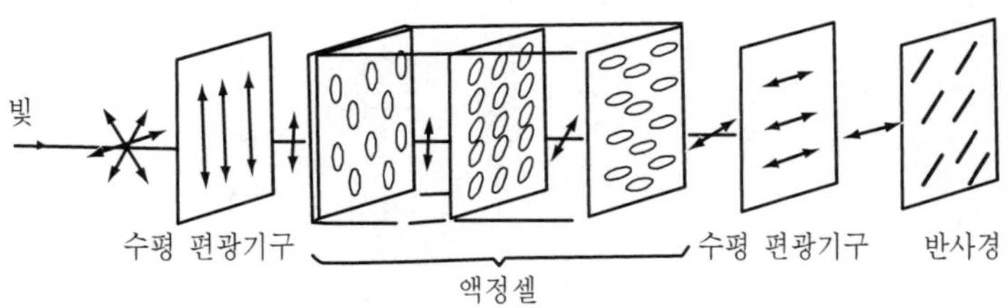

(a) 전압이 인가되지 않았을 때의 편광 현상

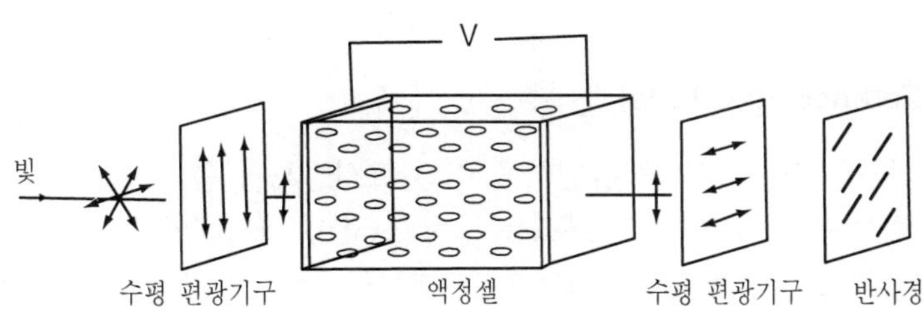

(b) 전압이 인가되지 않았을 때의 편광 현상

그림 3-53 액정의 편광 현상

(2) 액정 셀에 전압을 가한 상태

액정 셀에 전압을 가한 상태에서의 빛 통과를 그림 3-53의 (b)를 통해 설명하도록 한다. 각 액정 셀에 가해진 전압은 액정 셀의 밑 부분에 위치한 액정을 일렬로 정렬시킨다. 이 경우 액정 셀 부근의 액정으로 들어온 빛은 극성의 회전 없이 액정을 통과한다.

빛이 수직 편광기구에서 수직으로 편광된 후 수평 편광기구에서 차단되므로 반사경까지 도달하지 못한다. 따라서 에너지를 받은 액정 셀의 부근으로 들어온 빛은 수직 편광기구로 다시 반사되지 못한다.

이로 인해 액정 셀들은 어둡게 보이고, 주위부분은 밝게 보인다. 자동차 계기로 사용할 경우에는 어두운 곳에서도 볼 수 있도록 외부광원을 부착하여야 하며, 또 추운 곳에서 작동시키면 낮은 온도 때문에 잘 작동하지 못하는 결점이 있다.

[3] 진공형광 표시장치(VFD, Vacuum Fluorescent Display)

진공형광 표시장치는 전자를 형광물질에 쏘여 빛이 발생하도록 하는 것이다. 이 장치는 필라멘트를 가열하였을 때 자유전자가 튀어나오도록 코팅된 필라멘트를 사용한다.

전자들은 높은 전압에 의해 (+)극 쪽으로 가속된다. 이 빠른 속도의 전자가 양극의 형광물질을 때리면 형광물질이 빛을 발생하는 원리를 이용한 것이다.

대부분의 진공형광 표시장치는 넓은 범위에서 읽을 수 있는 청록색 빛을 발생하는 물질을 사용한다.

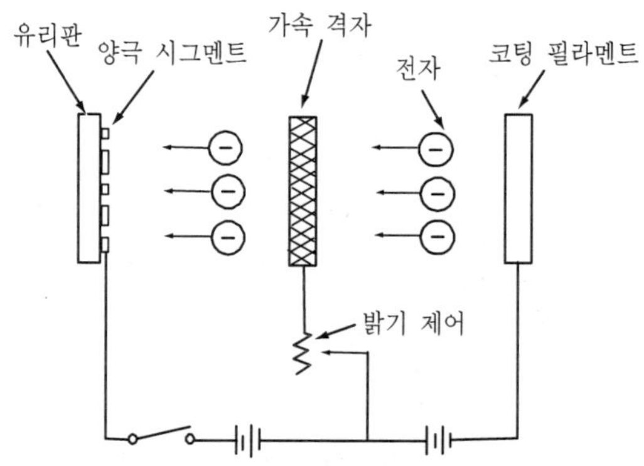

그림 3-54 진공형광 표시장치의 구조

[4] 음극선관(CRT, Cathode Ray Tube)

메시지와 그림 정보 등에 대해 가장 큰 유연성을 지닌 표시장치가 음극선관이다. 텔레비전 브라운관이나 컴퓨터 모니터로 많이 사용된다. 그 구조를 그림 3-55에 나타내었다. 산화물 코팅이 된 (-)극은 필라멘트에 의해 간접적으로 가열되어 (-)극 표면으로부터 전자를 방출한다. 그리고 제어격자는 관 쪽으로 진행되는 전자빔의 수를 제어한다.

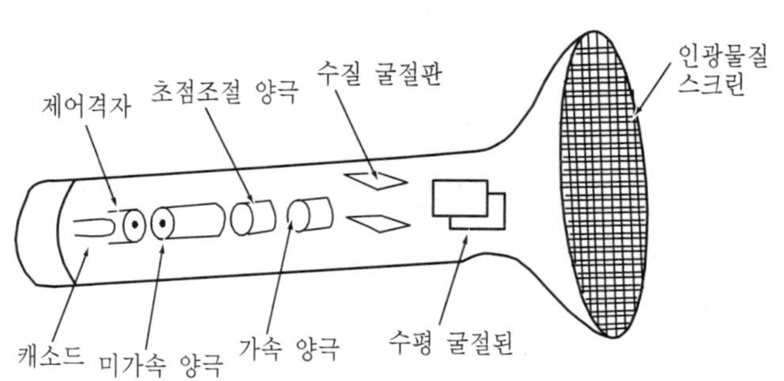

그림 3-55 음극선관의 구조

제어격자에 인가되는 전압은 관의 정면을 향하여 이동할 수 있는 전자의 수를 결정한다. 제어격자를 통과한 후 전자는 초점조절 양극(focusing anode)과 가속 양극(accelerating anode)에 의하여 초점이 맞추어지고, 고속으로 가속된다. 지금까지 설명한 부분은 음극선관의 전자총을 구성하는 부분이다.

그 다음으로 고속의 정밀한 전자빔은 2종류의 굴절 판을 통과한다. 첫번째의 굴절 판은 상하·수직으로 전자빔을 굴절시킨다. 수직굴절의 방향은 굴절 판에 인가되는 전압의 극성으로 결정되며, 굴절의 크기는 인가전압으로 설정된다.

전자빔 또한 수평굴절 판에 인가되는 전압에 의해 좌우 수평방향으로 굴절된다. 이렇게 굴절된 전자빔은 관에 인가되는 높은 전압에 의해 더욱더 가속된다. 이에 따라 전자빔은 관 안쪽에 칠해져 있는 형광물질의 표면에 도착한다.

에너지를 지닌 전자가 형광물질에 칠해져 있는 음극선관 표면을 때리면 빛을 발생하고 이 빛이 스코프를 사용하는 사용자의 눈에는 파형의 모양으로 나타난다.

3.6 IC(Inter grated Circuit; 집적 회로)

1. 아날로그 신호와 디지털 신호

컴퓨터(ECU)에서 처리되는 신호의 형태는 디지털 신호이지만 실제 외부에서 존재하는 신호는 아날로그가 대부분이다.

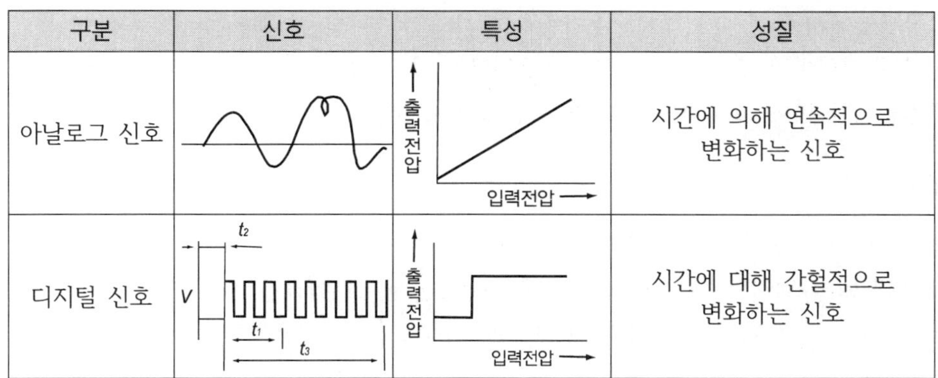

구분	신호	특성	성질
아날로그 신호		출력전압 / 입력전압	시간에 의해 연속적으로 변화하는 신호
디지털 신호	t_2, V, t_1, t_3	출력전압 / 입력전압	시간에 대해 간헐적으로 변화하는 신호

그림 3-56 아날로그와 디지털 신호

[1] 아날로그 신호

아날로그(analog) 신호는 시간의 변화에 따라 연속적으로 변화하여 순간상태 값을 지시할 수 있는 형태이며 이때 상대 값과 지시 값을 서로 일치시킬 수 있다.

자연계에 존재하는 전기적 신호 또는 인위적으로 만든 각종 센서가 감지한 물리량, 화학량, 전기량 등을 신호 처리한 결과는 아날로그 파형으로 검출된다.

즉, 자연계에는 아날로그 신호만이 존재한다. 예를 들어 어떤 점과 점선 상에 선이 있다고 하면 그

선들은 무수한 변화의 작은 점들이 모여 선을 이루고 있기 때문에 이 무수한 점을 읽고 처리하자면 매우 바빠진다.

또 기관에서 사용하고 있는 스로틀 포지션 센서의 경우에는 0V에서 5V까지 무수한 점을 읽어가야 하므로 약간의 불량 값도 데이터화하므로 기관에 이상이 초래된다. 따라서 컴퓨터상에서는 아날로그 신호처리는 매우 어렵고 고도의 하드웨어와 소프트웨어가 필요하다.

[2] 디지털 신호

디지털 신호는 전압의 변화가 시간의 변화에 대비하여 계단형식의 값을 취하는 회로이며 전기의 흐름이 "있다" 또는 "없다"에 따라 ON, OFF 또는 "0"과 "1"의 조합으로 처리하며 이것을 2진법으로 표시하여 논리회로에 입력되면 입력 신호에 따라 디지털 출력이 나오게 되며 디지털 신호를 증폭시켜 논리회로로 입력시켜 처리하므로 디지털 계기를 사용하면 판독이 쉽다.

그리고 디지털 측정값은 저장이 쉽기 때문에 이를 이용하여 각종 제어 회로를 쉽게 제어할 수 있다. 디지털 신호는 낮은 값과 높은 값 사이만 유지하기 때문에 아날로그 신호에 비해 신호 처리가 단순하므로 약간의 불량 신호에도 영향을 미치지 않는다.

2. 10진법과 2진법

[1] 10진법

우리는 일상생활에서 수를 표시할 때 숫자를 사용한다. 수를 취급할 때에는 한 자리의 수가 0에서부터 9로 점차 증가하여 10으로 될 때마다 자리올림을 하고 있다. 이와 같이 한 자리의 수가 10이 될 때마다 자리올림을 하여 표시하는 방법을 10진법이라 한다.

[2] 2진법

한 자리의 수가 0으로부터 0, 1로 증가하여 2가 될 때마다 자리올림을 하여 표시하는 경우를 2진법이라 한다. 디지털 신호에서는 2개의 전압단계를 사용한다. 그 이유는 스로틀 포지션 센서 전압의 경우 0V에서 5V까지의 사이에 무수히 많기 때문에 이것을 모두 사용하기란 어렵다.

따라서 반도체가 작동하기 어려운 전압 수준을 0.8V 이하로 하고, 충분히 작동할 수 있는 전압을 2.5V로 정하여 이 두 전압 수준을 이용하여 0과 1이라 정의하였다. 0.8V에서 2.5V 사이의 전압을 드레숄드 전압이라 한다.

3. IC 회로

IC는 저항, 축전기, 트랜지스터, 다이오드 등의 많은 회로 소자를 1개의 실리콘 기판에 결합하여 고체화시킨 초소형의 전기 회로이다.

IC는 회로 소자가 일체로 구성된 회로로 되어 있기 때문에 일반 트랜지스터 회로에 비하여 신뢰성, 내진성, 내구성, 경제성, 소형 경량화, 대량 생산화, 비용의 경감 등이 가능하다.

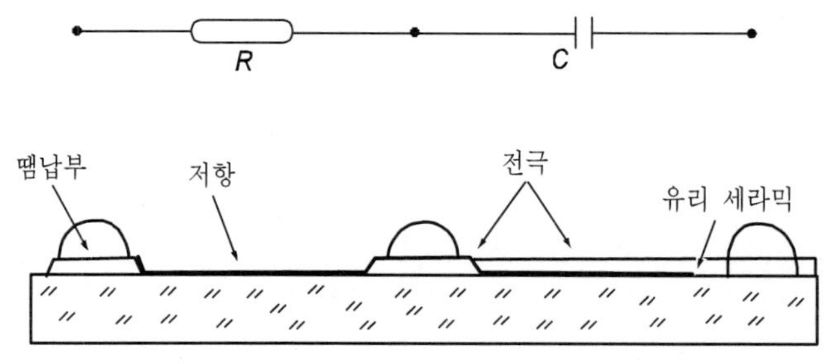

그림 3-57 IC의 구성

[1] 디지털 IC의 종류

디지털 IC는 논리 회로를 작성하는데 있어 다이오드와 트랜지스터를 결합한 것이며 "1", "0" 2개의 신호를 사용하여 논리, 연산, 기억, 변환 등을 한다.

IC의 종류는 크게 바이폴러형(bipolar type; 2개의 극성이나 방향을 지니고 있는 것)과 유니폴러형(unipolar type; 전자와 홀 중 한쪽의 캐리어만으로 작동하는 것)으로 구분된다.

[2] 디지털 IC의 특징

(1) 바이폴러형의 특징

① 매우 높은 주파수까지 사용할 수 있다.
② 전원전압은 5V±5%의 제한이 따른다.
③ 전류 소비가 크다.

(2) 유니폴러(C MOS)형의 특징

① 전원전압을 3~16V 사이로 폭 넓게 사용할 수 있다.
② 전류 소비가 적다.
③ 높은 주파수에서는 사용할 수 없는 경우가 있다.

[3] 풀업과 풀다운 저항

풀업(pull up) 저항은 스위치를 OFF로 하였을 때 단자 전압을 상승(up)시킨다. 즉 "1"이란 신호를 나타낸다.

풀다운(pull down) 저항이란 스위치를 OFF로 하였을 때 단자 전압을 강하(down)시킨다. 즉 "0"이라는 신호를 나타낸다. 또한 풀업과 풀다운 저항에 대한 예는 다음과 같다.

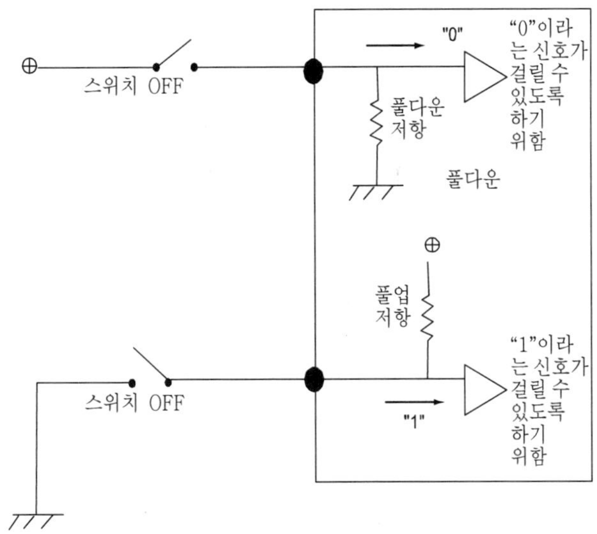

그림 3-58 풀업과 풀다운 저항이 걸린 회로

그림 3-59는 에탁스(ETACS) 와셔 모터의 회로이다. 스위치가 ON일 때 전압은 CMOS IC에서는 4V 이하, 스위치 OFF일 때 전압은 CMOS IC에서 8V 이상 나와야 한다.

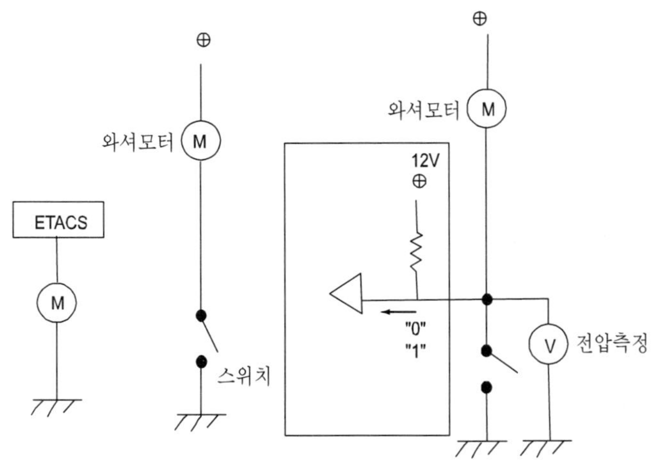

그림 3-59 에탁스 와셔 모터 회로

그림 3-60은 동력조향 장치의 오일압력 스위치이며, 스위치가 ON일 때 전압은 TTL IC에서는 0.8V 이하, 스위치가 OFF일 때 전압은 TTL IC에서 2.5V 이상 출력되어야 한다. 스위치가 ON일 때 0V의 "0"신호가, OFF일 때에는 5V인 "1"의 신호가 입력된다.

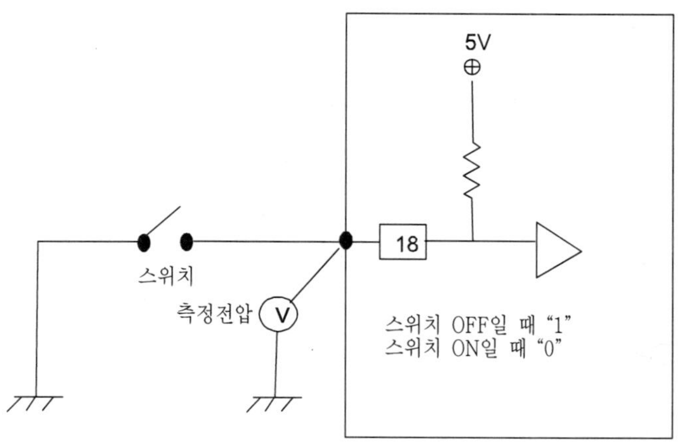

그림 3-60 동력조향장치 오일압력 스위치 회로

그림 3-61은 자동변속기 인히비터 스위치 회로이다. 인히비터 스위치에서 스위치를 ON으로 하면 12V이고, OFF일 경우에는 4V 이하여야 한다. 시동신호에서 스위치가 ON일 때에는 12V의 "1"신호가, OFF일 때에는 4V인 "0"의 신호가 입력된다.

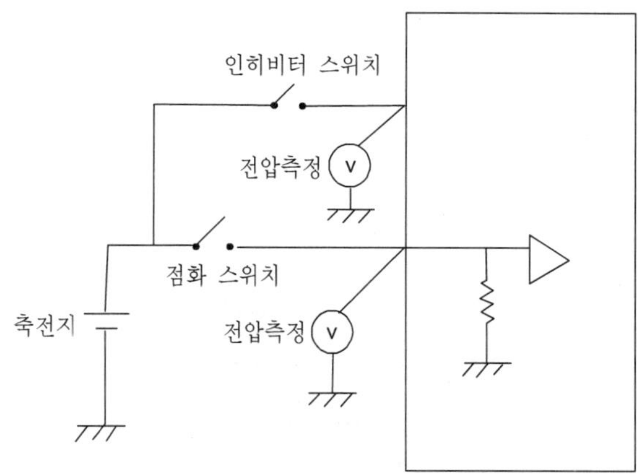

그림 3-61 인히비터 스위치 회로

3.7 마이크로 컴퓨터(Micro Computer) 기초

1. 컴퓨터의 기억장치

[1] ROM(Read Only Memory : 영구기억장치)

ROM은 읽기 전용의 기억장치이며, 전원이 차단되어도 기억 내용이 지워지지 않는다. 전혀 변경을 필요로 하지 않는 고정 데이터 기억에 사용되며, 컴퓨터 작동 프로그램과 계산 결과의 참조 값을 저장하는데 사용된다. 즉, 자동차의 정비 제원을 장기적으로 저장하는데 사용된다.

[2] RAM(Random Access Memory : 일시 기억 장치)

RAM은 센서로부터 입력되는 데이터를 저장하는 기억장치이며, 전원을 차단하면 기억되어 있는 데이터가 소멸되는 일시적인 기억장치이다. 즉 데이터의 일시적인 기억과 시시각각으로 변화하는 리얼타임 데이터(real time dater)값의 기억용으로 사용된다.

2. 중앙처리장치(CPU)

중앙처리장치는 연산장치, 기억장치, 제어장치의 3개로 구성되어 있으며, 기억장치에서 읽어 들인 프로그램 및 각종 센서로부터 입력된 데이터를 일시 저장한다. 그리고 산술연산이나 논리연산 및 판정 등을 실행하는 부분이다. 그리고 중앙처리장치 레지스터의 기능은 다음과 같다.

① 일시적으로 기억하는 장치이다.
② 중앙처리장치(CPU) 안의 기억 장치(memory)이며, 연산하는데 기억 장치와 같은 역할을 한다.
③ 기억장치에 비해 훨씬 작은 용량의 기억이나 연산부분에 대한 데이터 전송이 매우 빠르게 되어 있다.

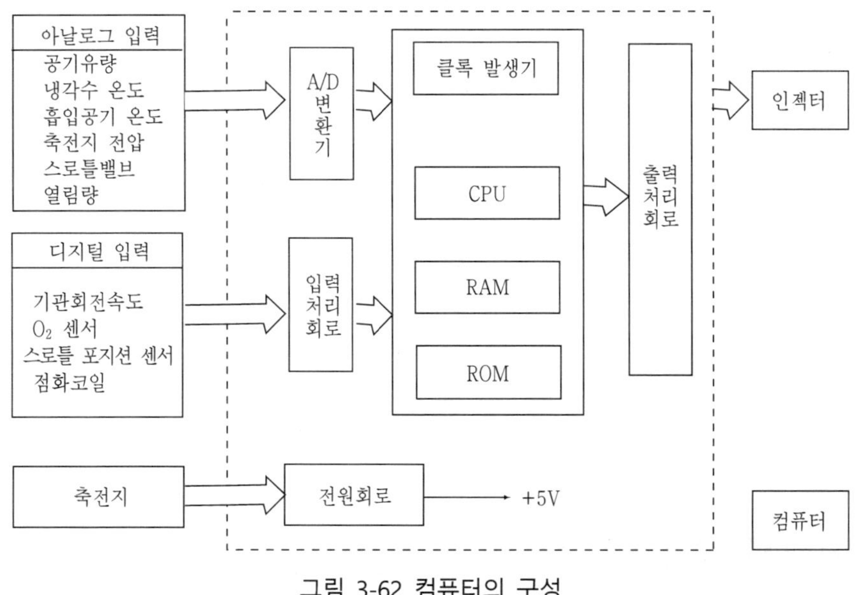

그림 3-62 컴퓨터의 구성

3. 컴퓨터의 입 · 출력 장치

[1] 입력장치

이 장치는 각종 센서로부터 검출된 신호를 받아들이는 장치이며, 센서에서의 신호를 처리하여 컴퓨터에 전달한다. 입력요소의 구성은 다음과 같다.

(1) 아날로그 센서

자동차에서 사용하는 아날로그 센서에는 산소 센서, 수온 센서, 스로틀 포지션 센서, 모터 포지션 센서, 대기압력 센서, 노크 센서, 펄스제너레이터 A & B, 휠 스피드 센서, 흡기 온도 센서 등이 있다. 아날로그 신호는 처리가 매우 힘들기 때문에 디지털 신호로 바꾸어 그 신호를 사용한다.

(2) 디지털 센서

자동차에서 사용하는 디지털 센서에는 공기유량 센서, 캠축 포지션 센서, 상사점 센서, 차속 센서, 시동신호, 공전 스위치, 자동변속기의 P/N 신호, 에어컨 신호, 동력조향장치 신호 등이 있다.

[2] 출력장치

이 장치는 산술 및 논리 연산된 데이터를 엑츄에이터(인젝터, 공전조절 서보, 에어컨 릴레이 등)에 제어신호로 보내는 장치이다. 즉 컴퓨터의 전기신호로 엑츄에이터를 작동시키는 신호로 변화시킨다. 출력요소에는 인젝터, 공전조절 서보(아이들 스피드 엑츄에이터, 스텝 모터), 파워 트랜지스터, 컨트롤 릴레이, 배기가스 재순환 장치(EGR) 솔레노이드 밸브, 퍼지 컨트롤 솔레노이드 밸브, 듀티 제어 등이 있다.

[3] A/D 변환기(Analog/Digital convertor)

이 장치는 아날로그 신호를 중앙처리장치(CPU)에 의해서 디지털 신호로 변환시키는 장치이다. 입력장치에는 아날로그 값을 입력하는 센서의 신호를 A/D 변환기를 거쳐 접속되고, 또 디지털 값으로 입력하는 센서는 디지털 입력 버퍼를 통해 접속된다. 출력장치는 출력 버퍼가 접속되므로 중앙처리장치의 연산결과 디지털 값을 아날로그 값 또는 디지털 값으로 변환하여 엑츄에이터가 필요로 하는 전력까지 증폭시켜 작동시킨다.

4. 컴퓨터의 연산 부분

중앙 처리 장치 내에서 연산이 중심이 되는 가장 중요한 부분으로 컴퓨터의 연산은 출력이 되는 다른 것과 비교하여 결론을 내리는 방식이다. 즉 스위치의 ON, OFF 을 0 또는 1 로 나타내는 2 진법과 0 ~ 9까지의 수치로 나타내는 10진법으로 계산한다.

5. 컴퓨터의 논리 회로

[1] 기본 회로

(1) AND 회로(논리적 회로)

AND 회로는 그림 3-63에 나타낸 바와 같이 회로 중에 2개의 A, B스위치를 직렬로 접속한 회로이며, 램프(lamp)를 점등시키려면 입력 쪽의 스위치 A와 B를 동시에 ON으로 하여야 한다. 만약 1개만 OFF되어도 램프는 소등된다. 따라서 엑츄에이터를 작동시킬 때에는 2개의 센서에서 입력신호가 동시에 컴퓨터로 입력되어야 한다.

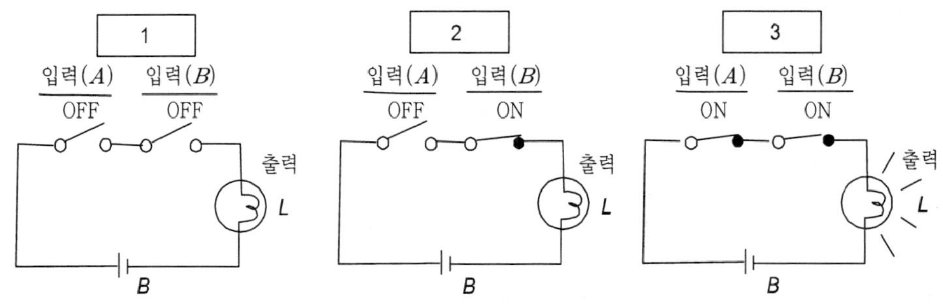

그림 3-63 AND 회로의 원리

그림 3-64는 AND 회로의 기호와 작동원리를 설명하기 위한 내부구조를 나타낸 것으로, (+)전원을 Q단자에서 출력되도록 하기 위해서는 회로 A와 B에 전류가 흐르도록 하면 전자력에 의해 스위치를 모두 ON시키기 때문에 전류는 (+)단자에서 Q단자로 흐른다.

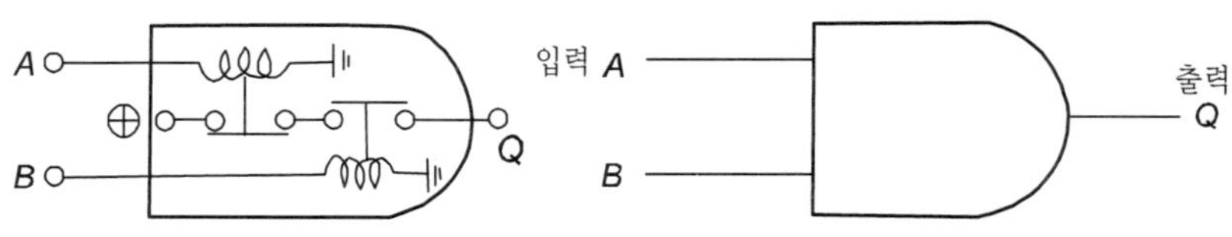

그림 3-64 AND 회로의 기호와 구조

다음 표는 AND 회로의 진리값 표이며, A와 B의 입력에 대한 출력 Q와의 관계를 나타낸 것이며, 숫자 0은 OFF를 나타내고, 숫자 1은 ON을 나타낸 것으로 입력 A, B 모두 1(ON)이 되어야 출력 Q가 1이 된다.

AND 회로의 진리값 표(Q=A · B)

입력		출력(Q)
A	B	
0	0	0
1	0	0
0	1	0
1	1	1

(2) OR 회로(논리합회로)

OR 회로는 그림 3-65에 나타낸 바와 같이 회로 중에 A, B스위치를 병렬로 접속한 회로이며 램프를 점등하기 위해서는 입력 쪽의 A스위치나 B스위치 중 1개만 ON시키면 된다.

또 A나 B스위치를 동시에 ON시켜도 점등된다. 따라서 엑츄에이터를 작동시킬 때 1개 또는 2개의 센서에서 입력신호가 컴퓨터로 입력되면 된다.

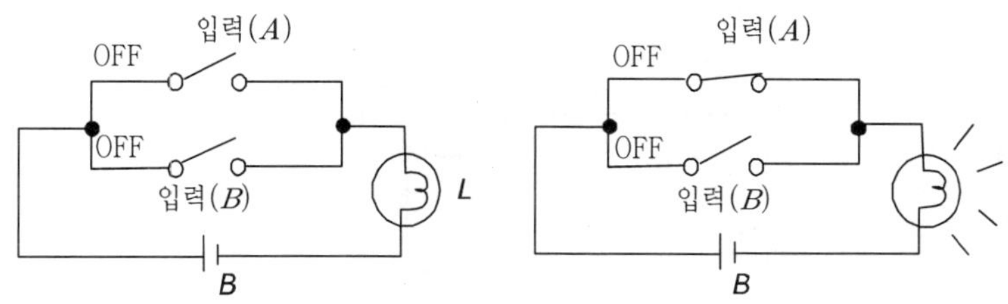

그림 3-65 OR 회로의 원리

그림 3-66은 OR 회로의 기호와 작동원리를 설명하기 위한 내부 구조를 나타낸 것이며, (+)전원이 Q 단자에서 출력되도록 하기 위해서는 회로A 또는 B에 전류가 흐르도록 하거나 회로A와 B 모두에 전류가 흐르도록 하면 전자력에 의해 스위치를 ON시키기 때문에 전류는 (+)단자에서 Q단자로 흐른다.

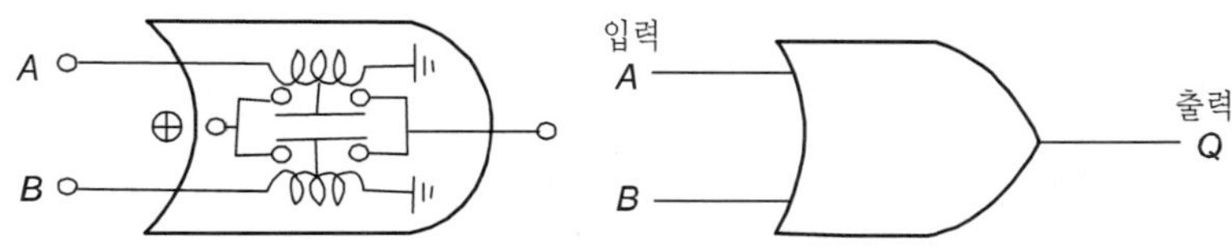

그림 3-66 OR 회로의 기호와 구조

다음 표는 OR 회로의 진리값 표이며, A와 B의 입력에 대한 출력 Q와의 관계를 나타낸 것이다. 숫자 0은 OFF를 나타내고, 숫자 1은 ON을 나타낸 것으로 입력A, B 모두 1(ON)이 되거나 입력A나 B에 1(ON)이 되면 출력 Q가 1이 된다.

OR 회로의 진리값 표(Q=A + B)

입력		출력(Q)
A	B	
0	0	0
1	0	1
0	1	1
1	1	1

(3) NOT 회로(부정 회로)

NOT 회로는 그림 3-67에 나타낸 바와 같이 입력스위치 A와 출력 램프가 병렬로 접속된 회로이다. 회로 중의 스위치를 ON으로 하면 출력이 없고 스위치를 OFF로 하면 출력되는 것으로 스위치 작용과 출력이 반대로 되는 회로이다. 엑츄에이터를 작동시키려면 컴퓨터에 입력신호가 없어야 한다. 즉, 스위치 A가 ON이 되면 릴레이 코일에 전류가 흐르므로 주 접점은 전자력에 의해 OFF된다. 따라서 출력 Q단자에는 출력이 없지만 스위치 A가 OFF되면 릴레이 코일에 전류가 차단되므로 전자력이 소멸되어 주 접점이 ON으로 되어 출력 Q단자에 출력된다. 입력이 ON일 경우에는 출력은 OFF, 입력이 OFF이면 출력이 ON되는 회로이다.

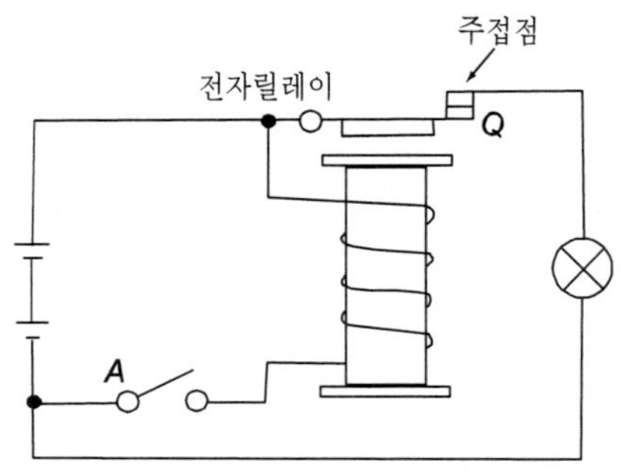

그림 3-67 NOT 회로의 작동원리

그림 3-68은 NOT 회로의 기호와 작동원리를 설명하기 위한 내부구조를 나타낸 것이다.

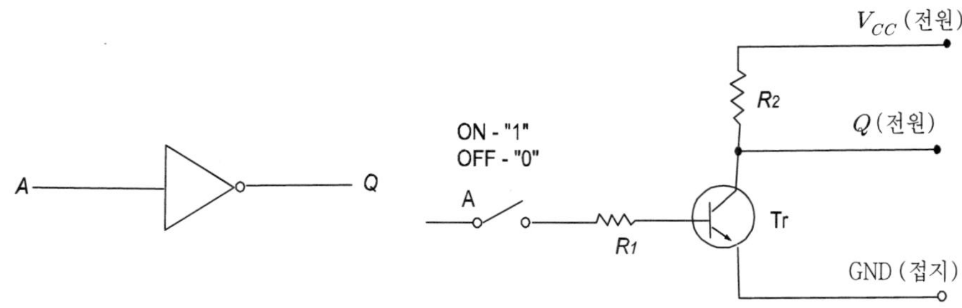

그림 3-68 NOT 회로의 기호와 회로도

다음 표는 NOT 회로의 진리값 표이며, A와 B의 입력에 대한 출력 Q와의 관계를 나타낸 것으로 숫자 0은 OFF를 나타내고, 숫자 1은 ON을 나타낸 것이며, 입력 A가 0(OFF)되어야 출력 Q가 1(ON)이 된다.

NOT 회로의 진리값 표($\overline{A}$)

입력	출력(Q)
A	
1	0
0	1

[2] 복합회로

(1) NAND 회로(부정 논리적 회로)

NAND 회로는 그림 3-69에 나타낸 바와 같이 A, B스위치를 직렬로 연결한 후 회로에 램프를 병렬 회로를 접속한 것이며, 스위치 A 또는 B에 둘 중의 하나만 OFF되면 램프가 점등되고, 스위치 A와 B 모두 ON이 되면 램프가 소등된다. NAND 회로는 AND 회로에 NOT 회로를 연결한 것이다.

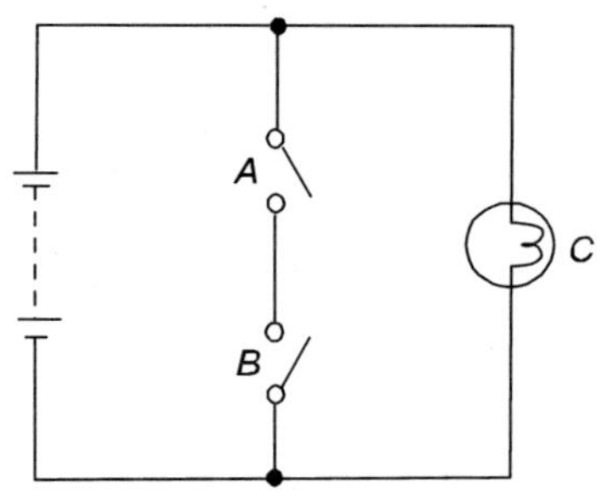

그림 3-69 NAND 회로의 작동

그림 3-70에 그 기호를 나타내었다.

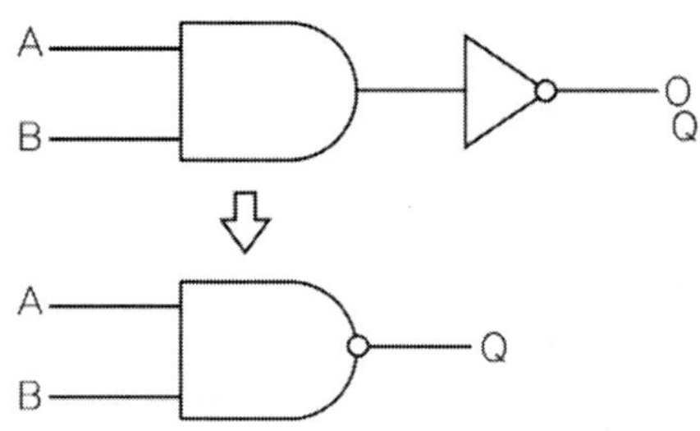

그림 3-70 NAND 회로의 기호

다음 표는 NAND 회로의 진리값 표이며, A, B 입력에 대한 출력 Q의 AND 회로와 NAND 회로의 관계를 나타낸 것으로 숫자 0은 OFF를 나타내고, 숫자 1은 ON을 나타내며, 입력 A, B의 AND 회로가 0(OFF)되어야 출력 Q가 1이 된다. 또 A=1, B=0, AND 회로=0이거나, A=0, B=1, AND 회로=0일 때 출력 Q가 1이 된다. 그러나 A=1, B=1, AND 회로=1인 경우에는 출력되지 않는다.

NAND 회로의 진리값 표($\overline{A \cdot B}$)

입력		출력(Q)	
A	B	AND	NAND
0	0	0	1
1	0	0	1
0	1	0	1
1	1	1	0

(2) NOR 회로(부정 논리화 회로)

NOR 회로는 그림 3-71에 나타낸 바와 같이 A, B 스위치를 병렬로 연결한 후 회로에 램프를 병렬회로로 접속한 것이며, 스위치 A, B 모두 OFF되어야 램프가 점등되며, 스위치 A 또는 B 둘 중의 하나만 ON이 되면 램프는 소등된다. 이와 같이 NOR 회로는 OR 회로에 NOT 회로를 연결한 것이다.

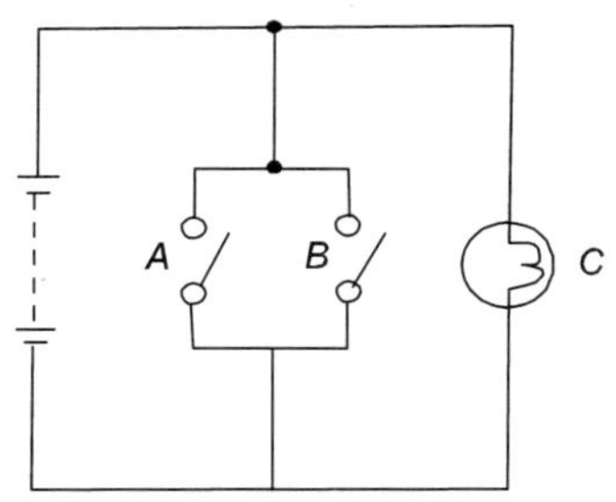

그림 3-71 NOR 회로의 작동원리

그림 3-72에 그 기호를 나타내었다.

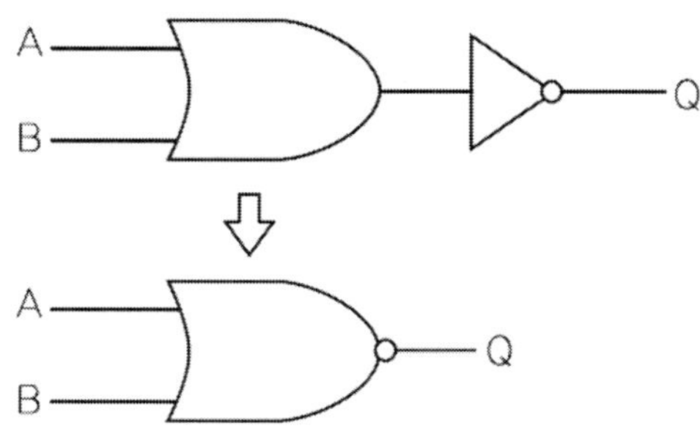

그림 3-72 NOR 회로의 기호

다음 표는 진리값 표이며, A, B의 입력에 대한 출력 Q의 OR 회로와 NOR 회로의 관계를 나타낸 것으로 숫자 0은 OFF를 나타내고, 숫자 1은 ON을 나타내며, 입력 A, B는 OR 회로가 0(OFF)이 되어야 출력 Q가 1이 된다. 또 A=1, B=0, OR 회로=1상태, A=0, B=1, OR 회로=1상태, A=1, B=0, OR 회로=1일 경우에는 출력되지 않는다.

NOR 회로의 진리값 표($\overline{A+B}$)

입력		출력(Q)	
A	B	OR	NOR
0	0	0	1
1	0	1	0
0	1	1	0
1	1	1	0

연습문제

1. 당신은 장난감 가게의 제품 및 주문을 관리하고 있습니다.

2. 다이오드에 대하여 설명하시오.

3. 포토, 제너 다이오드에 대하여 설명하시오.

4. 트랜지스터에 대하여 설명하시오.

5. 논리회로의 종류를 구분하고 설명하시오.

6. 반도체에 대하여 설명하고 장·단점을 설명하시오.

7. NPN, PNP형 트랜지스터에 대하여 설명하시오.

8. 축전지에 대하여 설명하시오.

제4장 축전지(Battery)

4.1 축전지의 개요

축전지는 전류의 화학작용을 이용한 기구이며, (+)극판, (-)극판 및 전해액이 가지는 화학적 에너지를 전기적 에너지로 꺼낼 수 있고, 반대로 전기적 에너지를 주면 화학적 에너지로 저장할 수 있다. 전지는 1차 전지와 2차 전지로 크게 나누어진다.

1. 1차 전지

한번 방전해 버리면 충전해서 재사용 할 수 없는 전지 [수은 전지] 방전 전압의 변화가 적고 보존성이 좋다. 소형으로 장시간 사용한다.

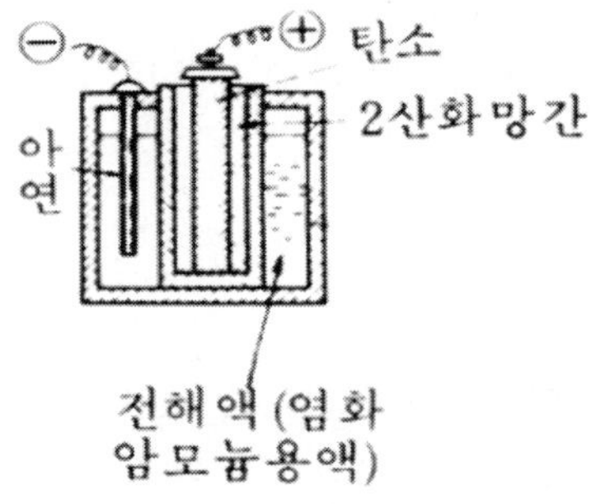

그림 4-1 1차 전지의 원리(르클랑세전지)

2. 2차 전지의 원리

2차 전지는 주로 축전지라 부르며, 방전되었을 때 전기적 에너지를 공급하면 다시 전지로의 기능이 회복된다. 자동차에서는 주로 2차 전지를 사용하며, 전기단자에 부하를 연결하면 전지 내의 극판과 전해액이 화학반응을 일으켜 전압이 발생한다.

현재 주로 사용하고 있는 축전지는 전해액이 묽은황산(H_2SO_4), (+)극판이 과산화납(PbO_2), (-)극판은 해면상납(Pb)을 사용하는 납산 축전지이다.

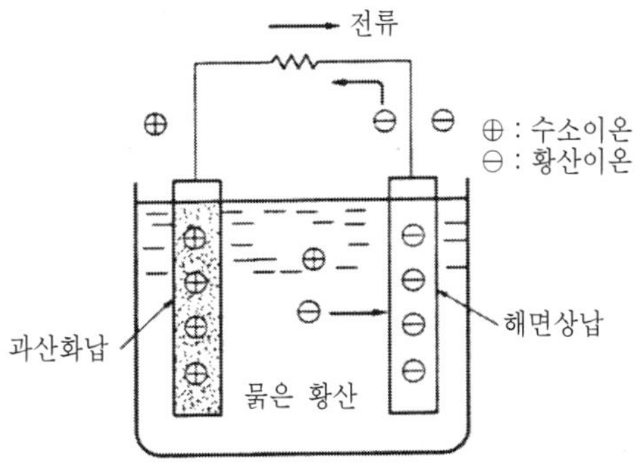

그림 4-2 2차 전지의 원리

4.2 축전지의 역할과 구비조건

내연기관 자동차가 운행 중에는 축전장치가 자동차의 각종 전기장치의 부하에 전기를 공급하지만 시동시 또는 엔진 정지시에는 축전장치가 작동되지 않기 때문에 축전지가 전원으로서 전기적 에너지를 공급한다.

축전지는 전극의 작용물질과 전해액이 가지는 화학적 에너지를 전기적 에너지로 변환시키는 역할을 하며, 반대로 전기적 에너지를 공급하면 다시 화학적 에너지로 변환된다.

1. 축전지의 역할

① 기동장치의 전기적 부하를 부담한다(축전지의 가장 중요한 기능이다.).
② 발전기가 고장 났을 때 주행을 확보하기 위한 전원으로 작동한다.
③ 발전기 출력과 부하와의 불균형(unbalance)을 조정한다.

그러나 축전지는 자동차 전기장치의 전원은 아니다. 다만, 기관을 시동할 경우와 발전기의 출력이 축전지의 출력보다 낮을 때 보조역할을 할 뿐이다. 따라 축전지에서 요구되는 것은 쾌적하게 기관을 시동하는 것이다.

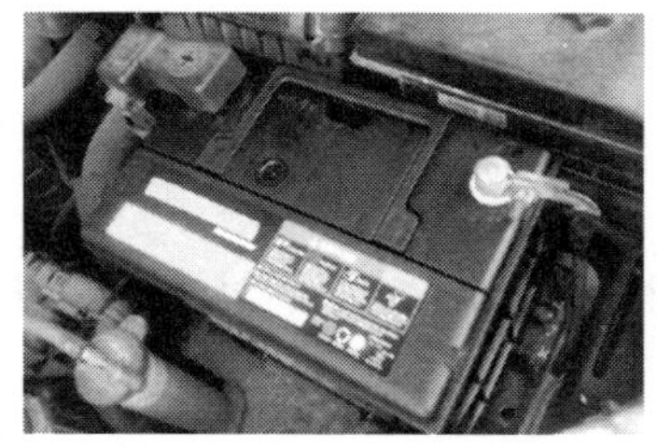

[내연기관의 납산 배터리와 전기자동차용 리튬이온 배터리 팩]

2. 축전지의 구비조건

① 소형・경량이고 수명이 길어야 한다.
② 심한 진동에 견딜 수 있어야 하며, 다루기가 쉬워야 한다.
③ 전기부하의 증가에 따라 용량이 크고, 가격이 저렴하여야 한다.
④ 고온 내구성 및 저온성능이 좋아야 한다.
⑤ 에너지 밀도와 출력이 커야 한다.
⑥ 충전용이성 및 충전효율이 좋아야 하고, 충전시간이 짧아야 한다.

4-3 축전지의 종류

배터리(Battery)는 단시간 충전으로 장시간 사용할 수 있어야 하는 과제를 낳는다. 현시점에서는 순수 전기자동차와 수소 연료전지 자동차가 상용화 되어 운행하고 있으며, 위의 배터리 구비조건을 만족하고자 개발 연구가 활발히 진행되고 있다.

현재와 미래의 자동차는 전기적 부하가 증가하고 전기, 수소자동차, 하이브리드(hybrid) 자동차가 상용화되면서 배터리 무게는 덜 나가면서 한번 충전하면 오래가는 EV(Electric Vehicle) 자동차의 수요층 증가로 배터리 개발이 활발히 이루어지고 있다.

현재 국내 자동차는 한번 충전으로 약 500km 이상을 운행하는 자동차가 출시되었다. 앞으로도 많은 제조사가 신형 자동차를 개발할 것으로 보인다.

국내 하이브리드 자동차는 약 270V~360V의 전압을 사용하는데 리튬 이온 폴리머 배터리의 화학반응을 이용한다. 셀당 3.75V의 기전력이 발생하는 배터리 최소 단위에서 몇 개의 셀을 가지고 직렬연결을 하느냐에 따라 전압이 결정된다. 270V라면 3.75V×72개 셀을 탑재한 배터리이다. 하이브리드용 리튬 폴리머 배터리(hybrid lithium polymer battery) 3.75V×48셀을 직렬로 연결한 180V이다.

국내 EV 자동차의 경우 98개 셀에 3.63V의 356V의 기본형 배터리를 탑재, 90셀의 327V 경제형, 향후 많은 배터리가 출시될 예정이다.

1. 납산 축전지(Lead-acid Battery)

납산 축전지는 (+)극판이 과산화납(PbO_2), (-)극판은 해면상납(Pb)을 사용하고 전해액을 묽은 황산($2H_2SO_4$)으로 하여 만든 것으로 셀 당 기전력이 2.1V이다.

납산 축전지의 장점과 단점은 다음과 같다.

[1] 납산 축전지의 장점

① 화학반응이 상온에서 발생하기 때문에 위험성이 적다.
② 신뢰성이 크고, 비교적 값이 싸다.

[2] 납산 축전지의 단점

① 에너지밀도가 40Wh/kgf 정도로 적은 편이다.
② 수명이 짧고, 충전시간이 길다.

참고

㉮ Wh/kgf : W : 전력량, h : 방전 시간, kgf : 축전지 무게
㉯ 에너지밀도 : 축전지 단위 무게 당 충전 가능한 에너지의 양을 말한다.
㉰ 출력밀도 : 단위 무게 당 축전지에서 얻을 수 있는 출력의 크기(W/kgf)를 말한다.

2. AGM(Absorbent Glass Mat)

최근 배터리는MF(Maintenance Free) 납산 배터리에서 AGM(Absorbent Glass Mat) 배터리로 전환 추세에 있다. AGM 배터리는 흡습이 잘 되는 유리섬유가 들어 있어 전해액을 흡수시켜 전해액 유동을 방지하는 배터리이다.

내부에 릴리프 밸브를 두어 충전 중에는 가스가 빠져나가지 못하고 방전중에 가스가 재결합하여 전해액으로 돌아오는 즉, 전해액의 감소를 방지하고 외부의 불순물이 배터리 내부로 들어가 안 좋은 화학 반응을 일으키지도 않는다. 그러므로 전지 내부의 불순물이 없으며 사고 시 충격으로 인한 묽은 황산이 흘러내릴 염려가 거의 없다(유리섬유에 묽은황산을 적셔 놓았다.). 이 배터리는 전해액이 줄어 배터리 단락을 막는 효율적인 배터리로 사용이 급증하고 있다.

3. 연료전지(燃料 電池)

[1] 연료전지의 원리

원자가 서로 결합하면 분자가 되고, 분자는 자연 상태로 존재할 수 있는 순수한 물체의 최소 단위이다. FCEV 차량의 연료인 수소의 경우 수고 원자 두 개가 결합한 형태인 수고 분자가 사용된다. 수소가 원자 상태일 때는 'H'로 표현 되지만 수소 원자가 두 개가 결합하면 수소 분자가 되어 'H_2'라는 분자가 된다. 자연에 존재하거나 원유와 같은 다른 물질을 정재 하는 과정에서 얻을 수 있는 물질이 'H_2'인 것이다.

산소의 경우에도 원자는 'O'이지만 원자 두 개가 결합하면 'O_2' 라는 산소 분자가 된다. FCEV 차량은 수소분자와 산소분자의 공유결합을 응용하여 전력을 생산한다. 모든 원자는 원자핵 주위를 도는 전자를 갖고 있다. 수소는 1개, 산소는 8개를 갖는다. 분자 상태가 되면 수소는 2개, 산소는 16개가 된다. 원자 주위를 도는 전자의 개수는 원자의 안정성에 큰 영향을 끼친다.

원자의 궤도에 따라 2, 8, 18개.... ($2\times$궤도수^2)순으로 전자가 채워져야 안정된 상태가 된다(마지막 궤도는 8개가 되어야 한다.). 수소분자는 2개의 전자가 있어 첫 째 궤도에 2개가 채워져 안정된 상태가 된다. 하지만 산소 분자는 전자가 16개이기 때문에 3번째 궤도에는 공유결합을 통해 안정되지 않는 8개의 마지막 궤도를 유지하고 있다.

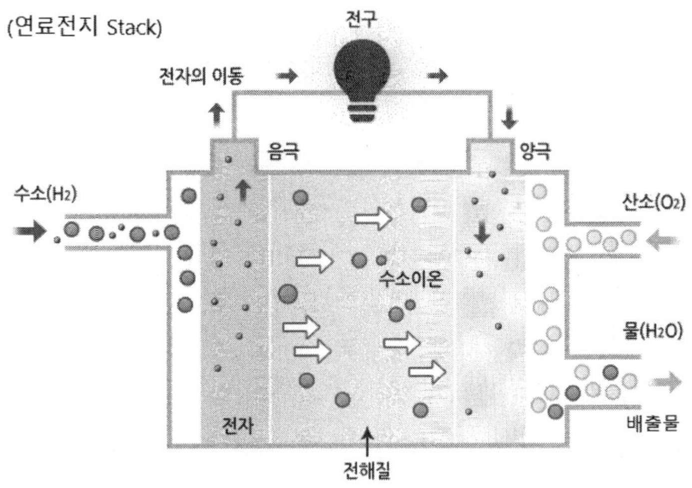

그림 4-3 연료 전지의 원리도(출처:Creative and Smart! LG CNS)

만일 산소와 수소를 특별한 장치에 넣어 화학적으로 결합시킨다면 어떻게 될까? 산소 원자는 자신의 공유결합을 깨고 마지막 궤도의 모자란 전자 2개를 채우기 위해 수소 분자와 공유 결합하여 수소분자가 가지고 있는 전자 2개로 마지막 궤도의 전자를 8개로 만들 것이다. 이때 전자의 이동이 발생하게 되고 전류가 만들어 진다. FCEV는 이런 원리를 이용하여 연료전지 스텍(Stack)이라는 공간에서 수소 분자와 산소 분자의 결합으로 전기를 생산하고 부산물로 물(H_2O)을 배출하게 된다.

[2] 연료전지의 장점

① 상온에서 화학반응을 하므로 안전하다.
② 에너지 밀도가 매우 크다(200 ~ 350Wh/kgf).
③ 연료를 공급하여 연속적으로 전력을 얻을 수 있으므로 충전이 필요 없다.

[3] 연료전지의 단점

① 출력밀도가 낮다.
② 수명이 매우 짧다(6개월 ~ 1년 정도).
③ 가격이 비싸다.

[4] 연료전지의 종류

(1) 인산형 연료전지(PAFC)

전해물질이 인산이고, 작동온도는 180~210℃이다. 사용연료는 수소이며, 다음과 같은 특징이 있다.

① 실용화가 가능하다.
② 이산화탄소(CO2) - 리젝팅(rejecting) 전해물질을 사용한다.
③ 일산화탄소(CO) 허용 값이 매우 낮다.
④ 산소화원 반응속도가 느리다.
⑤ 전해물질의 전기전도도가 낮다.

(2) 폴리머 전해 물질형 연료전지(PEMFC)

전해물질이 이온전도성 폴리머이며, 작동온도는 20~100℃ 정도이다. 사용연료는 수소(H)이며, 특징으로는 다음과 같다.

① 부식이나 재료의 선택 및 휘발성 전해물질 처리에 대한 문제점이 없다.
② 셀(cell) 제작 및 운전이 쉽다.
③ 물(H2O) 처리가 어렵다.
④ 백금(Pt) 함유량이 높아야 한다.
⑤ 폴리머의 가격이 비싸다.

(3) 용융 탄산염형 연료전지(MCFC)

이 연료전지는 전해물질이 용융 탄산염이고, 작동온도는 600~700℃이다. 사용연료는 수소 및 일산화탄소이며, 다음과 같은 특징이 있다.

① 연료로 일산화탄소의 사용이 가능하다.
② 연료의 직접개질이 가능하다.
③ 양질의 폐열회수가 가능하다.
④ 사용하는 재료에 따라 수명이 결정된다.
⑤ 연료중의 황(S) 성분이 낮아야 한다.
⑥ 음극반응에 이산화탄소가 필요하다.

(4) 알칼리형 연료전지(AFC)

전해물질이 용융 KOH(가성가리) 또는 KOH(가성가리) 석면이고, 작동온도는 20~260℃이다. 사용연료는 순수한 수소이며 다음과 같은 특징이 있다.

① 속도론 적으로 매우 우수하다.
② 귀금속 촉매가 필요 없으며, 현재 가장 발달되어 있는 연료전지이다.
③ 연료 중에 이산화탄소(CO2) 함량이 없어야 한다.
④ 대용량화가 어렵다.
⑤ 물(H2O) 처리가 어렵다.
⑥ 백금(Pt) 함유량이 높아야 한다.
⑦ 폴리머의 가격이 비싸다.

(5) 고체 전해질형 연료전지(SOFC)

이 연료전지는 전해물질이 지르코니아이고, 작동온도는 800~1,000℃이다. 사용연료는 수소, 일산화탄소, 탄화수소 등이며 다음과 같은 특징이 있다.

① 효율이 가장 높다.
② 이산화탄소의 재사용이 가능하다.
③ 전해물질의 처리에 문제가 없다.
④ 양질의 폐열회수가 가능하다.

⑤ 제작비가 매우 비싸다.
⑥ 작동온도가 매우 높아 재료선택에 문제가 있다.
⑦ 전해물질의 전기전도성이 낮다.

[5] 리튬이온 축전지(Li-ion Battery)

이 전지는 금속 박지에 전극 재료를 도포하여 만들어져 있다. 리튬이온 배터리는 크게 4가지로 양극, 음극, 전해질(electrolyte), 분리막(separator)으로 구성되어 있다. 리튬이온 전지는 2개의 전극(+, -극), 분리막, 전해질로 구성되어 있으며, (+)극 전극물질은 리튬이온이 쉽게 들락거릴 수 있는 공간을 포함하는 결정 구조(crystal structure)를 지녀야 되고, 산화와 환원이 될 수 있는 금속이온이 포함되어 있는 것이 특징이다.

(+)극으로 사용되는 물질로는 리튬코발트산화물(LiCoO2), 리튬철인산염(LiFePO4), 리튬망간산화물(LiMn2O4) 등이 있으며, (-)극으로 이용되는 전극물질은 금속 리튬, 흑연(graphite) 등이 있다. 그리고 양극과 음극에서 리튬 이온이 이동할 수 있는 매개체 역할을 할 수 있도록 전해액을 넣고, 전기가 통하지 않는 고분자 분리막은 양극과 음극이 직접적으로 접촉하는 것을 방지해주는 역할을 한다. 전해질에 물이 있다면 리튬 금속과 폭발적인 반응이 일어난다. 전해질은 리튬 이온 염을 물이 전혀 없는 유기용매에 녹인 것을 사용한다.

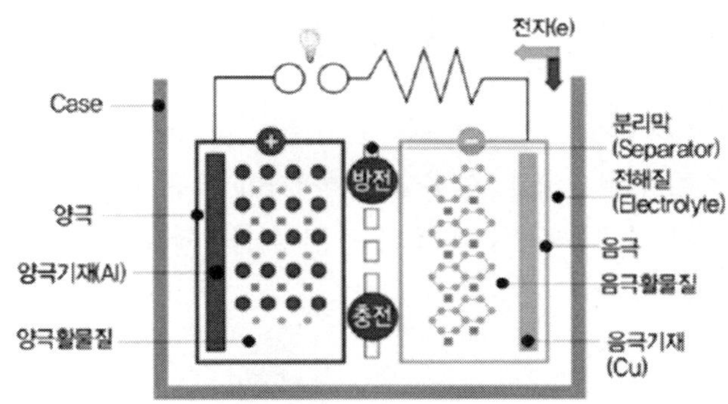

그림 4-4 리튬이온 축전지의 구조

[6] 리튬이온 축전지의 장점

① 에너지 밀도가 높은 데 비해, 무게가 가볍고 원하는 모양으로 제작이 가능하다.
② 크기에 비해 용량이 많고, 전압이 높다.
③ 재충전할 때 메모리 효과가 없기 때문에 다 쓰지 않은 상태에서도 보충전이 가능하다.
④ 자연 방전율이 적기 때문에 사용에 유리하다.

참고 : 자연방전과 메모리 효과의 의미

① 자연방전 : 배터리를 사용하지 않아 에너지가 방전되는 현상
② 메모리 효과 : 완전 방전이 되지 않은 배터리를 다시 충전하여 사용할 때, 기존의 구동 시간보다 구동 가능한 시간이 줄어드는 현상

[7] 리튬이온 축전지의 단점

① 과충전하면 빠른 속도로 열화되고, 화재나 폭발 위험성이 있어 전용 충전기로 충전해야 한다.
② 과방전시 위험하여 전지 내부에 보호회로가 내장되어 있다.
③ 충격에 위험하다.
④ 제작이 어렵고 고도의 정밀도가 요구된다.
⑤ 충전이나 사용시, 온도가 높아져 과열되기 쉽고, 발화성이 강한 유기용매를 전해액으로 사용하기 때문에 과열시 발화 가능성이 높다.
⑥ 일정온도 이상시 또는 4.5V 이상과 충전시 전해액이 분해되어 가스가 발생되어 전해액 누출 및 폭발성이 있어 견고한 외부구조가 필요하다.
⑦ 과방전될 경우 음극에 손상을 입는다.

[8] 양극

(1) 구성

얇은 알루미늄기재가 있고 활물질, 도전제, 바인더가 있다. 활물질, 도전제, 바인더를 합쳐서 합제라고 부르는데 이들은 작은 입자의 파우더 가루들이 섞여 있다. 이중에 가장 많은 비율을 차지하는 리튬산화물로 구성된 활물질이 있는데, 여기에 소량의 도전제를 넣어 리튬산화물의 전도성을 높여준다. 바인더는 이들이 잘 붙을 수 있게 하는 역할을 하는데 이렇게 섞인 합제를 얇은 알루미늄기재 양쪽에 바르면 양극이 만들어 진다.

산화물이란, 산소와 다른 원소와의 화합물을 통틀어 이르는 말인데 따라서, 리튬산화물은 리튬과 산소가 만나서 만들어 낸 화합물을 뜻하고, 활물질이란 전지의 전극 반응에 관여하는 물질을 말하는데 즉, 리튬이온 배터리 양극에서 반응이 일어나고 있다면 리튬산화물이 반응하고 있다고 할 수 있다.

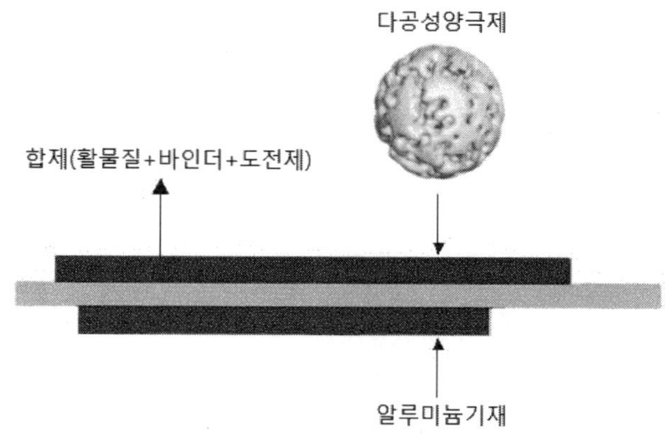

그림 4-5 리튬이온 축전지 양극

(2) 역할

양극 활물질은 리튬이온 배터리에서 용량과 전압을 결정하는 역할을 한다. 양극 활물질에 있는 리튬은 전해질에 녹아 들어가는데 이때 리튬은 리튬이온으로 변신, 여기서 나온 전자들은 도선을 통해 음극으로 이동한다. 이 움직임이 배터리의 충전 원리이다. 얼마나 많은 리튬이 리튬이온으로 변신할 수 있는지는 활물질의 종류마다 차이가 있고 어떤 리튬산화물을 사용하느냐에 따라 전지의 용량이 달라진다. 리튬산 화물의 종류에 따라서 전압도 결정된다.

[9] 음극

(1) 역할

음극도 양극처럼 활물질 형태로 이루어져 있고 음극 활물질은 양극으로부터 나온리튬이온을 흡수, 방출하면서 외부회로를 통해 전자를 흐르게 하여 전기를 발생시키는 역할을 한다.

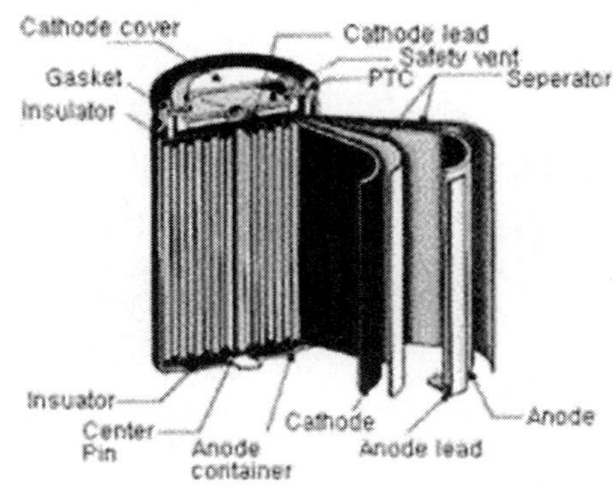

그림 4-6 리튬이온 축전지의 구성

(2) 특징

음극 활물질로 사용되기 위해서는 안정성, 낮은 전자 화학적 반응성, 가격 등 많은 조건들이 있는데 그 중에서도 제일 중요한 조건은 바로 리튬이온을 많이 저장할 수 있는 능력이다. 이런 조건들을 고려해 봤을 때 흑연이 가장 적당해 주로 사용된다.

4. 전해액

[1] 역할

전지내부의 양극과 음극 극판 사이에서 리튬이온이 이동할 수 있도록 매개체 역할을 한다.

[2] 구성

전해액은 염, 용매, 첨가제로 구성되어 있는데 염은 리튬이온이 지나갈 수 있는 이동통로라고 할 수 있고 용매는 염을 용해시키기 위해 사용되는 유기 액체, 첨가제는 특정 목적을 위해 소량으로 첨가되는 물질이다.

[3] 특징

전해액은 이온들만 이동시키고, 전자는 통과하지 못하게 한다. 따라서 전해액은 리튬이온이 쉽게 이동할 수 있도록 점도가 낮아야 하고, 전지 구성성분과는 반응을 하면 안되며, 전해액의 사용 온도 범위가 넓어야 한다는 특징 등을 가지고 있다.

5. 분리막

[1] 역할

양극과 음극을 전지 내부의 양극과 음극이 직접적으로 만나지 않게 물리적으로 분리하여, 전자가 직접 흐르지 않도록 하고, 내부의 미세한 구멍을 통해 이온이 이동할 수 있게 만들어, 전하의 흐름이 가능하게 해준다.

[2] 특징

분리막은 양극과 음극이 직접 접촉하는 것을 잘 막아줘야 하고 이온 전도시 저항을 최소화하기 위해 전해액과의 친화력도 높아야 하고, 이온의 흐름을 원활히 하기위해 다공성도 높고 얇을수록 좋다. 그리고 안정성을 위해 일정 수준의 기계적 강도와 화학적 안정성, 전기 화학적 안정성도 유지해야 한다.

4-4 납산 축전지의 구조

납산 축전지의 기본구성은 이온화 경향이 서로 다른 2종류의 금속을 전극(극판)으로 하여 케이스 내에 전해액과 함께 넣은 것이다.

이와 같이 하면 (+)극과 (-)극의 양쪽 전극 사이에 전위차이가 발생한다. 여기에 그림 4-7에 나타낸 바와 같이 전극 사이에 부하를 접속하면 전극과 전해액 사이에서 화학반응이 발생하여 전위가 높은 쪽((+)극)에서 전위가 낮은((-)극)으로 전류가 흐른다.

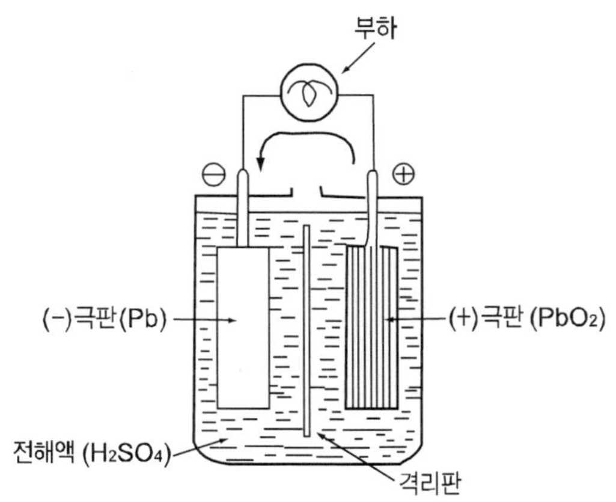

그림 4-7 납산 축전지의 기본 구성도

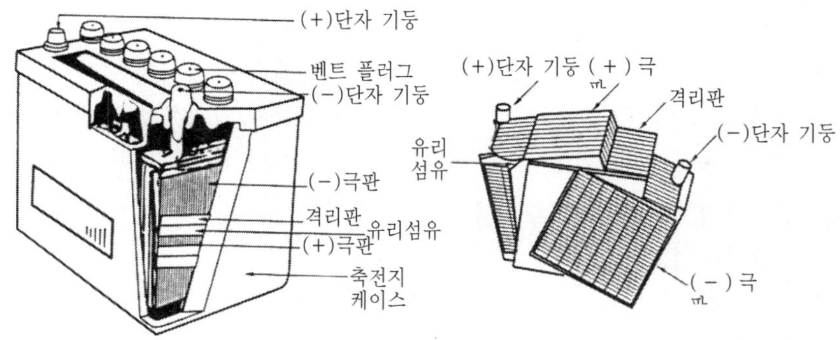

그림 4-8 축전지의 구조

납산 축전지는 (+)극판이 과산화 납(PbO_2), (-)극판은 해면상 납(Pb)이며, 전해액은 묽은황산(H_2SO_4)을 사용하며, 이들을 플라스틱 케이스 내에 넣은 것이다. 그러나 실제의 축전지에서는 작은 체적에서 가능한 큰 전기적 에너지를 인출하기 위해 화학반응을 일으키는 극판과 전해액의 접촉면적을 크게 하여야 한다. 따라서 극판은 얇은 판으로 여러 장을 병렬로 접속하여 극판 군을 형성하여 (+)극판과 (-)극판의 극판 군을 서로 마주보도록 배치하고 있다.

1. 납산 축전지의 극판

[1] 양극판

양극판은 격자 속에 이산화납을 묽은 황산으로 반죽하여 만든 페이스트를 충전하여 건조시켜 화성(化成) 등이 공정에 의해서 과산화납의 작용물질은 한 것이다. 과산화납은 결정성 미립자의 집합체로 다공성이기 때문에 전해액의 확산 침투가 양호하지만 결합력이 약하다. 양극판은 오래 사용함에 따라서 극판에서 탈락되기 때문에 축전지 성능이 저하된다.

[2] 음극판

음극판은 격자 속에 납 분말을 묽은 황산으로 반죽하여 만든 페이스트를 충전하여 건조시켜 화성 등의 공정에 의해서 해면상납의 작용물질로 한 것이다. 해면상납은 화학 반응성이 풍부하고 다공성이며, 결합력이 양극판보다 강하다. 음극판은 오래 사용함에 따라서 다공성이 상실되어 용량이 저하되며, 음극판을 양극판보다 1장 더 많게 하는 것은 양극판이 음극판보다 활성적이기 때문에 화학적 평형을 유지하기 위함이다.

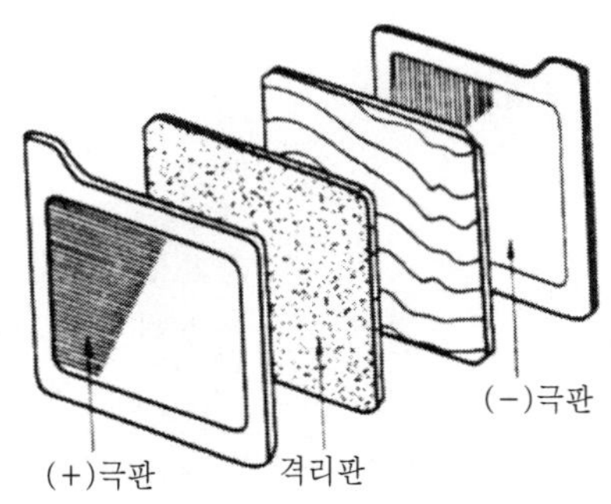

그림 4-9 납산 축전지의 극판

2. 납산 축전지의 격리판

격리판은 보통 두께가 2mm 정도의 부도체로 양극판과 음극판 사이에 설치되어 극판이 단락되는 것을 방지하는 역할을 한다. 격리판은 과산화납에 의한 부식을 방지하고 전해액의 확산이 잘 이루어지도록 하기 위하여 홈이 있는 면을 양극판 쪽이 되도록 설치되어 있으며, 필요조건은 다음과 같다.

① 단락을 방지하기 위하여 비전도성일 것
② 전해액의 확산이 잘 될 것
③ 극판에 좋지 않은 물질을 내뿜지 않을 것
④ 전해액의 확산을 위하여 다공성일 것
⑤ 기계적인 강도가 있을 것
⑥ 전해액이 부식되지 않을 것

3. 납산 축전지의 극판군

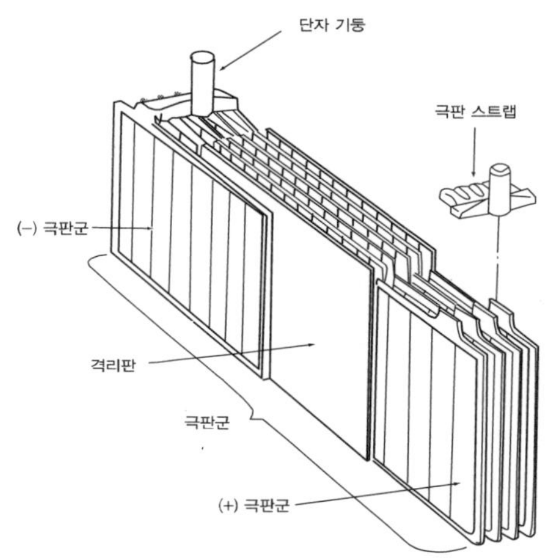

그림 4-10 납산 축전지의 극판군

극판군은 몇 장의 양극판과 몇 장의 음극판을 각각 스트랩에 접속하여 터미널 포스트(단자 기둥)와 일체가 되도록 한 것으로 단전지 또는 셀(Cell)이라고도 한다. 완전 충전 시 셀당 기전력은 2.1V로 3개의 셀을 스트랩으로 직렬 연결하면 6V의 축전지가 되고 6개의 셀을 스트랩으로 직렬 연결하면 12V의 축전지가 된다. 또한 셀당 양극판의 수는 보통 3~5장 정도이고 음극판의 수는 4~6장이며, 극판의 수가 증가되면 축전지의 용량이 커진다.

4. 납산 축전지의 케이스

축전지의 케이스는 극판군과 전해액을 넣은 용기로 합성수지 또는 에보나이트 등으로 일체 성형되어 있으며, 충격에 강하고 내산성이 커야 한다. 6V용 축전지는 내부에 3개의 셀로 나누어지며, 12V용의 축전지는 내부에 6개의 셀로 나누어져 있다. 각 셀의 밑 부분에는 극판의 작용물질이 탈락되거나 침전물의 축척에 의한 단락을 방지하기 위하여 엘리먼트 레스트가 설치되어 있다.

5. 납산 축전지의 커버와 벤트 플러그

축전지의 커버(cover)도 플라스틱으로 제작하며, 케이스와는 접착제로 접착되어 있어 기밀(氣密)과 수밀(水密)을 유지한다. 커버 중앙부에 설치되어 전해액이나 증류수를 보충하고 전해액의 비중을 측정하기 위하여 비중계를 넣기 위한 주입구와 주입구를 막기 위한 필러 플러그가 있다. 축전지를 충전할 때에는 양극판에서 산소 가스가 발생되고 음극판에서 수소 가스가 발생되므로 필러 플러그의 중앙이나 옆부분에 작은 통기 구멍을 설치하여 축전지 내부에서 발생되는 가스를 배출 시킨다. 그러나 현재 주로 사용하고 있는 MF 축전지에는 벤트 플러그가 없다.

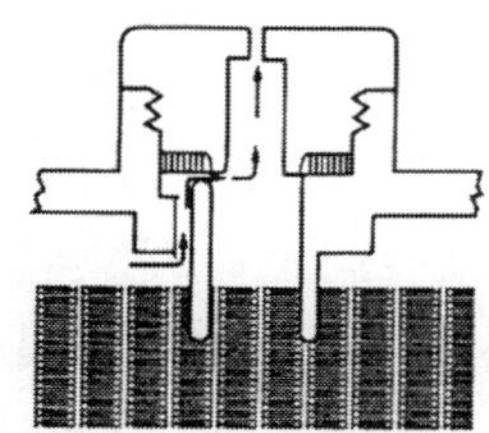

그림 4-11 벤트 플러그의 구조

6. 단자기둥(Terminal Post)

축전지 단자기둥은 납 합금이며 외부회로와 확실하게 접속되도록 하기 위하여 테이퍼(taper)되어 있다. 그리고 (+)극 단자기둥과 (-)극 단자기둥에는 문자(文字), 색깔 및 크기 등으로 표시하여 잘못 접속되는 방지하고 있으며, 단자기둥의 식별 방법은 다음과 같다.

① (+)극은 (+), (-)극은 (-)의 부호로 표시되어 있다.
② (+)극은 적색, (-)극은 흑색으로 표시하기도 한다.
③ (+)극은 지름이 굵고, (-)극은 가늘다.
④ (+)극은 POS, (-)극은 NEG의 문자로 표시하기도 한다.

그리고 (+)극 단자기둥은 과산화납과 연결되어 있기 때문에 산화되기 쉬워 부식이 발생한다. 이 부식을 제거하지 않고 방치해 두면 충·방전 작용이 원활하게 이루어지지 않아 축전지 수명이 단축된다. 만약 부식이 발생하였을 때에는 부식물을 깨끗이 제거한 다음 그리스(greese)를 얇게 발라주어야 한다. 또 축전지 단자기둥에서 케이블을 분리할 경우에는 반드시 접지(-) 단자기둥의 케이블을 먼저 분리하도록 하고, 설치할 경우에는 나중에 설치하여야 한다.

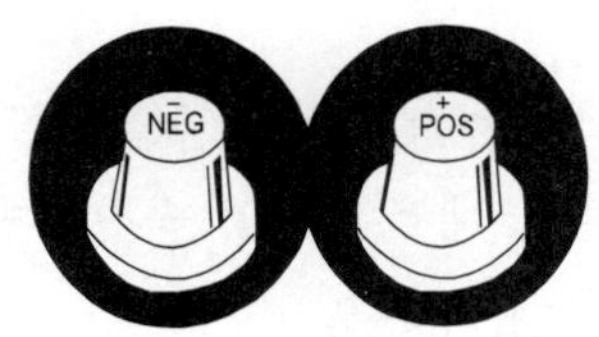

(-)단자 기둥 지름이 작다　　(+)단자 기둥 지름이 크다

그림 4-12 축전지 단자기둥

7. 전해액(Electrolyte)

납산 축전지의 전해액은 증류수에 황산의 섞어 제조한 높은 순도의 묽은황산을 사용한다. 전해액은 극판과 접촉하여 충전할 때에는 전류를 저장하고, 방전될 때에는 전류를 발생시켜 주며, 셀 내부에서 전류를 전도하는 작용도 한다. 전해액의 비중은 20℃ 완전 충전되었을 때 1.280이며, 이를 표준상태의 비중이라 한다. 전해액은 표준 상태의 비중일 때 황산의 도전성이 가장 높다. 또 완전 방전되었을 때에는 비중이 1.050 정도이다. 실제로 사용되는 축전지의 전해액은 표준 상태의 비중 보다 어느 정도 높은 비중을 사용하여 기전력을 상승시키는 것과 방전될 때 내부 저항 증가를 감소시키고 있다. 또 전해액은 다음의 순서로 제조한다.

① 전해액을 혼합할 때 용기는 반드시 절연체 것을 사용하여야 한다.
② 증류수에 황산을 천천히 부어서 혼합하도록 한다. 이때 혼합 비율은 증류수 60%, 황산(1.400) 40% 정도로 한다.
③ 조금씩 혼합하도록 하며, 유리 막대 등으로 천천히 저어서 냉각시킨다.
④ 전해액의 온도가 20℃에서 1.280되게 비중을 조정하면서 작업을 완료한다.

4-5 납산 축전지의 충 · 방전 작용

축전지 충전과 방전은 극판의 화학 작용에 의해 이루어진다. 축전지의 (+), (-) 양 단자기둥 사이에 부하를 접속하고 축전지로부터 전류를 흐르게 하는 것을 방전이라 하며, 반대로 충전기나 발전기 등의 직류 전원을 접속하여 축전지에 전류를 공급하는 것을 충전이라 한다. 방전시키면 내부 변화를 일으켜 전해액 가운데의 황산이 (+)극판[과산화납]과 (-)극판[해면상납]의 양쪽 극판과 작용한다. 방전이 진행됨에 따라 극판과 황산이 화합하여 (+)극판과 (-)극판은 모두 황산납이 된다.

납축전지의 화학반응식

1. 납산 축전지의 방전 중 화학 작용

전해액인 묽은황산 속의 수소(H_2)는 (+)극판 속의 산소(O)와 화합하여 물(H_2O)을 만든다. 따라서 전해액의 비중은 방전에 따라 점점 낮아지며, 내부 저항이 증가하여 전류는 점차 흐르기 어렵게 된다.

① (+)극판 : 과산화 납(PbO_2) → 황산 납($PbSO_4$)
② (-)극판 : 해면상 납(Pb) → 황산 납($PbSO_4$)
③ 전해액 : 묽은황산($2H_2SO_4$) → 물($2H_2O$)

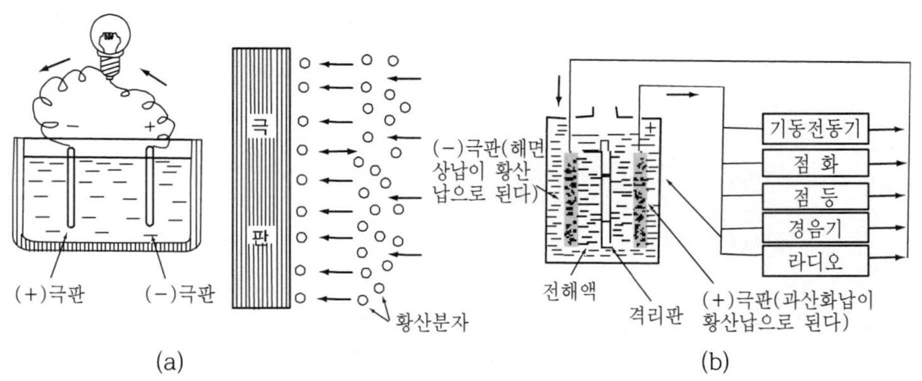

그림 4-13 방전 중 화학 작용

[1] 납산 축전지의 전해액 비중과 방전상태

축전지 전해액 비중은 방전량에 비례하여 저하한다. 그림 4-14은 완전 충전되었을 때의 비중 값 1.280과 완전 방전되었을 때의 비중 값이 1.080일 때의 방전 량에 대한 비중의 변화를 나타낸 것이다. 따라서 전해액 중의 비중을 측정함으로서 축전지의 방전 여부를 알 수 있다.

그리고 축전지를 오랫동안 방전상태로 방치해 두면 극판이 영구 황산 납이 되거나 여러 가지 고장을 유발하여 축전지의 기능을 상실하게 된다. 따라서 전해액의 비중이 1.200(20℃) 정도 되면 즉시 보충전을 실시하여야 한다. 또 한번 사용하였던 축전지를 사용하지 않고 보관 중일 경우에는 15일 정도에 한번씩 보충전을 하여야 한다.

측정비중 값에서 방전율을 구하는 공식은 다음과 같다.

$$\text{방전률}(\%) = \frac{\text{완전 충전되었을 때의 비중 값} - \text{측정할 때의 비중 값}}{\text{완전 충전되었을 때의 비중 값} - \text{완전 방전되었을 때의 비중 값}} \times 100$$

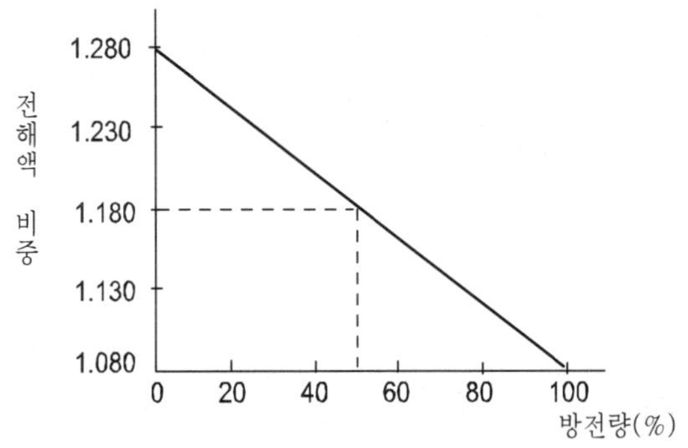

그림 4-14 전해액 비중 및 축전지 방전량

전해액의 비중으로 축전지의 충·방전 상태를 추정할 수 있는 근거는 페러데이 법칙에 의하여 1AH의 방전량에 대해서 전해액 중의 황산이 3.66g이 소비되고, 물은 0.67g이 생성된다. 또 같은 1AH의 충전량에 대해서도 0.67g의 물이 소비되고 3.66g의 황산이 생성되기 때문이다. 묽은 황산 속에 포함되어 있는 황산의 양(무게, %)과 비중과의 관계를 알면 충·방전에 따르는 비중의 변화를 계산할 수 있다. 예를 들어 비중이 1.260(20℃)의 묽은 황산 1 ℓ 속에 35%(무게)의 황산이 포함되어 있다고 하면 전체 무게 1260g의 내역은

- 황산의 무게 : 1260g × 0.35 = 441g
- 물의 무게 : 1260g - 441g = 819g

인 것을 알 수 있다. 지금 이 전해액을 사용하여 100Ah를 방전하였다면 소비되는 황산의 양은 3.66g× 100Ah = 366g, 생성되는 물은 0.67g×100Ah = 67g이 되어 100Ah 방전 후 전해액의 내역은 다음과 같다.

- 황산의 무게 : 441g - 366g = 75g
- 물의 무게 : 819g + 67g = 886g
- 전체 무게 : 75g + 866g = 961g

이 되어 황산의 함유량(무게, %)은 $\frac{75}{961} \times 100 =$ 약 8%이다.

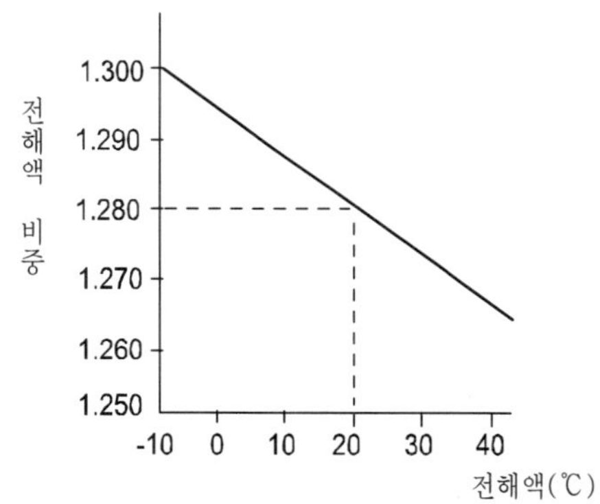

그림 4-15 전해액 온도에 따른 비중 변화

참고 : 극판의 영구 황산납 현상

극판의 영구 황산납 현상은 설페이션(sulphation)이라고 부르기도 하며, 축전지의 방전상태가 일정 한계값 이상 장시간 진행되어 극판의 표면이 백색의 결정화가 되는 현상이다. 이 결정은 절연체인 황산납으로 되며, 이 현상이 깊숙이 진행되면 충전을 하여도 극판은 본래의 과산화납과 해면상납으로 환원되지 않는데. 그 원인은 다음과 같다.

① 전해액의 비중이 너무 높거나 낮을 때
② 전해액이 부족하여 극판이 노출되었을 때
③ 충전이 불충분할 때
④ 축전지를 방전된 상태로 장시간 보관하였을 때

[2] 납산 전해액 비중의 온도 환산

전해액의 비중은 온도의 변화에 따라 변동한다. 이것은 묽은황산의 체적이 온도변화에 따라서 팽창하거나 수축하므로 단위체적 당의 무게가 변화되기 때문이다. 즉, 온도가 높아지면 전해액 비중은 저하하고, 온도가 내려가면 비중이 커지는데 그 변화량은 온도 1℃당 0.0007이다. 따라서 측정한 비중에서 축전지의 충·방전 상태를 판단할 경우에는 표준 온도(20℃)일 때의 비중 값으로 환산하여야 한다. 표준 온도의 비중 값은 다음의 공식으로 환산한다.

$$S_{20} = St + 0.0007 \times (t - 20)$$

여기서 S_{20} : 표준 온도(20℃)로 환산한 비중

St : t℃ 에서 실제로 측정한 전해액의 비중

0.0007 : 온도 계수

t : 비중을 측정할 때의 전해액의 온도

[3] 납산 축전지의 전해액 비중 측정 방법

방전되면 전해액의 묽은 황산이 물로 변화하여 비중이 낮아진다. 비중으로 배터리 상태를 파악하며, 비중을 측정하는 기구에는 흡입식 비중계나 광선 굴절식 비중계를 사용한다.

[4] 납산 축전지의 방전할 때 전압 변화

납산 축전지의 1셀 당 기전력은 그 크기에 관계없이 2.1V이고, 12V용 축전지는 6개의 셀을 직렬로 연결하고 있기 때문에 무부하 상태로는 12.6V를 나타낸다. 축전지에 부하를 접속하고 방전을 하면 축전지 단자기둥 사이의 전압은 아래 공식과 같이 내부 저항과 방전 전류의 크기로 결정하는 전압 강하 때문에 기전력 보다 항상 낮은 값을 나타낸다. 이것을 축전지의 단자기둥 전압(또는 부하 전압)이라고 한다.

$$Et = Eo - Id \times r$$

여기서, Et : 단자기둥 전압　Eo : 기전력　Id : 방전 전류　r : 내부 저항

방전이 진행되면 내부 저항은 증가하고 단자 전압은 점차 감소된다. 축전지는 어느 한계까지 방전을 하면 단자기둥의 전압은 급격히 낮아지기 시작한다.

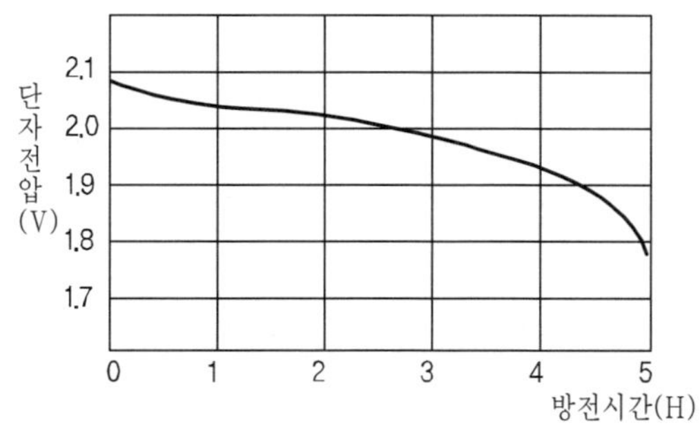

그림 4-16 방전 특성 곡선

2. 납산 축전지의 충전 중 화학 작용

방전된 축전지에 전류를 흐르게 하면 극판과 묽은황산이 화학 변화를 일으켜 극판 표면에 부착되어 있던 황산납이 분해되어 전해액 속에 방출된다. 이에 따라 (+)극판은 다시 과산화납이 되고, (-)극판은 해면상납으로 된다. 또 전해액은 (+)극판에서 황산이 나오기 때문에 그 비중이 점점 커지고 (+)극과 (-)극 사이의 전압도 상승한다. 충전이 완료되면 그 이후의 충전 전류는 전해액 속의 물(H_2O)을 전기 분해하여 (+)극판에서는 산소를 (-)극판에서는 수소를 발생시킨다.

① (+)극판 : 황산납($PbSO_4$) → 과산화(PbO_2)
② (-)극판 : 황산납($PbSO_4$) → 해면상납(Pb)
③ 전해액 : 물($2H_2O$) → 묽은황산(H_2SO_4)

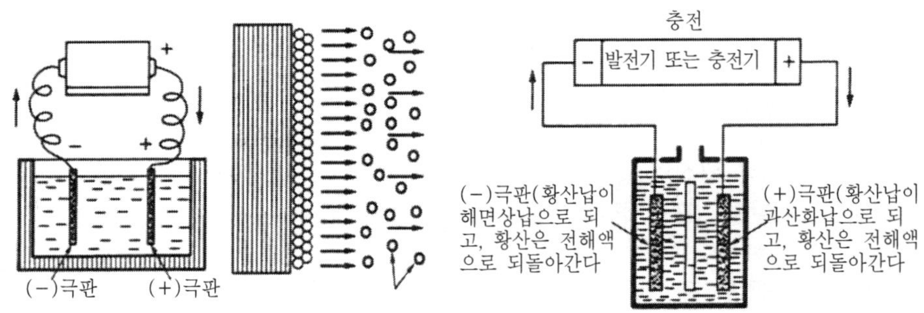

그림 4-17 충전 중 화학작용

[1] 충전 중 단자전압의 변화

축전지를 일정한 전류로 충전하기 위해서 단자기둥에 가해지는 전압은 그림 4-18에 나타낸 바와 같이 상승한다. 충전 초기에는 전압 상승이 완만하지만 충전이 완료될 무렵에는 급격히 상승하여 1셀당 전압은 약 2.7V 정도, 12V용 축전지의 단자기둥 전압이 16V 정도에 도달하면 전압은 일정 값을 나타내게 된다. 충전 말기에는 (+)극판에서 산소가 발생하고, (-)극판에서는 수소가스가 대량으로 발생하며, 이것이 극판을 덮어 내부 저항이 증가되기 때문에 일정한 전류를 계속 흐르게 하기 위해서는 단자기둥의 전압을 상승시켜야 한다. 그러나 충전이 완료되면 증류수의 전기 분해만이 이루어져 가스발생 양도 안정이 되고 전압도 일정하게 된다. 충전 중의 단자기둥의 전압은 다음의 공식으로 나타낸다.

$$Et = Eo + Ic \times r$$

여기서, Et : 단자기둥 전압
Eo : 기전력
Ic : 방전 전류
r : 내부 저항

위 공식에서도 알 수 있듯이 내부 저항이 큰 저온 상태에서 충전을 할 경우에는 단자기둥의 전압이 높아진다. 이것은 축전지를 자동차에 부착된 발전기 등으로 일정 전압으로 충전하는 경우에는 저온일수록 충전 전류가 감소한다는 것을 의미한다.

[2] 충전 중 전해액 비중의 변화

충전이 진행됨에 따라 전해액 비중이 상승한다. 그림 4-18에 나타낸 바와 같이 전해액 비중은 전압 변화와 같은 양상으로 변화한다. 따라서 비중도 충전 초기에는 완만하게 변화되지만 충전 완료가 가까워질수록 가스 발생이 증가하며 비중의 상승 속도가 빨라진다.

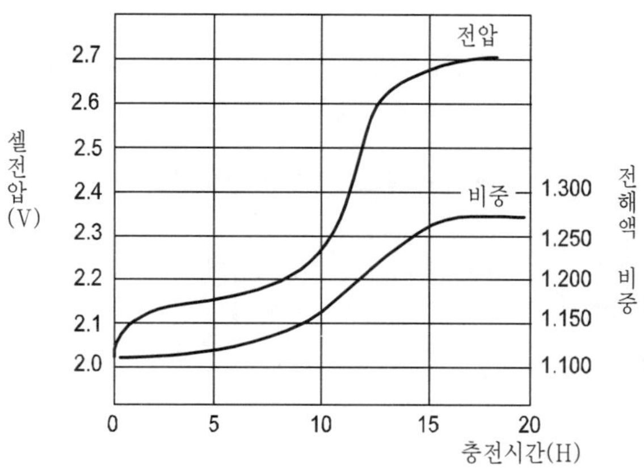

그림 4-18 충전 특성 곡선

충전의 진행과 함께 전해액 중에 증가한 황산은 비교적 무겁기 때문에 충전 초기에는 케이스 바닥에 고여 있다가 말기에 많은 양의 가스 발생으로 말미암아 전해액과의 희석이 촉진됨에 따라 비중이 급상승한 것과 같은 결과로 나타난 것이다. 충전이 완료되면 전해액 중의 황산은 일정하게 되고 비중은 최고 값을 나타내게 된다.

4.6 납산 축전지의 특성

1. 납산 축전지의 기전력(起電力)

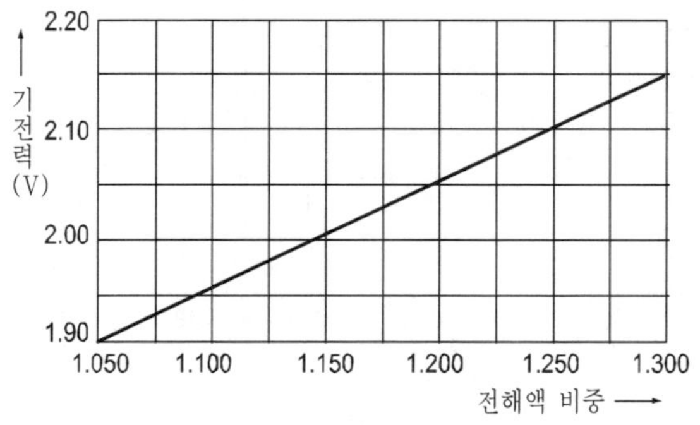

그림 4-19 기전력과 전해액 비중과의 관계

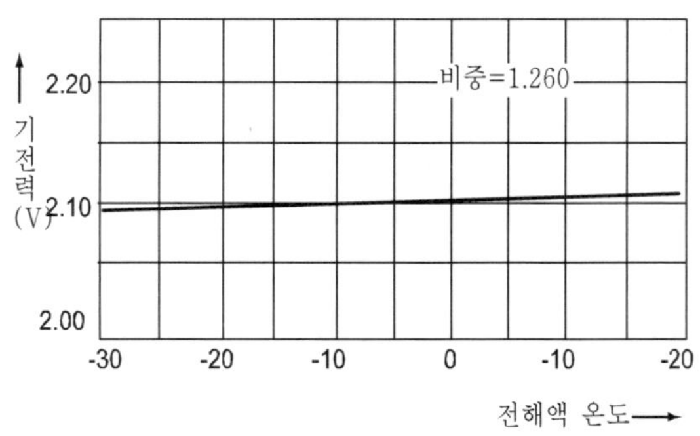

그림 4-20 기전력과 전해액 온도와의 관계

축전지의 기전력은 셀(단전지)당 약 2.1V이며, 이것은 전해액의 비중, 전해액의 온도, 방전 정도 등에 따라 조금씩 달라진다. 기전력은 전해액의 온도가 저하되는 데에 따라 축전지 내부의 화학 작용이 완만하게 되고 또 전해액의 저항이 증가하기 때문이다.

2. 납산 축전지의 방전 종지 전압(방전 끝 전압)

납산 축전지의 셀(cell) 전압은 그림 4-21에 나타낸 바와 같이 방전이 진행됨에 따라 점차로 내부 저항이 증가하고, 셀 전압은 내려가다가 어느 한계에 도달하면 셀 전압은 급격히 저하하기 시작한다. 이 한계를 넘어서 방전을 지속시키면 전압은 지나치게 낮아져 실용(實用)되지 못할 뿐만 아니라 축전지 성능의 열화를 초래하게 되는데 여기서 어느 한계 이하의 전압이 될 때까지 방전을 해서는 안 되는 전압을 방전 종지 전압이라고 한다.

축전지에서 방전과 더불어 전압이 강하하는 것은 방전 초기에는 극판의 표면이 황산납이 되고, 방전이 지속되면 극판의 중심부에 전해액이 침투되어야 하기 때문에 화학변화가 완만하게 되어 전압이 내려간다.

다시 방전을 계속하면 표면에 생성된 황산납이 중심부의 작용 물질로 들어가는 전해액의 통로를 막기 때문에 방전을 할 수 없게 된다. 이에 따라 급격하게 전압이 강하된다. 방전 종지 전압은 축전지에 따라서 조금씩 다르기는 하지만 1셀 당 1.7 ~ 1.8(1.75)V이다.

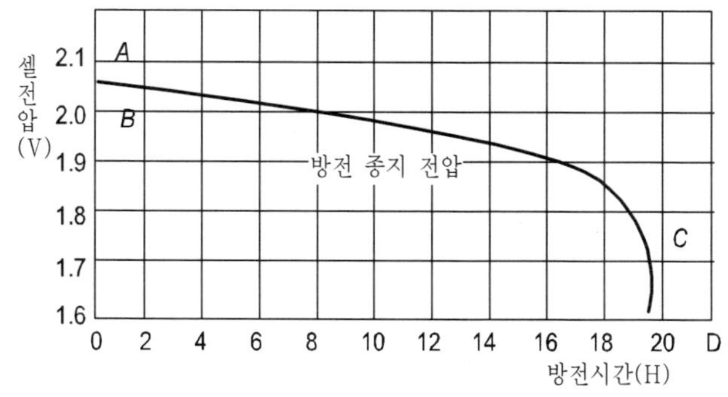

그림 4-21 납산 축전지의 방전 곡선

3. 납산 축전지의 축전지 용량

축전지 용량이란 완전 충전된 축전지를 일정한 전류로 연속 방전하여 방전 중의 셀 전압이 규정의 방전 종지 전압이 될 때까지 방전시킬 수 있는 전기량을 말한다. 용량의 크기를 결정하는 요소에는 극판의 크기(또는 면적), 극판의 두께, 극판의 수 및 전해액의 양 등이 있다.

축전지 용량의 단위는 암페어시 용량(AH; Ampere Hour rate)으로 표시하며 이것을 공식으로 나타내면 다음과 같다.

- 암페어시 용량(AH) = 일정 방전 전류(A)×방전 종지 전압까지의 연속 방전 시간(H)

축전지 용량은 방전율, 전해액 비중 및 전해액의 온도에 따라서 크게 변화하므로 표시할 때에는 이들 조건을 명시하여야 한다.

[1] 납산 축전지 방전율과 용량과의 관계

축전지의 방전율이란 축전지의 용량은 방전 전류의 크기에 의해 큰 영향을 받게 되는데 이 방전의 크기를 표시하는 것을 의미한다. 또 축전지 용량은 방전 전류×방전 시간으로 표시되므로 방전율을 표시할 때 방전 전류의 크기로 표시하여도 되고(이것을 전류률이라 한다.), 방전 시간으로 표시하여도 좋다(이것을 시간률이라 한다.). 또 축전지의 용량을 표시하는 방법에는 20시간률(소형 축전지에서는 10시간률) 용량, 25암페어율, 냉간률 등이 있다.

(1) 20시간률(또는 10시간률) 용량

20시간률 용량이란 일정 방전 전류를 연속 방전하여 1셀당 방전 종지 전압이 1.75V될 때까지 20시간(10시간률의 경우에는 10시간) 방전시킬 수 있는 전류의 총량이며, 일반적으로 사용하는 방전률이다. 예를 들어 20시간률 100AH 용량이라고 함은 5A의 전류로 연속 방전하여 방전 종지 전압이 도달할 때까지 20시간이 소요된다는 의미이다.

그림 4-22에서 도시한 바와 같이 축전지는 큰 전류로 방전할수록 용량이 감소한다. 이것은 큰 전류(기관을 시동할 때 등)로 방전을 하면 화학 반응이 전해액 확산보다 빠르게 진행되어 그 반응에 요구되는 황산이 미처 공급되지 못하기 때문이다. 즉, 큰 전류로 방전할 경우에는 비교적 표면의 작용 물질만이 화학 반응을 일으키므로 용량이 감소된다. 이 상태에서 방전을 잠시 중지하면 그 사이에 전해액의 확산되어 다시 방전 기능이 회복되는데 이를 잉여(剩餘) 용량이라 한다. 기관을 시동할 때 축전지 사용 시간을 10～15초(최대 30초) 이내로 제한하는 것도 위에서 설명한 축전지의 화학작용 특성 때문이다.

축전지 방전률과 방전 전류의 비율

방전률	20시간	10시간	5시간	3시간	1시간
용량(AH)	100	92	80	75	68
방전 전류의 크기(A)	5	9.2	16.0	25.0	68.0
방전 전류의 비율	1.0	1.84	3.2	5.0	13.6

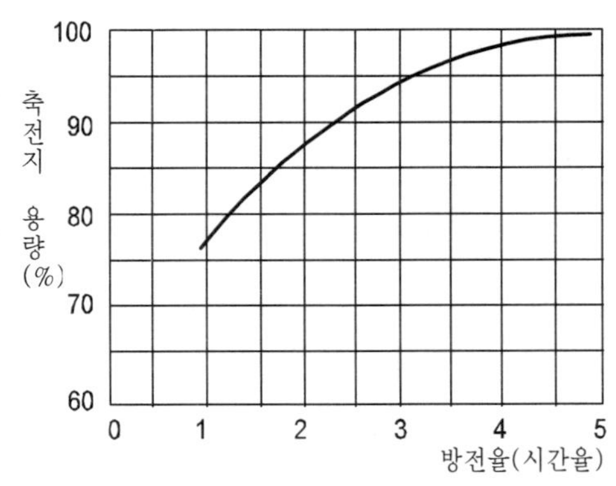

그림 4-22 방전률과 축전지 용량

(2) 25암페어율

25암페어율이란 26.6℃(80℉)에서 일정 방전 전류(25A)로 방전하여 1셀당 전압이 1.75V에 도달할 때까지 방전하는 것을 측정하는 것으로 발전기가 고장일 경우 등에 부하로 전류를 공급하기 위한 축전지의 능력을 표시하는 것이다.

(3) 냉간률

냉간률이란 -17.7℃(0℉)에서 300A로 방전하여 1셀당 전압이 1V 강하하기까지 몇 분(分) 정도 소요되는가를 표시하는 것이다.

[2] 납산 축전지 전해액 온도와 용량의 관계

축전지 용량은 전해액의 온도에 따라서 크게 변화한다. 즉, 일정의 방전율, 방전 종지 전압 하에서 방전하여도 온도가 높으면 용량이 커지고 온도가 낮으면 용량도 감소한다. 따라서 용량을 표시할 경우에는 반드시 온도를 명시하여야 하며, 용량 표시에는 25℃를 표준으로 한다(단, 전해액 비중 표준 온도는 20℃임).

온도가 낮아졌을 때 축전지 용량이 감소되는 것은 화학반응이 천천히 진행되기 때문이다. 즉, 황산 분자 또는 황산 이온의 확산이나 이동도가 낮아지기 때문에 기전 작용이 없어진 이온의 보급이 신속히 이루어지지 않아 전지 전압이 저하되기 때문이다. 또 전지 전압의 저하는 낮은 온도에 따르는 전해액 고유 저항의 증대에 의한 내부 저항의 증대에서 오는 전압 강하도 전지 전압 저하의 중요한 요인이 된다.

위에서 설명한 현상은 겨울철의 기관 시동에 큰 영향을 준다. 이에 따라 축전지 성능도 규제되어 있다. 또 전해액의 온도가 높으면 화학반응이 활발히 진행되므로 축전지 용량이 증대된다.

[3] 납산 축전지의 전해액 비중과 용량

전해액 속에 들어 있는 황산의 양이 용량과 직접 관계되는 것은 이론상 명확하다. 또 용량은 전해액 속의 황산량 이외에 극판의 작용 물질의 양, 이용률의 크기, 극판의 면적, 두께, 장수 등에 따라서도 달라진다. 그러나 극판 작용 물질의 조건이 같을 때에는 전해액의 비중에 따라서 영향을 받는다(아래 표 참조).

전해액 비중과 용량과의 관계

항목 \ 비중		1.280	1.260	1.240
용량	20시간률 용량	100%	95%	90%
	-15℃ 급속 방전 특수 시간	100%	85%	-
참고	-15℃ 급속 방전 초기 전압	변화 없음	변화 없음	변화 없음
	수명 회수	100%	105%	105%
	과 충전 수명 회수	100%	110%	110%

[4] 점등 용량(點燈 容量)과 고율 방전 특성

일반적으로 자동차의 등화(燈火)장치 등 전기부하에 사용되는 전류는 10A 정도이며, 20시간률(또는 10시간률) 정도의 방전율로 표시되는 암페어시(AH) 용량을 점등 용량이라 부른다.

한편 자동차용 축전지의 최대 사용목적은 기관 시동할 때 기동전동기에 충분한 전력을 공급하는데 있으나 기동전동기를 작동시킬 경우 짧은 시간에 큰 전류의 방전이 요구된다. 방전전류가 커지면 방전 초기에는 전압의 강하도 크고 방전 종지 전압에 도달하는 시간도 매우 짧아진다.

시동에 필요한 정도의 큰 전류를 유지할 수 있는 시간의 크기로 축전지의 고율 방전을 표시하는 방법에 사용되며 이를 고율 방전특성이라 한다.

일반적으로 -15℃에서 축전지의 크기에 따라 150A, 300A, 500A의 전류로 방전할 경우 방전 시작 5초 후 또는 30초 후일 때의 단자기둥 전압과 단자기둥 전압이 6V가 될 때까지 필요로 하는 방전 시간(분 : 分)이 규정되어 있다.

[5] 축전지 연결에 따른 용량과 전압의 변화

(1) 직렬연결의 경우

축전지의 직렬연결이란 전압과 용량이 같은 축전지 2개 이상을 (+)단자기둥과 다른 축전지의 (-)단자기둥에 서로 연결하는 방식이며 이때 전압은 연결한 개수만큼 증가하지만, 용량(A)은 1개일 때와 같다.

(2) 병렬연결의 경우

축전지의 병렬연결이란 전압과 용량이 같은 축전지 2개 이상을 (+)단자기둥은 다른 축전지의 (+)단자기둥에, (-)단자기둥은 (-)단자기둥에 연결하는 방식이며, 이때 용량(A)은 연결한 개수만큼 증가하지만, 전압은 1개일 때와 같다.

기관 시동 중 축전지의 방전으로 시동이 불가능한 경우 다른 축전지를 연결하여 시동하여야 한다. 이때 반드시 병렬 연결하여야 한다.

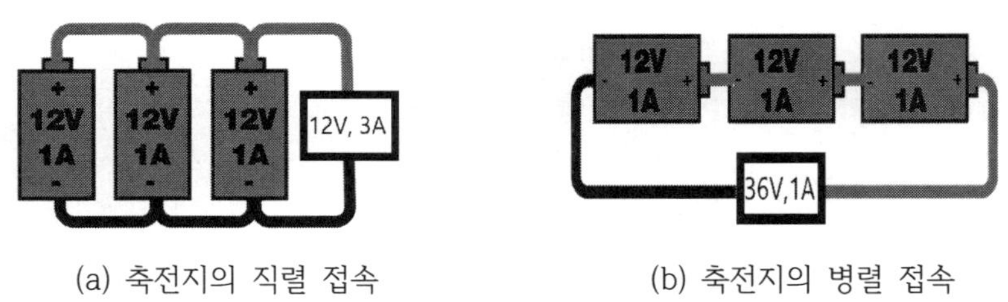

(a) 축전지의 직렬 접속 (b) 축전지의 병렬 접속

그림 4-23 축전지 연결방법

4. 납산 축전지 자기 방전

[1] 자기 방전의 원인

완전 충전된 축전지를 사용하지 않고 방치해두면 조금씩 자연 방전하여 용량이 감소되는 현상을 말한다. 자기 방전의 원인은 다음과 같다.

① (-)극판의 작용 물질(해면상납)이 황산과의 화학작용으로 황산납이 되면서 자기 방전되며 이때 수소가스가 발생한다. - 이 현상은 구조상 부득이한 경우이다.

② 전해액 중에 불순물[납(Pt), 니켈(Ni), 구리(Cu) 등]이 유입되어 (-)극판과의 사이에 국부(局部)전지가 형성되어 황산납이 되면서 자기 방전된다. 또 격자와 (+)극판의 작용 물질(과산화납)과의 사이에도 국부 전지가 형성되어 자기 방전되는 경우도 있다.

③ 탈락한 극판의 작용 물질이 축전지 내부의 밑바닥이나 옆면에 퇴적되거나 또는 격리 판이 파손되어 양쪽 극판이 단락되어 방전된다.

④ 축전지 커버 위에 부착된 전해액이나 먼지 등에 의한 누전으로 자기 방전이 된다.

자기 방전에서 특히 주의하여야 할 것은 장기간 사용하지 않을 경우 자기 방전에 의한 과다 방전이다. 이에 따른 과다 방전에 의해 영구 황산납을 일으켜 재사용이 불가능해 진다.

[2] 자기 방전량

자기 방전량은 축전지 용량에 대한 백분율(%)로 표시하며, 24시간 동안 실제 용량의 0.3~1.5%이며 자기 방전량은 다음의 요소와 관계된다.

① 자기 방전량은 전해액의 온도가 높고, 비중 및 용량이 클수록 크다. 그림 4-24는 전해액 비중을 1.240(20℃)을 1로 하였을 때 1.280에서는 1.6배, 1.200에서는 1.240일 경우의 60%로 자기 방전량이 변화하는 것을 보이고 있다.

② 자기 방전량은 날짜가 흐를수록 많아지나 그 비율은 충전 후의 시간 경과에 따라서 점차로 낮아진다.

③ 온도와 자기 방전량과의 관계는 다음 표와 같다.

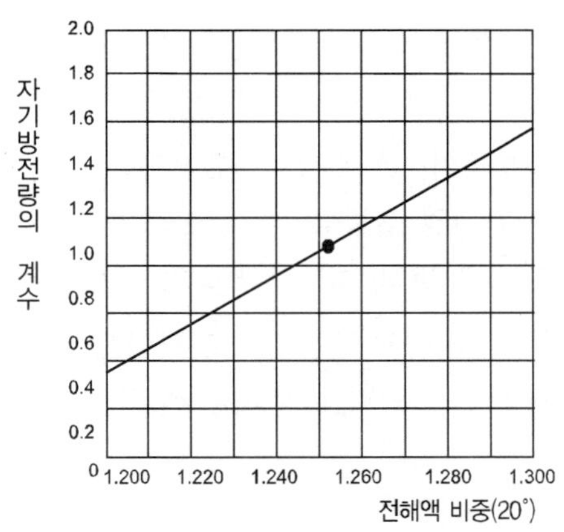

그림 4-24 전해액 비중과 자기 방전

전해액 온도와 24시간당 방전률 및 비중 저하량

온도(℃)	자기 방전량(24시간당 %)	비중 저하량(24시간 당)
30	1.0	0.002
20	0.5	0.001
5	0.25	0.0005

5. 납산 축전지의 수명

수명에 큰 영향을 주는 원인으로는 (+)극판(과산화납)작용 물질의 탈락에 있다. 이 작용 물질은 충·방전을 진행함에 따라 체적의 팽창과 수축이 일어나므로 결합력이 약한 과산화납은 탈락을 일으킨다. 그리고 (-)극판의 해면상납은 수축에 의하여 다공성이 감소되어 수명 단축의 원인이 되고, 다음의 원인으로 수명이 단축된다.

① 충전 부족 또는 과다 방전으로 인한 극판의 영구 황산납화
② 과다 충전에 의한 전해액 온도 상승
③ 격리판의 열화, (+)극판 격자의 균열 및 (-)극판의 열화
④ 전해액 부족으로 인한 극판의 노출
⑤ 전해액 비중이 너무 높거나 낮은 경우
⑥ 전해액 중의 불순물 유입
⑦ 케이스 내부에서 극판의 단락 및 탈락, 파손

4-7 납산 축전지 충전

1. 납산 축전지 충전 방법

방전된 축전지는 직류(DC)전원으로 충전하지 않으면 안되므로 교류(AC)전원을 직류로 정류하는 충전

기를 사용하여 충전한다. 충전기는 정류 소자를 실리콘(Si)을 이용한 실리콘 충전기가 일반적으로 사용되고 있다.

그림 4-25는 충전기의 기본 구성도이며, 충전기는 변압기와 정류기 및 전압 선택용 스위치 등으로 구성되어 있다. 그림에서 AC는 교류전원 접속부분이며, DC단자에 접속된 축전지 부하의 크기에 따라 임의의 출력 전압을 인출하기 위한 변압기와 선택 스위치가 있다.

변압된 소요의 교류 전류는 선택 스위치에서 정류기로 흘러 4개의 정류 회로에 의해 단상 전파 정류가 이루어진다. 그리고 DC부분의 (+), (-)단자에서 직류 전류가 충전 전류로 흐른다.

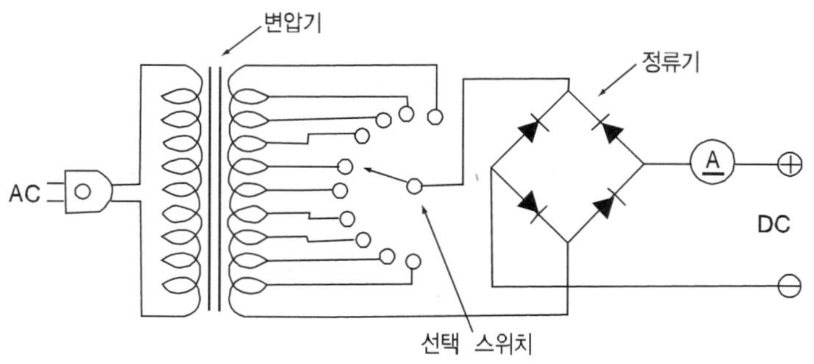

그림 4-25 충전기의 기본 구성도

또한, 충전기의 접속 방법은 충전기의 출력 단자 (+), (-)에 충전을 하고자 하는 축전지의 (+)단자기둥과 충전기의 (+)단자를, 축전지의 (-)단자기둥에는 충전기의 (-)단자를 접속하여 규정의 전류가 흐르도록 선택 스위치로 출력 전압을 조정한다. 그리고 1대의 충전기로 여러 개의 축전지를 동시에 충전하기 위해서는 그림 4-26과 같이 직렬접속 충전과 병렬접속 충전이 있다.

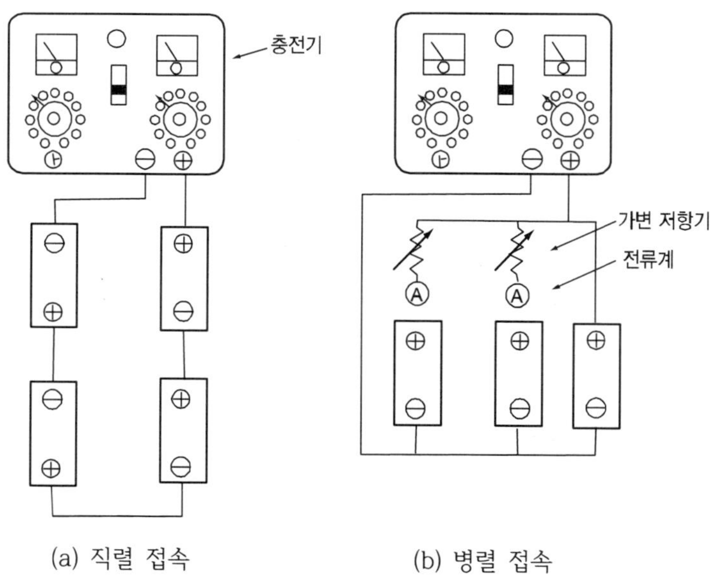

(a) 직렬 접속 (b) 병렬 접속

그림 4-26 충전할 때 축전지 접속 방법

2. 보 충전(補 忠電)

보 충전이란 자기 방전에 의하거나 사용 중에 소비된 용량을 보충하기 위해 실시하는 충전이다. 자동차용 축전지는 기관을 시동할 때 방전된 용량을 주행 중에 발전기와 발전기 조정기를 통하여 보충전이 된다. 그러나 다음과 같은 경우에는 방전량이 충전량보다 많게 되어 보 충전이 필요하게 된다.

① 주행 거리가 짧아 충분한 충전이 되지 않을 때
② 전기 회로에서의 과다 방전, 누전 등으로 주행 충전만으로는 충전량이 부족할 때
③ 발전기 및 발전기 조정기의 고장이나 조정 불량으로 충전이 행해지지 않는 경우 등이다.

보 충전 방법에는 비교적 장시간 충전하는 보통 충전과 큰 전류로 응급조치를 하는 급속 충전이 있다. 또 보통 충전은 조건에 따라 일정전류 충전, 일정전압 충전, 단별전류 충전 등으로 구분된다.

[1] 일정전류 충전

이 충전방법은 충전 시작에서 끝까지 일정한 전류로 충전하는 것이며, 충전전류 범위는 대략 다음과 같다.

① 표준 충전 전류 : 축전지 용량의 10%
② 최소 충전 전류 : 축전지 용량의 5%
③ 최대 충전 전류 : 축전지 용량의 20%

그리고 일정 전류 충전에서 충전 특성은 다음과 같다.

① 충전 중의 단자기둥 전압은 최초에는 급상승하고 그 후에는 천천히 상승하다가 2.4V 부근에서 다시 급상승하여 2.6~2.7V에서는 일정 값을 유지한다.
② 전해액의 비중은 가스가 발생할 때까지는 전해액의 이동이 없으므로 그 상승이 천천히 진행되지만 가스가 발생하기 시작하면 급상승하여 1.280 부근에서 일정 값을 유지한다.

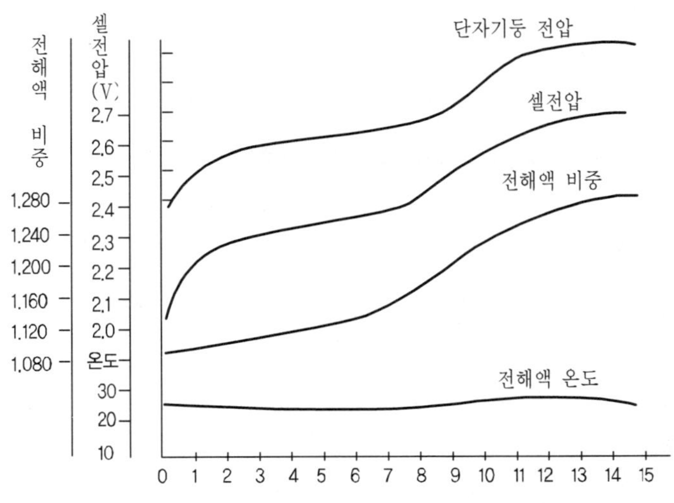

그림 4-27 일정전류 충전에서 충전 전압・전류 특성

③ 충전이 진행되어 1셀당 전압이 2.3~2.4V에 도달하면 가스 발생이 매우 활발해 진다. 이것은 완전 충전 상태 이후에 공급된 전력은 대부분 증류수를 전기 분해하기 때문이며 (+)극에서는 산소, (-)극에서는 수소가 발생된다. 충전 중 축전지에서의 가스 발생 상태는 충전 완료를 판단하는 수단으로 이용할 수 있다. 그리고 충전 중인 축전지에서 발생하는 가스 중 수소가스는 폭발성 가스이므로 화기를 가까이 하면 매우 위험하다.

④ 충전이 완료되었을 때 전해액의 비중이 20℃ 환산에서 1.280 이상 되면 증류수를 더 넣어 1.280으로 조정하여야 한다.

[2] 일정전압 충전

이 충전방법은 충전의 전체 기간을 일정한 전압으로 충전하는 것이다. 충전 특성은 그림 4-28에 나타낸 바와 같이 충전 초기에는 큰 전류가 흐르나 충전이 진행됨에 따라 전류가 감소하게 되며, 충전 말기에는 전류가 거의 흐르지 않게 된다.

따라서 가스 발생도 없으며 충전 능률이 우수하지만 충전 초기에 큰 전류가 흘러 축전지 수명에 영향을 크게 미치는 결점이 있어 이에 대한 대비가 있어야 한다.

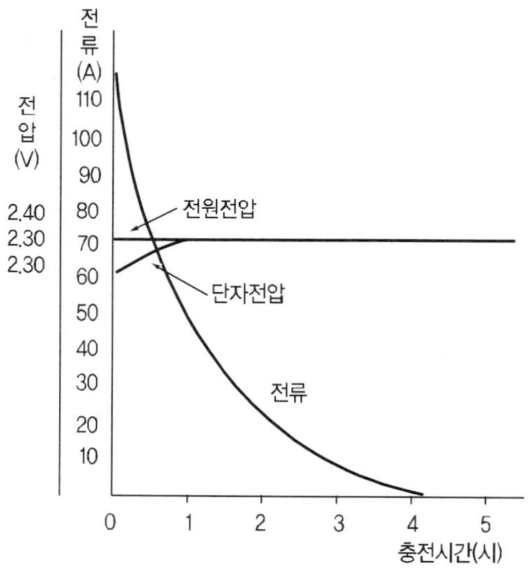

그림 4-28 일정전압 충전에서 충전 전압·전류 특성

[3] 단별전류 충전(段別 電流 充電)

이 충전방법은 충전 중에 전류를 단계적으로 감소시키는 것이다. 충전 효율이 높고, 전해액 온도의 상승이 완만하다.

또 충전 말기에 전류를 감소시키므로 가스가 발생할 때의 전력 손실을 방지하고 가스 발생에 의한 위험도 방지할 수 있다.

[4] 급속 충전

이 충전방법은 시간적 여유가 없을 때 급속 충전기(quick charger)를 사용한다. 급속 충전은 극판 중심부분까지 충전 반응이 형성되지 않으므로 급속 충전을 실시한 다음에는 반드시 보통 충전을 하여야 한다. 급속 충전을 할 때에는 다음 사항에 주의하여야 한다.

① 자동차에서 축전지를 떼어내지 아니하고 급속 충전을 하고자 할 경우에는 축전지의 (+), (-)단자 기둥에서 케이블을 모두 분리한 후 충전기의 클립(clip)을 설치한다(이것은 발전기 다이오드를 보호하기 위함이다.).

② 충전 전류는 축전지의 방전 상태와 충전 시간에 따라 결정되지만 일반적으로 용량의 50% 정도의 전류가 바람직하다.

③ 급속 충전은 가능한 한 짧은 시간에 실시하도록 한다.

④ 전해액의 온도가 45℃ 이상 되면 충전 전류를 감소시키거나 충전을 잠시 중단하여 전해액의 온도가 내려가게 한 다음 재충전하도록 한다.

3. 축전지를 충전할 때 주의 사항

① 충전을 실시하는 장소는 반드시 환기(煥氣)장치를 하여야 한다.

② 방전된 축전지는 방치하지 말고 즉시 보충전을 실시한다.

③ 충전중 전해액의 온도가 45℃ 이상 되지 않도록 한다.

④ 충전중인 축전지 근처에는 화기를 가까이 해서는 안 된다.

⑤ 축전지를 과다 충전시키면 (+)극판 격자의 산화가 촉진되므로 과다 충전을 해서는 안된다.

⑥ 축전지를 2개 이상 동시에 충전하고자 할 때에는 반드시 직렬 접속하여 충전하도록 한다.

⑦ 축전지와 충전기를 역 접속해서는 안 된다.

⑧ 암모니아수 및 탄산나트륨 등 중화제를 준비해 둔다.(케이스 청소용)

⑨ 각 셀의 벤트 플러그를 모두 열어 놓는다.

4.8 MF(Maintenance Free) 축전지

MF(무정비화) 축전지도 납산 축전지이며, 일반 축전지에서 자기 방전이나 화학반응을 할 때 발생하는 가스로 인한 전해액 감소를 방지하고, 점검 · 정비를 줄이기 위해 개발된 것이다.

특징은 다음과 같다.

① 증류수를 점검하거나 보충하지 않아도 된다.

② 자기 방전 비율이 매우 낮다.

③ 장기간 보관이 가능하다.

MF 축전지가 일반 축전지와 다른 점은 격자의 재질과 제작 방법 및 모양이며 격자의 재질은 안티몬(Sb)함량이 낮은 납-저 안티몬 합금이나 납-칼슘 합금이다.

일반 축전지의 격자로 사용되는 안티몬은 격자의 기계적 강도를 높이고, 주조성능을 쉽게 하지만 축전지 사용중에 극판 표면에서 서서히 석출(析出)하여 국부전지(局部 電池)를 구성해 자기 방전을 촉진하고, 충전 전압을 저하시키므로 자동차와 같이 일정전압으로 충전을 실시하는 경우에는 점차 충전전류가 증대되어 증류수의 전기 분해량을 증가시킨다.

이를 방지하기 위해 MF 축전지는 안티몬 함유량을 감소시킨 저(低) 안티몬 합금이나 납-칼슘 합금을 사용하면 전해액의 감소 및 자기 방전량을 감소시킬 수 있다.

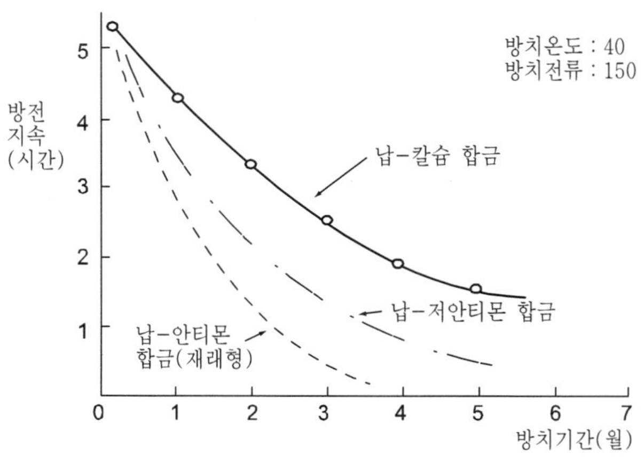

그림 4-29 격자 재질별 자기방전 특성

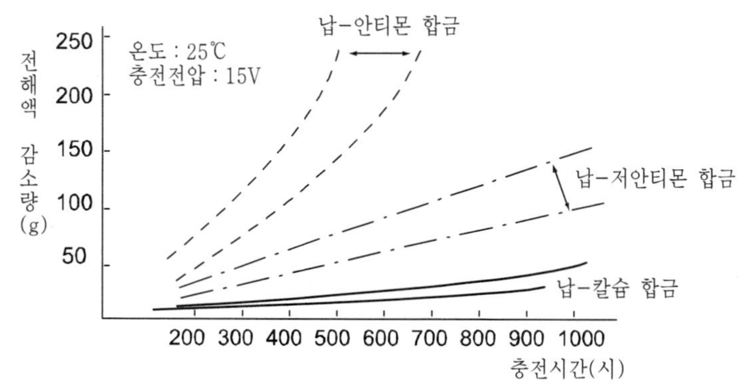

그림 4-30 전해액 감소 특성

그리고 격자의 제작방법은 철망모양의 격자를 펀칭(punching)방식 등 기계적 가공방법을 사용하여 품질과 생산성을 향상시킨다.

또 전해액의 증류수를 보충하지 않아도 되는 방법으로는 전기 분해될 때 발생하는 산소와 수소가스를 촉매(觸媒)를 사용하여 다시 증류수로 환원시키는 촉매 마개를 사용하고 있다.

그림 4-31 MF 축전지의 격자 모양

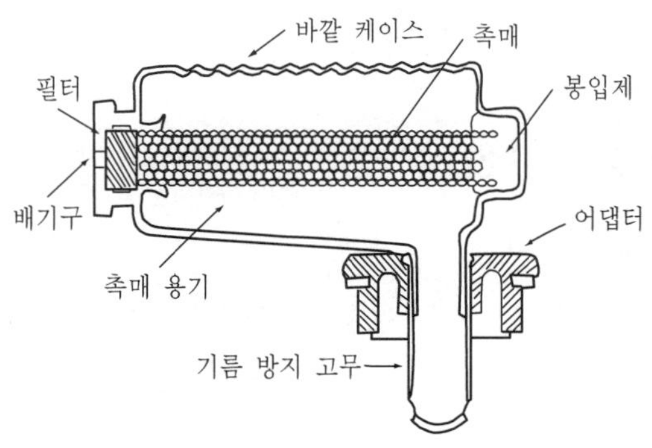

그림 4-32 촉매 마개의 구조

4·9 하이브리드 고전압장치

1. 전기 동력시스템의 구성

① HEV(hybrid electric vehicle)는 차량 내 다른 시스템(HCU : Hybrid Control Unit, MCU : Motor Control Unit 등)과의 통신을 통하여 축전지 SOC(State Of Charge), 파워제한, 자기진단, 셀 밸런싱, 냉각제어 등을 수행한다.

② 전기 동력시스템은 DC 180V의 고전압 배터리와 AC 180V/15kW급 3상 교류동기 모터, 인버터(모터 제어기), LDC(Low DC-DC Converter), 파워 케이블 등으로 구성되어 있다.

③ 기존의 DC 12V 축전지는 HEV 차량에서는 일반 바디전장이나 각종 제어용인 ECU동작을 위한 보조 축전지로 이용된다.

그림 4-33고전압축전지시스템의 구성(출처:현대자동차)

2. 고전압 축전지시스템의 구성

- 하이브리드 전기자동차 제어

하이브리드 전기자동차(hybrid electric vehicle)는 차량내의 다른 제어시스템(하이브리드 차량제어기, 모터 제어기 등)과의 통신을 통하여 아래의 항목을 제어한다.

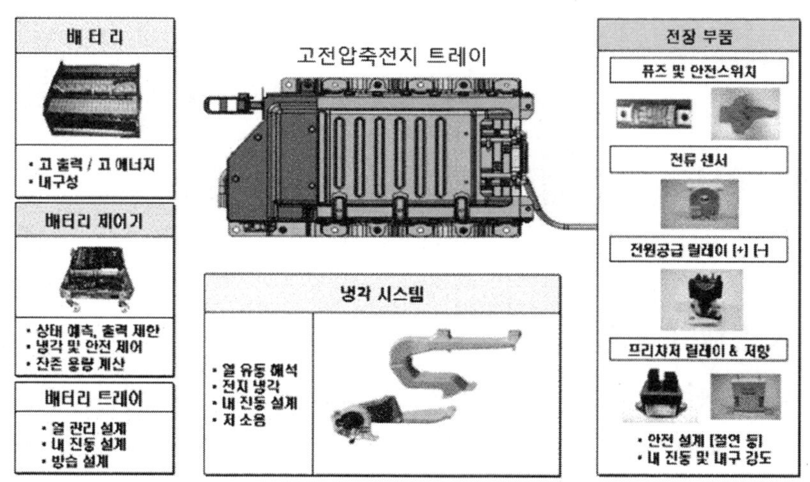

그림 4-34고전압 배터리 시스템 구성도

① 에너지 입/출력 제어 : 고전압 배터리 시스템에 이상이 있을 경우 방전 전류량 제어를 통해 가용 에너지 입/출력 파워를 제한한다.

② 안전제어 : 에너지 입/출력 과정에서 발생되는 수소 가스에 의한 폭발 방지를 위한 제어와 배터리 성능 또는 손상에 영향을 줄 수 있는 항목들을 모니터링 하여 안전사고를 방지한다.(BMS ECU)

③ 축전지의 최적 동작 환경조성 : 배터리 외부 온도 상승과 화학적 열 발생을 제한하기 위해 냉각 시스템을 제어하여 최적의 동작환경을 조성한다.

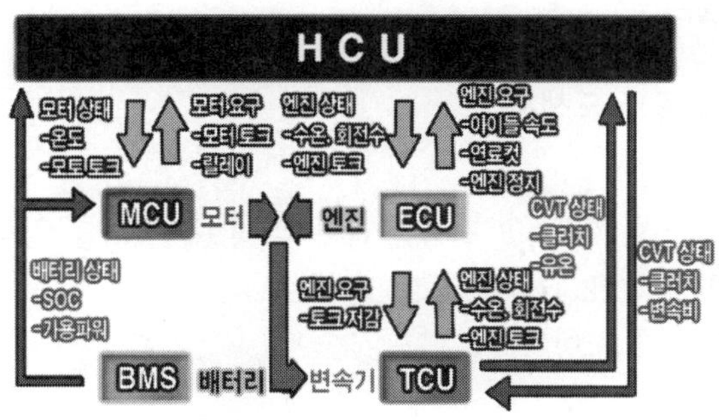

그림 4-35제어장치의 구성도

3. 고전압 축전지

[1] 구성

최근의 전기자동차용 고전압 배터리는 DC330V 리튬이온폴리머(Li-PB) 축전지를 사용하며, 6셀×8모듈 또는 10셀×4모듈로 구성되어 있으며 직렬로 연결되어있는 구조이다.

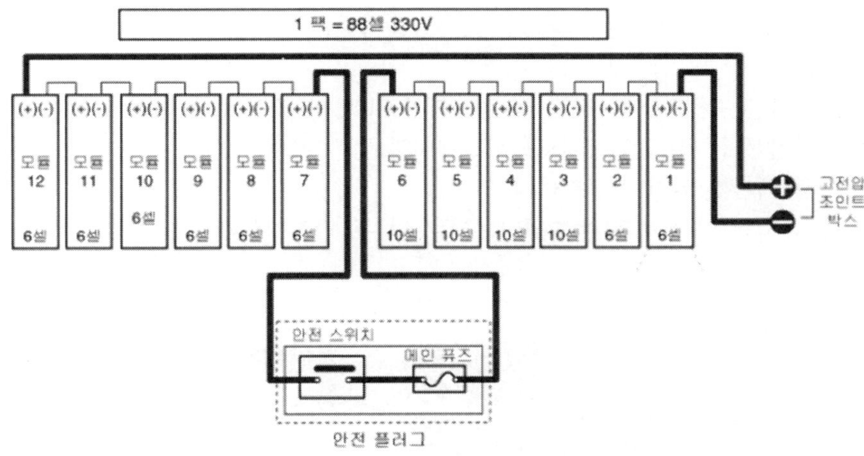

그림 4-36배터리의 구성

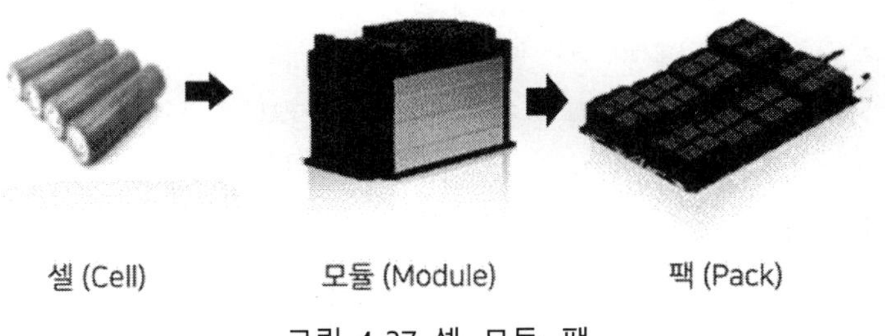

셀 (Cell) 모듈 (Module) 팩 (Pack)

그림 4-37 셀, 모듈, 팩

[2] 축전지 팩(PACK)어셈블리

(1) 외기 및 배터리 내부(모듈)온도센서

① 부특성 NTC소자이다.
② 축전지 주변온도를 감지하여 BMS ECU(축전지 제어유닛)로 정보를 입력한다.
③ 외기온도센서 규정 저항값 : 1kΩ±1%(25℃ 기준)
④ 축전지 pack 상단에 장착되어 있다.

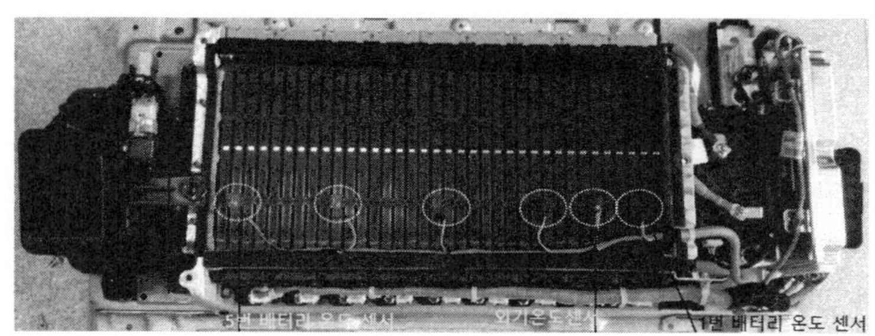

그림 4-38 배터리 온도센서

배터리 제어기(BMS ECU : Battery Managemant System ECU)

① BMS는 축전지의 총 10개의 블록으로부터 전압을 모니터링하여 각각의 블록전압을 확인할 수 있다.
② 종합적으로 연산된 축전지 에너지 상태 정보를 HCU또는 MCU로 송신한다.
③ 입·출력 에너지 제한 및 안전제어 그리고 에너지 잔존 용량 계산 등을 한다.
④ 고전압 축전지 제어를 위한 컴퓨터이다.
⑤ 배터리 성능 유지를 위한 전류 온도전압 사용시간 등 각종 정보를 모니터링 한다.

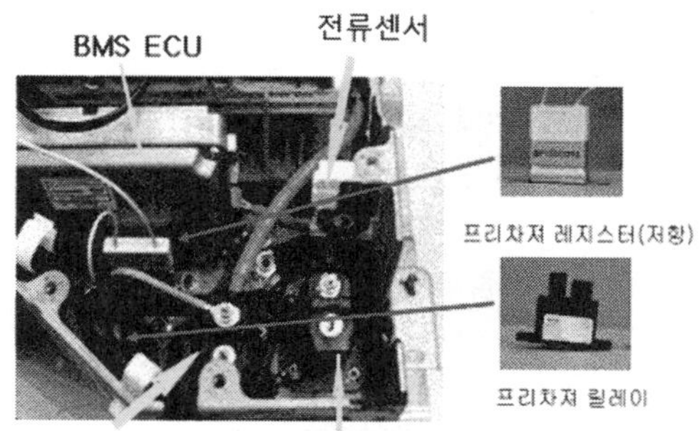

그림 4-39 배터리 제어장치

메인 릴레이

① 고전압 축전지의 전원을 MCU(Motor Control Unit)측으로 공급한다.
② 시동 키가 ON되고 고전압 전기 동력시스템이 정상일 경우 MCU는 메인 릴레이를 작동시키고 고전압 축전지 전원을 MCU내부에 설치된 인버터로 공급하여모터를 이용한 엔진 시동을 한다.
③ 메인 릴레이 저항값은 약 25Ω 정도이다.

프리차져 레지스터 및 프리차져 릴레이

① 프리차저 릴레이는 메인릴레이 (+)와 병렬회로로 되어있다.
② MCU는 프리차저 릴레이를 먼저 동작하여 (+)전원을 공급한다.
③ 프리차저 레지스터는 인버터 손상을 방지한다.
④ MCU는 프리차저 릴레이 작동 직후 완만한 전압상승을 완료하고 메인릴레이(+)를 작동시켜 정상적인 전원 공급을 완료 즉시 프리차저 릴레이를 OFF한다.
⑤ 프리차저 릴레이 저항값은 약 110Ω 정도이고 프리차저 레지스터는 약 10Ω 정도이다.

전류센서

① 고전압 축전지 (-)케이블 측에 설치되어있다.
② 홀 효과를 이용해 전류량을 검출한다.

세이프티 플러그

① 고전압 축전지 전원을 임의로 차단시킬 수 있는 전원 분리장치로 과전류 방지용 퓨즈를 포함하고 있다.
② 고전압 전기 동력시스템과 관련된 부품을 탈 부착하거나 정비 점검시 세이프티플러그를 탈거하면 고전압을 차단시킬 수 있다.
③ 엔진 시동상태 또는 시동 키 ON상태에서는 세이프티 플러그를 탈거하지 말아야 한다.

그림 4-39안전 플러그

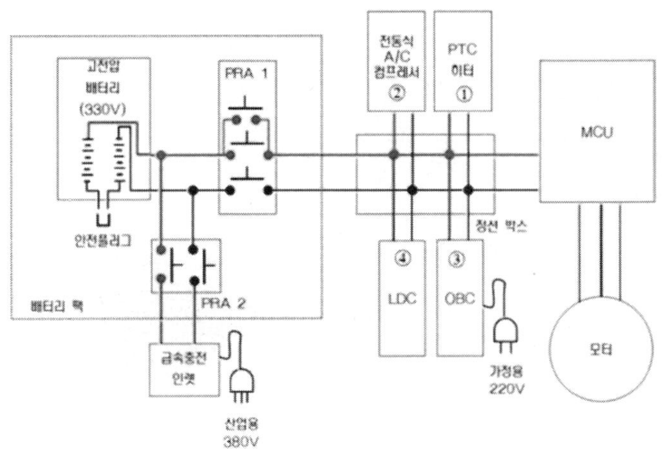

그림 4-40고전압 흐름도(출처: 기아자동차 쏘울전기차 교육교재)

[3] 고전압 축전지의 주요 제어특성

(1)SOC제어 특성

하이브리드 모드 제어를 위한 최적의 축전지 사용 영역에서의 제어한다.

SOC영역	제어 내용
고 SOC영역 :	방전 지향, 충전 금지
동작 SOC영역 : ~70%	방전 지향, 충전 허용
최적 SOC영역 : 55%~65%	충·방전 제어
동작 SOC영역 : 20%~	창전 지향, 방전 허용
저 SOC영역 :	충전 지향, 방전 금지

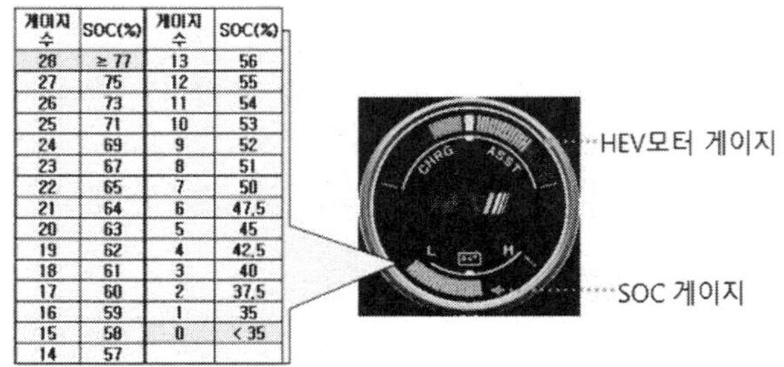

게이지 수	SOC(%)	게이지 수	SOC(%)
28	≥ 77	13	56
27	75	12	55
26	73	11	54
25	71	10	53
24	69	9	52
23	67	8	51
22	65	7	50
21	64	6	47.5
20	63	5	45
19	62	4	42.5
18	61	3	40
17	60	2	37.5
16	59	1	35
15	58	0	< 35
14	57		

그림 4-41 SOC(state of charge)게이지

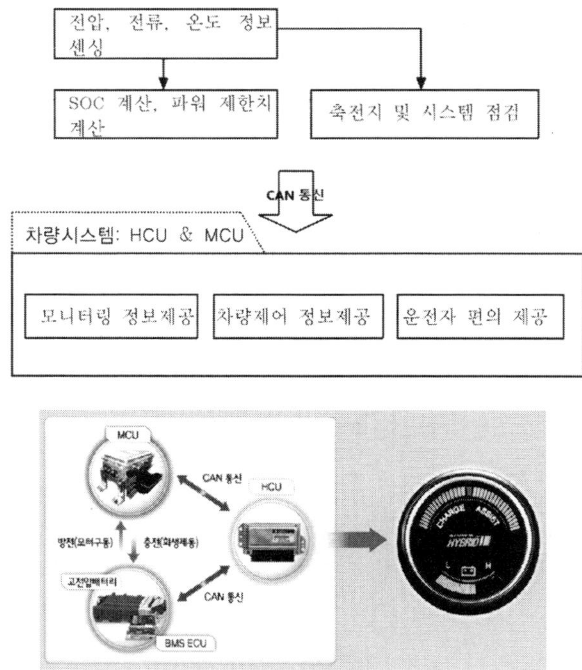

그림 4-42통신제어

(2)BMS(Battery Management System) ECU 제어기능

모든 BMS 시스템에는 셀 또는 배터리를 손상으로부터 보호하며, 배터리 수명을 연장하며, 배터리를 효율적으로 관리한다.

[4] BMS 냉각팬

고전압 배터리가 최적의 효율을 내기 위해서는 온도관리가 매우 중요하다. 특히 하이브리드 전기 자동차에 탑재된 니켈-수소 배터리는 고온에서 장시간 사용할 경우 전기 에너지 입, 출력 과정에서 발생되는 수소 가스 누출로 인한 화재 발생의 우려가 있기 때문에 환기 및 적절한 냉각을 고려한 독립적인 냉각 시스템을 가지고 있다.

고전압 배터리와 MCU(모터 컨트롤 유니트)는 하나의 냉각 팬에 의해 동시 냉각이 이루어지는 통합 냉각 방식이 적용되었는데, 냉각 팬이 작동되면 리어 패키지 트림을 통해 차 실내의 공기가 에어 덕트로 흡입되고, 흡입된 실내공기가 고전압 배터리와 MCU 측으로 유입되어 냉각된 다음 배출 덕트를 통해 차량 외부로 배출되도록 유로가 설계되어 있다.

냉각 팬은 고전압 배터리와 MCU의 온도 조건에 따라 5단계로 속도 제어가 이루어지는데, BMS ECU가 최종적으로 냉각 팬 속도를 결정하고 파워 트랜지스터를 이용해 냉각 팬 모터의 전류량을 제어한다.

MCU는 내부 인버터 온도정보를 기준으로 냉각 팬 동작 요구 속도 정보를 BMS ECU 측으로 전송하고, HCU는 차량 정지 시 또는 아이들 스탑 모드 진입 시 냉각 팬 작동 중지 명령을 MCU와 BMS ECU 측으로 전송하여 실내 소음 유입을 최소화시킨다.

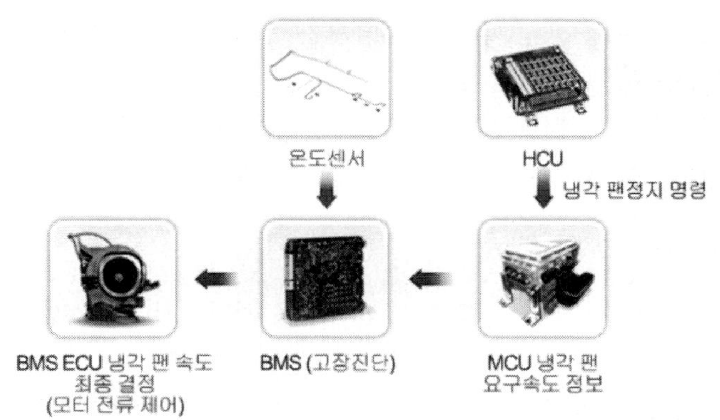

NO	단계	냉각팬 제어값	제어듀티율(%)
1	1단계(저속)	3.25V<VB-VM<4.9V	20%
2	2단계	4.15V<VB-VM<5.8V	30%
3	3단계(중속)	4.75V<VB-VM<6.4V	40%
4	4단계	5.75V<VB-VM<7.4V	50%
5	5단계(고속)	7.55V<VB-VM<9.2V	70%

그림 4-43냉각 팬 제어 BLOCK DIAGRAM 및 제어값

(1)팬 제어의 구성부품

① 냉각팬 어셈블리
② 팬 컨트롤러
③ 블로워 릴레이
④ 파워 트랜지스터
⑤ BMS ECU

(2) BMS 냉각팬 제어

① 강제통풍 방식(블로워 모터 이용)
② 축전지의 효율 최적화하기 위해 온도 다운시킴
③ 외기와 실내공기를 축전지 측을 통과시켜 냉각시킨다.
④ 축전지 온도를 BMS가 감지하여 팬 컨트롤러에게 구동신호를 출력한다.
⑤ 블로워 모터의 속도제어는 팬 컨트롤러가 파워 TR 게이트 신호에 출력하여 제어한다.

4. 고전압 축전지의 취급 시 유의사항

[1] 가스 및 전해질 유출시

① 차량 시동키 OFF : 에너지 입·출력 금지
② SAFETY PLUG 분리(화재초기 또는 유출량이 적을 때 신속 분리, 화재 진행중에는 불가)
③ 가스 발생 시 가스는 수소 및 알칼리성 증기이므로 만일 차량 위치가 실내일 경우 즉각 환기를 시키고 안전한 장소로 대피한다.
④ 만일 누출된 액체가 피부에 접촉 시에는 즉각 붕산 용액으로 중화시키고, 흐르는 물 혹은 소금물로 환부를 세척한다.
⑤ 누출된 증기나 액체가 눈에 접촉 시에는 즉각 흐르는 물에 세척 후 의사의 진료를 받아야 한다.
⑥ 만일 고온에 의한 가스누출일 경우 축전지가 완전히 상온으로 식을 때까지 사용을 금지한다.

[2] 고전압 배터리 및 차량 화재 발생시

① 차량의 시동키를 OFF하여 전기 동력 시스템 작동을 차단시킨다.(고전압 배터리 전기 에너지 입/출력이 금지 됨)
② 고전압 배터리 부위의 집적적인 화재가 아니거나 화재 초기 상태라면 트렁크를 열고 신속히 세이프티 플러그를 탈거한다.(화재 진행 중이라면 접근 금지)
③ 실내 또는 밀폐된 공간에서 화재가 발생되었을 경우 수소 가스의 원활한 방출을 위해 신속히 환기시킨 후 대피한다.
④ 화재 진압을 위해서는 액체 물질을 사용하지 말고 분말소화기 또는 모래를 이용한다.
⑤ 배터리에서 분출된 가스나 액체 성분이 피부 또는 눈에 침투되었을 경우 붕산 액, 소금물 또는 흐르는 물로 환부를 신속하게 세척한 후 의사의 진료를 받는다.

[3] 차량 장기 방치 시

① 차량의 시동키를 OFF하여 전기 동력 시스템 작동을 차단시킨다.(고전압 배터리 전기 에너지 입/출력이 금지 됨)

② 고전압 배터리의 SOC(충전 상태)가 30% 이하일 경우(계기판의 SOC 게이지가 적색 구간 이하) 2개월 이상 차량 장기 방치 시 고전압 배터리의 재사용이 불가할 수 있으므로 주의한다.

③ 고전압 배터리의 SOC(충전 상태)가 정상(약 60%)일 경우라도 6개월 이상 장기 방치 시 고전압배터리의 재사용이 불가할 수 있으므로 주의한다.

연습문제

1. 축전지의 방전 종지전압에 대하여 설명하시오.

2. 축전지의 충·방전시의 화학반응식을 설명하시오.

3. 축전지의 셀페이션 현상이란 무엇이며 그 원인을 기술하시오.

4. MF 축전지란 무엇이며 특징을 설명하시오.

5. 배터리 충전 방법 중 급속충전방법에 대하여 설명하시오.

6. 하이브리드 고전압 배터리 취급시 주의하여야 할 사항에 대해 기술하시오.

제5장 기동장치(Starting System)

5.1 기동장치의 개요

기동장치는 엔진을 시동하기 위하여 최초의 흡입과 압축 행정에 필요한 에너지를 외부로부터 공급하여 엔진을 회전시키는 장치이다. 기동 전동기는 엔진의 시동용 모터로써 축전지의 전원을 공급받아 회전하며, 피니언 기어와 플라이 휠 링기어가 맞물려 기동 전동기의 회전력을 크랭크 축에 전달하는 역할을 한다.

이때 기동 전동기의 출력으로는 가솔린 엔진은 0.5-1.5 PS, 디젤엔진은 3-10 PS이필요하다. 따라서 기동전동기 1회전 시간은 보통 몇 초 이내이므로 단시간정격 출력이 발생 되도록 설계되어 있어 일반 전동기와는 달리 출력에 비하여 소형이므로 무리한 연속 운전을 시켜서는 안된다.

기관의 시동 가능한 회전속도는 기관에 따라 다르나, 일반적으로 가솔린기관에서는 100rpm, 디젤기관에서는 180rpm이상 회전시켜야 한다. 또 기동장치의 구비조건은 다음과 같다.

① 작고 가벼우며, 출력이 커야 한다.
② 시동 회전력이 커야 한다.
③ 소비 전력이 적어야 한다.
④ 자동차가 주행할 때 발생하는 진동에 견딜 수 있어야 한다.
⑤ 기계적 충격력에 견딜 수 있어야 한다.

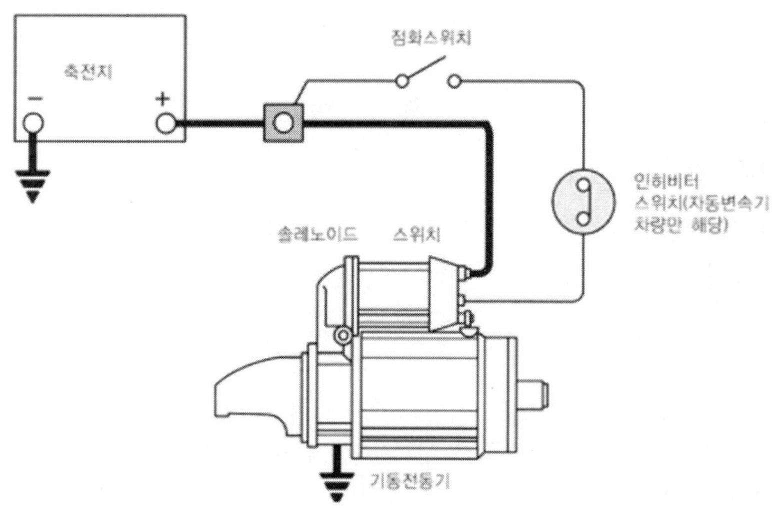

그림 5-1 기동장치의 구성

5.2 기동전동기의 원리 및 종류

기동전동기의 원리는 전류의 자기작용에 의해 발생하는 전자력을 이용한 것이다. 그림 5-2의 (a)에 나타낸 바와 같이 N극과 S극 사이에 도체(전기자)를 넣고 전류를 흐르게 하면 전류의 자기작용에 의하여 도체는 전자력을 받는다. 전자력의 크기는 자계의 세기와 도체에 흐르는 전류 및 자계 내의 도체의 길이에 비례하며, 도체가 자계의 자력선과 직각이 될 때에 최대가 된다.

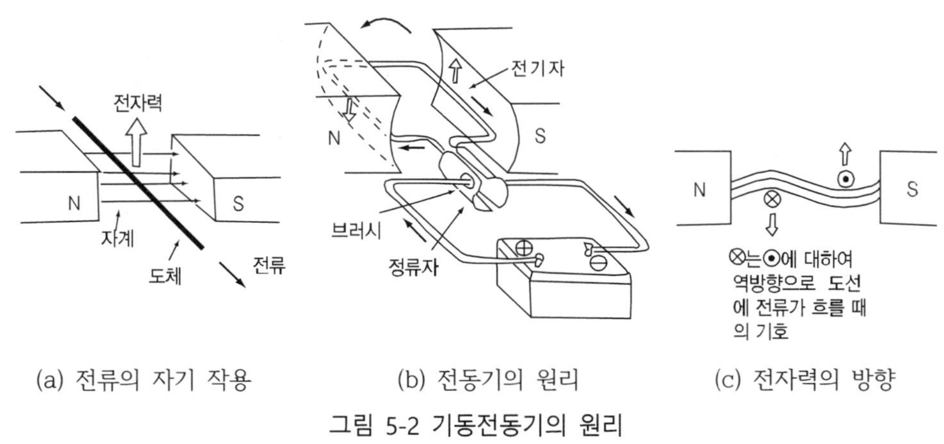

(a) 전류의 자기 작용 (b) 전동기의 원리 (c) 전자력의 방향

그림 5-2 기동전동기의 원리

기동전동기는 그림 5-2의 (b)에 나타낸 바와 같이 계자 철심 내에 전기자를 설치하고 브러시와 정류자를 통하여 전기자에 전류를 흐르게 하면 자력선이 발생하여 전기자가 회전하여 전기에너지를 기계적 에너지로 바꿀 수 있다. 기동전동기의 원리는 플레밍의 왼손법칙을 이용한다.

기동전동기는 자계(磁界)인 계자철심에 코일을 감고, 이것에 전류를 흐르게 하여 자력을 발생하는 전자석을 이용하는데 이 코일을 계자코일이라 하고, 도체에 해당하는 회전 코일을 전기자 코일이라 한다. 여기서, 전기자란 전동기 축과 철심에 전기자 코일을 감고 정류자를 설치한 것으로 전동기의 회전부분이 되는 것이다.

1. 기동전동기의 종류

기동전동기의 종류에는 전기자 코일과 계자 코일의 접속방법에 따라 직권전동기, 분권전동기, 복권전동기 등이 있으나 주로 직권전동기를 사용한다.

[1] 직권전동기

직권전동기는 전기자 코일과 계자 코일이 직렬로 접속되어 있기 때문에 계자코일의 전류(If)와 전기자 코일(Ia)에 흐르는 If=Ia 이다. 전동기의 회전력은 전기자 전류와 계자전류의 세기의 곱에 비례하므로 직권전동기에서는 전기자 전류의 제곱에 비례한다. 따라서 전류가 2배일 때 회전력은 4배가 된다. 또 전기자 전류는 회전속도에 반비례하여 증감하는 특성이 있다. 이와 같이 직권전동기는 회전속도가 낮을 때, 즉 부하가 클 때에는 전기자에 큰 전류가 흐르므로 큰 회전력을 발휘할 수 있다. 따라서 자동차 기관 시동용 기동전동기로 직류 직권전동기가 알맞다.

[2] 분권전동기

분권전동기는 전기자 코일과 계자코일이 병렬로 접속되어 있으므로 전압이 일정하면 계자전류는 변화하지 않으며 계자의 세기도 일정하다. 계자의 세기가 변화하지 않으면 전기자 전류에 비례하여 회전력이 증가하기는 하나 직권전동기보다 그 증가률이 낮다. 회전속도에 의해 ㅛ전자의 전류는 상당한 영향을 받는다.

회전속도가 일정한 전동기에 사용되며, 계자가 영구자석인 전동기와 같은 특성을 지니고 있으며, 회전력이 비교적 작다.

[3] 복권전동기

복권전동기는 전기자 코일과 계자 코일이 직렬 및 병렬로 접속되어 있는 방식이며, 윈드 실드 와이퍼 전동기로 사용되며, 그 특징은 다음과 같다.

① 회전력이 크고 회전속도가 거의 일정하다.
② 구조가 복잡하다.

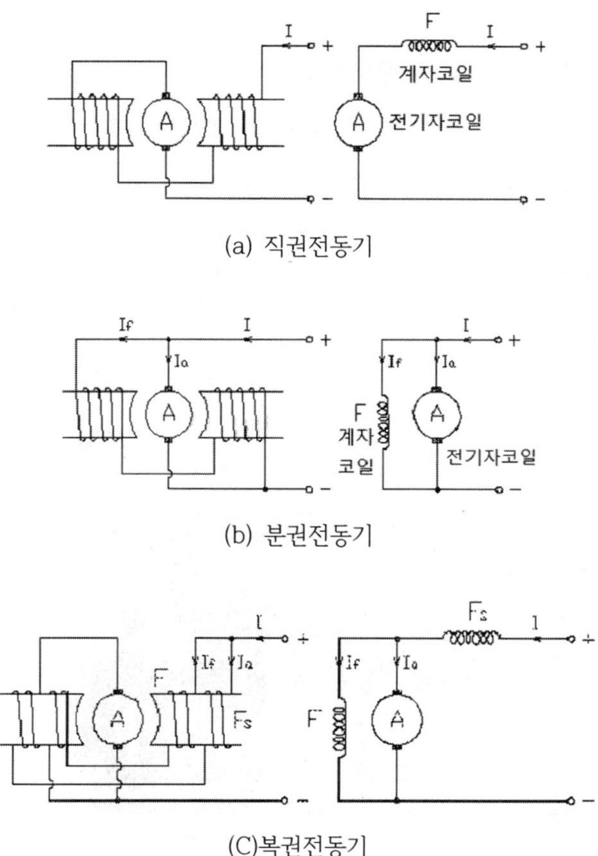

그림 5-3 직권, 분권, 복권전동기 회로도

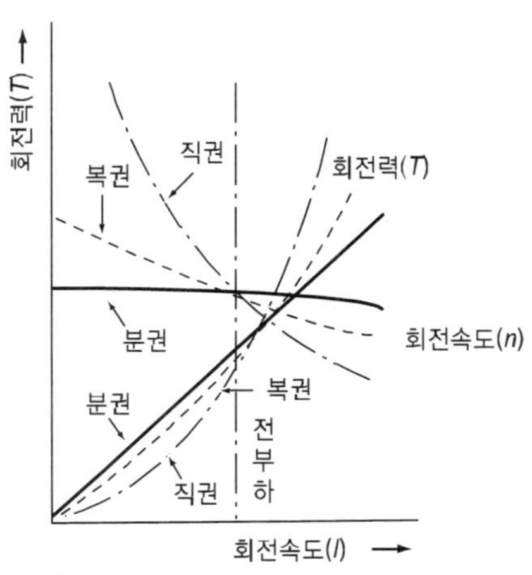

그림 5-4 각종 전동기의 특징

5·3 피니언 섭동형 기동전동기의 구조 및 작동(전자식)

1. 피니언 섭동형 전동기의 구조 및 작동

피니언 섭동형 기동전동기는 작동 상 다음의 3부분으로 나누어진다.

① 회전력을 발생하는 부분(전동기 부분) : 전기자, 계자코일, 정류자, 브러시
② 회전력을 기관의 플라이 휠 링 기어로 전달하는 동력 전달 기구 : 오버러닝 클러치, 피니언
③ 피니언을 미끄럼 운동시켜 링 기어에 물리게 하는 부분 : 솔레노이드 스위치

이들 3부분은 작동전압이나 출력 등에 따라 크기, 극수, 브러시 수 등이 다르나 구조와 작동원리는 같다.

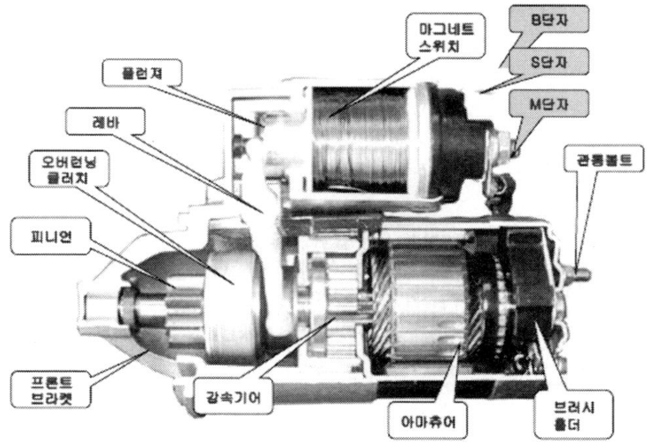

그림 5-5 기동전동기의 구조

[1] 전동기 부분

전동기 부분은 회전하는 부분(전기자 및 정류자)과 고정된 부분(계자코일, 계자철심, 브러시)으로 구성되어 있다.

(1) 전동기의 회전부분

① 전기자(Amateur)

전기자의 구조는 그림 5-6에 나타낸 바와 같이 전기자 축, 전기자 철심, 그리고 이들과 절연되어 감겨있는 전기자 코일, 정류자 등으로 구성되어 있으며 축의 양끝은 베어링으로 지지되어 계자철심 내에서 회전한다.

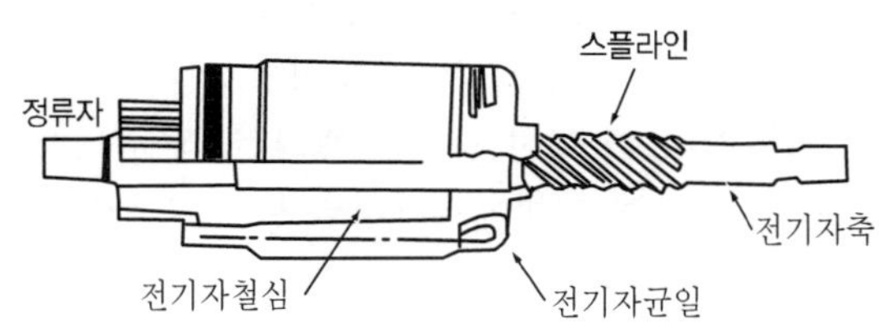

그림 5-6 전기자의 구조

전기자 축은 큰 힘을 받기 때문에 파손 · 변형 및 굽음 등을 일으키지 않도록 특수강을 사용하며, 피니언이 미끄럼 운동을 하는 부분에는 스플라인(spline)이 파져 있고, 마멸되지 않도록 담금질되어 있다. 전기자의 작동은 다음과 같다. 전류가 브러시와 정류자를 통하여 전기자 코일로 흐르면 전기자 철심은 계자코일에서 발생한 자계의 자기(磁氣)회로가 되어 계자철심의 자력과 전기자 철심의 자력 사이에서 발생한 힘이 회전력으로 작용한다.

따라서 전기자 철심의 지름이 클수록 회전력이 커진다. 또, 전기자 철심은 자력선을 잘 통과시키고 동시에 맴돌이 전류를 감소시켜 사용중 철심이 발열되지 않도록 두께 0.35 ~ 1.0mm의 얇은 강철판을 각각 절연하여 겹쳐 만든 성층철심이 사용되며, 그 바깥 둘레에는 전기자 코일이 들어가는 홈이 있다. 그리고 전기자 코일은 특성상 큰 전류가 흐르므로 단면적이 큰 것이 사용되며, 코일의 한쪽은 N극 쪽에, 다른 한쪽은 S극 쪽이 되도록 철심의 홈 속에 절연되어 끼워져 있고 코일의 양끝은 각각 정류자에 납땜되어 있다.

따라서, 모든 전기자 코일에 동시에 전류가 흘러 각각의 코일에 발생되는 회전력이 합해져 전기자를 회전시킨다. 전기자 철심에 마련된 홈의 형상에는 개방형, 반 개방형, 폐쇄형 등이 있으나 자동차용 기동전동기에서는 고속회전에서 원심력에 의해 전기자 코일이 빠져나가는 것을 방지하기 위해 반 개방형이나 폐쇄형을 주로 사용한다.

또, 1개의 홈에 2개의 전기자 코일이 들어가므로 그 단면은 그림 5-7의 (a)에 나타낸 바와 같이 되어 있으며, 전기자 코일의 절연에는 운모종이, 파이버, 플라스틱 등이 사용된다. 그리고 전기자는 그로울러 테스터로 단선, 단락, 접지에 대하여 시험한다.

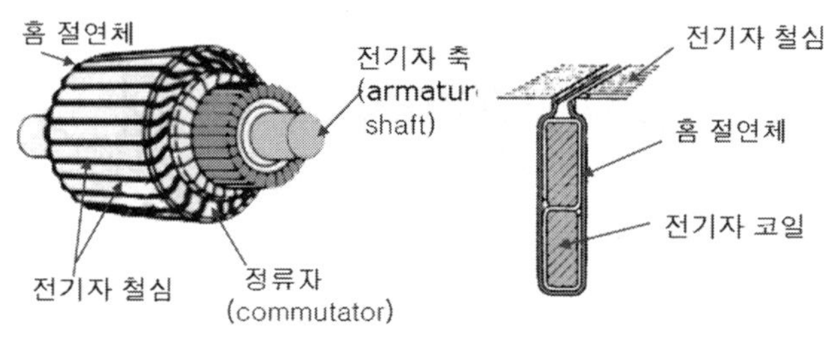

(a) 전기자 철심의 구조 (b) 전기자 코일

그림 5-7 전기자 철심 및 전기자 코일의 구조

② 정류자(commutator)

정류자는 그림 5-8에 나타낸 바와 같이 단단한 구리(경동)로 만든 정류자 편을 운모 등의 절연체로 싸서 원형으로 한 것이며, 브러시에서의 전류를 일정 방향으로만 흐르게 한다. 정류자 편은 아래 부분은 얇고 위 부분은 두껍게 되어 있으며 회전 중 원심력으로 빠져 나오지 않게 V형 운모와 V형 링(ring) 등으로 조여져 있다. 또 정류자 편 사이에는 1mm 정도 두께의 운모로 절연되어 있고 정류자 면보다 0.5~0.8mm(한계 0.2) 낮게 파져 있다. 이것을 언더 컷(under cut)이라 한다.

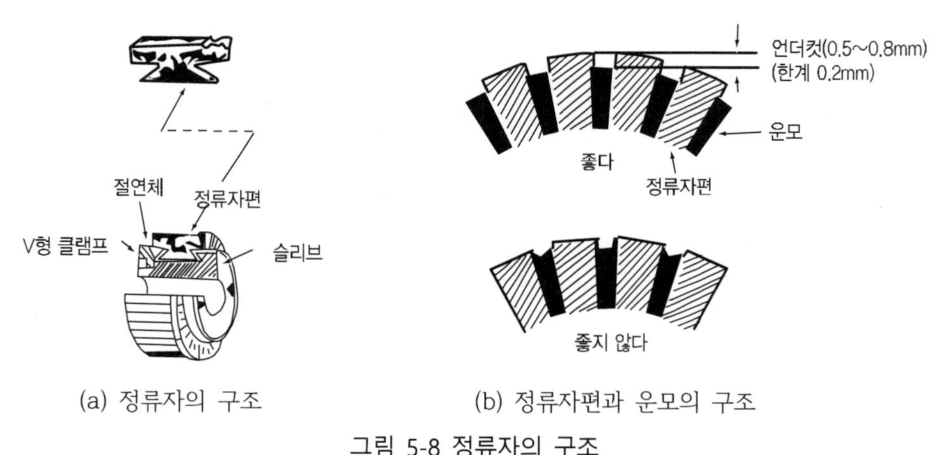

(a) 정류자의 구조 (b) 정류자편과 운모의 구조

그림 5-8 정류자의 구조

(2) 전동기의 고정부분

전동기 고정부분은 전기자를 회전시키기 위하여 자장을 형성하는 계철, 계자철심, 계자코일, 계자코일에서의 전류를 정류자를 거쳐 전기자 코일로 보내는 브러시와 브러시 홀더, 전기자 축을 지지하는 엔드프레임(end frame)과 구동 엔드프레임(drive end frame) 등으로 구성되어 있으며 최근에는 고정자로 영구자석을 사용하기도 한다.

① 계철(yoke)과 계자철심(pole core)

계철은 자력선의 통로가 되며, 전동기의 틀이 되는 부분이다. 안쪽 면에는 계자코일을 지지하고 자극이 되는 계자철심이 스크루로 고정되어 있다. 계자철심은 인발 성형강이나 단조 강으로 제작하며, 계자코일을 감아서 전류가 흐르면 전자석이 된다. 계자철심에 따라 전자석의 수가 결정되며 4개이면 4극이라 한다. 기관을 시동할 때에 전류는 축전지로부터 계자코일을 통하여 브러시, 정류자, 전기자 코일로 흐른다.

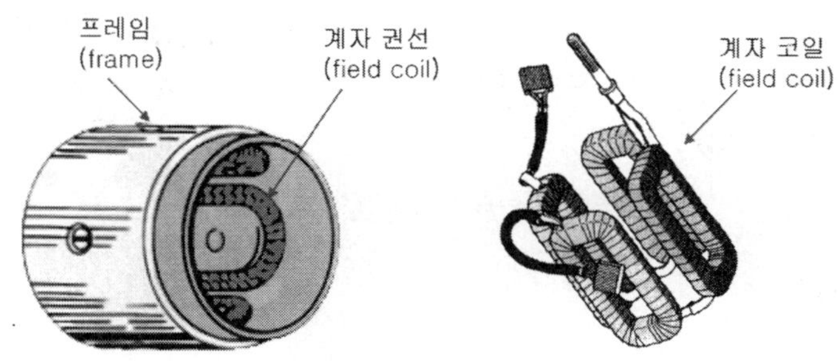

그림 5-9 계철의 구조

② 계자 코일(field coil)

계자 코일은 계자철심에 감긴 코일로서 전류가 흐르면 자력을 일으키며, 그 자력은 전기자 전류에 크게 좌우된다. 따라서 큰 전류가 흐르기 때문에 평각 구리선이 사용된다. 절연을 위해 계자코일의 바깥쪽은 테이프를 감고 플라스틱 등에 담가 절연막을 만든다.

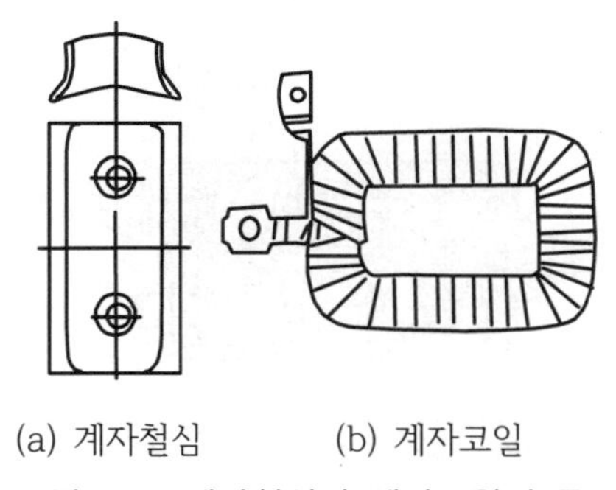

(a) 계자철심　　(b) 계자코일

그림 5-10 계자철심과 계자코일의 구조

③ 브러시와 브러시 홀더(Brush & Brush holder)

브러시는 정류자에 미끄럼 접촉을 하면서 전기자 코일에 흐르는 전류의 흐름방향을 바꾸어 주는 역할을 한다.

이 브러시는 구리분말과 흑연을 원료로 한 금속흑연 계열이며, 구리분말을 50~90% 정도 함유하므로, 윤활성능과 통전성능이 우수하고 고유저항, 접촉저항 등이 다른 것에 비하여 적다. 브러시 스프링의 장력 은 0.5~1.0kgf/cm^{2}이며 스프링 저울로 측정한다.

브러시는 일반적으로 4개가 설치되는데 2 개는 절연된 홀더(이것을 "+" 브러시라 함)에 지지되어 있고, 2개는 접지 홀더(이것을 "-" 브러시라 함)에 지지되어 있다. 그리고 브러시 본래 길이의 1/3 이상 마멸되면 교환한다.

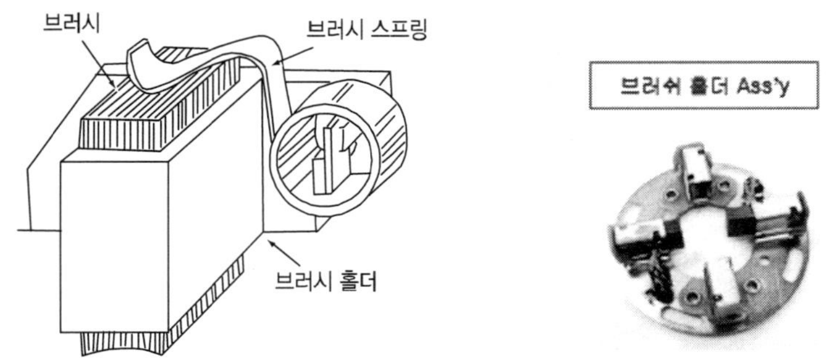

그림 5-11 브러시와 브러시 홀더

[2] 솔레노이드 스위치

(1) 솔레노이드 스위치의 구조

솔레노이드 스위치(solenoid switch)는 마그넷 스위치(magnet switch)라고도 부르며 전자력으로 작동하는 기동전동기용 스위치이며, 기동전동기로 흐르는 전류를 단속하는 스위치 작용과 기동전동기 피니언을 플라이 휠 링 기어에 물려주는 일을 한다. 그 구조는 가운데가 비어 있는 철심, 철심 위에 감겨져 있는 풀인 코일(pull-in coil; 플런저를 흡인하는 코일)과 홀드 인 코일(hold-in coil; 플런저가 흡인된 상태로 유지하는 코일), 플런저(plunger), 플런저 리턴스프링과 접촉 판(contact disk), 2개의 접점(B단자와 M단자)으로 되어 있다. 그림 5-13은 풀인 코일과 홀드인 코일의 전기회로를 나타낸 것이다.

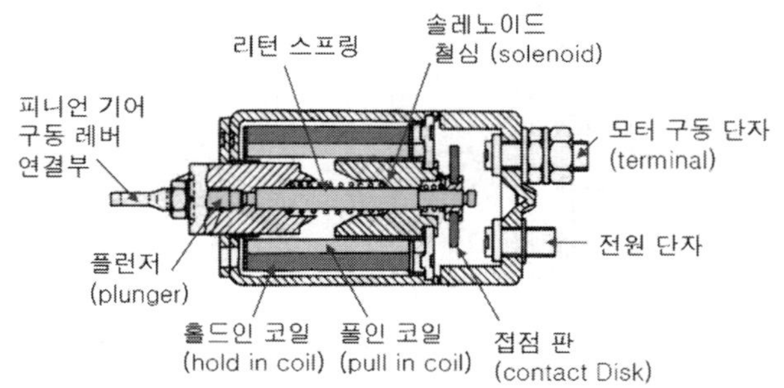

그림 5-12 솔레노이드 스위치의 구조

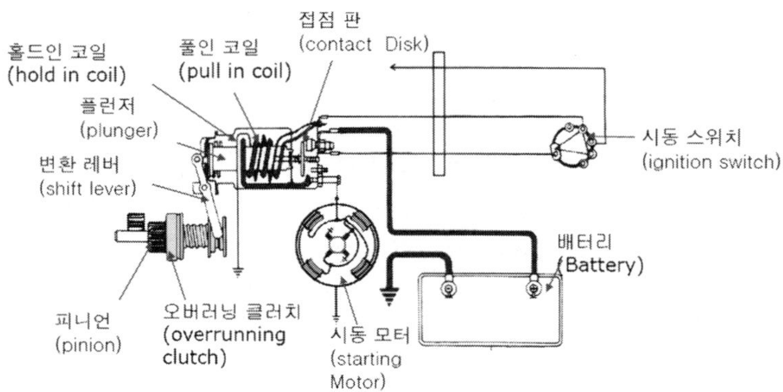

그림 5-13 솔레노이드 스위치의 회로도

그림에서 풀인 코일은 솔레노이드 스위치 St단자(시동 단자)에서 감기 시작하여 M단자(또는 F단자; 기동전동기 계자코일로 들어가는 단자)에 접속되며, 홀드인 코일은 St단자에서 감기 시작하여 스위치 몸체에 접지되어 있다.

(2) 솔레노이드 스위치의 작동

풀인 코일은 축전지 (+)단자기둥과 직렬로 접속되어 있으므로 전류가 흐르면 강력한 전자석을 형성하여 플런저를 잡아당기고 동시에 기동전동기의 전기자에도 흘러 전동기를 천천히 회전시킨다.

플런저가 당겨지면 접촉판에 의해 2개의 접점(B단자와 M단자)이 닫히며, 풀인 코일은 단락된다. 풀인 코일이 단락되면 자력도 거의 소멸되며 플런저가 제자리로 복귀하게 되어 기관이 시동되기 전에 기동전동기 피니언과 플라이 휠 링 기어의 물림이 풀린다. 이때 홀드인 코일이 이를 방지한다.

즉, 홀드인 코일은 풀인 코일 보다 가는 전선으로 되어 있어 작은 전류가 흐르나 축전지와 병렬로 접속되어 있기 때문에 2개의 접점의 개폐에 관계없이 항상 자력이 발생한다. 따라서 풀인 코일이 전자 작용을 하지 않을 때에도 플런저가 제자리로 복귀하지 못하도록 하여 피니언의 물림을 유지시킨다.

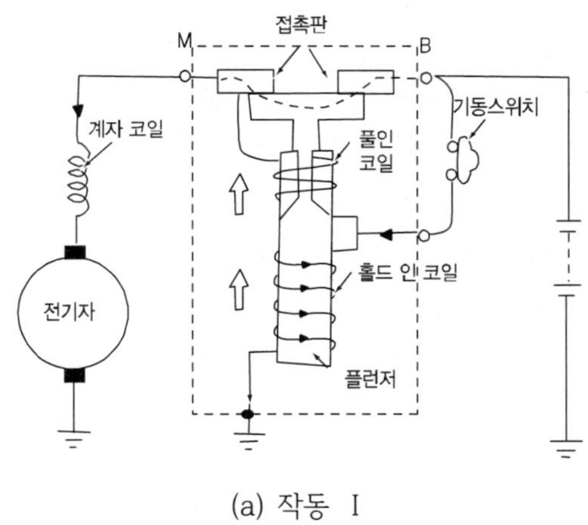

(a) 작동 Ⅰ

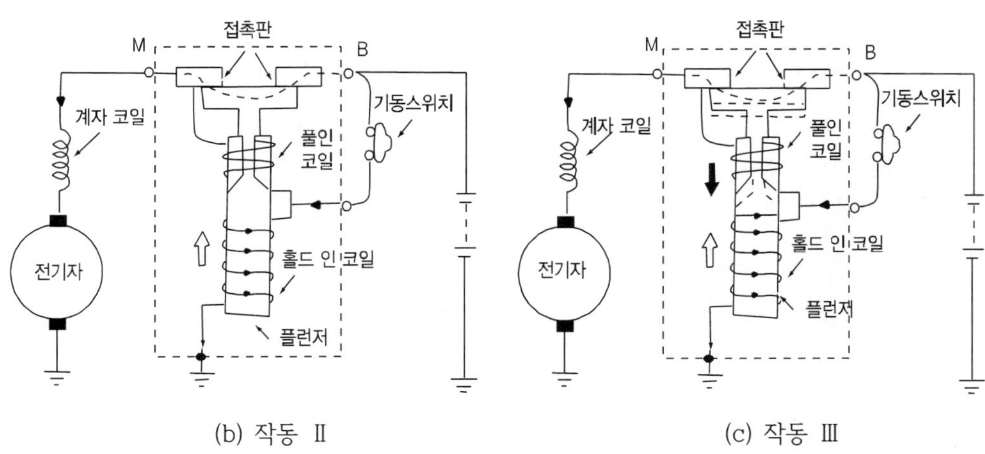

(b) 작동 Ⅱ (c) 작동 Ⅲ

그림 5-14 솔레노이드 스위치의 작동

2. 피니언 섭동형 기동전동기의 작동

점화스위치를 시동(Start) 위치로 하면 솔레노이드 스위치의 풀인코일과 홀드 인 코일이 축전지에서의 전류로 강력한 전자석이 되어 플런저를 흡인한다. 플런저는 시프트 레버를 잡아당겨 기동전동기 피니언을 플라이 휠 링 기어에 물린다. 이 물림이 완료되는 순간부터 솔레노이드 스위치의 2개의 접점(B단자와 M단자)이 닫혀 기동전동기에 축전지 전류가 흘러 회전을 시작하여 기관을 크랭킹(cranking)시킨다.

기관이 시동되면 기동전동기는 기관의 플라이 휠에 의해 매우 빠른 속도로 구동된다. 이렇게 되면 전기자 코일, 정류자, 베어링 등이 손상될 염려가 있으므로 기관이 시동된 후에는 기동전동기 피니언이 플라이 휠 링 기어에 물려 있더라도 기관의 회전력이 기동전동기로 전달되지 않도록 하기 위해 기관이 시동 된 후 기동전동기 피니언을 공전시켜 구동되지 않도록 하는 오버러닝 클러치(over running clutch)를 두며 그 종류에는 롤러 형식, 스프래그 형식, 다판 클러치 형식 등이 있으며 각각의 작동은 다음과 같다.

[1] 롤러 형식(roller type)

롤러 형식 오버러닝 클러치의 구조는 기동전동기 피니언과 일체로 된 원통모양의 이너 클러치(inner clutch), 슬리브(sleeve), 안쪽이 테이퍼(taper)진 아우터 클러치(outer clutch) 및 이들 사이에 클러치 롤러가 들어 있으며, 스프링 장력에 의해 클러치 롤러는 항상 테이퍼의 좁은 쪽으로 밀려져 있다. 작동은 다음과 같다.

기관을 시동할 때 전기자 축의 회전력이 슬리브를 거쳐 아우터 클러치(outer clutch)로 전달되면 클러치 롤러가 좁은 쪽으로 밀려 키(key)와 같은 작용을 한다. 이에 따라 아우터 클러치와 피니언이 일체로 되어 전기자 축의 회전력을 플라이 휠 링 기어로 전달한다. 반대로 기관이 시동되면 피니언의 회전속도가 아우터 클러치, 즉 전기자 축보다 빨라진다. 이때 클러치 롤러가 간극이 넓은 쪽으로 나와 피니언이 공전하게 되어 기동 전동기가 플라이 휠에 의해 구동되지 않는다. 그리고 이 형식은 급유를 하지 않아도 된다.

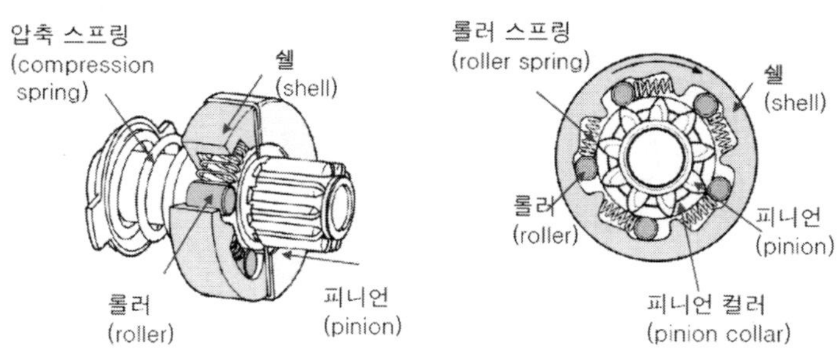

그림 5-15 롤러형식 오버러닝 클러치의 구조

[2] 스프래그 형식

스프래그 형식 오버러닝 클러치는 바깥 레이스(outer race)는 기동전동기에 의해 구동되며, 기관을 시동할 때 바깥 레이스와 안 레이스는 고정되어 일체가 된다. 또 기관이 시동되어 플라이 휠이 기동 전동기 피니언을 구동하게 되면 바깥 레이스보다 안 레이스가 더 빨리 회전하게 되어 바깥 레이스와 안 레이스의 고정이 풀려 플라이 휠이 기동전동기를 구동하지 않는다. 이 형식은 5W-20번 정도의 기관 오일을 주유하여야 한다.

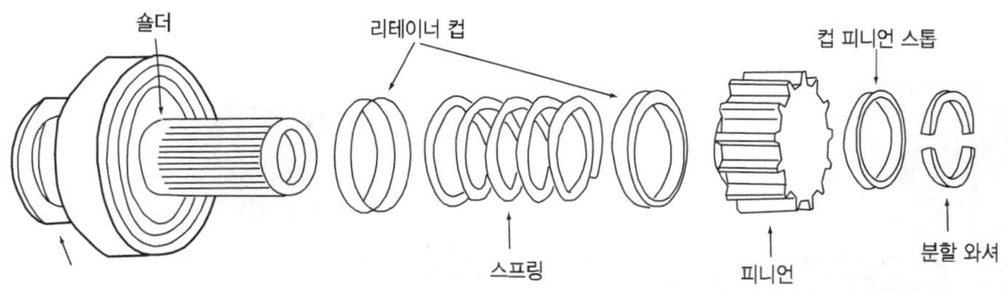

그림 5-16 스프래그 형식 오버러닝 클러치의 분해도

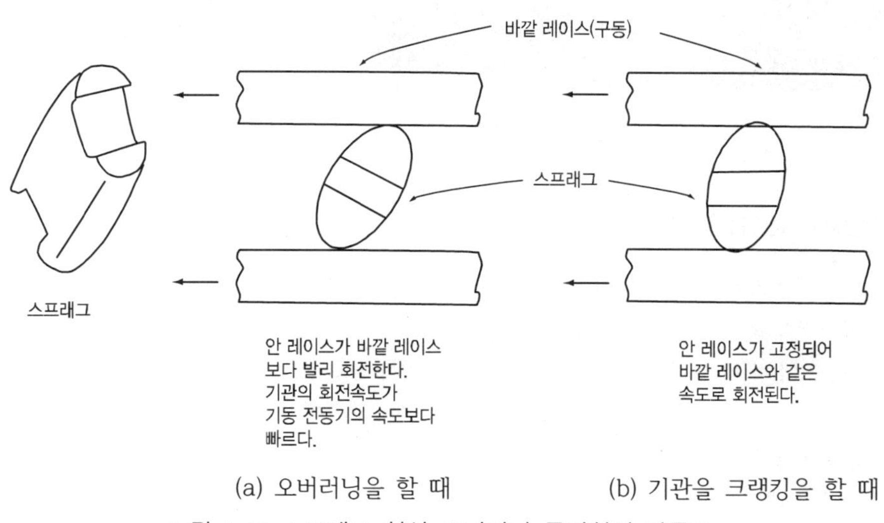

(a) 오버러닝을 할 때 (b) 기관을 크랭킹을 할 때

그림 5-17 스프래그 형식 오버러닝 클러치의 작동도

5·4 시동발전기(HSG : Hybrid Starter Generator)

1. 시동발전기의 개요

하이브리드 자동차는 2종류의 배터리를 사용한다. 하나는 일반 차량과 같은 납산배터리이며 나머지 하나는 리튬 고전압 배터리를 사용한다.

시동발전기를 사용하지 않는 차량은 납산 배터리의 전원을 이용해 스타터 모터로 시동을 걸지만 엔진과 벨트로 연결된 시동발전기 설치 차량은 고전압 배터리의 전기에너지를 이용하여 엔진시동을 걸어주고 고전압 배터리의 충전율 저하 시 엔진의 동력을 이용하여 발전하고 고압 배터리에 전기 에너지를 공급시킨다.

시동발전기는 영구자석형 동기모터(PMSM : Permanent Magnet SynchronousMotor)로 수냉식이다.

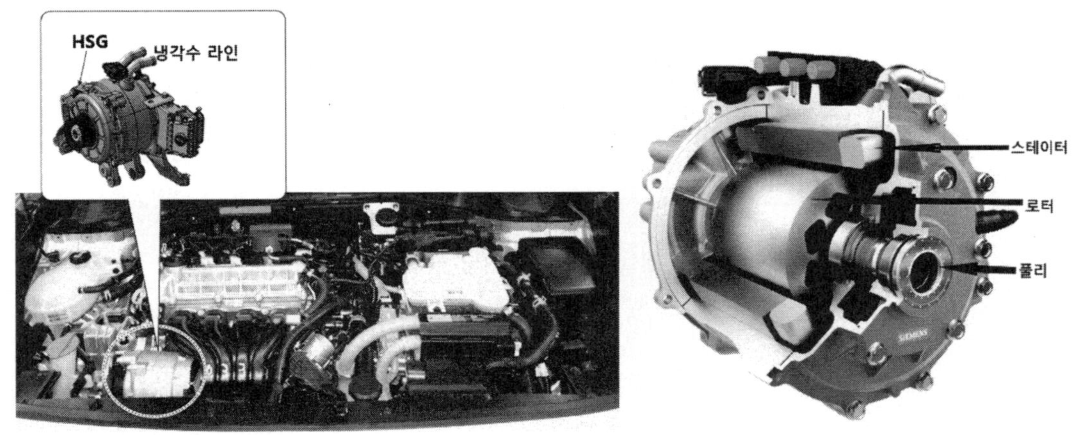

그림 5-18시동발전기(HSG : hybrid starter generator)

2. 시동발전기(HSG)의 특징

① 하이브리드 차량에서 납산배터리(시동배터리)의 역할은 각종 제어기(ECU, HPCU 등), 오디오, 등화류, 도어록, 썬루프 등에 사용된다.

② 엔진 시동은 납산배터리가 아닌 리튬배터리로 전원을 공급받아 HSG(일반 차량의 스타트 모터 역할)가 시동을 건다. 역으로 리튬배터리 충전이 필요한 상황에서는 엔진의 힘으로 HSG가 역회전하며 알터네이터처럼 작동하여 리튬배터리로 충전을 한다. 리튬배터리는 정차 시 히터의 온수공급을 위한 펌프, 에어컨 컴프레서, 자동변속기 오일펌프, 브레이크 유압을 만드는데도 사용된다.

③ HSG를 구동하고 제어하는 것은 HPCU(Hybrid Power Control Unit)가 담당을 하는데 HPCU는 납산 배터리로 전원을 공급받기 때문에 납산 배터리 방전 시 하이브리드 차량도 시동이 불가하다.

④ HPCU 내부에 LDC(DC-DC컨버터)가 리튬배터리의 고압전기를 변환시켜 납산배터리를 충전시킨다.

3. 시동발전기(HSG)의 작동

[1] 첫 시동 후 저속주행(모터로만 주행)

① 납산배터리의 전력을 통해서 HPCU를 가동한다.

② HCPU가 리튬전지를 제어한다.

③ 리튬전지는 납산배터리를 충전하는 동시에 변속기 내부의 구동 모터에 전력을 공급한다.

④ 구동모터는 차량의 바퀴를 구동시킨다.

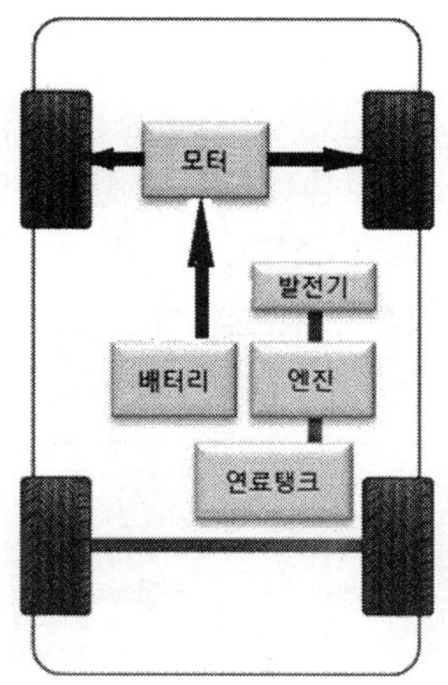

그림 5-19처음 시동 후 저속주행

[2] 가속 혹은 언덕 등판 시

① 가속을 시작하여 엔진과 모터 모두 자동차를 움직인다.
② 첫 시동 후 저속주행(모터로만 주행)은 유지된다.
③ 리튬 배터리가 HSG에 전력을 공급한다.
④ HSG가 엔진을 스타트(일반 내연기관 차량의 스타터 모터 역할)한다.
⑤ 엔진이 바퀴를 함께 움직인다.

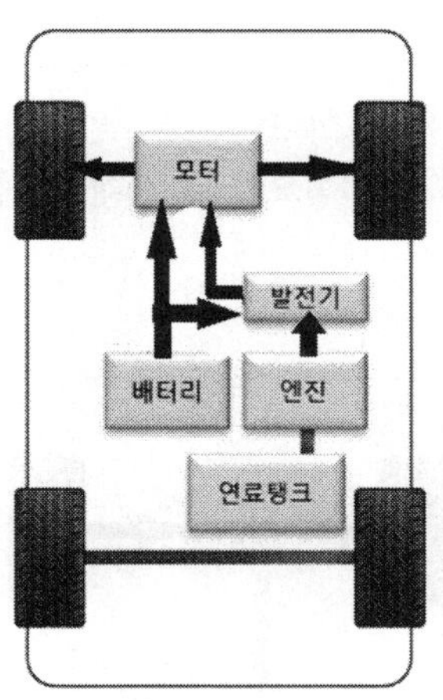

그림 5-20언덕 및 가속주행

[3] 정속 주행 시

① 정속 주행으로 엔진이 차량 구동과 리튬배터리 충전을 진행한다.
② HPCU와 납산배터리(시동 배터리)는 동일하게 역할 한다.
③ 엔진의 구동력을 통해서 HSG 회전하며 내연기관 차량의 발전기 역할을 한다.
④ HSG로 발전된 전력으로 리튬전지를 충전한다.(그림)정속주행

[4] 엑셀 오프 시

① 엑셀을 땐 상황에서 차량의 타력(관성)을 통한 회생제동과 엔진에 의한 발전이 동시 작동 중이다.
② 엔진의 구동으로 HSG가 회전하므로 리튬전지를 충전시킨다.
③ 차량의 타력(관성)으로 구동모터를 회전시킨다.
④ 바퀴가 구동모터를 회전시키므로 회생제동으로 전기에너지를 리튬전지를 충전 시킨다.

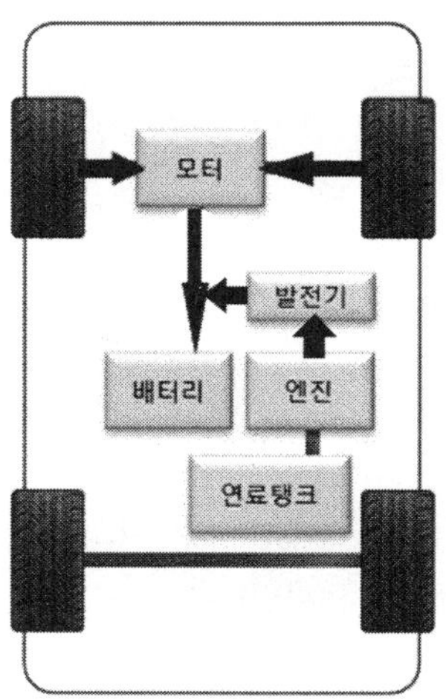

그림 5-21 엑셀 페달 개도량이 0%

[5] 엔진 정지 후 회생제동 단독 작동

① 차량의 타력(관성)으로 구동모터를 회전 시킨다.
② 바퀴가 구동모터를 회전시키므로 회생제동으로 전기에너지를 리튬전지를 충전시킨다.
③ 엔진과 HSG 작동은 중지된다

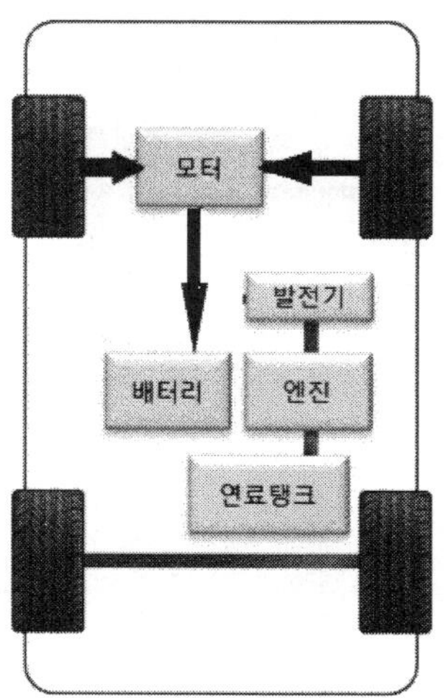

그림 5-22 엔진 OFF, 회생제동

5·5 기동장치의 여러 가지 성능

1. 기관 시동 필요 회전력

기동전동기로 기관을 시동하기 위하여 필요한 회전속도 및 회전력은 기관의 종류(실린더 체적, 압축비, 점화방식 등)나 온도(외부온도, 오일온도 등)에 따라 다르다. 한편 시동성능은 전원인 축전지의 상태에 따라 큰 영향을 받기 때문에 시동성능을 고려할 경우 기관의 요구 및 기동전동기의 특성 그리고 축전지의 능력을 모두 검토하여야 한다. 그리고 기관의 회전 저항은 실린더 내에 흡입된 혼합가스나 공기를 압축하는데 필요한 힘과 실린더와 피스톤 링 및 각 베어링, 기어(gear)의 마찰력 등으로 결정된다.

기관을 시동하려고 할 때 이 회전저항을 이겨내고 기동전동기로 크랭크축을 회전시키는데 필요한 회전력을 시동 필요 회전력이라 한다. 기동 전동기 필요 회전력은 기관 플라이 휠 링 기어와 기동 전동기 피니언의 기어 비율(약 10~15:1)을 크게 하여 증대시키며 다음의 공식으로 산출한다.

$$\text{필요 회전력} = \frac{\text{기관의 회전 저항} \times \text{기동 전동기 피니언의 잇수}}{\text{플라이 휠 링기어 잇수}}$$

또 이 시동 필요 회전력은 실린더 체적이나 압축비가 큰 기관일수록 커지지만 외부의 온도에 따라 현격한 영향을 받는다. 오일의 점도는 온도가 저하되면 급격히 높아져 기관 각 부분의 마찰력도 증가한다.

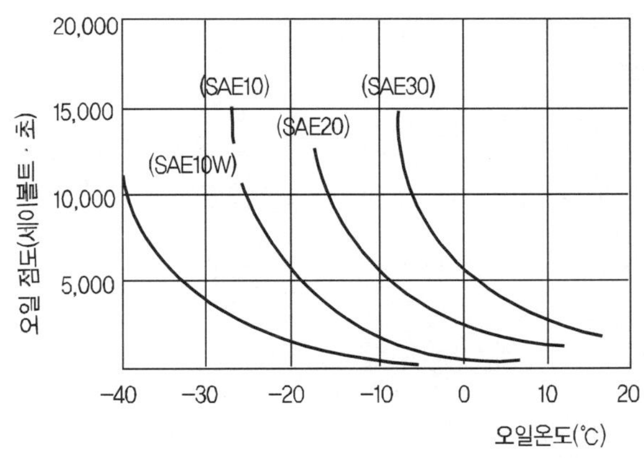

그림 5-23 오일온도와 점도와의 관계

그리고, 기관 시동 필요 회전력은 다음과 같은 관계 공식으로 나타낸다.

$$T = C \cdot V \qquad (1)$$

여기서, T : 시동 필요 회전력(kgf-m)
C : 기관 정수
V : 실린더 체적(ℓ)

기관 정수 C는 실린더 수, 압축비 등에 따라서 다르나 4실린더 기관은 3.0~3.5, 6실린더 기관은 3.5~4.0 정도이다. 또 기동전동기의 출력은 일반적으로 가솔린기관은 0.5~1.5PS, 디젤기관은 압축비가 높기 때문에 3~10PS 정도로 되어 있다.

2. 최초 기관 시동 회전속도

기관을 시동할 때 크랭크축을 회전시킬 수만 있으면 되는 것이 아니라 어느 정도 이상의 회전속도가 필요하다. 회전속도가 낮으면 실린더와 피스톤 링 사이에서 압축가스가 누출되어 시동에 필요한 압축압력을 얻지 못한다. 또, 가솔린기관에서는 점화코일의 공급전압이 저하하기 때문에 점화불량이 되기 쉽고, 디젤기관의 경우에는 충분한 단열압축이 이루어지지 않으면 연료의 착화에 필요한 온도를 얻지 못하여 시동이 되지 않는다.

기관시동에 필요한 최저 한도의 회전속도를 최소 시동 회전속도라 한다. 이 회전속도는 가솔린기관보다 디젤기관 쪽이 높으며, 기온이 높을수록 높지만 그밖에 실린더 수, 사이클 수, 연소실 형상, 점화방식 등에 따라 달라진다. 최소 시동 회전속도는 -15℃에서 2행정사이클 기관은 150~200rpm, 4행정사이클 기관은 가솔린기관이 100rpm 이상, 디젤기관은 180rpm 이상이다.

3. 기동 전동기의 출력

기동 전동기로 사용되는 직류직권 전동기는 부하가 커질 때에는 저속으로 큰 회전력을 발생하고, 부하가 감소하면 회전속도가 상승한다. 이것은 한정된 용량의 축전지를 전원으로 하여 기관을 시동하는데 적합한 특성이다.

[1] 기동전동기의 역기전력

기동전동기가 회전을 하고 있을 때 전기자 코일이 자속을 절단하면서 운동하기 때문에 발전기와 같이 전기자 코일에는 회전속도에 비례하는 기전력이 발생한다. 이 기전력은 다음과 같이 표시된다.

$$E = K \cdot \Phi \cdot N \quad \cdots\cdots (2)$$

여기서, E : 기전력
K : 정수
Φ : 자속
N : 기동 전동기 회전속도

이 기전력은 축전지로부터 가해지는 전압과는 역방향이며, 이것을 기동 전동기의 역기전력이라 한다. 역기전력은 위 공식 (2)에서 알 수 있는 바와 같이 전동기의 회전속도가 빠를수록 그 값은 커진다. 한편 기동 전동기 단자에 가해지는 전압은 다음과 같이 표시한다.

$$V = E + I \cdot R \quad \cdots\cdots (3)$$

(단, $R = R_1 + R_2$)

여기서, V : 기동 전동기 단자에 가해지는 전압

R : 기동전동기 내부 저항

R_1 : 전기자 코일 저항

R_2 : 계자 코일 저항

I : 전기자 코일에 흐르는 전류

위 공식 (3)에서 전기자 코일에 흐르는 전류는

$$I = \frac{V-E}{R} \cdots\cdots (4)$$

따라서, 기동전동기는 부하가 크고, 회전속도가 낮을 경우에는 역기전력도 작아지므로 전기자 코일에 큰 전류가 흘러 큰 회전력이 발생된다. 반대로 부하가 적고 회전속도가 높으면 역기전력이 커지기 때문에 전기자 코일에 흐르는 전류가 감소한다.

[2] 기동전동기 발생 회전력

자계 속에 놓여진 전류가 흐르는 도체에 작용하는 전자력은 자속과 전류의 크기에 비례하므로 기동전동기의 발생 회전력은 다음 공식으로 표시한다.

$$T = K_1 \cdot \Phi \cdot I \cdots\cdots (5)$$

여기서, T : 기동 전동기 회전력

K_1 : 정수

Φ : 자속

I : 전기자 코일에 흐르는 전류

공식 (5)에 나타낸 바와 같이, 자속과 전기자 전류의 어느 쪽이 증가하여도 기동 전동기의 회전력이 증가함을 할 수 있다. 직권 전동기는 계자 코일과 전기자 코일이 직렬로 접속되어 있으므로, 자극이 포화 상태가 되지 않는 범위 내에서는 전기자 전류의 증가와 더불어 자속도 증가한다. 또, 계자코일의 전류를 I_f라 하면 자극이 포화 상태에 도달할 때까지는 $\Phi \propto I_f$의 관계가 있고, 직류 직권 전동기에서는 $I_f = I$이므로 공식 (6)은 다음 공식으로 표시된다.

$$T = K_2 \cdot I_2 \cdots\cdots (6)$$

여기서, K_2 : 정수

즉, 직권 전동기의 회전력은 전기자의 전류의 제곱에 비례하므로, 기관을 시동할 때와 같이 전기자에 큰 전류가 흐르면 강력한 회전력을 낼 수 있다.

[3] 기동전동기 회전속도

기동 전동기의 단자전압은 공식 (2)와 (3)으로부터 다음과 같이 된다.

$$V = K \cdot \Phi \cdot N + I \cdot R \cdots\cdots (7)$$

위 공식으로부터 전동기의 회전속도 N_s는 다음 공식으로 표시된다.

$$N = K_3 \frac{V - I \cdot R}{\Phi} \quad \cdots\cdots (8)$$

여기서, K_3 : 정수

위 공식에서 부하가 증가하여 전기자 전류 I가 증가하면 분자가 작아짐과 동시에 분모의 자속 Φ가 커지면 회전속도 N_s는 급격히 저하됨을 알 수 있다. 직류직권 전동기에서 $I_f = I$이므로 공식 (8)은 다음 공식으로 표시된다.

$$N_s = K_4 \frac{V - I \cdot R}{I_a} \quad \cdots\cdots (9)$$

여기서, K_4 : 정수

또, 축전지에서 유출되는 전류가 증가하면 단자 전압이 저하되므로 회전속도는 더욱더 낮아진다. 그리고 축전지 충전 부족이나 축전지로부터 기동 전동기까지의 배선에 접촉 불량이 있으면 기동 전동기의 단자 전압이 낮아진다. 또 기동 전동기의 브러시 접촉 저항이 크면 내부 전압 강하가 증대되어 회전속도를 저하시키는 원인이 된다.

[4] 기동 전동기의 출력

기동 전동기의 출력은 그 회전속도와 회전력의 곱으로 표시된다.

$$PS = \frac{T \cdot N}{716} [\text{PS}] \quad \cdots\cdots (10)$$

여기서, T : 전동기 발생 회전력[kgf·m]
N : 전동기 회전속도[rpm]

또, 1[PS] = 736[W]이므로 공식 (10)은 다음과 같이 나타낼 수 있다.

$$PS = 1.03 T \cdot N \quad \cdots\cdots (11)$$

그림 5-24은 직류직권 기동전동기의 특성을 나타낸 것이다. 출력은 흐르는 전류의 크기에 따라 포물선 모양을 나타내며 최대값이 존재한다. 일반적으로 전동기는 겨울철에 기관의 회전저항이 커지는 악조건일 경우에도 이 최대 출력 부근에서 기관을 시동시킬 수 있는 능력을 가진 것이라야 한다.

기관 시동에 필요한 최저 시동력은 시동 필요 회전력과 최소 시동 회전속도의 곱으로 구한다. 또 그림 5-24은 전동기에 의해 구동되는 기관 회전속도와 회전저항 및 시동 회전력의 관계를 나타낸 것이다.

온도가 낮아지면 오일의 점도가 높아지기 때문에 기관의 회전저항이 증가하고, 축전지 용량 저하에 의해 전동기의 구동력이 감소한다.

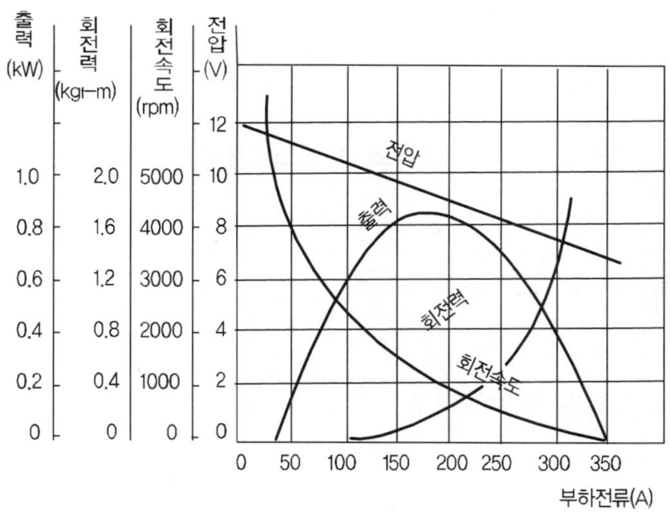

그림 5-24 전동기의 특성

연습문제

1. 기동전동기의 결선 방법에 따른 분류와 특징을 설명하시오.

2. 복권전동기의 특징과 원리를 설명하시오.

3. 플레밍의 오른손 법칙을 설명하시오.

4. 오버런닝 클러치를 사용하는 목적을 설명하시오.

5. 풀-인과 홀드인 시험방법을 설명하시오.

6. 전기자의 단선, 단락, 접지 점검 방법을 설명하시오.

제6장 점화장치(Ignition System)

6.1 점화장치의 개요

압축열을 이용하여 자기 착화하는 디젤기관과 달리 가솔린기관은 연소실 내에 압축된 혼합가스에 전기불꽃으로 점화한다. 이 전기불꽃을 가장 적절한 시기에 확실하게 발생시키기 위한 장치가 점화장치이다. 점화방식에는 축전지를 전원으로 하는 단속기 접점방식, 트랜지스터 방식, 축전기 방전방식과 자석 발전기를 전원으로 하는 고압자석 방식 등이 있다.

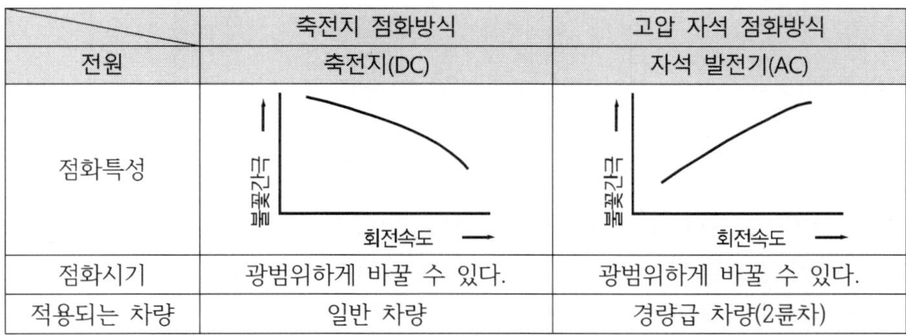

	축전지 점화방식	고압 자석 점화방식
전원	축전지(DC)	자석 발전기(AC)
점화특성	불꽃간극 ↑, 회전속도 →	불꽃간극 ↑, 회전속도 →
점화시기	광범위하게 바꿀 수 있다.	광범위하게 바꿀 수 있다.
적용되는 차량	일반 차량	경량급 차량(2륜차)

그림 6-1 축전지 점화방식과 고압자석 점화방식의 차이점

단속기 접점방식은 접점의 손상 등의 문제가 있었으나 오랫동안 사용되었으며, 트랜지스터가 개발된 이후에는 트랜지스터 방식으로 바뀌었으며, 트랜지스터 방식은 점화코일의 1차 전류의 단속작용을 단속기 접점 대신 트랜지스터를 사용한 것으로, 다른 구성부품은 접점방식과 거의 같다. 최근에는 컴퓨터 제어방식의 HEI나 DLI가 주로 사용되므로 이 장치들만 다루기로 한다.

참고 : 각 점화장치의 구조비교

단속기 접점방식	전 트랜지스터 방식	컴퓨터 제어방식
단속기 접점으로 점화코일의 1차 전류를 단속한다.	트랜지스터의 스위칭 작용으로 점화코일의 1차 전류를 단속한다.	컴퓨터의 신호로 파워 트랜지스터가 점화코일의 1차 전류를 단속한다.
축전기(condenser)가 필요하다.	축전기(condenser)가 없어도 된다.	축전기(condenser)가 없어도 된다.
개자로형 점화코일을 사용한다.	개자로형 점화코일을 사용한다.	폐자로형 점화코일을 사용한다.
단속기 접점의 개폐를 배전기 축에 고정된 캠으로 한다.	1차 전류의 단속을 배전기 축에 고정된 타이밍 로터의 회전에 의한다.	발광다이오드와 포토다이오드 사이에 배전기 축과 함께 회전하는 디스크로 빛을 단속한다.

참고 : 각 점화장치의 성능비교

단속기 접점방식	전 트랜지스터 방식	컴퓨터 제어방식
고속에서 단속기 접점의 채터링(chattering)현상으로 인해 기관에 부조현상이 발생한다.	저속 및 고속성능이 안정된다.	저속 및 고속성능이 매우 우수하다.
단속기 접점에서 아크(arc)가 발하므로 정기적으로 점검 및 교환하여야 한다.	단속기 접점이 없어 점검 및 조정을 하지 않아도 된다.	단속기 접점이 없어 점검 및 조정을 하지 않아도 된다.
원심 및 진공 진각장치의 비정상적인 작동으로 인해 기관에 부조현상이 발생한다.	단속기 접점방식과 같은 현상이 발생한다.	컴퓨터가 점화시기를 제어하므로 가장 이상적이다.

6.2 HEI(High Energy Ignition; 고 에너지 점화방식)

이 점화방식은 기관의 회전속도, 부하정도, 기관의 온도 등을 검출하여 컴퓨터(ECU)에 입력시키면 컴퓨터는 점화시기를 연산하여 점화코일의 1차 전류를 차단하는 신호를 파워 트랜지스터(power TR)로 보내어 2차 전압을 발생시키는 방식이다. HEI는 다음과 같은 장점이 있다.

① 접점이 없어 저속 및 고속에서 매우 안정된 불꽃을 얻을 수 있다.
② 기관에서 노크가 발생할 때 점화시기를 자동적으로 늦추어(지각시켜) 노크발생을 억제시킨다.
③ 기관 상태를 감지하여 최적의 점화시기를 자동적으로 조절한다.
④ 높은 출력의 점화코일을 사용하므로 완벽한 연소가 가능하다.

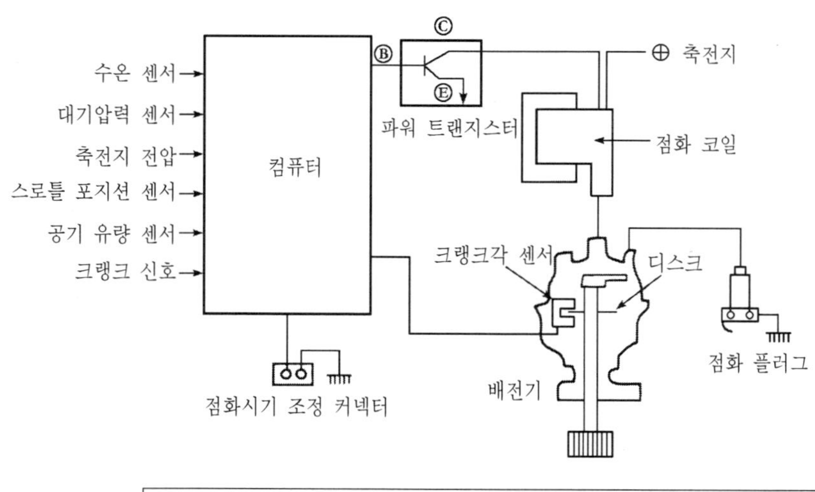

작동 흐름
센서 → 컴퓨터 → 파워 트랜지스터 → 점화 코일

그림 6-2 HEI의 구성도

1. 점화코일

점화코일은 폐자로형(몰드형) 철심을 사용하여 자기유도 작용에 의해 생성되는 자속이 외부로 방출되는 것을 방지하기 위해 철심을 통하여 자속이 흐르도록 한다. 기존의 점화코일 보다 1차 코일의 저항을 감소시키고, 1차 코일을 굵게 하여 더욱 큰 자속을 형성시킬 수 있어 2차 전압을 향상시킬 수 있다. 또한 구조가 간단하고 내열성, 냉각성능이 우수하여 성능 저하가 일어나지 않는다.

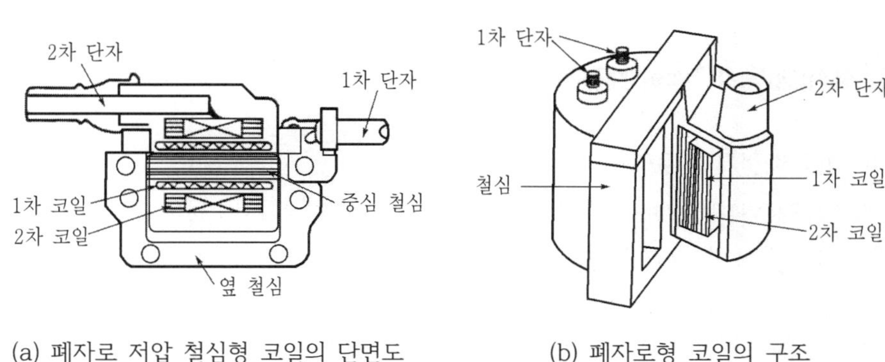

(a) 폐자로 저압 철심형 코일의 단면도 (b) 폐자로형 코일의 구조

그림 6-3 폐자로형 점화코일의 구조

2. 파워 트랜지스터(Power TR)

파워 트랜지스터는 컴퓨터에서 신호를 받아 점화코일의 1차 전류를 단속하는 작용을 한다. 구조는 컴퓨터에 의해 조절되는 베이스, 점화코일과 접속되는 컬렉터, 그리고 접지되는 이미터 단자로 구성된 NPN형이다. 파워 트랜지스터의 작동은 다음과 같다.

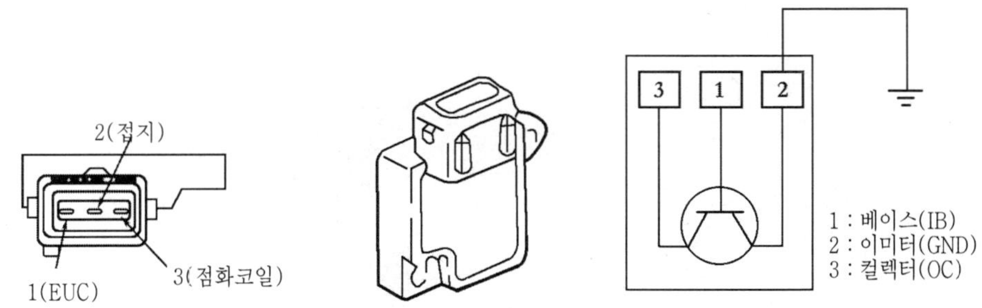

(a) 파워트랜지스터의 단자구조 (b) 파워트랜지스터의 외형 (c) 파워트랜지스터의 배선도

그림 6-4 파워 트랜지스터의 구조와 배선도

① 점화스위치를 ON으로 하면 축전지 전압이 점화코일의 1차 코일에 흐른다.

② 크랭크축이 회전하여 배전기 축에 설치된 디스크가 회전하여 크랭크 각 센서의 점화신호가 컴퓨터에서 파워 트랜지스터를 통하여 단락과 접지를 반복한다.

③ 점화신호는 파워 트랜지스터를 단속하여 점화코일의 1차 코일에 흐르는 전류를 단락과 접지를 반복한다.

④ 점화시기는 컴퓨터가 연산하며, 파워 트랜지스터 베이스의 전류흐름이 차단되면 점화코일의 1차 전류가 차단되며, 이 작동으로 점화코일의 2차 코일에 높은 전압(점화전압)이 발생하며, 이 높은 전압은 배전기 축 위쪽에 설치된 로터에 의해 점화플러그로 보내진다.

3. 배전기 어셈블리

크랭크축 각도를 검출하는 방식에는 옵티컬 형식(optical type), 인덕션 방식(Induction type), 홀 센서 방식(Hall sensor type) 등이 있다.

[1] 옵티컬 형식(Optical Type) 배전기

(1) 옵티컬 형식 배전기의 구조

옵티컬 형식의 배전기는 크랭크 각 센서, No.1 실린더 TDC 센서, 배전기 축과 함께 회전하는 디스크, 점화코일에서 유도된 높은 전압을 점화순서에 따라 배분하는 로터(rotor) 등으로 구성되어 있다.

또 유닛 어셈블리에는 디스크를 설치한 2종류의 슬릿(slit)을 검출하기 위한 발광다이오드와 포토다이오드가 2개씩 들어있어 펄스신호로 컴퓨터에 입력시킨다.

크랭크 각 센서와 No.1 실린더 TDC 센서는 디스크와 유닛 어셈블리로 구성되어 있으며 디스크에는 금속제 원판으로 주위에는 90° 간격으로 4개의 빛 통과용 크랭크 각 센서용 슬릿이 있고, 안쪽에는 1개의 No.1 실린더 TDC 센서용 슬릿이 있다.

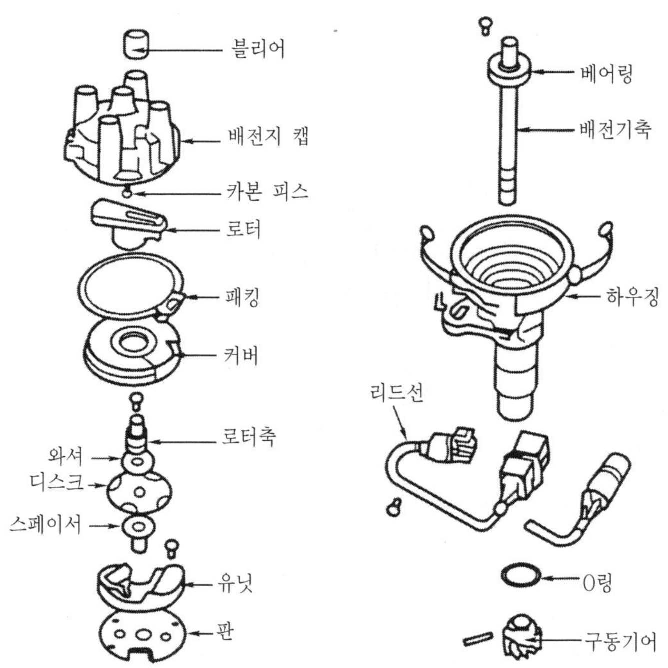

그림 6-5 옵티컬형 배전기의 분해도

(2) 옵티컬 형식 배전기의 작동

발광 다이오드와 포토 다이오드 사이에서 디스크가 회전하면 발광다이오드에서 방출된 빛이 디스크의 슬릿을 통하여 포토 다이오드에 전달되거나 차단된다.

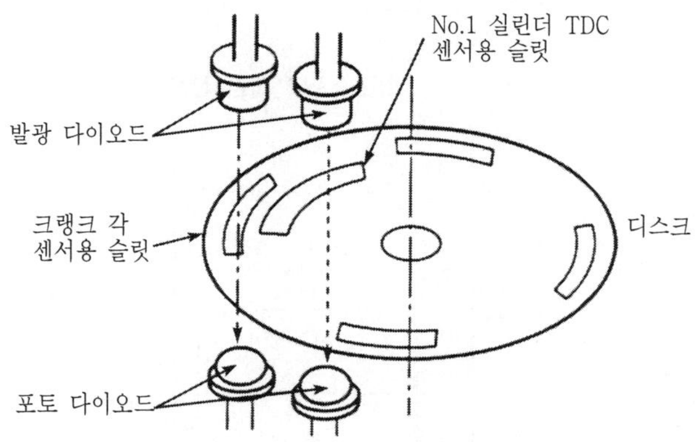

그림 6-6 유닛 어셈블리의 구성

이때 포토다이오드가 빛을 받으면 역방향으로 통전이 되며, 이 전류는 비교기(comparator)에 약 5V의 전압이 들어가 감지되어 그림 6-7의 ②번 단자에서 컴퓨터로 5V가 입력된다. 이 상태에서 디스크가 더 회전하여 포토다이오드로 들어가는 빛이 차단되면 ②단자에 인가되는 전압이 0V가 된다.

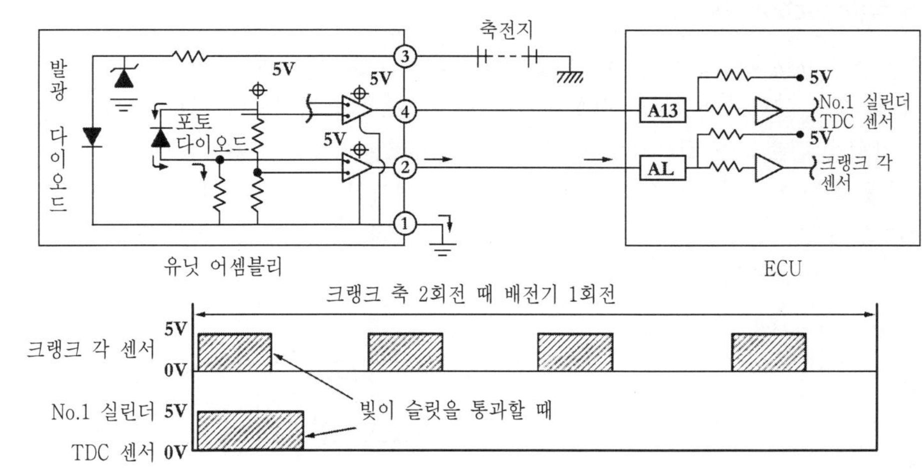

그림 6-7 크랭크 각 센서와 제1번 실린더 상사점 센서의 작동

이 작용을 반복하여 유닛 어셈블리에서 펄스신호로 컴퓨터에 입력시킨다. 4개의 크랭크 각 센서용 슬릿에서 얻어지는 신호는 기관의 회전속도를 연산하는 기준신호이며 각 실린더 피스톤이 압축 상사점의 정위치에 있는지를 검출하여 No.1 실린더 TDC 센서용 슬릿에서 얻어지는 신호에 의해 No.1 실린더에 대한 기초신호를 식별하여 컴퓨터가 연료 분사순서를 결정하는데 사용한다.

그리고 점화시기 진각 조정은 크랭크 각 센서의 신호에 의하여 기관 회전속도를 측정하고, 공기유량 센서(AFS)를 이용하여 흡입 공기량을 계측한 후 공기량과 기관 회전속도 사이의 비율 즉, 기관의 부하를 연산한 다음 그 결과에 따라 최적의 점화시기를 결정한다.

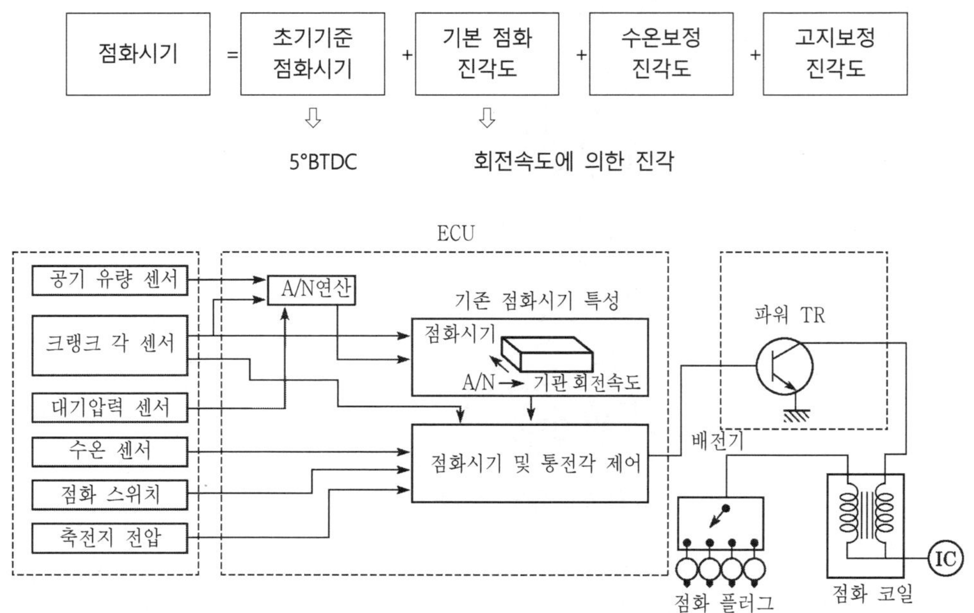

그림 6-8 점화시기 진각 조절

[2] 인덕션 방식(Induction Type)

인덕션 방식은 톤 휠(ton wheel)과 영구자석을 이용한다. 이 방식은 No.1 실린더 TDC 센서 및 크랭크 각 센서의 톤 휠을 크랭크축 풀리 뒤에 설치하고 크랭크축이 회전하면 기관 회전속도 및 No.1 실린더 TDC의 위치를 검출하여 컴퓨터로 입력시키면 컴퓨터는 No.1 실린더에 대한 기초 신호를 식별하여 분사순서를 결정한다. No.1 실린더 및 크랭크 각 센서의 구조는 영구자석 주위에 코일을 감아 톤 휠이 회전하면 에어 갭(air gap)의 변화에 따라서 유도된 펄스신호를 컴퓨터로 입력시키면 No.1 실린더 TDC와 기관의 회전속도를 감지한다.

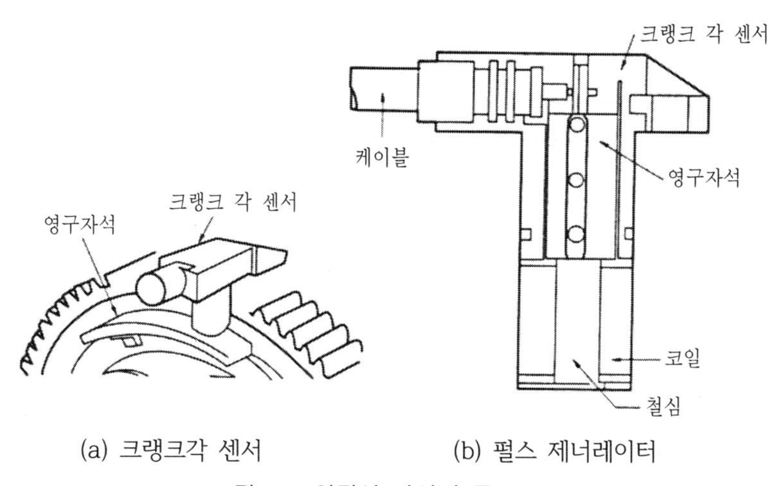

(a) 크랭크각 센서 (b) 펄스 제너레이터

그림 6-9 인덕션 방식의 구조

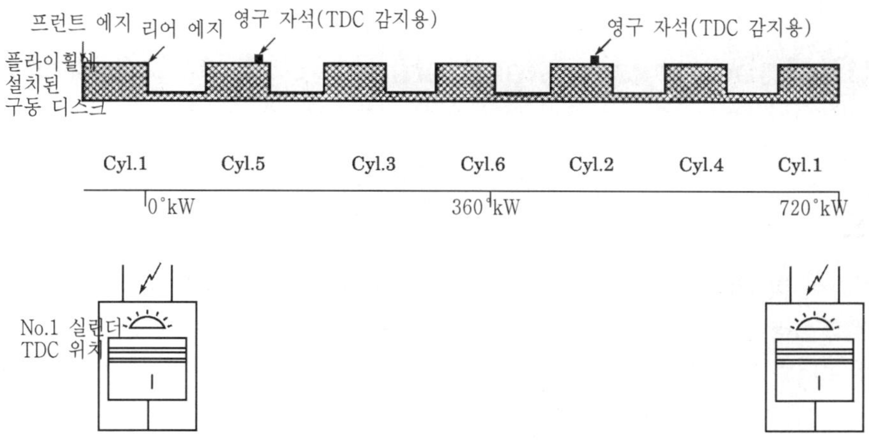

그림 6-10 크랭크축 회전에 의해 발생한 펄스

[3] 홀 센서 방식(Hall Sensor Type)

홀 효과란 홀 소자인 게르마늄(Ge), 칼륨(K), 비소(As) 등을 사용하여 얇은 판 모양의 만든 반도체 소자이며, 그림 6-11에 나타낸 바와 같다.

홀 효과를 이용한 전자제어 스위치로서 점화펄스 발생기로 이용된다. 홀 효과(hall effect)는 두 개의 영구자석 사이에 도체를 직각으로 설치하고 도체에 전류를 공급하면 도체 내에서 전자는 공급전류와 자속방향에 대해 각각 직각방향으로 굴절된다.

그렇게 되면 면 A1에서는 전자가 과잉상태가 되고, 면 A2에서는 전자가 부족하여 면 A1과 면 A2를 가로 질러 전압이 발생한다.

이와 같은 현상을 홀 효과라 한다. 홀 전압의 크기는 자장의 세기에 좌우되며, 특히 반도체에서 현저하게 나타나며, 전류(Iv)가 일정할 때 전압(UH)은 자속 밀도에 비례하며, 출력전압이 매우 작으므로 OP AMP를 이용하여 증폭시켜서 신호로 사용한다.

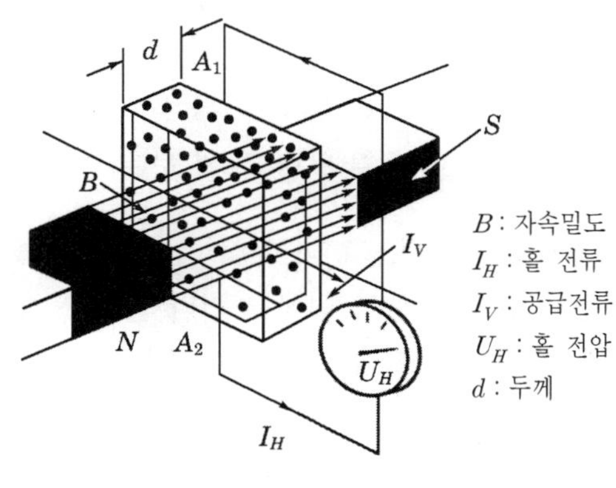

그림 6-11 홀 효과

6.3 DLI(Distributor Less Ignition; 전자 배전 점화방식)

1. DLI의 개요

트랜지스터 점화방식 및 HEI 등에서는 1개의 점화코일에 의해 높은 전압을 발생시켜 배전기와 고압 케이블을 거쳐 점화플러그로 공급한다. 이 과정에서 기계력으로 배전을 하므로 전압강하가 발생한다. 또, 배전기 내의 로터와 배전기 캡 전극 사이의 에어 갭(air gab)을 뛰어 넘어야 하므로 에너지 손실이 발생하고 전파 잡음의 원인이 되기도 한다. 이와 같은 배전기 점화방식의 높은 전압 배전 중에 일어나는 단점을 보완한 점화방식이 DLI이다.

2. DLI의 종류와 그 특징

DLI는 전자제어 방식에 따라 점화코일 분배방식과 다이오드 분배방식이 있으며, 점화코일 분배방식에는 1개의 점화코일로 2개의 실린더에 동시에 높은 전압을 분배하는 동시 점화방식과 각 실린더마다 1개의 점화코일과 1개의 점화플러그가 결합되어 직접 점화시키는 독립 점화방식이 있으나 주로 동시 점화방식을 사용한다. DLI의 장점은 다음과 같다.

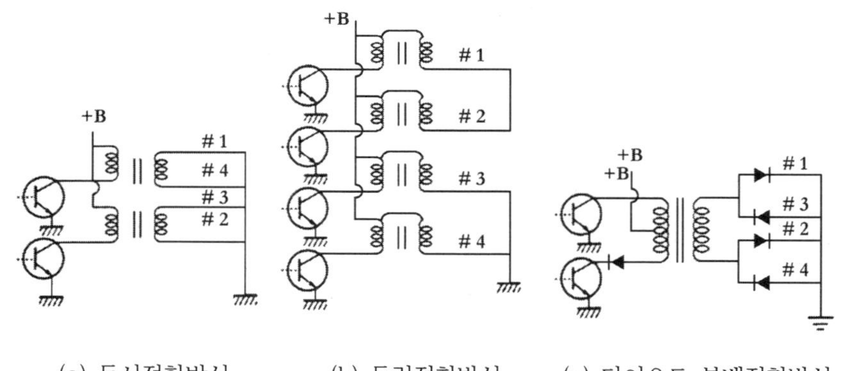

(a) 동시점화방식 (b) 독립점화방식 (c) 다이오드 분배점화방식

그림 6-12 DLI의 분류

① 배전기가 삭제되어 배전기에서 누전(漏電)이 없다.
② 배전기가 삭제되어 배전기 로터와 접지 전극 사이의 높은 전압 에너지 손실이 없다.
③ 배전기가 삭제되어 배전기 캡에서 발생하는 전파 잡음이 없다.
④ 점화 진각 폭의 제한이 없다.
⑤ 고전압 출력을 감소시켜도 방전 유효에너지 감소가 없다.
⑥ 내구성이 크고, 전파방해가 없어 다른 전자 제어장치에도 유리하다.

3. DLI의 구성과 그 작동

DLI의 구성은 점화시기를 제어하는 컴퓨터(ECU), 컴퓨터 신호에 의해 1차 전류를 단속하는 파워 트랜지스터, 파워 트랜지스터의 작동에 따라 높은 전압을 유도하는 점화코일, 크랭크 각 센서와 TDC 센서 등으로 구성되어 있다.

그림 6-13 DLI의 구성

[1] 점화코일과 파워 트랜지스터의 작용

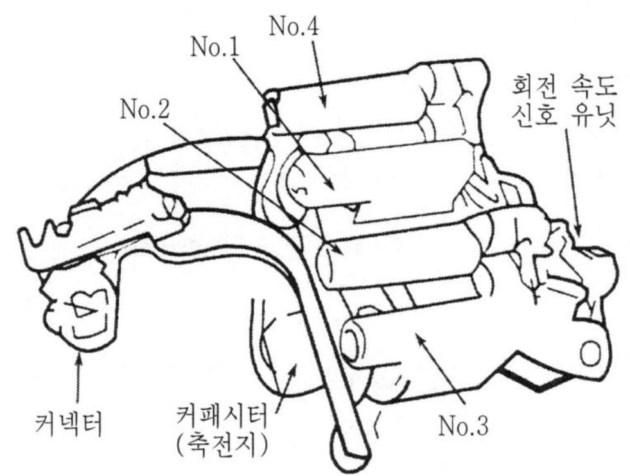

그림 6-14 점화코일 구조

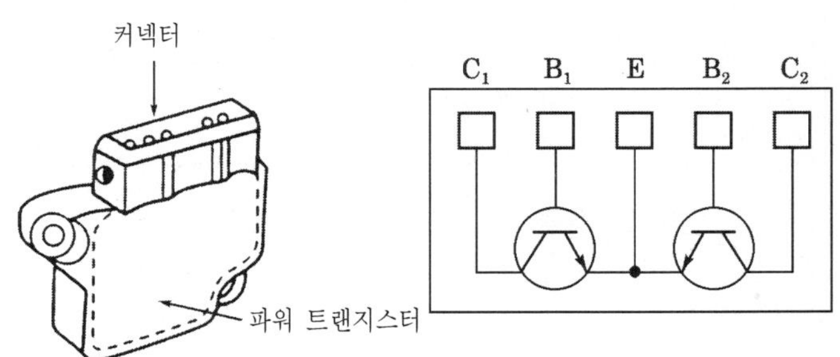

그림 6-15 파워 트랜지스터의 구조와 회로도

점화코일은 2개의 폐자로형(몰드형)을 1개로 결합하여 실린더헤드에 설치하였으며, 이 점화코일은 1개의 점화코일에서 2개의 실린더로 동시에 높은 전압을 보낼 수 있도록 2개의 단자가 설치되어 있다. 점화코일의 1차 전류를 단속하는 파워 트랜지스터는 컴퓨터의 신호에 의해 작동한다.

[2] 크랭크 각 센서(CAS)와 TDC 센서의 작용

크랭크 각 센서는 TDC 센서와 함께 센서 본체에 들어 있으며, 실린더 헤드에 설치된 캠 축으로 구동된다. 이 센서의 본체에는 유닛 어셈블리와 디스크로 구성되어 있으며, 이들 센서의 작동은 다음과 같다. 크랭크 각 센서는 디스크 바깥쪽에 설치된 4개의 슬릿(slit)에 의해 각 실린더의 크랭크 각을 검출하여 그 신호를 컴퓨터로 보내면 컴퓨터는 이 신호를 이용하여 기관 회전속도 및 1행정 당의 흡입공기량을 연산하고, 또 점화 진각을 계산하여 점화코일의 1차 전류 단속신호를 파워 트랜지스터로 보낸다. TDC 센서는 디스크 안쪽에 설치된 2개의 구멍에 의해 No.1과 No.4 실린더의 압축 상사점을 검출하여 컴퓨터로 보내며, 컴퓨터는 이 신호를 기초로 연료 분사 시기와 점화할 실린더를 결정한다.

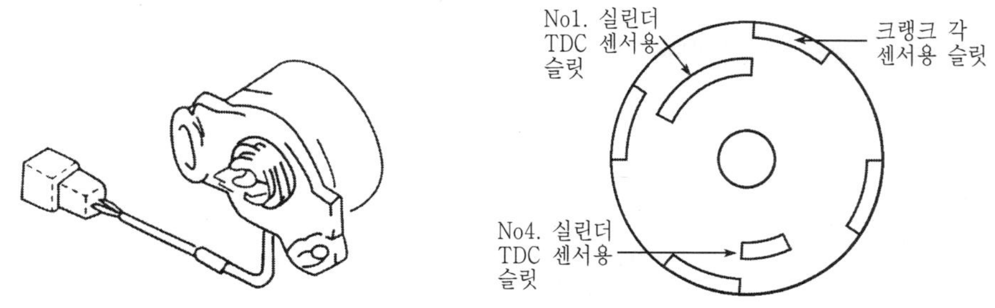

그림 6-16 센서의 외관과 디스크의 구조

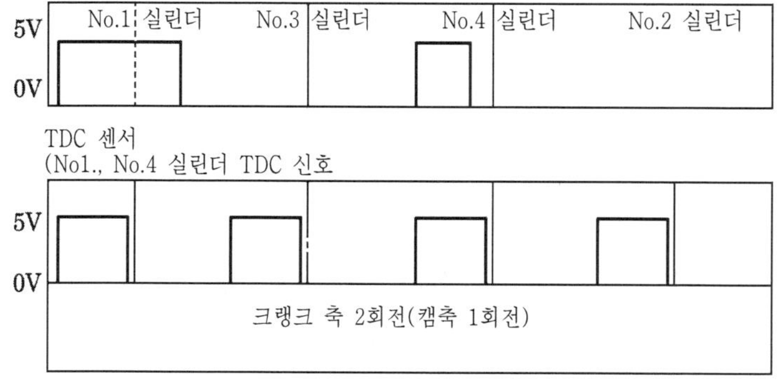

그림 6-17 크랭크 각 센서와 TDC 센서의 작동

[3] 점화시기 제어

DLI의 점화시기 제어는 다음과 같다. 기관의 작동상태를 검출하는 각종 센서들로부터 신호를 받은 컴퓨터는 컴퓨터 자체에 미리 설정된 데이터(data)와 비교한 후 최적의 점화 진각 값으로 연산하여 2

개의 파워 트랜지스터로 보내준다. 파워 트랜지스터의 스위칭 작용에 따라 2개의 점화코일에 흐르는 1차 전류가 단속되며, 2차 코일에 유도된 높은 전압은 1(4)→3(2)→4(1)→2(3) 점화순서로 분배되어 동시에 점화된다(단, 괄호 속의 번호는 동시에 점화되는 실린더이다.).

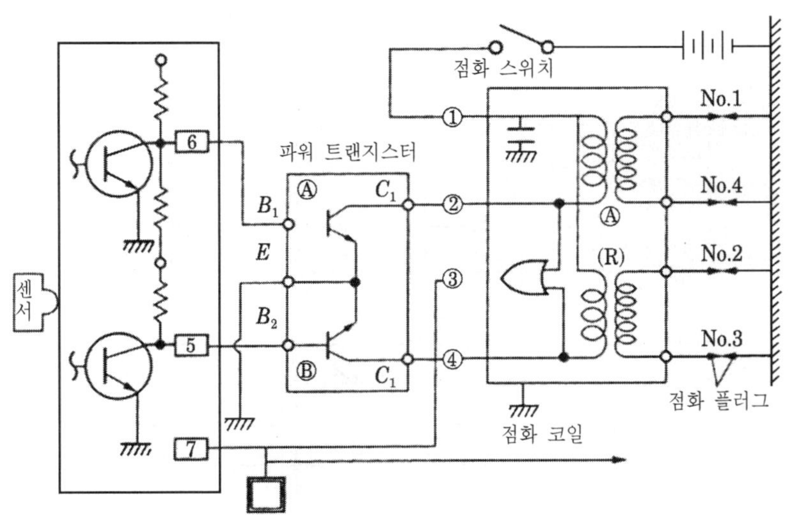

그림 6-18 DLI의 점화 회로도

컴퓨터의 신호에 따라 파워 트랜지스터 Ⓐ가 ON(통전)이 되면 점화코일 Ⓐ의 1차 코일에 전류가 흘러 ON이 되고, 파워 트랜지스터 Ⓐ가 OFF(차단)되면 점화코일Ⓐ의 2차 코일에서는 (+)와 (-) 양극성의 높은 전압이 유도된다. 이때 점화코일에서 유도된 높은 전압은 2개의 단자를 통하여 No.1과 No.4 실린더로 공급되며, No.1 실린더에는 (-)극성의 높은 전압이, No.4 실린더에는 (+)극의 높은 전압이 공급된다. 이에 따라 No.1 실린더가 압축행정이면 No.4 실린더가 배기행정하며, No.4 실린더가 압축행정이면 No.1 실린더는 배기행정이므로 실질적인 점화는 2개의 실린더 중 1개의 실린더의 압축행정에서만 형성된다. 그리고 기관의 압축행정에서는 공기분자의 밀도가 크기 때문에 기관에서 요구하는 전압은 높아지며, 배기행정에서는 압축행정에 비해 거의 무저항 상태로 방전되므로 2개 극성 대부분의 높은 전압이 압축행정에 있는 점화플러그로 보내진다. 따라서 이 2개 극성의 높은 전압은 기존의 점화장치에서 1개의 점화플러그에 의해 불꽃 방전시키는 경우와 비교하여도 방전전압에는 큰 차이가 없다.

[4] 점화 배전 제어

컴퓨터는 TDC 센서(No.1과 No.4 실린더 상사점)의 신호를 기준으로 점화시킬 실린더를 결정하고, 크랭크 각 센서 신호를 기준으로 점화시기를 연산하여 점화코일의 1차 전류 단속 신호를 파워 트랜지스터로 보낸다.

컴퓨터에 크랭크 각 센서의 High(논리 1)신호가 입력되고, TDC 센서의 High신호가 입력되면 컴퓨터는 No.1 실린더가 압축행정임을 판단하여 파워 트랜지스터 Ⓐ를 OFF시켜 No.1과 No.4 실린더에 높은 전압을 보내 준다.

또 크랭크 각 센서의 High신호가 입력되고, TDC 센서의 Low(논리 0)신호가 입력되면 No.3 실린더가 압축행정(No.2 실린더는 배기행정)임을 판단하여 파워 트랜지스터 Ⓑ를 OFF시켜 No.3과 No.2 실린더로 높은 전압을 보낸다. 이와 같이 컴퓨터는 크랭크 각 센서와 TDC 센서의 신호에 따라 파워 트랜지스터 Ⓐ와 Ⓑ를 번갈아 선택하면서 전류를 OFF시켜 점화 배전을 한다.

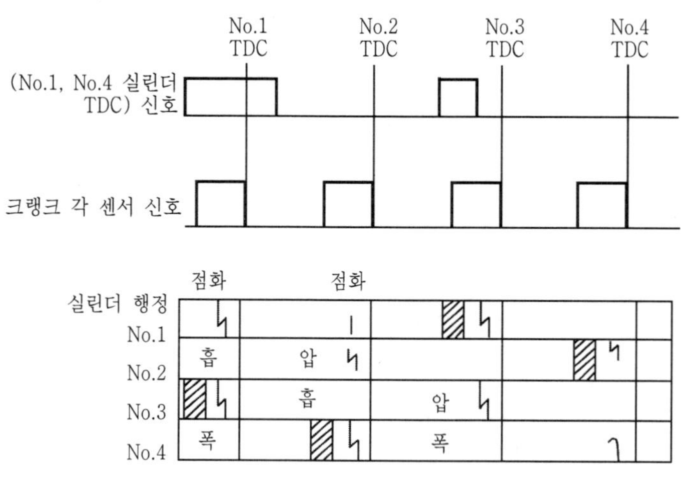

그림 6-19 각 실린더 점화 배전

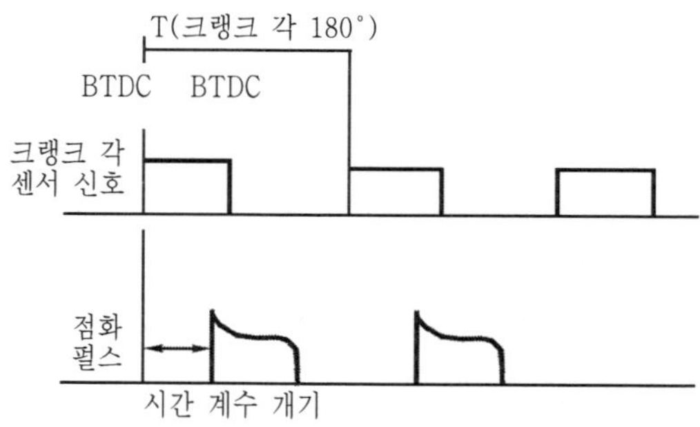

그림 6-20 크랭크 각 센서의 점화시기 점출

[5] 점화시기 진각 제어

컴퓨터는 크랭크 각 센서의 신호주기 T를 계측하고, 이에 대한 크랭크축 1회전에 소요되는 시간(t)를 연산한다.

$$t = \frac{T}{180}$$

크랭크 각 센서의 신호주기 T가 구해지면 TDC 전 75° 신호를 기준으로 점화시기 T_1을 연산하여 1차 전류 단속신호를 파워 트랜지스터로 보낸다.

$$T_1 = t \times (75 - \theta)$$

여기서, θ : 컴퓨터에 의해 연산된 점화 진각

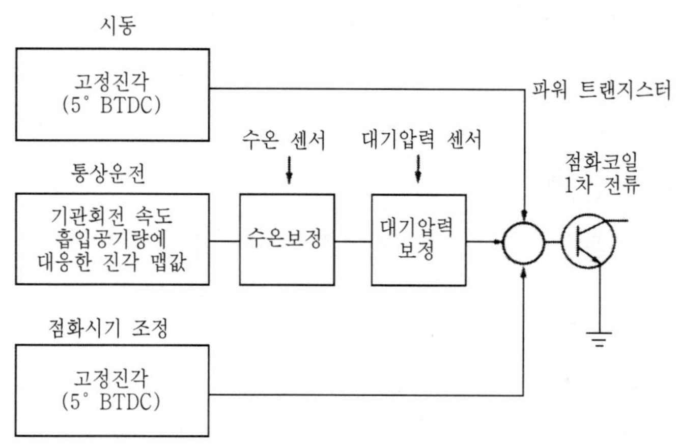

그림 6-21 점화 진각 제어

그리고, 컴퓨터에서는 1실린더 1사이클 당의 흡입 공기량과 기관 회전속도에 대응한 최적의 점화 진각값이 기억(memory)되어 있으며, 각종 센서에서의 입력신호에 따라서 이 기본 점화 진각값은 추가로 보정이 이루어진다. 또 기관을 시동할 때 및 점화시기 조정에는 이미 설정해 둔 점화시기로 고정된다.

(1) 정상작동에서의 점화 진각

① 기본 점화 진각

기본적인 점화 진각은 1실린더 1사이클 당 흡입 공기량과 기관 회전속도에 따라 이미 설정해 둔 map 값이 기본 점화 진각량이 된다. 여기서 map 값이란 컴퓨터 내에 있는 ROM(read only memory)에 저장되어 있는 예정 값을 말한다.

② 기관의 온도 보정

기관의 온도 보정은 수온센서의 신호에 따라 기관의 냉각수 온도가 낮을 때에는 점화시기를 일정량 진각시켜 운전성능을 향상시킨다.

③ 대기압력 보정

대기압력 보정은 대기압력 센서의 신호에 따라 대기압력이 낮을 때에는 점화시기를 일정량 진각시켜 높은 지대에서의 운전성능을 향상시킨다.

(2) 기관을 시동할 때 점화 진각

기관을 시동할 때에는 크랭크 각 센서의 신호에 동기(同期)하여 고정 점화시기가(TDC 전 5°)가 이루어진다.

(3) 점화시기를 제어할 때

점화시기를 제어할 때에는 크랭크 각 센서 조정용 단자를 접지시키면 크랭크 각 센서의 신호에 동기한 점화시기(TDC 전 5°)가 형성된다. 점화시기를 조정할 경우에는 크랭크 각 센서의 고정너트를 풀고 좌우로 회전시켜 조정하며, 크랭크 각 센서 신호를 기본 점화시기와 일치하도록 조정하여야 한다. 그러나 기관 회전속도가 1,200rpm 이상일 때에는 정상운전을 할 때와 동일한 진각을 하기 때문에 점화시기를 조정해서는 안 된다.

[6] 트랜지스터의 통전시간 제어

트랜지스터의 통전시간 제어는 파워 트랜지스터의 통전에 의해 점화 1차 코일에 흐르는 전류시간의 제어는 다음과 같다. 점화코일에 1차 전류가 흐르면 전류의 변화를 방해하는 방향으로 역기전력이 발생하므로(인덕턴스가 발생함) 파워 트랜지스터가 통전되어 곧바로 전류가 흐르지 않아 어느 정도의 시간을 두고 일정한 값의 전류까지 상승한다.

이에 따라 기관을 저속으로 작동시킬 때에는 1차 전류 통전시간이 충분하지만 고속회전(약 6,000rpm)할 경우에는 저속 작동에 비해 약 60% 정도의 차단전류가 저하하기 때문에 고속운전에서는 안정된 2차 전압을 얻기 위해 트랜지스터의 통전시간을 제어하여야 한다. 그리고 축전지 전압차이에 따라서도 점화 1차 코일에 일정한 값의 전류까지 상승하는 시간이 다르게 되므로 축전지 전압이 높고 낮음에 따라서도 1차 전류의 통전시간을 제어하여야 한다.

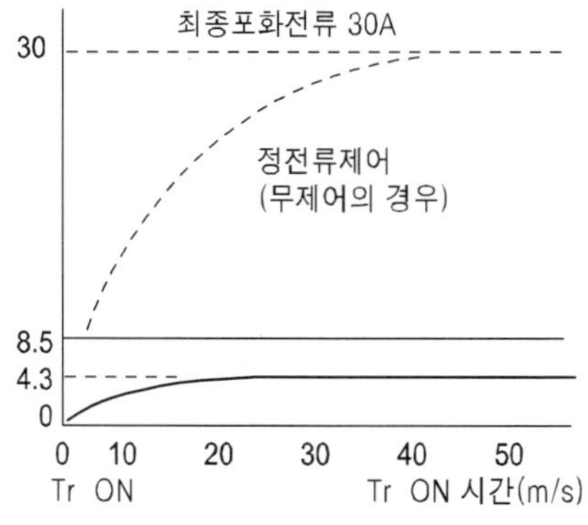

그림 6-22 통전시간과 1차 전류의 관계

(1) 정상 작동할 때의 통전시간 제어

① 기본 통전시간 제어

정상적인 작동을 할 때에는 축전지 전압 변화에 따라서 점화코일의 1차 코일에 흐르는 일정한 값의 전류(약 6A)시간을 제어한다. 즉, 1차 전류가 일정하도록 하기 위해 축전지 전압이 높을 때에는 통전시간을 단축시켜 기본 통전시간을 제어한다.

② 폐로율 제어

DLI에서 2개의 점화코일을 사용한 경우에는 1개의 점화코일을 사용하는 방식에 비해 2배의 폐로율을 설정할 수 있어 고속운전에서도 충분한 통전시간을 확보할 수 있다. 이에 따라 고속에서 안정된 점화 에너지를 확보할 수 있다.

(2) 기관을 시동할 때 통전시간 제어

기관을 시동할 때에는 크랭크 각 센서 신호를 동기하여 점화코일 통전시간을 제어한다.

6.4 고압케이블(High Tension Cable)

고압케이블은 점화코일의 2차 단자와 배전기 캡 중심단자를, 또 배전기 캡의 점화플러그 단자와 점화플러그 단자를 연결하는 고압의 절연 전선이다.

1. 일반적인 고압케이블

일반적인 고압케이블은 10~20개의 주석 도금의 전선을 철심(core)으로 하고 그 주위에 두꺼운 고무를 입힌 후 방습 처리한 것이며, 30,000V 정도의 고압전류에 대해 절연을 유지하도록 되어 있다. 고압케이블의 한쪽 끝은 황동제의 태그(tag)를 통하여 점화플러그 단자에 끼우고 다른 한쪽은 배전기 캡의 점화플러그 단자에 끼워진 후 수분이 들어가지 못하도록 고무제 캡이 씌워져 있다.

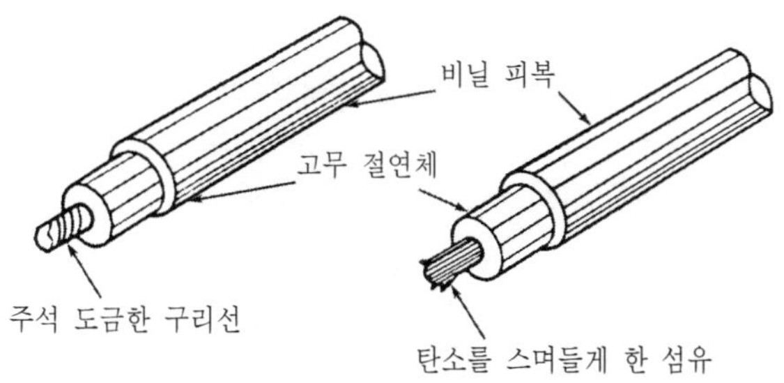

그림 6-23 고압케이블의 종류

2. TVRS 케이블(Television Radio Suppression Cable)

점화코일에서 점화플러그에 이르는 고압회로에는 운전 중 고주파 전류가 발생되어 고압케이블에서 대기 중으로 방출된다. 이 고주파는 매우 미약하기는 하지만 라디오나 무선 통신기의 고주파 잡음의 원인이 된다. 따라서, 점화회로에서의 고주파 발생을 방지하기 위해 고주파 소음 방지장치를 두는데, 특히 고압케이블 전체에 걸쳐 저항을 둔 것을 TVRS케이블이라 한다. TVRS 케이블은 섬유에 탄소를 침입시켜 균일한 저항을 지니도록 한 것으로 10kΩ 정도의 저항 값을 가지고 있어 케이블에 높은 전압이 가해졌을 때 발생하는 고주파를 감쇠시키는 효과를 준다.

6.5 점화플러그(Spark Plug)

점화 플러그는 그림 6-24에 나타낸 바와 같이 실린더헤드의 연소실에 설치되어 점화코일의 2차 코일에서 발생한 높은 전압에 의해 중심전극과 접지전극 사이에서 전기불꽃을 발생시켜 실린더 내의 혼합가스에 점화하는 일을 한다.

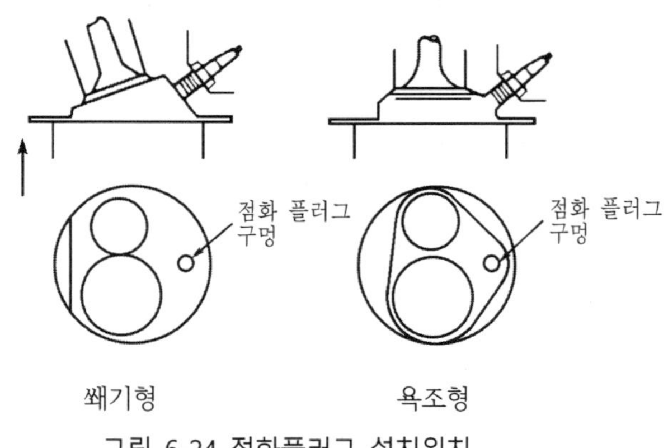

그림 6-24 점화플러그 설치위치

1. 점화플러그의 구조

점화플러그는 그림 6-25에 나타낸 바와 같이 전극부분(electrode), 절연체(insulator) 및 셀(shell)의 3주요 부분으로 구성되어 있다.

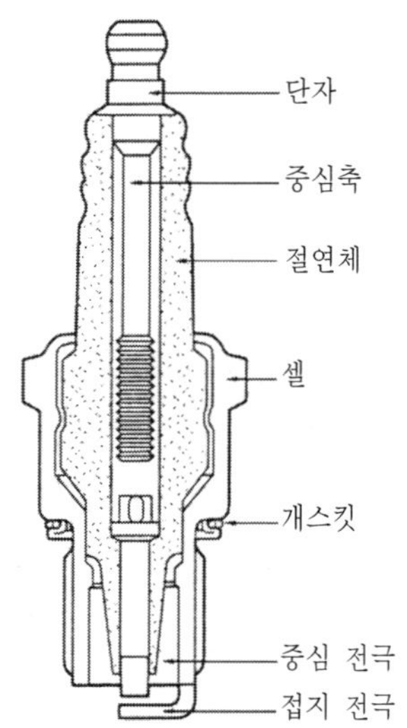

그림 6-25 점화플러그의 구조

[1] 전극부분

전극부분은 중심전극과 1개의 접지전극, 최대 3극까지 구성되어 있으며 점화코일에서 유도된 높은 전압이 중심축을 통하여 중심전극에 도달하여 바깥쪽의 접지전극과의 간극에서 불꽃이 발생하며 이들 사이에 0.7~1.1mm의 간극이 있다. 전극의 재료는 불꽃에 의한 손상이 적고, 내열 성능 및 내부식 성능이 우수한 것이 필요하므로 일반적으로 니켈 합금이나 백금, 파라듐을 사용하는 경우도 있다. 그리고 중심 전극은 방열 성능 등을 고려하여 구리(銅)를 주입한 것도 있다. 중심 전극의 지름은 일반적으로 2.5mm 정도이지만 최근에는 불꽃 발생 전압의 저하 방지 및 점화 성능의 향상을 목적으로 중심 전극의 지름을 1mm 정도까지 가늘게 하거나 테이퍼지게 하고, V자형의 홈을 둔 것도 있다.

[2] 절연체

절연체는 중심 축 및 중심전극을 둘러싸서 높은 전압의 누전을 방지하는 것이며, 점화플러그 성능을 좌우하는 중요한 부분이다. 따라서 전기 절연이 우수하고, 열 전도성능 및 내열 성능이 우수하며 화학적으로 안정되고 기계적 강도가 커야 한다. 절연체는 절연성이 높은 세라믹(ceramic)으로 되어 있고 윗부분에는 고압 전류의 플래시 오버(flashover)를 방지하기 위한 주름(콜게이션)을 줍니다.

[3] 셀(Shell)

셀은 절연체를 에워싸고 있는 금속 부분이며, 실린더헤드에 설치하기 위한 나사부분이 있고, 나사의 끝 부분에 접지전극이 용접되어 있다. 나사의 지름은 10mm, 12mm, 14mm, 18mm의 4종류가 있으며, 나사부분의 길이(리치)는 나사의 지름에 따라 다르나 지름 14mm의 점화 플러그는 9.5mm, 12.7mm, 19mm의 3종류가 있다. 그리고 절연체와 중심 축 및 셀 사이의 기밀은 특수 실런트의 충전이나 글라스 실(glass seal : 특수 유리 분말과 구리 분말을 혼합한 것을 중심 축과 중심 전극의 결합 부분에 채우고 이것을 고온에서 녹여 절연체와 금속을 녹여 붙이는 방법)에 의한 녹여 붙임, 불꽃(spark)열에 의한 코킹 등의 방법으로 유지되고 있다.

2. 점화플러그의 구비조건

점화플러그는 점화회로에서는 방전을 위한 전극을 마주보게 한 것뿐이나 사용되는 주위의 조건이 매우 가혹하여 다음과 같은 조건을 만족시키는 성능이 필요하다.

① 내열 성능이 클 것
② 기계적 강도가 클 것
③ 내 부식 성능이 클 것
④ 기밀 유지 성능이 양호할 것
⑤ 자기 청정 온도를 유지할 것
⑥ 전기적 절연 성능이 양호할 것
⑦ 강력한 불꽃이 발생할 것
⑧ 점화성능이 좋을 것
⑨ 열 전도성능이 클 것

3. 점화플러그의 자기청정 온도와 열 값

기관작동 중 점화플러그는 혼합가스의 연소에 의해 고온에 노출되므로 전극부분은 항상 적정 온도를 유지하여야 한다. 점화플러그 전극부분의 작동온도가 400℃ 이하로 되면 연소에서 생성되는 카본이 부착되어 절연성능을 저하시켜 불꽃방전이 약해져 실화(失火)를 일으키게 되며, 전극부분의 온도가 800~950℃ 이상되면 조기점화(早期 點火)를 일으켜 기관의 출력이 저하된다. 이에 따라 기관이 작동되는 동안 전극부분의 온도는 500~600℃를 유지하여야 한다.

이 온도를 점화 플러그의 자기청정 온도(self cleaning temperature)라 한다. 자기청정 온도는 가해진 열량과 열 방산량으로 결정되지만, 가해지는 열량은 기관의 형식 및 운전상태에 따라 변화하고 또 열 방산량은 점화플러그의 구조에 따라 달라진다. 따라서 점화플러그는 열 방산 성능이 다르므로 기관에 적합한 것을 선택하여야 한다.

점화플러그의 열 방산 정도를 수치로 나타낸 것을 열 값(heat value)이라 하며 일반적으로 절연체 아랫부분의 끝에서부터 아래 실(lower seal)까지의 길이에 따라 정해진다. 점화플러그의 소요 열 값은 사용상 매우 중요하며 기관의 연소실 형식, 흡입 및 배기 밸브의 위치, 압축비, 회전속도 등에 따라 달라지나 원칙적으로 재질이 동일할 경우 연소가스에 노출되어 열을 받는 면적이 넓고 방열 경로(절연체 각부의 길이)가 길수록 열 방산이 나쁘며 온도가 상승하기 쉽다.

이 형식을 열형(hot type)이라 하며, 이 열형 점화플러그의 특징은 오손에 대한 저항력은 매우 크나, 조기점화에 대한 저항력이 낮으므로 저속·저부하 기관에 적합하다. 그리고 열 방산 성능이 높고 온도 상승이 적은 형식을 냉형(cold type)이라 하며, 이 냉형 점화플러그의 특징은 조기점화에 대한 저항력은 매우 크나 오손에 대한 저항력은 낮으므로 고속 · 고부하용 기관에 적합하다.

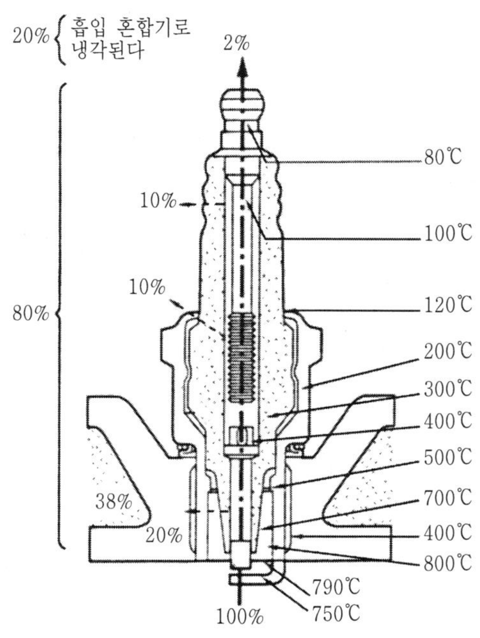

그림 6-26 점화 플러그의 열 방출 관계

최근에는 넓은 범위의 운전 조건에서도 한 종류의 점화플러그로 자기청정 온도를 유지할 수 있는 와이드 레인지(wide range)의 점화플러그도 사용된다. 일반적으로 열 값은 점화플러그의 형식 및 크기 등을 나타내는 기호의 일부로서 숫자로 표시된다. 아래 표는 그 일례이며 열 값을 나타내는 숫자는 점화플러그 제작회사에 따라 다르며 숫자가 크면 냉형, 숫자가 적으면 열형을 나타낸다.

참고 : 점화 플러그 표시방법

B	P 또는 (R)	6	E	S 또는 R	11
나사부분 지름	·P : 자기 돌출형 ·R : 저항 삽입형	열값	나사부분의 길이	구조	점화플러그 전극 간극

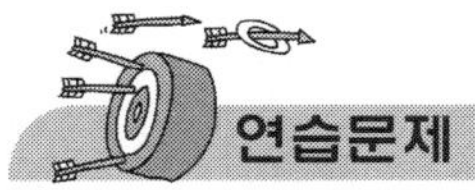

연습문제

1. 점화플러그의 구비조건을 설명하시오.

2. 점화플러그의 자기청정온도에 대하여 설명하시오.

3. 점화플러그의 착화성을 향상시키는 방법에 대하여 기술하시오.

4. 저항플러그란 무엇이고, 사용하는 목적을 설명하시오.

5. 홀센서 원리에 대하여 설명하시오.

6. 점화2차 파형에 대하여 설명하시오,

제7장 디젤기관 예열장치

디젤기관은 흡입공기를 높은 압축비로 압축하여 높은 온도와 높은 압력상태의 연소실 내에 연료를 분사하여 자기착화에 의해 연소가 이루어진다. 일반적으로 기온이 20℃ 정도일 때 압축된 공기의 온도는 약 300℃ 정도이다.

그러나 겨울철과 같이 기온이 낮은 경우에는 흡입공기를 압축하여도 착화에 충분한 온도가 되지 못하여 기관의 시동이 어려워진다. 이러한 시동 곤란현상을 방지하기 위해 예열 장치를 설치한다. 겨울에 외부 기온이 낮을 때나 또는 기관이 냉각된 경우에는 공기의 압축열이 실린더헤드 및 블록에 흡수되어 연료가 착화할 수 있는 높은 온도가 되지 않으므로 연소실 안의 공기를 미리 가열하여 시동을 용이하게 하는 장치이다.

예열 장치에는 일반적으로 직접 분사식 연소실에 사용하는 흡기 가열 방식(intake air heater type)과 복실식(와류실식, 예연연소실식) 연소실에 사용하는 예열 플러그 방식(glow plug type)이 있다.

7.1 흡기 가열방식

흡기 가열방식은 흡기다기관에 흡기 히터(intake heater) 또는 히트 레인지(heat range)를 설치하여 공기를 먼저 예열한 후 실린더에 흡입되도록 하는 것으로 직접분사실식 연소실에서 사용된다.

1. 히트 레인지 (Heat Range)

이 방식은 흡기다기관에 전기히터를 설치한 것이며, 그림 7-1에 나타낸 바와 같이 전기히터를 흡기다기관에 설치하고 흡입공기를 예열한다. 열선은 400~600W 정도의 니켈-크롬선을 사용하며, 시동스위치 조작에 의해 예열을 할 경우와 기관을 시동할 때 기동전동기 솔레노이드 스위치가 작동하여 축전지에서 열선으로 전류가 흐르도록 하는 방법 등이 사용된다.

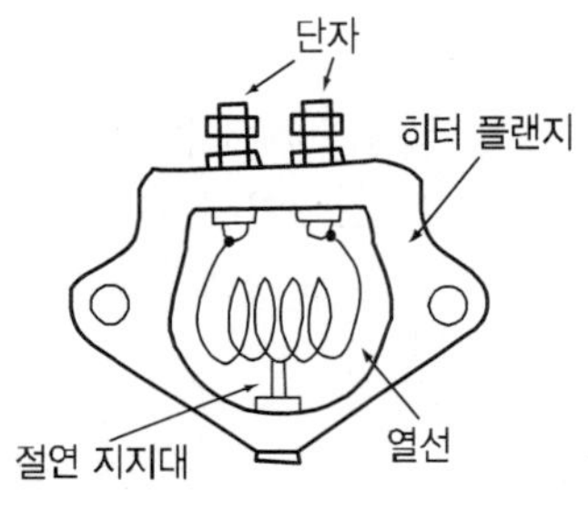

그림 7-1 히트 레인지

7.2 예열플러그 방식(Glow Plug Type)

예열플러그 방식은 연소실에 흡입된 공기를 직접 가열하는 방식으로서 예연소실식과 와류실식 기관에 사용된다. 그 구조에 따라 실드형과 코일형이 있으며, 현재는 실드형만 주로 사용된다. 예열 플러그의 구비조건은 다음과 같다.

① 열용량이 크고, 짧은 시간에 높은 온도에 도달할 것
② 내열성능과 내 부식성능이 클 것
③ 폭발압력과 진동에 잘 견디고, 내구성이 클 것
④ 기밀 유지성능이 좋을 것

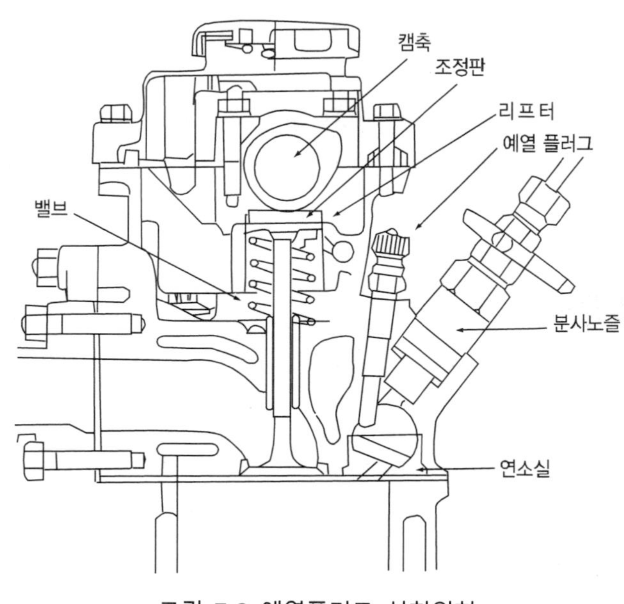

그림 7-2 예열플러그 설치위치

1. 예열플러그의 종류와 그 특성

[1] 실드형(Shield Type) 예열플러그

실드형 예열플러그는 발열부분을 니켈(Ni)-크롬(Cr), 또는 철(Fe)-크롬(Cr) 등의 합금으로 코일모양으로 열선을 감고 내열성능과 내 부식성능이 큰 스테인리스강으로 만들어 열선을 높은 온도와 높은 압력 및 부식으로부터 보호하도록 한 보호금속 튜브 속에 산화마그네슘과 함께 넣어 제작한다.

튜브 속의 산화마그네슘은 열전도성능과 절연성능이 우수하여 보호금속 튜브와 열선을 절연시키고, 진동으로부터 열선을 보호하며, 열선의 열을 보호금속 튜브로 전달하는 일을 한다. 열선의 한쪽은 단자에, 다른 한쪽은 보호금속 튜브에 접속하여 접지시킨다.

이 형식은 내구성, 기밀 유지성, 기계적 강도가 우수하고, 발열 면적이 큰 장점이 있으나 간접 가열 방식이므로 예열시간이 길고, 전압변동에 의한 영향이 큰 결점이 있다.

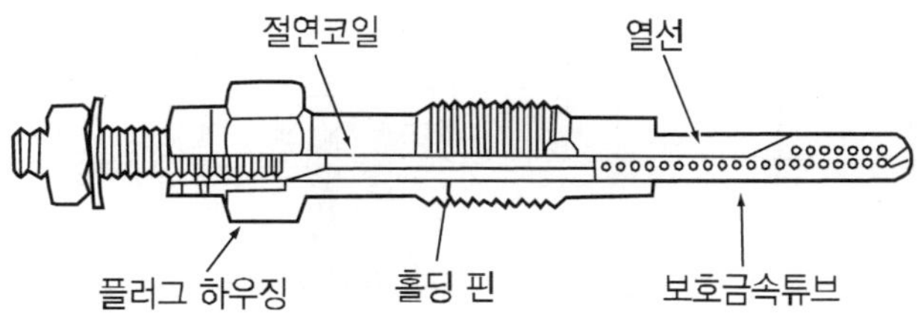

그림 7-3 실드형 예열 플러그의 구조

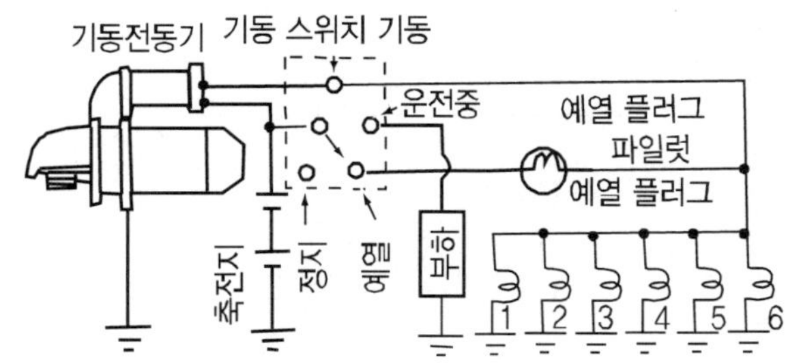

그림 7-4 실드형 예열 플러그의 회로

[2] 코일형(Coil Type) 예열플러그

코일형 예열플러그는 열선(heat coil)이 노출된 구조로 되어 있으며, 직접 압축공기를 가열한다. 이 형식은 연소실에 열선이 노출되어 있어 기계적 강도가 약하고 수명이 짧은 결점이 있으나, 예열시간이 짧은 장점이 있다.

또한 예열플러그가 지니는 저항 값이 매우 적어 직렬로 연결된다.

직렬로 연결하면 전체의 저항 값이 작아 축전지와 직접 연결하면 히트 코일에 과대 전류가 흘러 손상되기 때문에 회로 내에 예열플러그 저항기를 두어 사용한다.

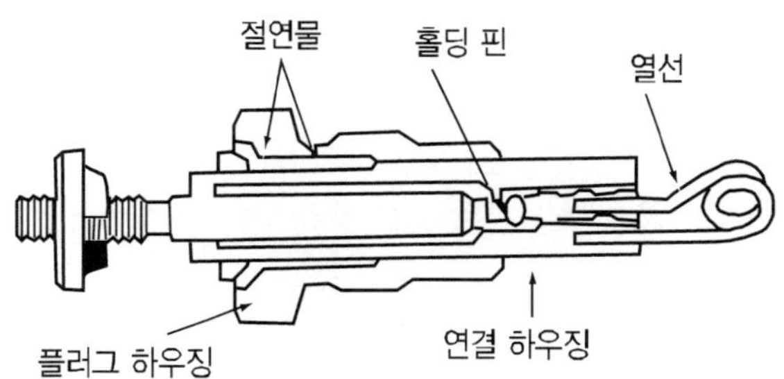

그림 7-5 코일형 예열 플러그의 구조

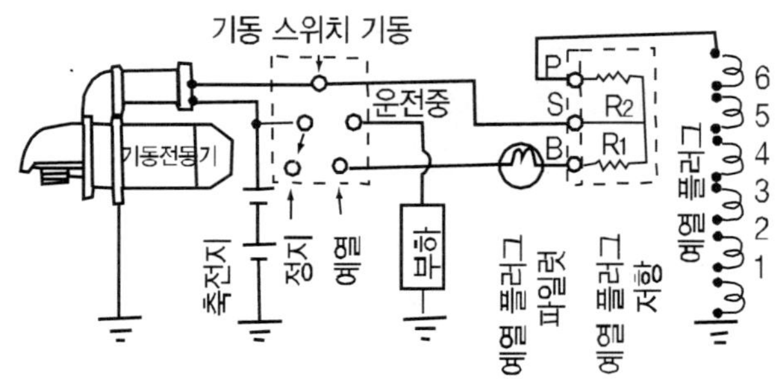

그림 7-6 코일형 예열 플러그의 회로

예열 플러그 특성비교

항목	실드형	코일형
발열량	60 ~ 100W	30 ~ 40W
발열부온도	950 ~ 1050℃	950 ~ 1050℃
작동전압	12V용 : 9 ~ 11V	0.9 ~ 1.4V
	24V용 : 20 ~ 23V	
작동전류	12V용 :10 ~ 11A	30 ~ 60A
	24V용 : 5 ~ 6A	
플러그연결방법	병렬연결	직렬연결
예열시간	약 1분 ~ 1분 30초	약 40 ~ 60초

연습문제

1. 코일형 예열플러그 점검 방법을 설명하시오.

2. 예열플러그의 종류별 특성을 설명하시오.

3. 예열플러그의 구비조건을 설명하시오.

4. 예열플러그를 사용하는 목적에 대하여 설명하시오.

5. 예열플러그의 단선 시 현상에 대하여 설명하시오.

제8장 충전장치(Charging System)

자동차에 설치된 모든 전장부품은 발전기나 축전지로부터 전원을 공급받아 작동한다. 그러나 축전지는 방전량에 제한이 따르고, 기관 시동을 위해 항상 완전 충전상태를 유지하여야 한다. 이를 위해 설치된 발전기를 중심으로 한 일련의 장치들을 충전장치라 한다. 충전장치에는 직류 충전장치와 교류 충전장치가 있으며, 여기서는 현재 운행차량에 사용되며 성능이 우수한 교류 충전장치만 사용되므로 이에 대해서만 설명하도록 한다.

8.1 교류(AC) 충전장치

교류 충전장치는 교류발전기, 발전기 조정기 등의 주요부품으로 구성되어 있다. 그림 8-1은 교류 충전장치의 구성을 나타낸 것이다.

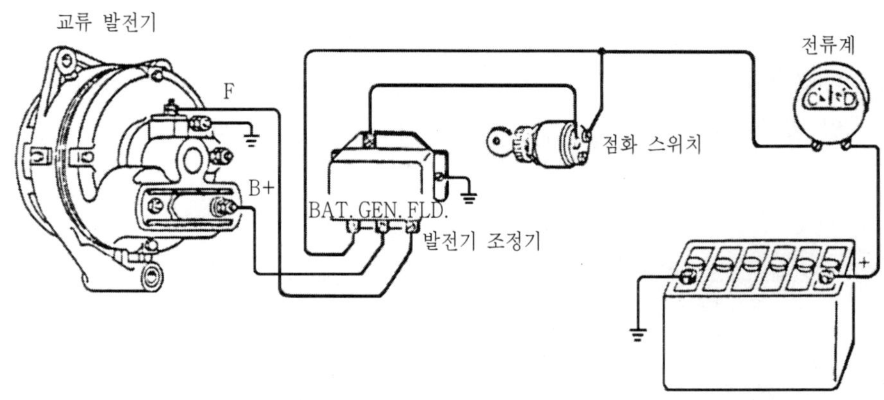

그림 8-1 교류 충전장치의 구성

1. 교류발전기(Alternator)의 특징

3상 교류발전기를 사용하며, 정류용 실리콘다이오드에 의해 직류 출력을 얻는 형식으로 다음과 같은 특징이 있다.

① 저속에서도 충전이 가능하다.
② 회전부분에 정류자가 없어 허용 회전속도 한계가 높다.
③ 실리콘다이오드로 정류하므로 전기적 용량이 크다.

④ 소형 · 경량이며, 출력이 크고, 브러시 수명이 길다.
⑤ 교류발전기 자체는 극성을 주지 않는다.
⑥ 발전기 조정기에 컷 아웃 릴레이(cut out relay, 역류방지기)와 전류 조정기 등이 필요하지 않으며, 전압조정기만 필요하다.

참고

교류발전기에서 컷 아웃 릴레이와 전류 조정기가 없어도 되는 이유는 다음과 같다. 컷 아웃 릴레이의 역할은 실리콘다이오드가 하고, 전류 조정기가 없어도 되는 이유는 스테이터 코일에는 회전속도가 증가함에 따라 발생하는 교류를 주파수가 높아져 전기가 잘 통하지 못하는 성질이 있어 전류가 증가하는 것을 제한할 수 있기 때문이다.

2. 교류발전기의 원리

[1] 교류전압의 발생

도체와 교차하는 자속이 시간의 경과와 함께 변화하면, 전자유도 작용에 의해 도체에는 기전력이 유기된다. 발전기는 이 원리를 이용하여 외부의 힘에 의한 회전운동으로 도체에 연속적으로 전압을 발생시키는 장치이다.

즉, 도체나 자석을 회전시켜 도체에 연속적으로 전압이 발생되도록 한 장치이다. 발전기의 자속의 발생 원인이 되는 자석을 고정하고 그 속에서 도체를 회전시켜 도체에 기전력을 유기시키는 도체 회전형(직류발전기는 자석(계자철심))을 고정하고 도체(전기자)를 회전시켜 발전한다.)과 도체를 고정하고 그 속에서 자석을 회전시키는 자석 회전형(교류발전기는 도체(스테이터)를 고정하고 자석(로터)을 회전시켜 발전한다.) 등 2가지가 있다.

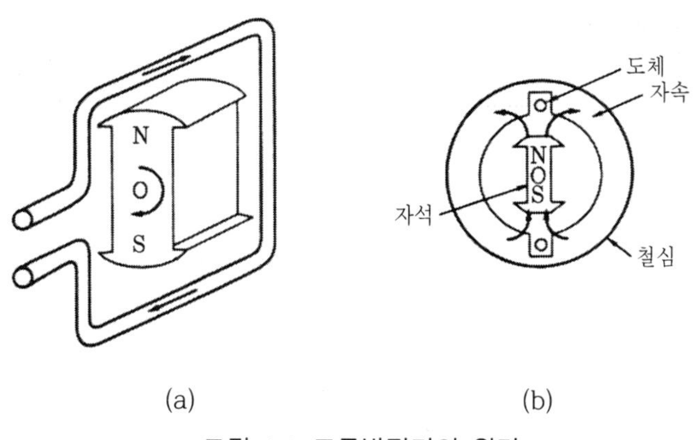

그림 8-2 교류발전기의 원리

[2] 3상 교류

3상 교류는 그림 8-3에 나타낸 바와 같이 A－A′, B－B′, C－C′로 된 3조의 코일을 120° 간격으로 배치하고 자석(로터)을 회전시키면 코일에는 각각 그림 8-4에 나타낸 바와 같은 형상의 3상 교류

전압이 발생한다. B코일에서는 A코일보다 120° 늦게 전압변화가 발생하고, C코일에는 B코일보다 120° 늦은 전압변화가 발생한다. 이와 같이 A, B, C 3조의 코일에서 발생하는 교류 파형을 3상 교류라 한다. 따라서, 3상 교류를 발생하는 발전기를 3상 교류 발전기라 부른다. 자동차용 교류발전기에서는 3상 교류발전기를 사용한다.

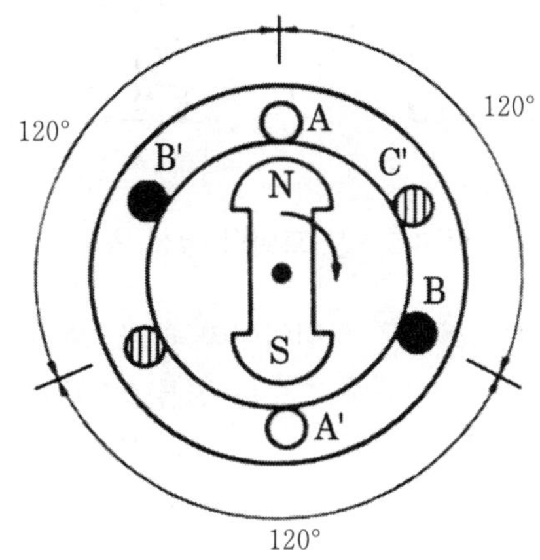

그림 8-3 3상 코일의 배치

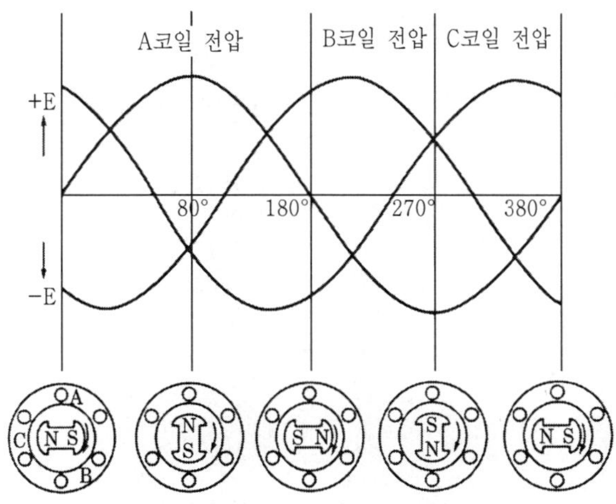

그림 8-4 3상 교류전압 발생

[3] 3상 코일의 결선방법

실제 사용되는 3상 교류 발전기에는 3쌍의 코일을 그림 8-5에 나타낸 방법으로 접속한다. 그림의 (a)는 코일의 한쪽 끝 A, B, C를 각각 외부 단자로 하고, 다른 한쪽 끝 A′, B′, C′를 한 곳에 모아서 묶어 놓은(중성점) 것을 Y결선 또는 스타 결선(Y connection or star connection)이라 하며, 그림의 (b)와 같이 각 코일의 감기 끝과 감기 시작 전을 서로 묶어서 각각의 접속점을 외부 단자로 한 3각형 결선(delta connection 또는 Δ결선)이 있다.

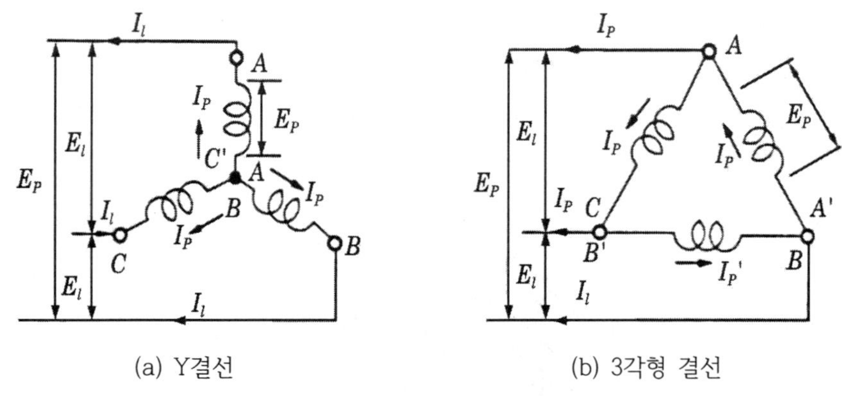

(a) Y결선 (b) 3각형 결선

그림 8-5 3상 코일의 결선 방법

여기서, A, B, C 각 코일에 발생한 전압을 상전압이라 하고, 흐르는 전류를 상전류라 한다. 또 외부 단자 사이의 전압을 선간전압, 외부 단자에 흐르는 전류를 선간전류라 하며 Y결선과 3각형 결선에서는 각각 다음과 같은 관계가 있다.

(1) Y 결선의 경우

$E_1 = \sqrt{3}\,E_2$

$I_1 = I_2$

여기서, E_1 : 선간전압

E_2 : 상전압

I_1 : 선간전류

I_2 : 상전류

(2) 3각형 결선의 경우

$E_1 = E_2$

$I_1 = \sqrt{3}\,I_2$

같은 크기의 발전기에서 같은 권수의 Y결선의 경우 선간전압은 상전압이 $\sqrt{3}$ 배이고, 3각형 결선의 경우의 선간전류는 상전류의 $\sqrt{3}$ 배이다. 따라서 같은 크기의 발전기에서 같은 권수의 코일을 사용할 때 Y결선방식이 3각형 결선방식보다 높은 기전력을 얻을 수 있다. 따라서, 자동차용 교류발전기는 저속에서 높은 전압을 얻을 수 있고, 중성점의 전압을 이용할 수 있는 Y 결선방식을 주로 사용한다. 그러나 일부 큰 출력을 요구하는 경우에는 3각형 결선방식을 사용하기도 한다.

[4] 3상 교류의 정류

Y 결선방식의 3상 교류발전기의 출력단자에 3개의 다이오드를 설치하고, 중섬점과의 사이에 부하를 연결하면 그림 8-6의 (b)와 같은 반파정류가 얻어진다.

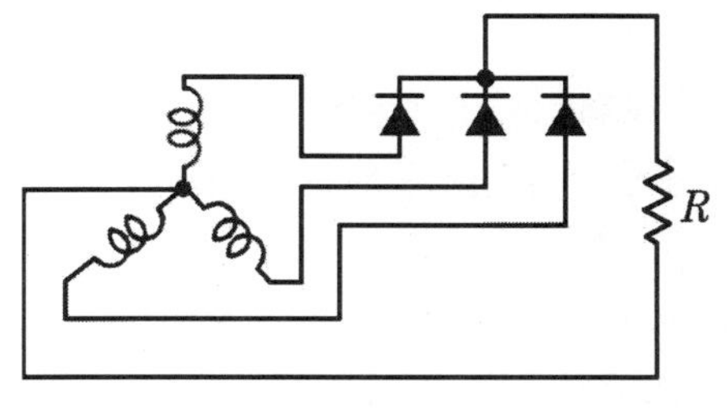

(a) 3상 반파 정류회로

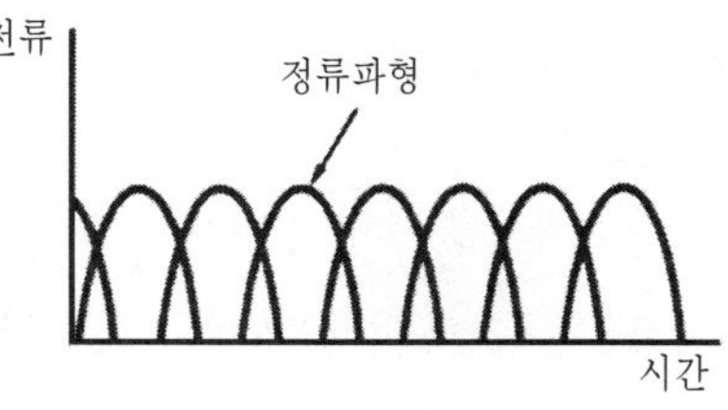

(b) 3상 반파 정류파형

그림 8-6 3상 반파정류 회로

그림 8-7은 6개의 다이오드를 브리지형(bridge type)으로 연결하고, 발전기의 출력단자에 접속하면 코일에서 발생하는 모든 교류를 정류하는 3상 전파 정류회로가 된다. 이 방식으로 정류된 전류는 맥동이 매우 적은 직류가 된다.

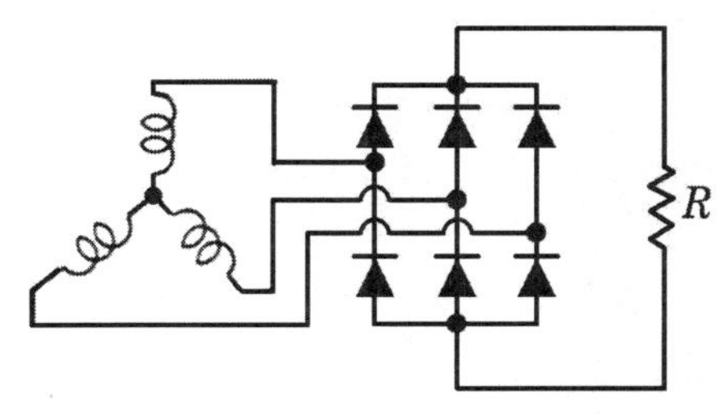

(a) 3상 전파 정류회로

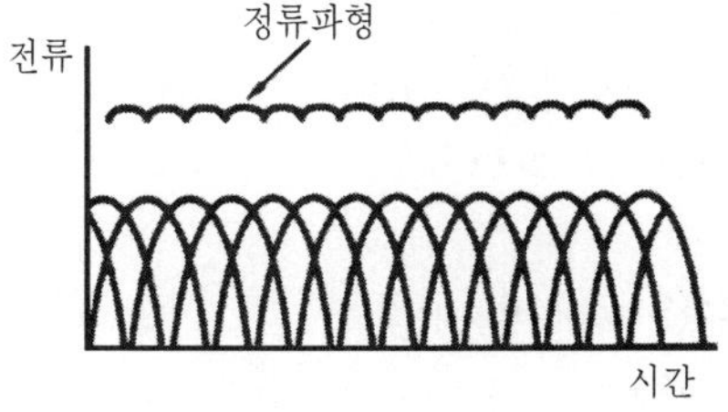

(b) 3상 전파 정류파형

그림 8-7 3상 전파정류 회로

3. 교류 발전기의 구조와 작동

교류발전기는 그림 8-8에 나타낸 바와 같이 앞·뒤의 엔드프레임(end frame)에 지지된 스테이터(도체) 안쪽에서 로터(자석)가 회전하도록 되어 있다. 로터는 크랭크축 풀리에 연결된 구동벨트에 의해 구동되며, 회전 중인 로터코일에는 브러시와 슬립 링을 통하여 여자전류가 공급된다. 스테이터 코일에는 6개의 다이오드를 접속하여 코일에 유기된 3상 교류를 직류로 정류한 후 단자를 통하여 출력전류를 내보낸다.

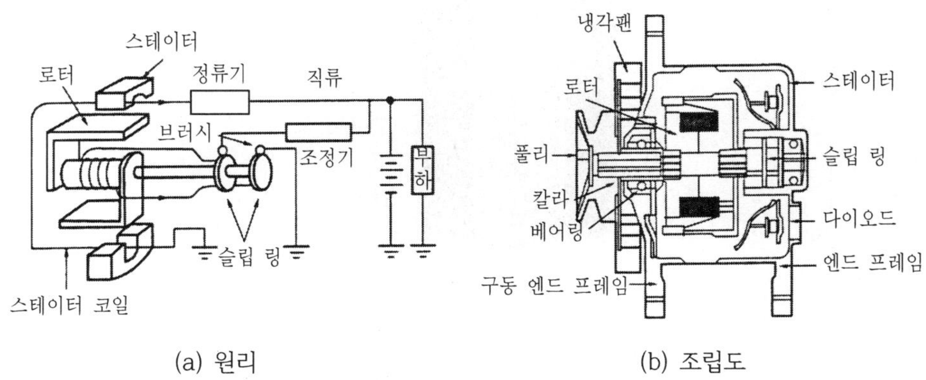

(a) 원리

(b) 조립도

그림 8-8 교류발전기의 구조

[1] 교류발전기의 구조

교류발전기는 고정부분인 스테이터(stator), 회전부분인 로터(rotor), 로터의 양끝을 지지하는 엔드프레임(end frame)으로 구성되어 있으며, 스테이터에 고정된 스테이터 코일은 발전기의 출력전류를 발생시킨다.

로터와 로터코일은 스테이터 내에서 회전하여 스테이터 코일에 기전력을 유기시킨다. 그리고 스테이터 코일에서 발생한 교류는 엔드프레임에 설치된 실리콘다이오드에 의해 직류로 정류된 다음 외부로 공급된다.

브러시(brush)는 축전지의 전류를 로터코일에 공급하여 로터코일을 여자하기 위한 것이다. 실리콘다이오드는 스테이터 코일에서 발생한 교류를 정류할 뿐만 아니라 축전지에서 발전기로의 역류도 방지한다. 또, 축전지 단자기둥의 전압보다 발전기의 발생전압이 높아지면 자동적으로 축전지의 충전이 시작된다.

교류발전기는 로터철심의 잔류자기만으로는 발전이 어렵기 때문에 타려자를 하여야 한다. 그 이유는 실리콘다이오드의 사용에 있다. 즉, 실리콘다이오드에 인가되는 전압이 매우 낮을 때에는 큰 저항을 나타내므로 발전기 회전속도가 상당히 크지 않으면 전류가 흐르지 않기 때문이다.

(1) 스테이터(Stator)의 구조

스테이터는 그림 8-9에 나타낸 바와 같이 철심과 코일로 구성되어 있으며, 철심은 얇은 철판을 적층하고, 그 안쪽에는 코일이 들어가는 홈(slot)이 24개 또는 36개 있으며, 작동 중에는 로터의 자극에서 나온 자속의 통로가 된다.

스테이터 코일은 절연재료로 피복한 구리선을 철심의 홈에 끼워 넣은 것이며, 코일의 피치는 자극간격(pole pitch)과 같게 한다. 이와 같은 코일을 120° 간격으로 3쌍 감은 다음 Y결선 또는 3각형 결선 방식으로 접속하여 결선한다. 그리고 코일을 감는 방법에는 파권과 중권이 있는데 일반적으로 파권을 주로 사용한다.

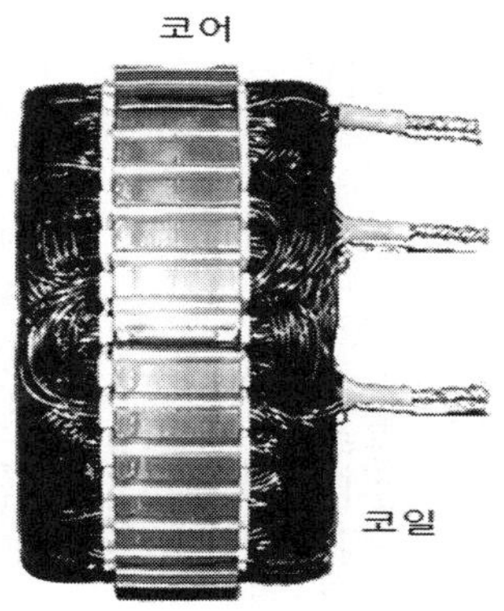

그림 8-9 스테이터의 구조

(2) 로터(Rotor)의 구조

로터는 그림 8-10에 나타낸 바와 같이 철심 아래에 코일이 감겨져 있고, 그 양쪽에 자극편(pole piece)이 있으며, 축(shaft)과 함께 압입되어 있다.

즉, 로터는 자극이 되는 로터철심, 여자전류가 흐르는 로터코일과 로터 축 및 슬립 링(slip ring) 등으로 구성되어 있다. 로터는 크랭크축 풀리와 구동벨트로 연결되어 엔진 풀리의 2~3의 비율로 고속 회전하는 부분이다.

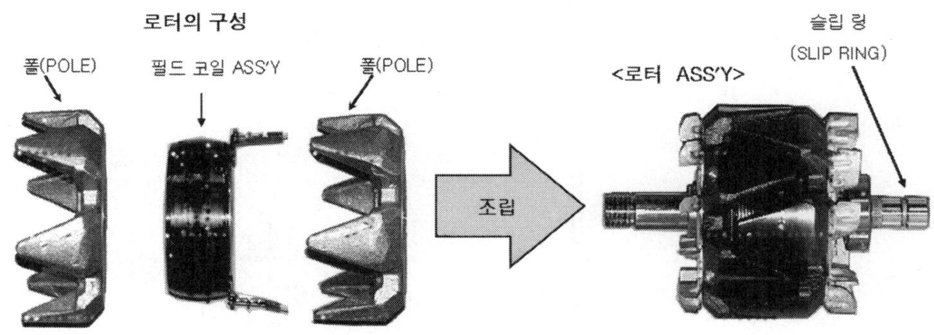

그림 8-10 로터의 구조

로터철심은 그림 8-11에 나타낸 바와 같이 4개 또는 6개의 자극을 서로 맞대어 조립한 것으로, 8개 또는 12개의 자극을 형성하고 있으며, 자극 편은 로터코일에 여자전류가 흐르면 한쪽이 N극, 다른 한쪽이 S극으로 자화되고, 로터가 회전하면 스테이터 코일이 자력선을 차단하기 때문에 전압이 발생한다. 자극의 수는 핑거(finger)의 수만큼 발생한다.

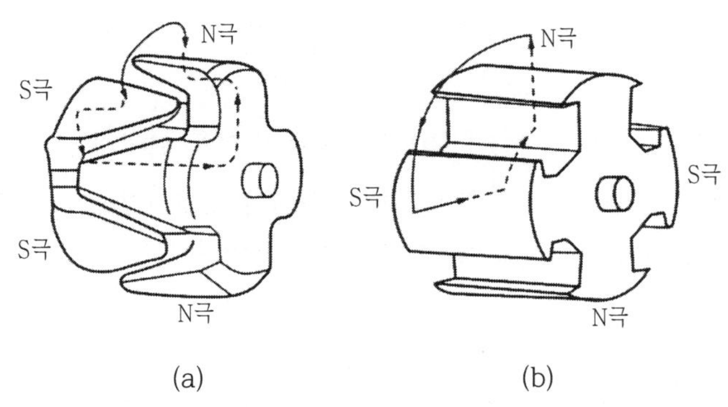

그림 8-11 자화된 로터의 자극편

로터코일은 로터 축 위에 원통형으로 감고, 양쪽 끝은 슬립 링과 접속되어 있다. 이 슬립 링 위를 브러시가 미끄럼 운동을 하면서 로터코일에 여자전류를 공급한다.

여자전류는 2~3A 정도이며, 직류발전기의 정류자와 같은 정류작용을 하지 않기 때문에 불꽃에 의한 손상은 거의 없다.

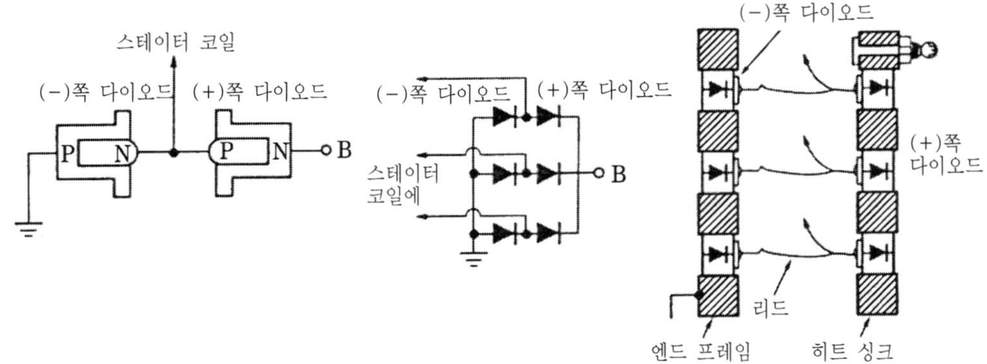

(a) 다이오드의 접속

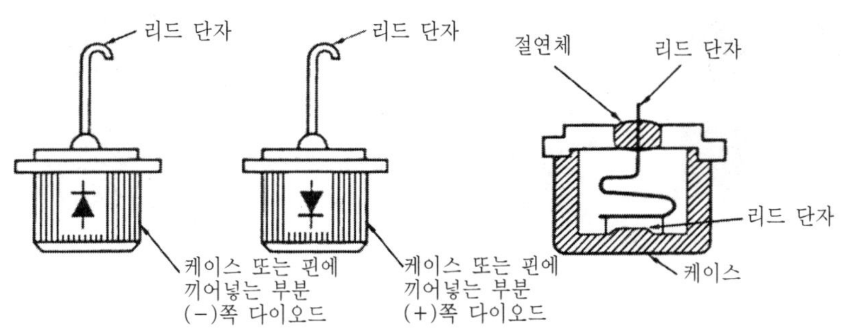

(b) 다이오드의 구조

그림 8-12 다이오드의 접속과 구조

(3) 브러시(brush)

2개의 브러시는 엔드프레임에 고정된 브러시 홀더에 끼운 후 브러시 스프링 장력으로 슬립 링과 접속되어 있다.

한쪽 브러시는 여자전류가 들어오는 단자에 연결되고, 다른 한쪽 브러시는 접지시킨다.

브러시는 로터가 회전할 때 슬립 링과 미끄럼 접촉을 하면서 로터코일에 여자전류를 공급하기 때문에 접촉저항이 적고 내마멸성이 큰 금속 흑연계열을 사용한다.

(4) 정류기(rectifier)

교류발전기에서는 그림 8-12와 같은 접속 및 구조로 실리콘다이오드를 정류기로 사용한다. 교류 발전기에서 다이오드의 기능은 스테이터 코일에서 발생한 교류를 직류로 정류하여, 외부로 공급하고, 또 축전지에서 발전기로 전류가 역류하는 것을 방지한다.

정류용 다이오드 수는 (+) 쪽에 3개, (-)쪽에 3개씩 6개를 둔다. 최근에는 여자 다이오드를 3개(FIELD 전류를 공급 역할) 더 두고 있으나 없는 타입도 있다. 그리고 다이오드의 과열을 방지하기 위해 엔드 프레임에 히트 싱크(heat sink)를 두고 있다

[2] 교류발전기의 작동

그림 8-13에서 점화스위치를 ON으로 하면 축전지에서 발전기 조정기를 통하여 로터코일에 2~3A 정도의 여자전류가 공급된다.

로터코일에 전류가 흐르면 철심이 자화되어 자속이 발생하는데, 처음에는 외부의 축전지에서 여자전류를 공급받는 타려자 방식으로 작동한다.

기관이 시동되어 로터가 회전하면 로터의 자속이 스테이터 코일의 자력선을 끊기 때문에 스테이터 코일에는 교류전압이 발생한다.

발생된 교류는 6개의 다이오드에 의하여 정류된 다음 Ⓑ단자(출력단자)에서 직류전압으로 된다. 로터가 1,000rpm 정도로 회전하면 Ⓑ단자전압이 축전지 단자기둥의 전압보다 높게 되어 발전기 출력전류는 Ⓑ단자에서 각종 전장부품과 축전지로 흐른다. 이때부터 로터코일에 공급되는 여자전류는 스테이터 코일에서 발생한 전류가 여자 다이오드를 거쳐 공급되므로 자려자 방식으로 작동한다.

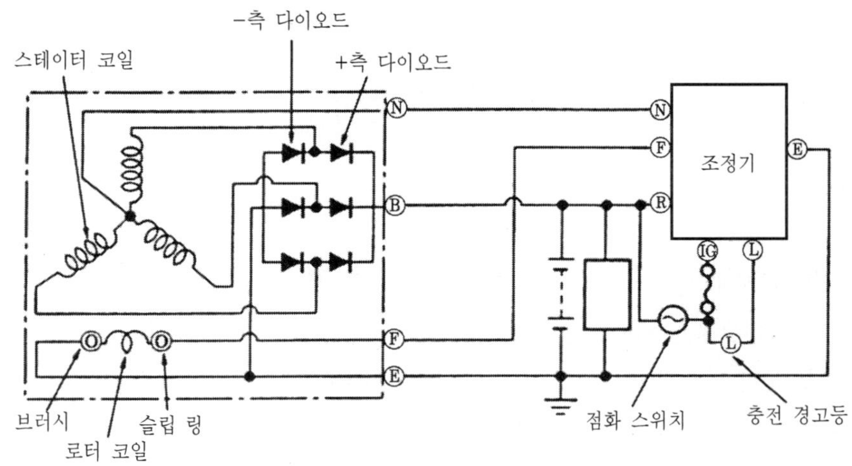

그림 8-13 교류발전기 작동회로도

8.2 교류 발전기 전압 조정기

알티네이터의 발생전압은 회전속도에 따라 변화하게 된다. 그러므로 레귤레이터는 회전속도의 변화에 관계없이 발전전압을 일정하게 유지시켜주는 역할을 한다. 그래서 발생전압을 검출하여 이것이 일정 전압이상이 되었을 경우에는 필드 전류를 적게 하든가 또는 “0”으로 하여 전압을 내리고, 전압이 떨어지면 다시 필드 전류를 크게하여 전압을 높여주어 단자 전압이 항상 일정하게 해주는 것이다.

교류 발전기의 조정기는 전압 조정기만 필요하며, 현재는 트랜지스터형이나 IC 조정기를 사용한다. 여기서는 현재 사용되고 있는 IC형 전압 조정기를 설명한다.

1. IC형 전압조정기의 특징

① 배선을 간소화 할 수 있다.
② 진동에 의한 전압 변동이 없고, 내구성이 크다.
③ 조정 전압의 정밀도 향상이 크다.
④ 내열성이 크며, 출력을 증대시킬 수 있다.
⑤ 초소형화 할 수 있어 발전기 내에 설치할 수 있다.
⑥ 축전지 충전성능이 향상되고, 각 전기부하에 적절한 전력 공급이 가능하다.

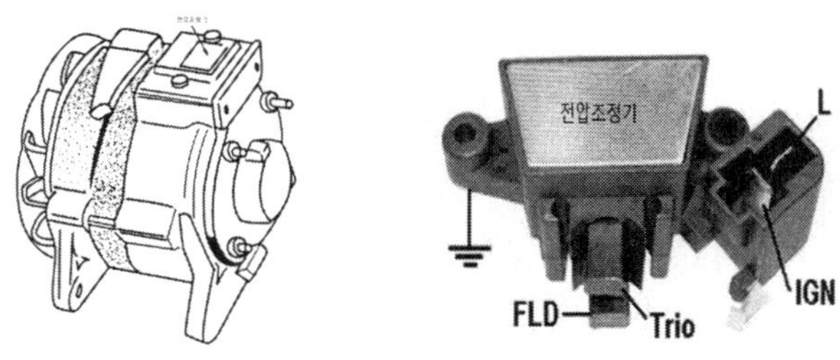

그림 8-14 IC형 전압조정기 설치위치

2. IC형 전압조정기의 작동

[1] 기관이 정지된 상태에서 점화스위치를 ON으로 하였을 때

점화스위치를 ON으로 하면 발전기의 IG단자 및 충전 경고등 릴레이 IG단자와 A단자를 거쳐 발전기의 L단자로부터 트랜지스터 Tr_1의 베이스로 흐르기 때문에 Tr_1이 ON으로 된다. Tr_1이 ON이 되면 발전기 L단자와 IG단자를 거쳐 로터코일로부터 Tr_1으로 축전지 전류(여자전류)가 흘러 로터가 여자된다.

이때 충전 경고등 릴레이의 코일에 축전지 전류가 흘러 코일에 발생하는 자력(磁力)으로 접점이 닫혀 경고등이 점등된다. 또 초기 여자저항은 저항이 크기 때문에(약 100Ω) 점화스위치를 OFF로 하지 않았을 때 로터코일에 흐르는 전류를 제한하여 축전지 방전을 방지한다.

[2] 기관이 시동되어 발전기가 발전을 시작할 때

발전기의 발생전압이 축전지 단자기둥 전압이상(12V 축전지의 경우 13.8~14.8V)되면 B단자로부터 축전지로 충전을 시작한다. 이때 발전기의 L단자도 전압이 상승하여 충전 경고등 릴레이 IG단자 사이의 전압차이가 없어져 충전 경고등 릴레이 코일에는 전류가 차단되어 접점이 열림으로서 경고등이 소등된다.

한편, 스테이터 코일의 전압에 의해 여자 다이오드를 통과한 전류는 역류 방지용 다이오드에 의해 축전지나 부하로 흐르지 않고 로터코일과 조정기의 L단자로 흐른다.

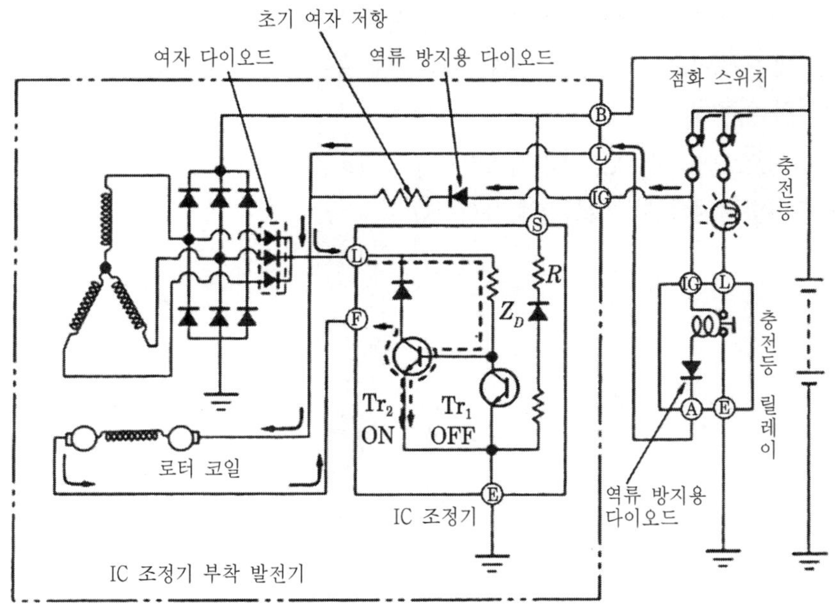

그림 8-15 점화스위치를 ON으로 하였을 때

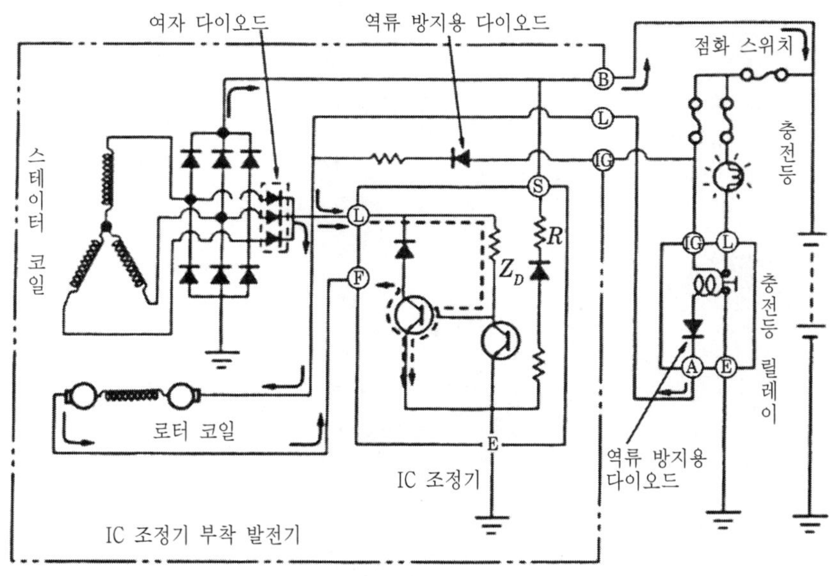

그림 8-16 발전을 시작할 때

[3] 기관이 고속으로 회전하여 발전기의 발생전압이 규정 값 이상 되었을 때

이때는 전압조정기의 S단자로부터 저항 R_2를 지나서 제너 다이오드(Z_D)를 거쳐 트랜지스터 Tr_2의 베이스로 전류가 흘러 Tr_2가 ON이 되면 갑자기 전압이 강하하여 Tr_1의 베이스 전류가 차단되어 Tr_1은 OFF된다.

따라서 로터코일의 여자전류가 차단되므로 발전기의 발생전압이 낮아진다. 발전기의 발생전압이 조정전압보다 낮아지면 제너 다이오드에 전류가 차단되며 이에 따라 Tr_2는 OFF되고, Tr_1은 다시 ON으로 되어 다시 전압발생이 회복된다.

이와 같이 제너 다이오드의 작동으로 트랜지스터 Tr_1 및 Tr_2를 번갈아 ON, OFF시켜 로터코일에 흐르는 여자 전류를 단속하여 발생전압을 일정하게 유지시킨다.

연습문제

1. 자동차에 사용되는 발전기의 구비조건을 설명하시오.

2. IC전압조정기의 특징을 설명하시오.

3. 다이오드의 기능에 대하여 설명하시오.

4. 다이오드의 점검방법을 설명하시오.

5. 로터의 기능과 점검방법을 설명하시오.

6. Y결선 및 델타결선을 설명하시오.

제9장 등화장치(Lighting System)

등화 장치에는 조명용을 비롯하여 신호용, 지시용, 경고용, 장식용 등이 있으며, 상황의 목적에 따라 램프, 배선, 퓨즈 및 스위치 등으로 구성되어 있다. 이들 중에는 자동차 안전기준에 규정된 등화도 있다.

용도	종류
조명용	전조등, 안개등, 후진등, 실내등, 계기등
지시용	차폭등, 번호등, 미등
신호용	방향지시등, 제동등
경고용	유압 경고등, 충전 경고등, 연료 경고등

9.1 조명의 용어

램프 등의 광원으로부터 나오는 빛의 양이나 빛의 세기, 빛의 분포 등을 표시하기 위하여 다음과 같은 용어를 사용한다.

1. 광속

광속이란 광원(光源)으로부터 나오는 빛의 다발은 여러 방향으로 비춰지는데 우리의 눈은 그 비춰진 빛의 다발 일부를 빛으로 느낀다. 이 빛의 다발을 광속이라 부르며, 단위는 루멘(lumen, 기호는 lm)이다. 따라서, 광속이 많이 나오는 광원은 밝다고 할 수 있다.

2. 광도

같은 램프라도 반사경을 사용하면 어떤 방향의 빛의 밝기가 더 밝게 된다. 이것은 그 방향으로 향하는 광속수가 많기 때문이다. 이와 같이 빛의 세기를 광도라 말하며, 단위는 칸델라(candle, 기호는 cd)이다. 1 칸델라는 광원에서 1m 떨어진 $1m^2$의 면에 1m의 광속이 통과하였을 때의 빛의 세기이다.

3. 조도

조도란 빛을 받는 면의 밝기를 말하며, 단위는 룩스(lux, 기호는 Lx)이다. 빛을 받는 면의 조도는 광원의 광도에 비례하고, 광원의 거리의 2승에 반비례한다. 즉, 광원으로부터 r(m)떨어진 빛의 방향에 수

직한 빛을 받는 면의 조도를 Lux, 그 방향의 광원의 광도를 cd라고 하며 다음과 같이 표시한다.

$$\text{Lux} = \frac{\text{cd}}{\text{r}^2}$$

9.2 전조등(Head Light)의 형식과 그 회로

전조등에는 실드 빔 방식(sealed beam type)과 세미 실드 빔 방식(semi sealed beam type)이 있다. 램프(lamp)안에는 1개 또는 2개의 필라멘트가 있으며, 2개의 필라멘트가 있는 경우 1개는 먼 곳을 비추는 상향 빔(high beam)의 역할을 하고, 다른 하나는 시내를 주행하거나 교행할 때 마주 오는 자동차나 운전자의 눈부심으로 사고를 방지하기 위하여 광도를 약하게 하고, 동시에 빔을 낮추는 하향 빔(low beam)이 있다.

1. 전조등의 형식

[1] 실드 빔 방식(Sealed Beam Type)

실드 빔 방식은 렌즈·반사경 및 필라멘트를 일체로 한 것이다. 즉 반사경에 필라멘트를 붙이고 여기에 렌즈를 녹여 붙인 후 내부에 불활성 가스를 넣어 그 자체가 1개의 전구가 되도록 한 것으로 현재는 사용되지 않고 있으며, 이 방식의 특징은 다음과 같다.

① 대기(大氣)의 조건에 따라 반사경이 흐려지지 않는다.
② 사용에 따르는 광도의 변화가 적다.
③ 필라멘트가 끊어지면 렌즈나 반사경에 이상이 없어도 전조등 전체를 교환하여야 한다.

[2] 세미 실드 빔 방식(Semi Sealed Beam Type)

세미 실드 빔 방식은 렌즈와 반사경은 녹여 붙였으나 전구는 별개로 설치한 것이다. 필라멘트가 끊어지면 전구만 교환하면 된다. 그러나 전구 설치 부분으로 공기 유통이 있어 반사경이 흐려지기 쉽다.

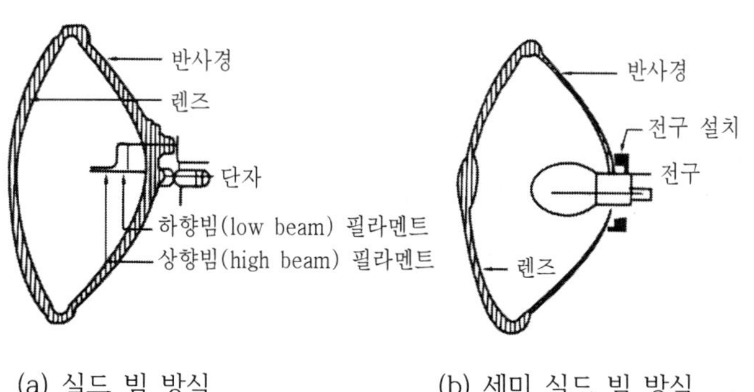

그림 9-1 전조등의 종류

[3] 할로겐 전구(Halogen Lamp)

할로겐 전구를 사용하는 전조등도 세밀 실드 빔 방식이며, 할로겐 전구란 전구에 봉입한 불활성가스와 함께 작은 양의 할로겐족(族) 원소를 혼합한 것으로 필라멘트에서 증발한 텅스텐 원자와 휘발성 할로겐 원자가 결합하여 휘발성 할로겐화 텅스텐을 형성한다. 이 할로겐화 텅스텐은 전구 벽(유리)이 일정온도 이상일 때 전구 벽에 부착되지 않고 전구 속을 이동하다가 필라멘트 부근의 높은 온도영역 내로 들어오면 다시 텅스텐 원자와 할로겐 원자가 해리(解離)된다. 해리된 텅스텐 원자는 필라멘트나 그 부근에 부착되고, 할로겐 유리로 된 전구 벽을 향해 확산하는 반응을 반복한다. 할로겐 전구는 예전의 백열전구에 비해 다음과 같은 우수한 특징이 있다.

① 할로겐 사이클로 인하여 흑화 현상(黑化 現像: 필라멘트로 사용되는 텅스텐이 증발하여 전구 내부에 부착되는 것)이 없어 수명을 다할 때까지 밝기의 변화가 없다.
② 색 온도가 높아 밝은 배광 색을 얻을 수 있다.
③ 교행용 필라멘트 아래에 차광판이 있어 자동차 쪽 방향으로 반사하는 빛을 없애는 구조로 되어 있어 눈부심이 적다.
④ 전구의 효율이 높아 밝기가 크다.

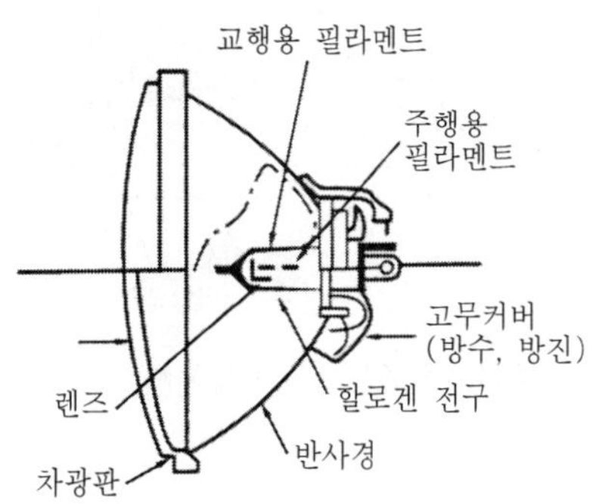

그림 9-2 할로겐 전구 전조등의 구조

그리고, 할로겐 전구를 사용하는 전조등과 예전의 전조등의 배광 특성을 비교하면 다음과 같다.

① 빛의 확산각도가 크기 때문에 갓길 위의 장애물이나 도로 표지판을 보기 쉽다.
② 최고 광도부근의 빛이 점(spot)으로 되지 않기 때문에 노면의 조도가 균일하다.
③ 위 방향으로의 빛이 차단되므로 명암 경계가 확실하여 대향 자동차의 눈부심이 적다.

[4] HID(High Intensity Discharge) 전조등

(1) HID 전조등의 개요

High Intensity Discharge Lamp의 약칭으로 HID System이라고 한다. 자동차의 야간 안전운행은 운전자가 전방시야를 얼마만큼 확보하느냐에 달려있다. 운전자의 시야는 전조등의 밝기, 조사(照射) 거리, 조사각도 등에 따라 큰 차이가 있다. HID Lamp안의 발광관에 제논가스(Xenon Gas)와 금속융화물(Metal Halide Salts)을 대입시켜 콘트롤 시스템(Ballast)에서 발생하는20,000볼트(v)의 고 전압으로 발광관 안의 전자와 금속원자를 충돌 방전시켜 발광시키는 시스템 밝기와 태양광선에 가까운 색깔의 빛을 발사하며, 수명 또한 2배 이상 향상되었다. 또 야간운행을 할 때 운전자의 시인(是認)성능을 높여 피로감을 줄여준다.

HID 전조등의 장점은 다음과 같다.

① 기존의 전구보다 3배 이상 밝은 광도
② 반영구적인 수명
③ 소비전력 적음

(2) HID 전조등의 구조

HID 전조등은 필라멘트가 없으며, 형광등과 같은 구조로 되어 있다. 얇은 캡슐형태의 방전관 내에 크세논 가스, 수은 가스, 금속 할로겐 성분 등이 들어 있다. 전원이 공급되면 방전관 양쪽 끝에 설치된 몰리브덴 전극에서 플라즈마(plasma)방전이 발생하면서 에너지화 되어 빛을 방출한다.

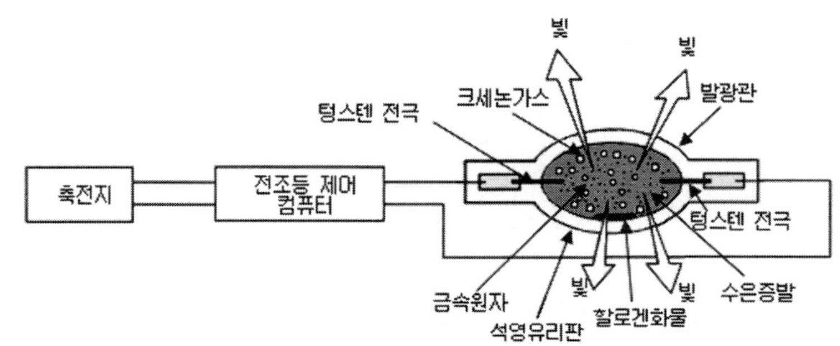

그림 9-3HID 전조등의 구조(출처:Catoo이미지)

참고 : 플라즈마

기체를 가열하면 기체원자는 분리되어 (+)이온과 (-)이온으로 나누어진다. 이와 같이 나누어진 (+)이온과 (-)이온이 다시 혼합되어 도전성을 띤 가스체가 되는데 이 가스체를 플라즈마라 한다.

① 전구(bulb or lamp)

Capsule안에 들어 있는 Xenon gas,수은 Metal Hailde Salts가 방전(ARC)하는 관변부하 3w/㎠이상의 고휘도 방전램프

② 이그나이터(ignitor)

Ballast로 부터 전류를 받아 전류 스위칭 작용을 이용하는 고 전압 Pulse를 발생, Lamp를 점등시키는 변압기

③ 밸러스트(ballast)

방전등(Xenon Capsule)의 시동에 시동전압(20,000V)을 공급 및 전류제어

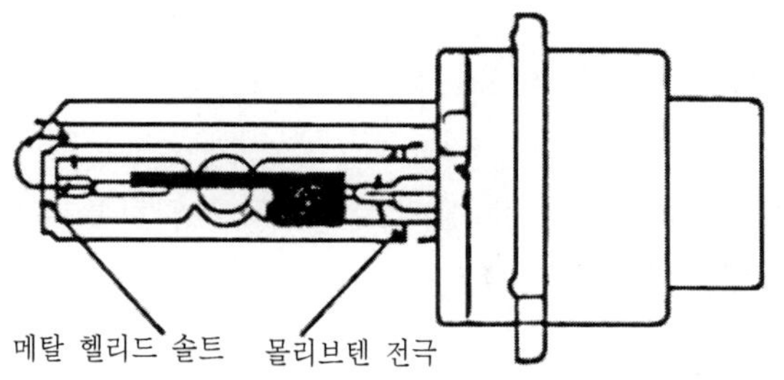

그림 9-4 HID 전조등의 전구

(3) HID 전조등의 작동

HID 전조등의 작동은 다음과 같다. 전조등 제어용 컴퓨터가 축전지로부터 12V를 받아 승압시켜 텅스텐 전극 사이에 순간적으로 약 20,000V 이상의 펄스를 발생시키면 먼저 크세논 가스가 활성화되면서 청백색의 빛을 발생시킨다.

이 상태에서 전구 내의 온도가 더욱더 상승하면 수은이 증발하여 아크방전이 일어나며, 더욱 온도가 상승하면 금속 할로겐 성분이 증발하면서 플라즈마가 발생하는데, 이 플라즈마가 금속원자와 충돌하면서 높은 밝기의 빛을 발생시킨다.

HID 전조등은 고 휘도 방전 전조등이라고도 부른다. 또 할로겐 전구에 비해 약 2배 이상 밝으며 태양광선이 가까운 백색의 자연 광선을 얻을 수 있을 뿐만 아니라 소비전력은 약 1/2 정도이며 수명은 필라멘트에 비해 약 2배 정도이나 텅스텐 전극에 높은 전압을 안정적으로 공급하기 위한 컴퓨터가 반드시 필요하다.

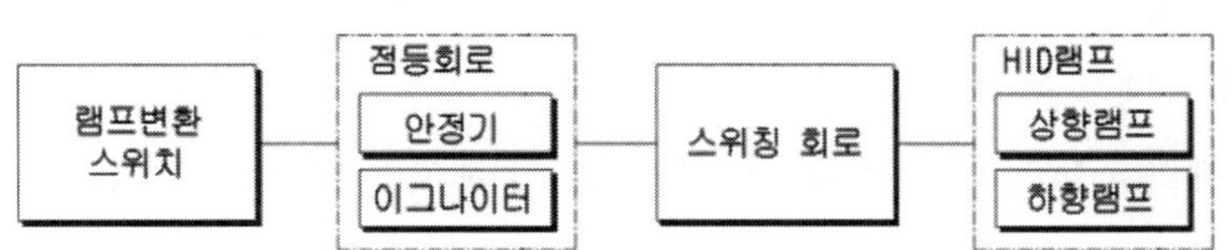

그림 9-5 HID 전조등의 회로(출처:구글 파텐스)

(4) HID 전조등을 사용할 때 주의할 사항

① 일반차량에 HID 전조등을 설치하면 화재위험이 있어 개조가 불가능하다.

② HID 전조등을 처음 점등할 때 아크방전에 의한 높은 전압(약 20,000V) 및 높은 전류(12~13A)로 인해 배선 및 퓨즈가 일반 전구용과는 다르므로 개조하면 화재위험이 있다.

③ 각 제조회사의 전구의 색깔온도가 다르기 때문에 빛의 이질감이 발생하기 쉬워 전구를 교환할 때에는 같은 제조회사 제품으로 교환하여야 한다.

④ HID 전조등을 점검할 때에는 전원 공급부분과 전구 사이에 반드시 스위치를 설치하여 전원을 ON/OFF하여야 한다. 특히 전조등을 점등할 때 높은 전압발생에 주의하여야 한다.

⑤ 전구를 교환할 때 전구홀더와 전구 사이의 고정상태를 확실히 점검한 다음 더스트 커버(dust cover)를 조립하여야 한다. 전구와 전구홀더 사이의 조립이 헐거우면 전구수명 및 접촉 불량에 의한 높은 열 발생으로 주변 부품이 녹는다.

⑥ 전구를 교환할 때 전구가 설치되지 않은 상태로 전조등 스위치를 조작하지 말아야 한다. 약 1초 동안 순간 스파크가 발생할 수도 있기 때문이다.

[5] LED(Light Emitting Diode)

LED의 가장 큰 특징은 바로 '고효율, 저전력, 장수명'이라는 것입니다. LED 광원은 에너지 소비량이 적어 CO2 배출을 줄이고, 긴 수명과 구조적 안정성으로 인해 유지보수 비용이 적다는 장점을 가지고 있다.

일반적인 할로겐 램프의 소비전력이 55~65W이고, HID 램프는 절반 수준인 35W인데 반해 LED는 15~20W 정도로 할로겐 램프의 1/3수준이다. 또한 LED 램프의 수명은 최대 10만 시간 정도로 일반 할로겐 램프보다 10배 이상 길다는 장점을 가지고 있다.

LED는 보다 나은 시야를 확보해 주고, 눈부심 현상 감소는 물론 색온도 조작도 가능해 태양광과 거의 근접한 환경을 조성할 수 있는 기능성과 안전성을 갖고 있으며, 14W LED 램프는 65W 표준 할로겐 램프와 대등한 밝기 성능을 갖고 있기 때문에 에너지 절감 측면에서도 뛰어난 성능을 가지고 있다.

또한 LED의 최대 수명이 10만 시간으로 자동차 수명보다 길고, 오랫동안 광량을 유지할 수 있는 내구성을 갖고 있어 광원을 교체할 필요도 없고, 광원의 교체를 고려한 공간 설계도 필요 없으며, 헤드램프 내부에 LED 광원을 매립해 넣을 수도 있게 되었다.

할로겐 램프의 효율(와트당 광출력)은 30lm/W 수준이며, HID 램프의 경우 80lm/W, LED는 150lm/W 수준까지 개발 되었다.

자동차 헤드램프에 LED 광원이 성공적으로 채용되기 위해서는 몇 가지 핵심 기술이 뒷받침되어야 한다.

우선 방열설계 기술 및 방열 재료의 경량화가 요구된다. LED 헤드램프는 자동차 엔진에서 발생하는 열 그리고 히터, 라디에이터 등에서 발생하는 열에 의해 95℃ 수준의 차량 구동 환경에 노출되어 있고, 밀폐된 헤드램프의 내부에 배치된 LED 소자 자체에서도 열이 발생하기 때문에 LED 소자가 열화되어 광량이 감소하고, 수명도 단축된다.

따라서 LED 소자의 신뢰성 저하를 방지하기 위한 방열 구조기술, LED의 자체 발열에 따른 문제를 해결하기 위한 PCB, Heat Sink, Reflector 등의 방열 구조 설계기술의 적용으로 열저항 3K/W 이하 수준의 방열 시스템이 필요하며, 방열핀, 방열팬 적용에 따른 소재의 경량화도 매우 중요하다.

두 번째로 자동차 디자인의 특성을 살리면서 자동차용 조명관련 광학기술에 적합한 LED의 배치와 광학렌즈 및 반사판 설계기술, 그리고 자동차 외부환경의 악조건에 대응하기 위한 방수 및 방염, 충격, 진동에 견딜 수 있는 광학 및 구조설계 기술이 필요하다.

종류	기본원리	장점	단점
Halogen Lamp 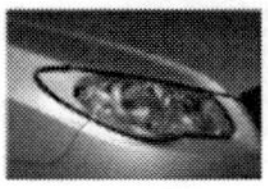	- Bulb 안에 할로겐 물질을 주입하여 텅스텐의 증발을 억제한 램프	- 가격이 저렴함 - 교환 쉬움 - 대체성이 우수함	- 수명이 짧음 - 소비전력이 높음 - 부품의 크기가 큼
HID Lamp 	- 고전압을 이용하여 방전관 내의 전자와 금속물질을 충돌, 방전시켜 발광	- 높은 광량으로 뛰어난 야간 시인성 제공 - 태양광과 유사하여 야간 운전시 눈의 피로도 감소	- Ignitor, Ballast 등 별도 부품이 필요 - 가격이 높음
LED Lamp 	- 여러 개의 LED를 연결하여 자동차의 전구로 사용함	- 수명이 김 - 광도가 높음 - 사용전력이 낮음	- 가격이 높음

그림 9-6광원에 따른 램프의 종류 및 특성(출처: 현대자동차)

2. 전조등 회로

전조등 회로는 퓨즈, 라이트 스위치(light switch), 디머 스위치(dimmer switch) 등으로 구성되어 있으며, 양쪽의 전조등은 상향 빔(high beam)과 하향 빔(low beam)별로 병렬(竝列)로 접속되어 있으며. 전조등의 성능을 유지하기 위하여 복선방식을 사용한다.

라이트 스위치는 2단으로 작동하며 스위치를 움직이면 내부의 접점이 미끄럼 운동하여 전원과 접속하게 되어 있다. 디머 스위치는 라이트 빔을 상향 빔과 하향 빔으로 바꾸는 스위치이다.

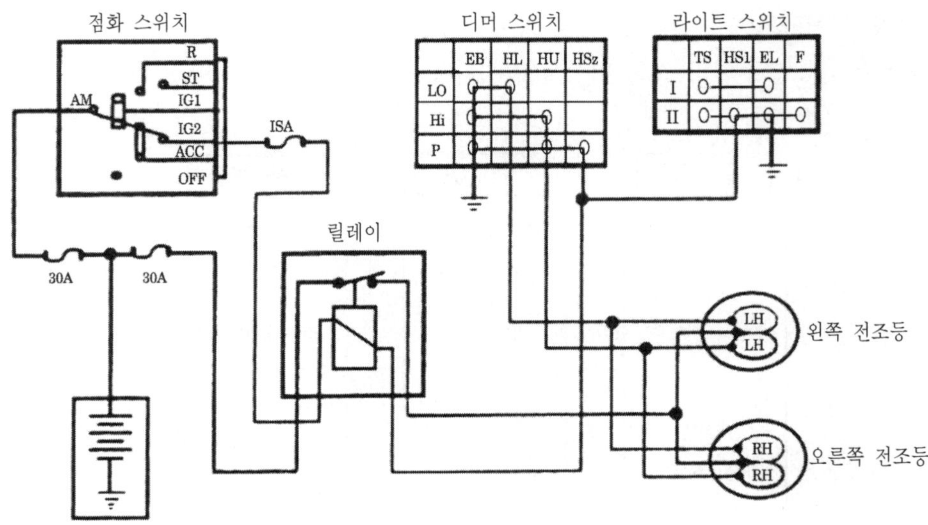

그림 9-7 전조등 회로

9.3 오토 라이트(Auto Light)

1. 오토 라이트의 개요

주행 중 터널을 진입할 경우와 눈·비 및 안개 등으로 주위가 갑자기 어두워질 경우 운전자는 미등 또는 전조등을 점등하고 주행한다. 터널을 통과한 후 또는 주위가 다시 밝아지는 경우에는 미등 또는 전조등을 소등하고 주행하여야 한다. 이러한 불편을 해소하기 위해 자동적으로 전조등을 제어하는 장치가 오토 라이트이다.

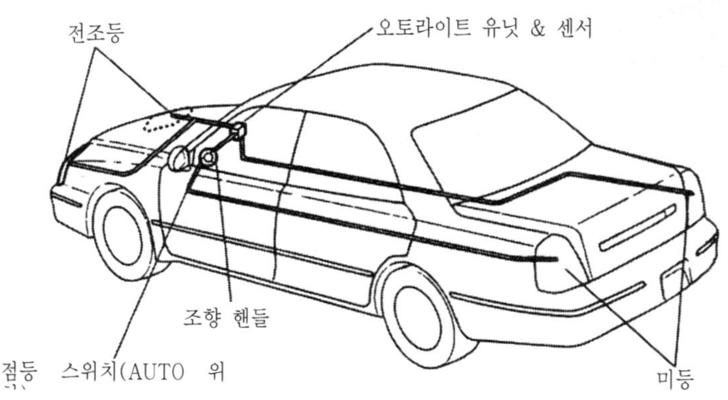

그림 9-8 오토 라이트의 부품위치

오토 라이트는 운전자가 직접 라이트 스위치를 작동시키지 않아도 조도 센서를 이용하여 주위 조도 변화에 따라 오토 모드(auto mode)에서 자동적으로 미등 및 전조등을 점등시켜주는 장치이다. 주행 중 주위의 조도가 변화하면 작동한다. 오토 라이트 장치는 크래쉬 패드 상단(조수석) 및 전면유리 중앙 상단에 센서와 유닛으로 주위의 조도 변화를 감지한다.

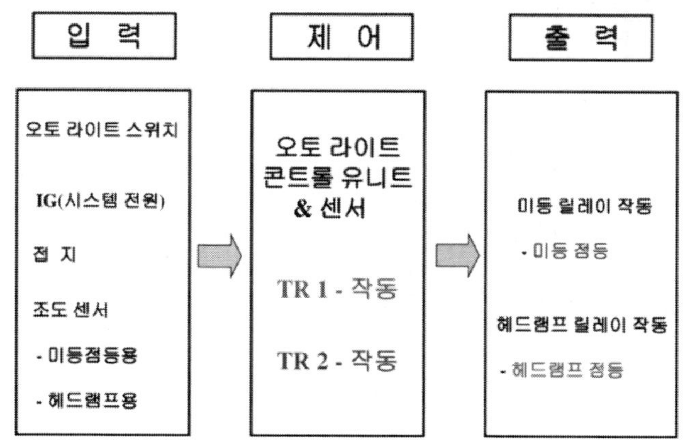

그림 9-9 오토 라이트의 입·출력 다이어그램

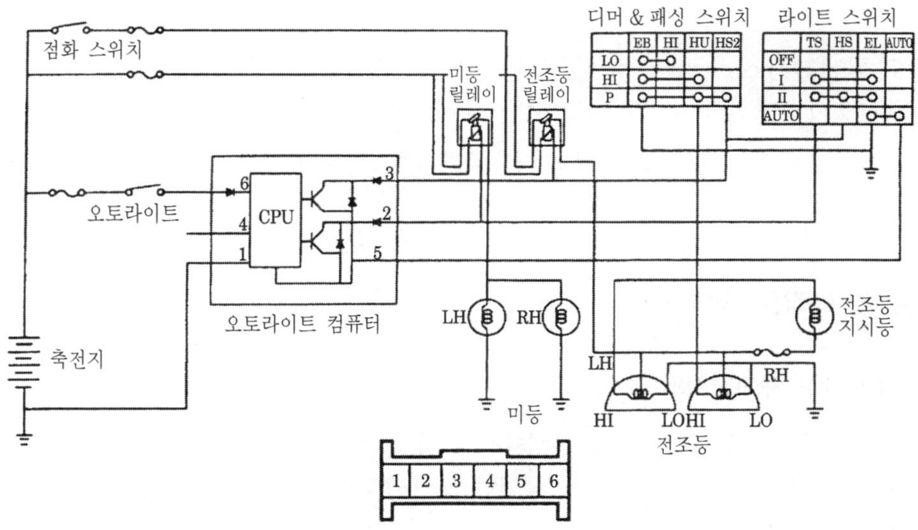

그림 9-10 오토 라이트 회로도

안개 · 눈 또는 비가 올 때, 흐린 날씨에는 반드시 수동으로 전환하여 사용하도록 하며, 조도는 주위의 환경(기후, 계절)에 따라 점등 및 소등되는 시간이 변화할 수 있고, 조도센서 주변은 청결 유지 및 가림이 없도록 한다.

2. 오토 라이트의 조도 검출원리

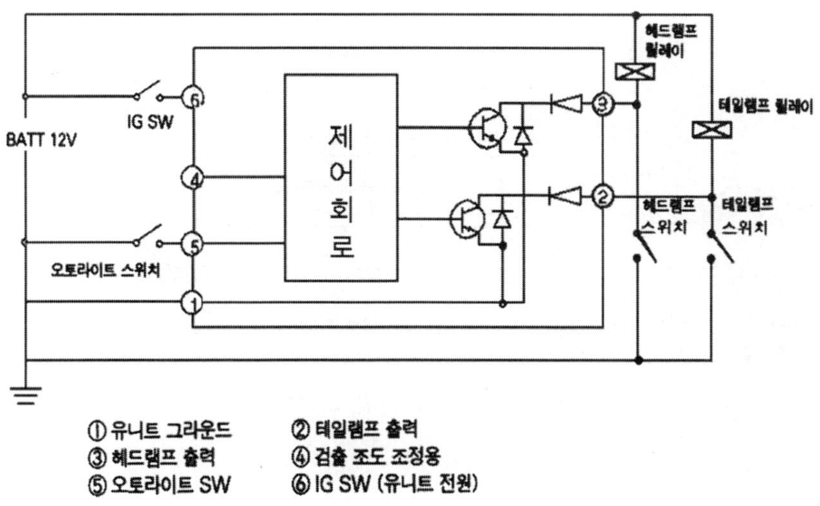

그림 9-11 오토 라이트의 전기 다이어그램

오토 라이트 내부에 설치되어 있는 광전도 셀(cds)을 이용하여 빛의 밝기를 감지한다. 광전도 셀은 광전 변환소자의 대표적인 것이며, 황화 카드뮴(CdS)셀이 빛의 강약에 따라 그 양끝의 저항 값이 변화하며 빛이 강할 경우에는 저항 값이 감소하고, 빛이 약할 경우에는 저항 값이 증가하는 특성이 있다.

특히, 광전도 셀(photo conductive Cells)인 CdS는 황화카드뮴을 주성분으로 한 광전도 소자의 일종이며, 그 특징은 조사광에 따라서 내부저항이 변화하는 일종의 저항기로 생각할 수 있다.

따라서 포토 다이오드에 비해 회로로 매우 취급하기 쉽고 광 센서이므로 저항과 같은 감각으로 사용할 수 있다.

3. 전조등 조사각도 제어장치

[1] 전조등 조사각도 제어장치의 개요

전조등 조사각도 제어장치는 자동차의 주행환경과 적재상태에 따라 전조등의 조사방향을 자동으로 조절하여 운전자의 가시거리를 확보하고, 상대방 운전자의 눈부심을 방지하여 운행할 때 안전성 향상을 목적으로 한다. 앞좌석에 사람이 탈 경우(운전자+승객)에는 작동하지 않으나, 뒷좌석에 사람이 전원 승차할 경우 및 여러 가지 조건에서 작동을 한다.

이 원리는 자동차 중심이 앞쪽보다 뒤쪽에 하중이 많이 가해졌을 때 자동차의 앞쪽이 들리면서 전조등의 눈부심이 발생하기 때문에 자동으로 전조등 조사각도를 하향으로 제어하여 정상상태로 한다.

자동차 뒤 현가 장치부분에 오토 라이트 레벨링 유닛을 설치하여 자동차의 정상적인 변화에 따른 신호에 대해 전조등에 부착된 엑츄에이터를 일정 신호로 구동하여 차체의 변화에 대해 보상이 이루어진다. HID 전조등을 설치한 자동차에는 필수적으로 사용되고 있다. 오토 라이트 수평장치의 작동순서와 작동조건은 다음과 같다.

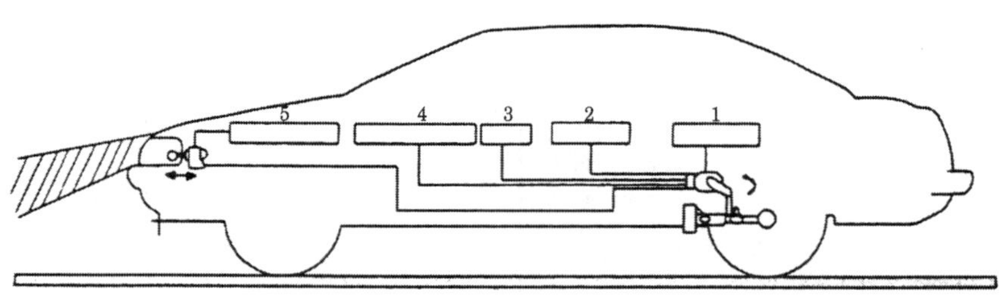

1. 오토 헤드라이트 레벨링 유닛　2. 속도신호(T/M)　3. 진단(Diagnosis)
4. 전조등 스위치 ON　5. 엑츄에이터

그림 9-12 장치의 블록 다이어그램

(1) 작동순서

① 자동차의 부하 변화에 따른 현가장치의 각도 변화
② 센서의 각도 변화량 감지
③ 제어부분은 필요한 전조등의 각도 변화 요구량 계산
④ 적절한 신호를 전조등 수평기구로의 전달 및 엑츄에이터 구동

(2) 작동조건

① IG전원 입력
② AUTO S/W는 ON상태
③ 규정값 이하의 조도가 계측되어야 점등(미등: 23.1 LUX이하, 전조등:6.2 LUX이하)
④ 정차 중에는 센서 레버가 2° 이상 변화하고, 최대 1.5초 후 전조등을 보정하여 주며, 주행 중에는 주행속도가 4km/h 이상이고 주행 속도 변화가 초당 0.8~1.6km/h 이상 속도의 변화가 없고 도로 조건에 변화가 있을 때 보정한다.

[2] 전조등 조사각도 제어장치의 구성요소

(1) 오토 라이트 레벨링 유닛

오토 라이트 레벨링 유닛을 이용하여 작동레버 상의 기계적 각도변화 및 속도신호를 감지하고, 이 유닛은 내부 제어 프로그램에 의한 엑츄에이터를 제어하는 장치이며, 뒤 센터암에 설치되어 있다.

① 레벨링 유닛 & 센서
② 센서 마운팅 브라켓
③ 링케이지
④ 링케이지 브라켓
⑤ 어시스트 암

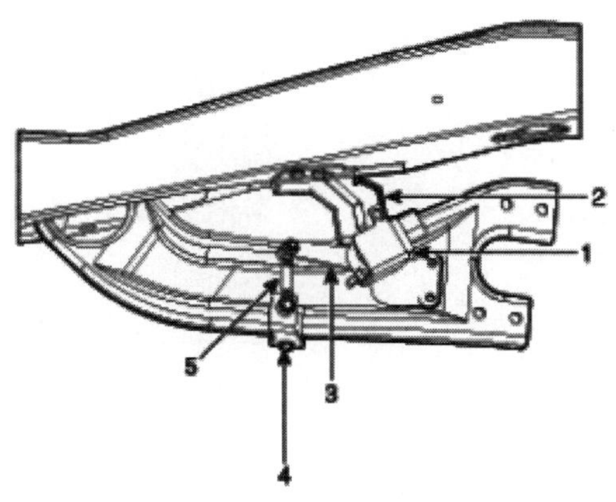

그림 9-13 오토 라이트 레벨링 유닛 설치위치

(2) 링키지

링키지는 오토 라이트 레벨링 유닛 레버와 현가장치를 연결하여 자동차의 기울기를 전달한다. 링키지는 자동차의 오토 라이트 레벨링 유닛과 현가장치의 형상에 따라 레버 길이가 차이 난다.

(3) 엑츄에이터

엑츄에이터는 자동차 기울기의 변화에 따라 오토 라이트 레벨링 유닛이 입력신호를 보내면 전조등 조사 각도를 상하로 조절한다.

연습문제

1. 전조등의 역할에 대하여 설명하시오.

2. 실드빔과 세미 실드빔형에 대하여 설명하시오.

3. 전조등의 종류 및 특징에 대하여 설명하시오.

4. 오토라이트에 대하여 설명하시오.

5. 오토라이트 제어 유닛에 대하여 설명하시오.

6. HID 안정기의 기능을 설명하시오.

제10장 안전장치 및 계기장치

10.1 방향지시등

방향지시등은 자동차의 진행방향을 바꿀 때 사용하는 것이며, 플래셔 유닛(flasher unit)을 사용하여 램프에 흐르는 전류를 일정한 주기(자동차 안전 기준상 매분 당 60회 이상 120회 이하)로 단속·점멸하여 램프를 점멸시키거나 광도를 증감시킨다. 플래셔 유닛의 종류에는 전자열선 방식, 축전기 방식, 수은 방식, 스냅 열선 방식, 바이메탈 방식, 열선 방식 등이 있으며 여기서는 현재 주로 사용하고 있는 전자열선 방식의 작동에 대하여 설명하도록 한다.

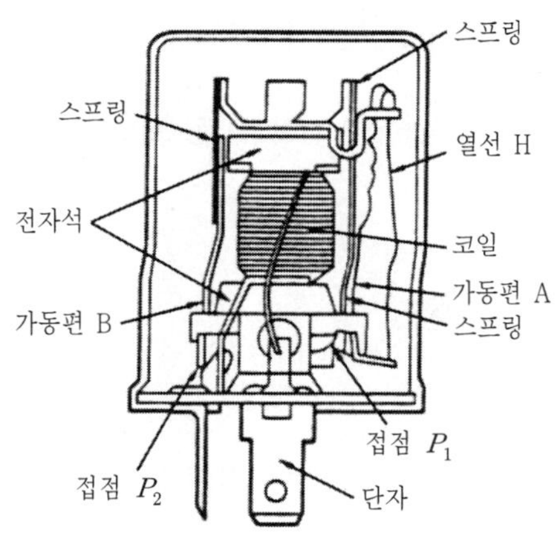

그림 10-1 전자열선 방식 플래셔 유닛의 구조

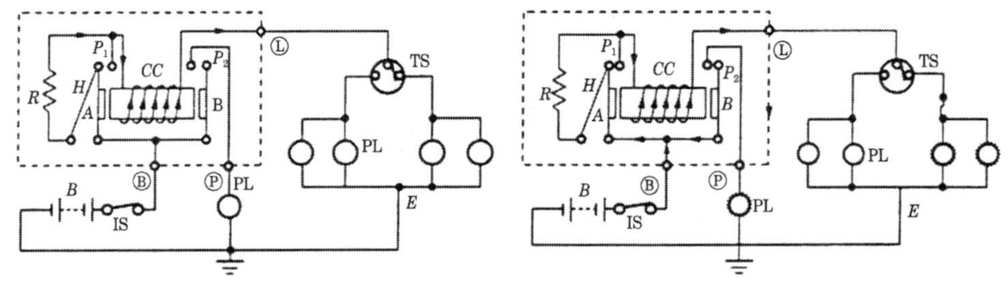

그림 10-2 전자열선 방식 플래셔 유닛의 작동도

전자열선 방식 플래셔 유닛은 열(熱)에 의한 열선(heat coil)의 신축(伸縮)작용을 이용한 것이며 중앙에 있는 전자석과 이 전자석에 의해 끌어 당겨지는 2개의 접점으로 구성되어 있다. 방향지시기 스위치를 좌우 어느 방향으로 넣으면 접점 P_1은 열선의 장력에 의해 열려지는 힘을 받고 있다. 따라서 열선이 가열되어 늘어나면 닫히고, 냉각되면 다시 열리며 이에 따라 방향지시등이 점멸하며, 접점 P_2는 파일럿 등을 점멸시킨다.

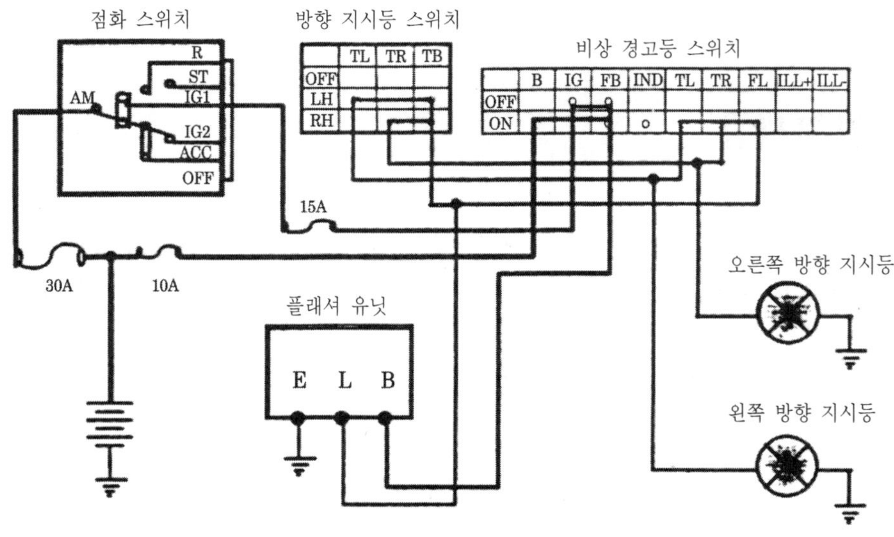

그림 10-3 방향지시등 회로

10.2 제동등

제동등은 브레이크 페달을 밟았을 때 자동차 뒤쪽에 적색으로 점등되는 램프이며 미등(tail lamp)의 일부에 조립한 겸용방식을 주로 사용한다.

미등과 겸용인 경우에는 중심의 광도가 미등의 3배 이상 되어야 한다. 그림 10-4는 미등과 제동등의 겸용방식 전구의 구조이고, 그림 10-5는 제동등 회로이다.

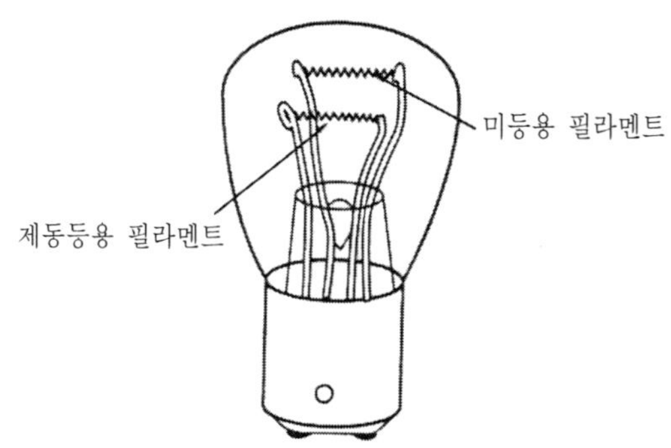

그림 10-4 겸용방식 전구의 구조

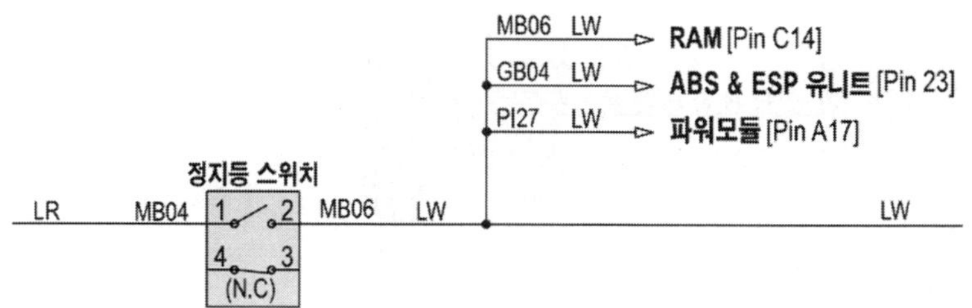

그림 10-5 제동등 회로

겸용방식은 1개의 전구 속에 2개의 필라멘트가 있으며 미등은 5~8W, 제동등은 25W 정도이다. 이때 렌즈는 적색이어야 한다.

제동등 스위치 구조는 그림 10-6에 나타낸 바와 같이 기계식과 유압식이 있다. 기계식은 브레이크 페달을 밟으면 스위치 접점이 접속되어 점등되며, 유압식은 페달을 밟으면 마스터실린더 내의 유압이 스위치의 다이어프램을 밀어 접점이 접속되어 점등된다.

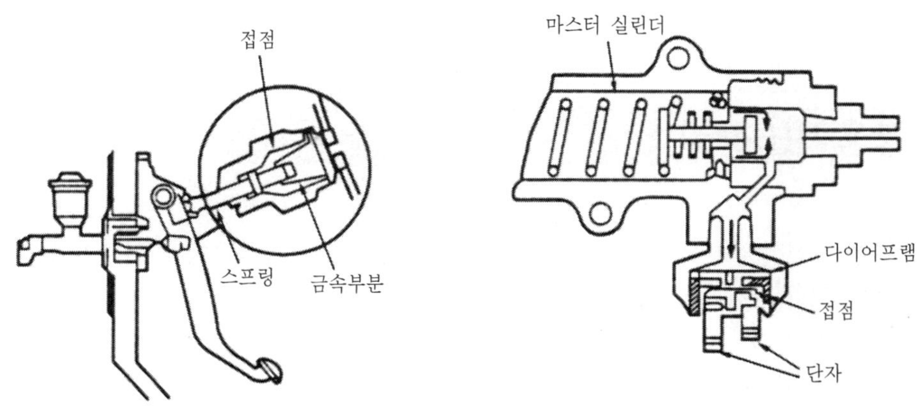

그림 10-6 제동등 스위치의 구조

10.3 후퇴등

후퇴등은 자동차가 후진할 때 뒤쪽에 장애물의 확인과 후방에 대해 자동차가 후진하고 있음을 알리는 램프이다. 후퇴등의 설치는 뒷범퍼나 미등 속에 일체로 설치하여 변속기의 변속 레버를 후진위치로 넣으면 점등되는 구조로 되어 있다.

자동변속기의 경우는 인히비터 스위치 내부의 접점에 의하여 점등되며, 전구의 용량은 5~27W 정도이며 램프는 백색이다. 스위치 구조를 그림 10-7에 나타내었다.

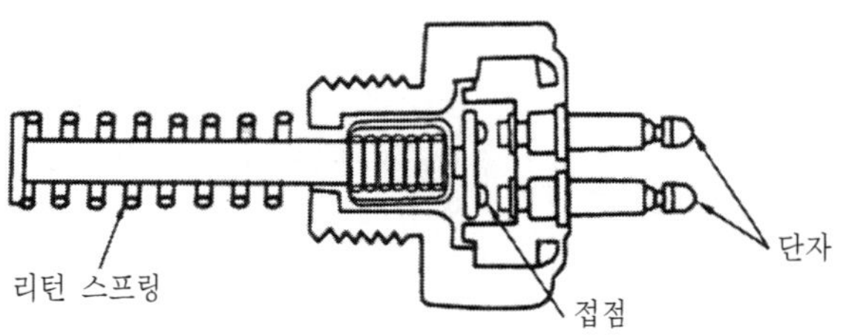

(a)수동변속기의 후진등 스위치

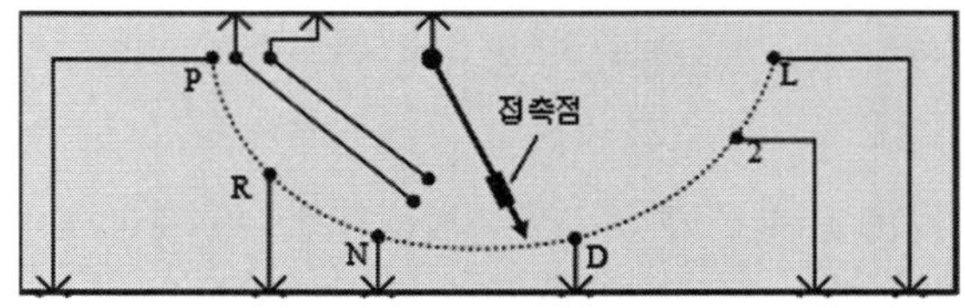

(b) 인히비터 스위치 내부구조

그림 10-7 후퇴등 스위치 및 인히비터 스위츠 회로도

10.4 경음기(Horn)

경음기의 종류에는 전자석에 의해 진동판을 진동시키는 전기식과 압축공기에 의하여 진동판을 진동시키는 공기식이 있다. 전기식 경음기는 다이어프램, 접점 및 조정너트, 진동판 등으로 구성되어 있으며, 경음기 스위치를 ON으로 하면 코일 L_1의 자력에 의해 경음기 릴레이 접점 P_1이 닫히고 전류는 축전지로부터 H단자를 거쳐 경음기로 흐른다.

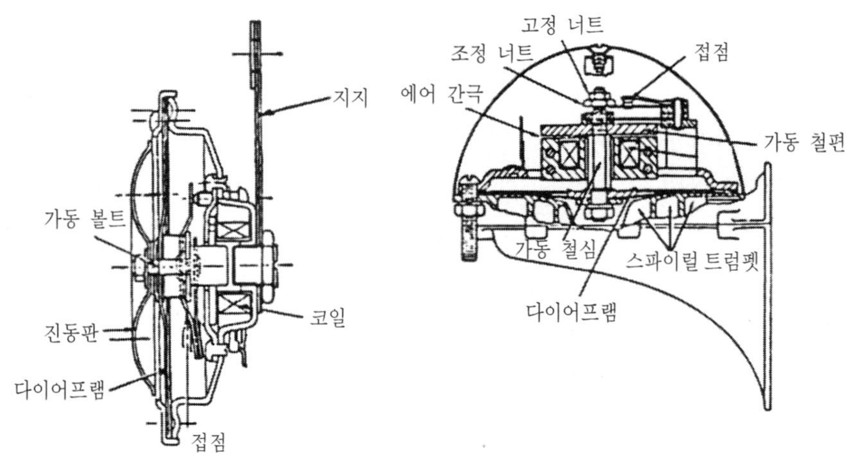

그림 10-8 경음기의 구조

경음기 코일 L_2에 전류가 흐르면 코일에 발생한 자력에 의하여 가동철심이 흡인된다. 이에 따라 가동철심의 한쪽 끝으로부터 접점 P_2 경음기 회로가 열리며, 코일의 자력이 없어져 진동판과 스프링의 탄성에 의하여 가동철심은 제자리로 복귀하며, 접점 P_2는 다시 닫힌다. 이러한 작동을 200~600회/초의 주기로 진동판을 진동시킨다.

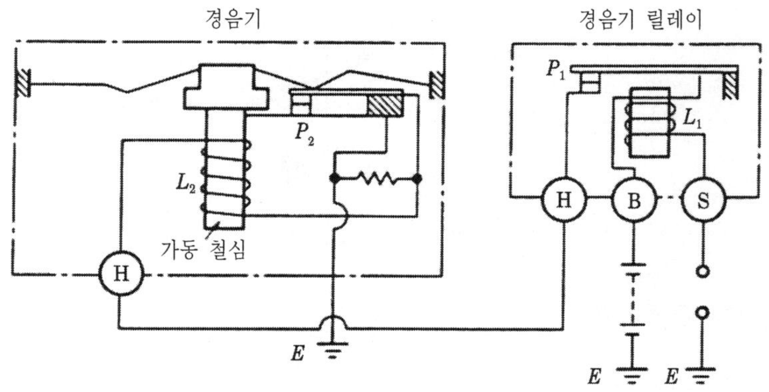

그림 10-9 전기식 경음기의 작동회로

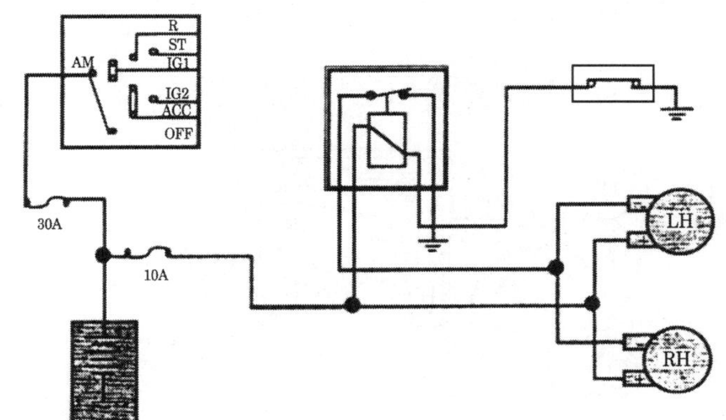

그림 10-10 경음기 회로도

10.5 윈드실드 와이퍼와 윈드실드 와셔

1. 윈드실드 와이퍼 구조와 작동

윈드실드 와이퍼는 비나 눈이 올 때 운전자의 시야가 방해되는 것을 방지하기 위해 앞 창유리를 닦아내는 작용을 한다. 구조는 와이퍼 전동기, 와이퍼 암과 블레이드 등으로 구성되어 있다.

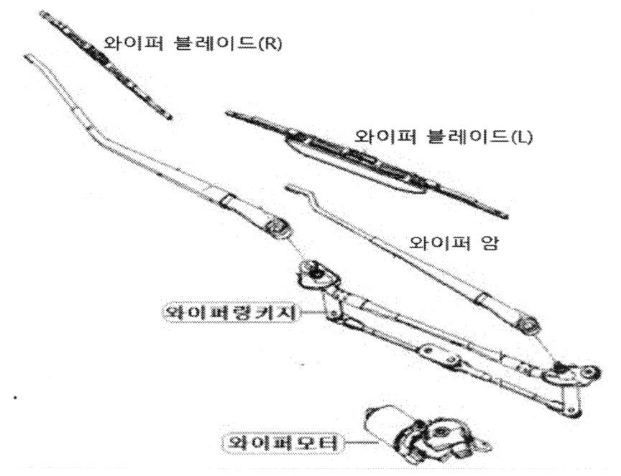

그림 10-11 윈드실드 와이퍼의 구성부품

[1] 윈드실드 와이퍼의 구성부품

(1) 와이퍼 모터(wiper motor)

와이퍼 전동기는 직류복권 전동기를 사용하며 전기자 축의 회전을 약 1/90 ~ 1/100의 회전속도로 감속하는 기어와 블레이드가 항상 창유리 아래쪽으로 내려갔을 때 정지되도록 하기 위한 자동 파킹장치 등과 저속에서 블레이드 작동속도를 조절하는 타이머 등이 함께 조립되어 있다.

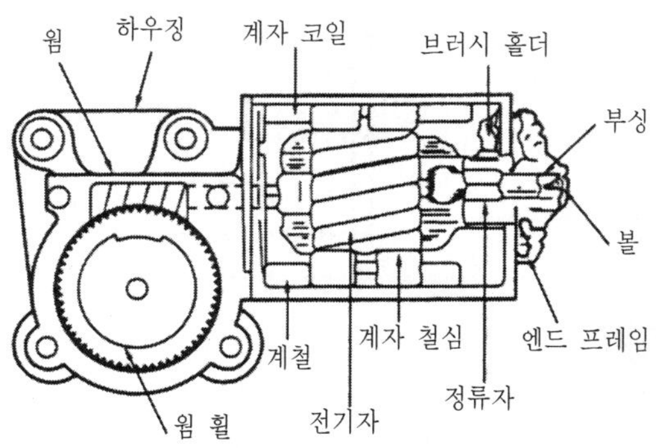

그림 10-12 와이퍼 전동기의 구조

(2) 와이퍼 암과 블레이드

와이퍼 암(wiper arm)은 그 한쪽 끝에 지지되는 블레이드를 창유리 면에 접촉시키고, 프로텍션 상자(protection box)를 통해 링크나 전동기 구동 축에 결합하는 일도 한다. 그리고 블레이드(blade)는 고무 제품이며, 창유리를 닦는 부분이다.

[2] 윈드실드 와이퍼의 작동

(1) 저속에서의 작동

저속에서의 작동은 그림 10-13의 (a)와 같이 스위치를 넣으면 직권코일(series coil) L_1과 분권코일(shut coil) L_2에 전류가 흘러 복권전동기로 작동한다. 이렇게 되면 전동기는 복권이 되어 회전력은 크고 작동속도는 일정하게 된다. 따라서 비나 눈이 적게 내리는 경우 느린 속도로 작용할 때 알맞은 상태로 된다.

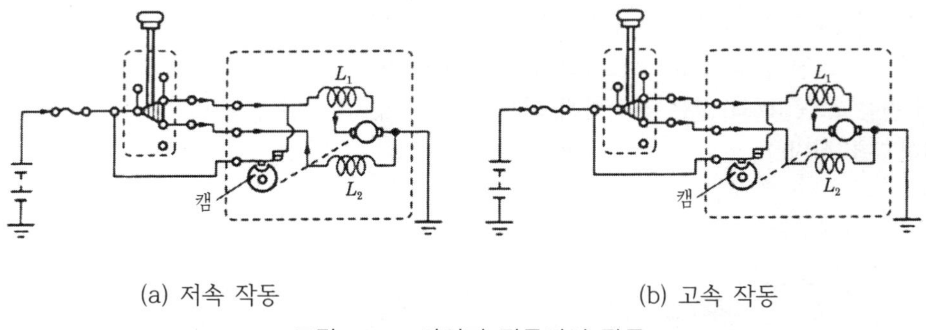

(a) 저속 작동　　　　　(b) 고속 작동

그림 10-13 와이퍼 전동기의 작동

(2) 고속에서의 작동

고속에서의 작동은 그림 10-13의 (b)와 같이 스위치를 넣으면 직권코일 L_1에 전류가 흘러서 전동기는 직권전동기가 된다. 이때 분권코일 L_2는 자속이 감소되어 작동속도는 빨라지고, 회전력은 부하에 알맞은 상태로 된다.

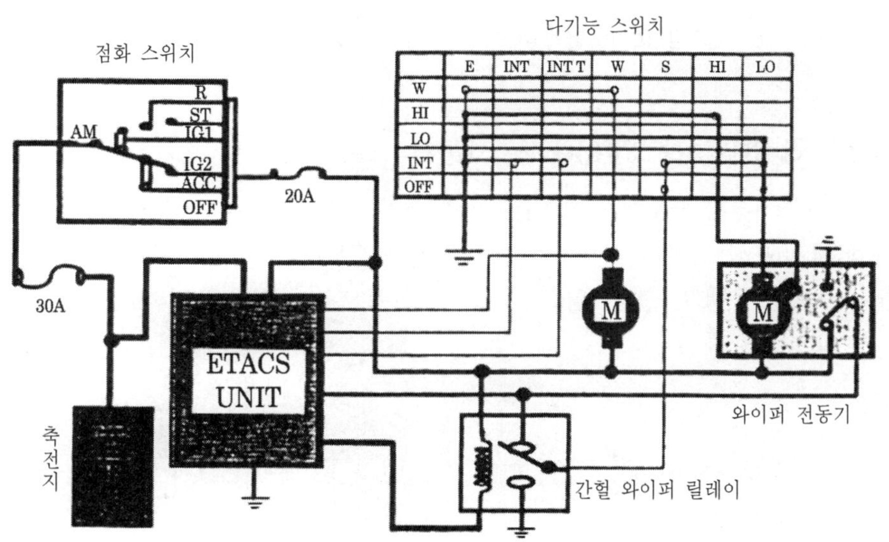

그림 10-14 윈드실드 와이퍼 회로도

(3) 블레이드 자동 정위치 정지장치의 작동

그림 10-15에 나타낸 바와 같이 와이퍼 스위치를 저속 또는 고속에서 OFF로 하면 그림 (a)와 같이 축전지 (+)단자기둥에서 나온 전류는 C_1, C_2를 거쳐 와이퍼 타임래그(time lag)릴레이 접점과 와이퍼 스위치 접점을 거쳐 LO 브러시로 흐르므로 전동기는 저속회전을 계속한다. 이때 헬리컬 기어와

일체로 되어있는 판(plate)도 화살표 방향으로 회전하여 판의 a점이 C_1, C_2를 OFF시키는 위치에 도달하면 전동기의 저속전류는 차단된다. 그 대신 C_2, C_3가 통전되기 때문에 전기자의 저속코일은 단락되며, 전기자 코일에 흐르는 전류를 차단하여도 전기자의 관성에 의해 당분간 계자 내에서 회전을 계속한다. 전동기는 발전기로 되어 전기자 코일에 기전력이 발생한다. 이에 따라 코일을 단락시키면 발전에너지가 코일의 직류저항으로 소비되므로 전기자에 급격한 제동이 걸려 회전이 급속히 정지한다. 이때 판은 그림 (b)와 같은 위치까지 회전하며 링크는 와이퍼 블레이드를 유리 면의 가장 아래쪽에 위치하도록 한다.

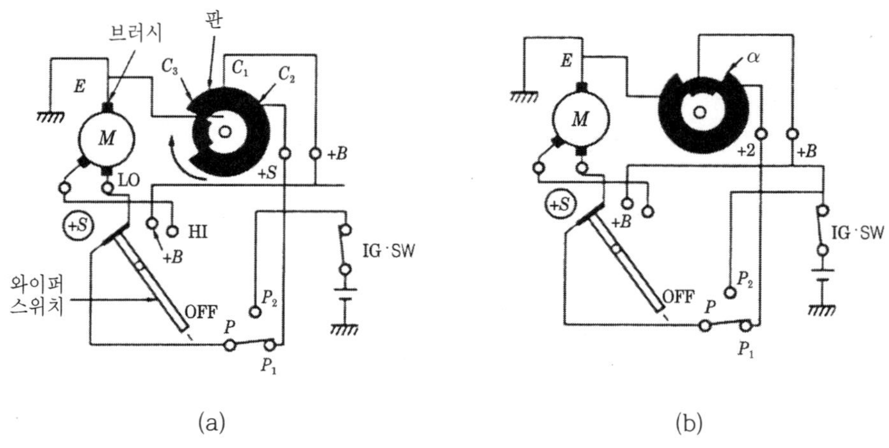

그림 10-15 블레이드 자동 정위치 정지장치의 작동

2. 윈드 실드 와셔(Wind Shield Washer)

앞 창유리에 먼지나 이물질이 묻었을 때 그대로 와이퍼로 닦으면 블레이드와 창유리가 손상된다. 이를 방지하기 위해 윈드실드 와셔를 부착하고, 와이퍼가 작동하기 전에 세정액체를 창유리에 분사하는 일을 한다. 구조는 물탱크, 모터, 펌프, 호스, 노즐 등으로 구성되어 있다.

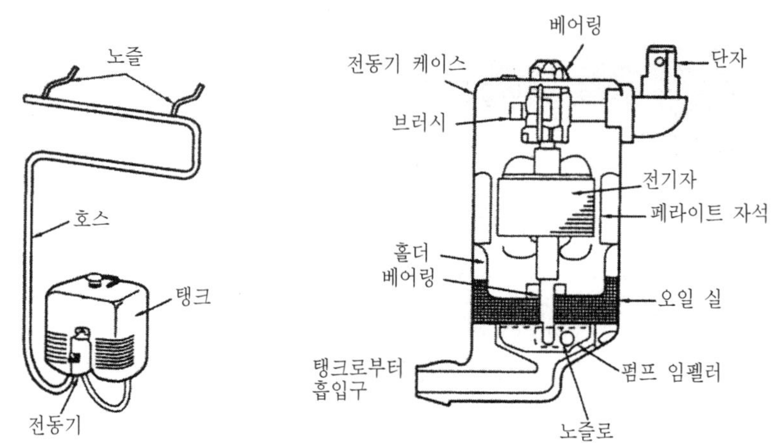

그림 10-16 윈드실드 와셔의 구성

10.6 계기장치

1. 계기장치의 계요

자동차의 계기장치는 주행상태와 각종 장치의 작동에 대한 정보를 정확하게 운전자에게 전달 및 표시하며, 운전자가 안전하게 운행하고 정비 및 점검을 예고하여 사고를 미연에 방지하도록 하는 장치이다.

즉, 자동차를 쾌적하게 운전할 수 있고, 또 교통안전을 도모하기 위해 운전 중의 자동차 상황을 쉽게 알 수 있도록 각종 계기들을 운전석 앞쪽에 계기판(instrument panel)을 설치한다.

그 주된 요소들은 속도계, 전류계(또는 충전 경고등), 유압계(또는 유압 경고등), 연료계, 온도계 등이다.

그리고, 계기의 표시방법에는 지침방식과 점등방식이 있으며, 현재는 전자회로를 이용한 전기식 계기와 발광다이오드나 형광 표지판 등의 새로운 방법으로 숫자(digital)표시나 막대 그래프(bar graph)로 지시한다.

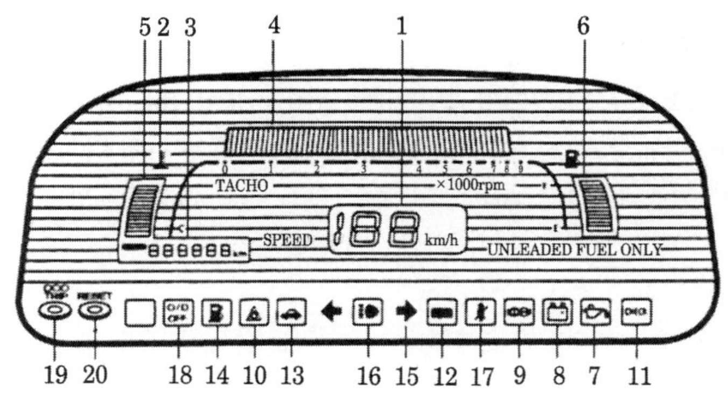

1. 속도계
2. 구간 거리계
3. 적산거리계
4. 태코미터
5. 냉각수 온도계기
6. 연료계기
7. 오일 압력 경고등
8. 충전 경고등
9. 브레이크 경고등
10. 비상 경고등
11. 자기진단 경고등
12. 도어 경고등
13. 트렁크 리드 경고등
14. 연료 잔량 경고등
15. 방향 전환표시등
16. 원등 표시등(헤드 램프)
17. 안전벨트 경고등
18. 오러드라이브 표시등 스위치(자동변속기 차량)
19. 리셋 버튼
20. 구간, 적산거리 선택 버튼

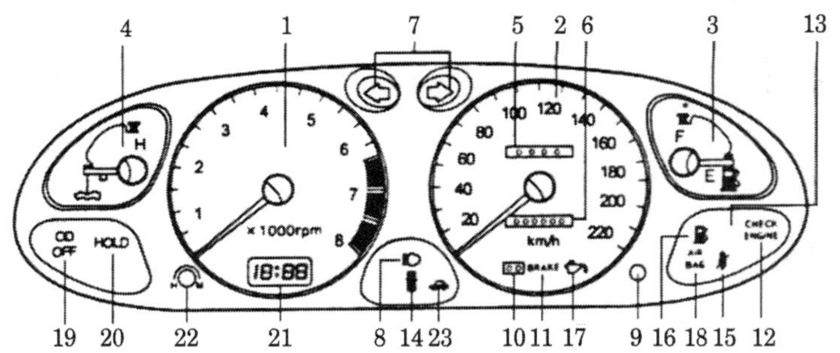

1. 태코미터 2. 속도계 3. 연료계기
4. 냉각수 온도계 5. 적산 거리계 6. 구간 거리계
7. 방향전환 표시등 8. 원동 표시등 9. 구간거리계 리셋 버튼
10. 충전 경고등 11. 브레이크 경고등 12. 자기진단 경고등
13. 엔티스키드 브레이크 경고등 14. 도어 경고등 15. 시트 벨트 경고등
16. 연료 잔량 경고등 17. 오일 압력 경고등 18. 에어백 표시등
19. 오버드라이브 표시등 20. 홀드 표시등 21. 시계
22. 시간 조정 버튼 23. 트렁크 리드 열림 경고등

그림 10-17 계기판의 구조

2. 속도계(Speed Meter)

속도계는 자동차의 주행속도를 1시간당의 주행거리(㎞/H)로 표시되며, 변속기 출력축 또는 휠의 속도를 검출하여 표시하며, 아날로그식과 디지털식으로 나누어지며, 이 중 디지털식은 1980년대에 일부 차량에 고급 옵션으로 적용되었다가 2010년대 들어 어느 정도 보편화되었다.

[1] 자석식 속도계

자석식 속도계는 영구자석이 회전하면 로터에는 전자유도 작용에 의해 맴돌이 전류가 발생하며, 이 맴돌이 전류와 영구자석의 자속과의 상호작용으로 로터에는 영구자석의 회전과 같은 방향으로 회전력이 발생한다. 따라서 로터는 헤어스프링(hair spring)의 장력과 평형되는 점까지 회전하며 이 회전각도 만큼 지침이 움직여 주행속도를 표시한다.

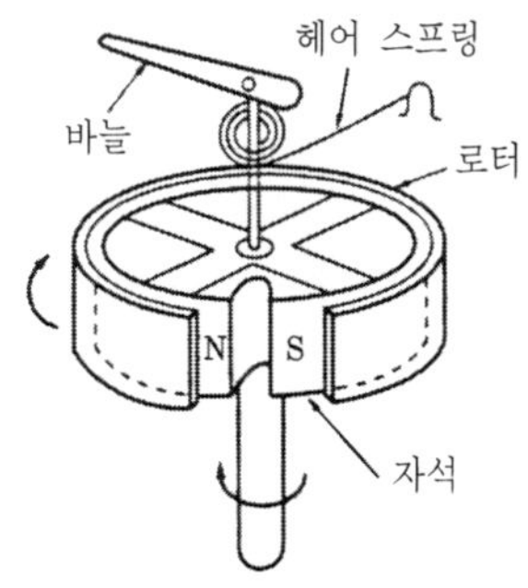

그림 10-18 자석식 속도계의 구조

[2] 전기식 속도계

전기식 속도계는 기관 회전속도계에 사용되는 가동 코일형 전류계를 사용한다. 가동 코일형 전류계는 플레밍의 왼손법칙에 따라 영구자석과 가동코일의 전자력에 의한 회전력을 이용하여 리드스위치(lead switch), 홀(hall) IC, 자기 저항소자 등을 작동시켜 펄스(pulse)로 검출한다. 이 펄스를 전자회로에서 처리하여 주행속도와 같은 펄스 수에 비례하는 전류의 크기에 따라 회전속도계에 속도를 나타낸다.

[3] 전자식 속도계

전자식 속도계는 전기식 속도계의 전자회로를 보완하고 발광다이오드, 형광 표지판 등을 이용한 숫자 표시방법과 막대 그래프 표시방법이 있다.

3. 연료계와 연료면 표시등

연료계는 연료 탱크 내의 연료 보유량을 표시하는 기구이며, 계기 방식과 연료면 표시기 방식이 있다. 계기 방식에는 밸런싱 코일 방식, 서모스탯 바이메탈 방식, 바이메탈 저항 방식 등이 있다. 여기서는 현재 주로 사용되고 있는 밸런싱 코일 방식에 대해서만 설명하기로 한다.

[1] 연료계(Fuel Gauge)

밸런싱 코일방식은 계기부분과 탱크유닛(tank unit)부분으로 되어 있으며, 탱크유닛 부분에는 뜨개(float)의 상하 작동에 따라 이동하는 이동 암에 의해 저항이 변화하는 가변저항이 들어 있다. 작동은 연료 보유량이 작을 때에는 저항 값이 커 코일 L_2의 흡입력보다도 코일 L_1의 흡입력이 크기 때문에 바늘이 E(empty)쪽에 있게 된다. 반대로 연료 보유량이 많을 때에는 저항 값이 작아지며 이에 따라 코일 L_2의 흡입력이 증가한다. 따라서 바늘이 F(full)쪽으로 이동하여 머물게 된다.

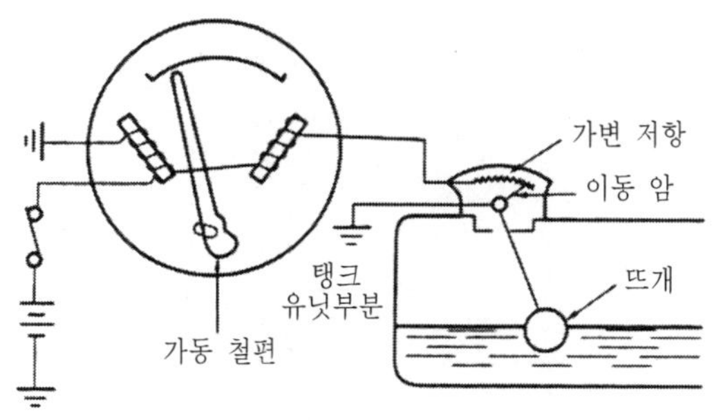

그림 10-19 밸런싱 코일방식 연료계

4. 연료면 표시등

이 방식은 연료탱크 내의 연료 보유량이 일정 이하가 되면 램프(lamp)를 점등하여 운전자에게 경고하는 것이다. 작동은 연료가 조금 남아 접점 P_2가 닫히면 바이메탈 릴레이의 열선(heat coil)에 전류가 흐르며, 발열(發熱)로 바이메탈이 구부러져 10~30초 사이에 접점 P_1을 닫아 램프를 점등시킨다.

또 바이메탈 열선에 10~30초간 전류가 흐르지 않으면 접점 P_1이 닫히지 않기 때문에 자동차의 진동으로 순간적으로 접점이 닫혀도 램프가 점등되지 않는다.

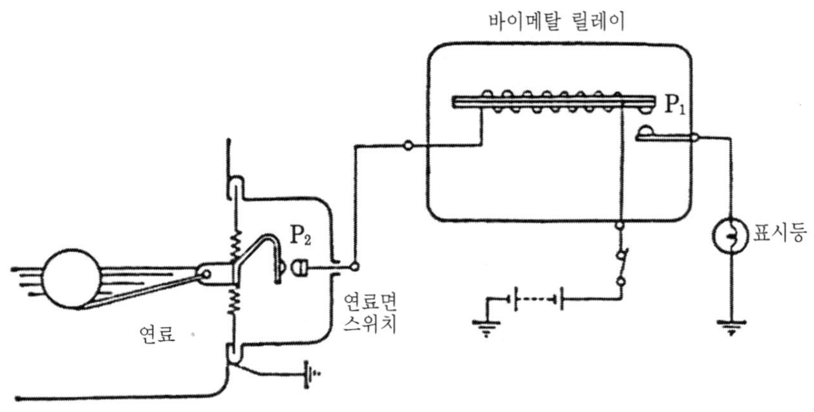

그림 10-20 연료면 표시등

5. 유압계와 유압 경고등

[1] 유압계(Oil Pressure Gauge)

유압계는 기관의 오일펌프에서 윤활회로로 순환하는 유압을 표시하는 계기이며, 유압은 일반적으로 가솔린기관은 2~3kgf/cm^2, 디젤기관은 3~ 4kgf/cm^2 정도이다. 유압계의 형식에는 바이메탈방식과 밸런싱 코일방식이 있다.

(1) 바이메탈 방식

이 방식은 그림 10-21에 나타낸 바와 같이 유압을 나타내는 수신부분과 유압을 검출하는 송신부분 및 이들을 연결하는 배선으로 구성되어 있다.

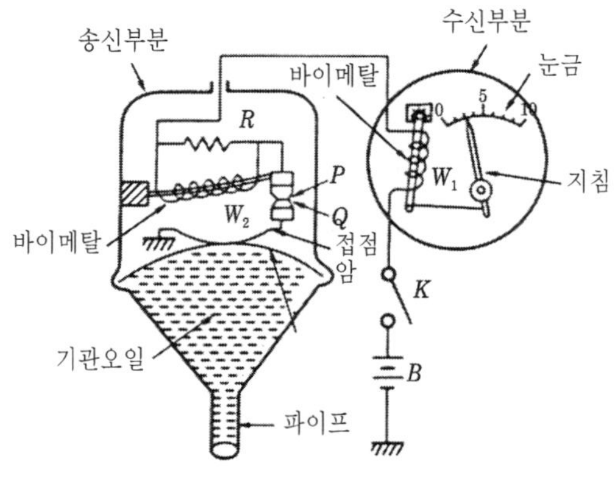

그림 10-21 바이메탈방식 유압계의 구조

그리고 바이메탈이란 열팽창계수가 크게 다른 두 종류의 얇은 금속판을 서로 맞붙인 것으로 한 끝을 고정하고 열을 가하면 다른 끝이 구부러져 열을 기계적인 힘으로 변화시키는 기구를 말한다.

바이메탈 방식의 작동은 다음과 같다. 다이어프램은 유압에 의해 그 위치의 접점 암과 접촉하여 직접 P, Q가 서로 가볍게 접촉된 상태에서 스위치 K를 넣으면 전류는 다음과 같이 흐른다.

$$\text{축전지}(B) \rightarrow W_1 \rightarrow \begin{bmatrix} W_2 \\ R \end{bmatrix} \rightarrow P \rightarrow Q \rightarrow \text{접점 암} \rightarrow \text{접지}$$

먼저 그림 10-22의 (a)에 나타낸 바와 같이 기관이 시동되어도 다이어프램에 가해지는 유압이 낮을 때에는 접점 암에 의해 접점은 가볍게 접촉되어 수신부분과 송신부분의 열선에 전류가 흐른다. 그러나 접점의 접촉압력이 작아진 상태에서 열선에 열이 발생하므로 바이메탈이 구부러져 접점이 열린다.

이와 같이 송신부분의 접점이 매우 짧은 시간 동안 닫혀 있기 때문에 수신부분의 열선이 적게 가열되어 바이메탈의 휨 양도 적으므로 지침의 움직임도 작다. 그러나 유압이 높아지면 그림의 (b)에 나타낸 바와 같이 다이어프램이 접점 암을 강하게 밀어 붙여 접점의 접촉도 강해지므로 바이메탈은 그 압력에 대응한 만큼 휘어진다. 따라서 수신부분의 열선에 전류 흐름시간도 길어지고, 바이메탈도 많이 휘어 지침의 움직임이 커진다.

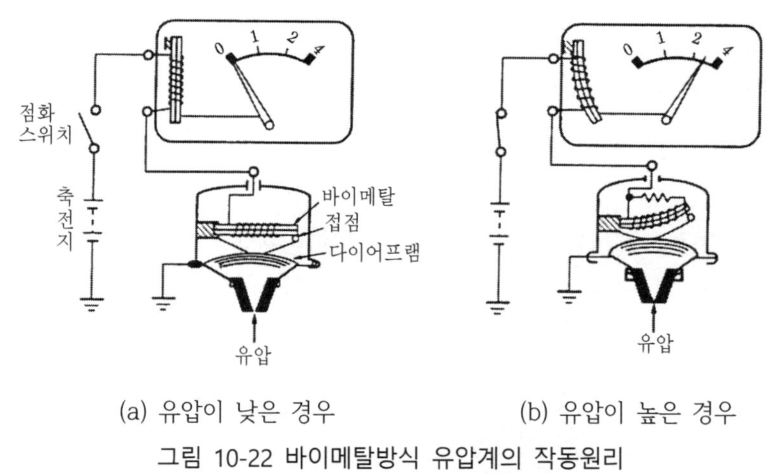

(a) 유압이 낮은 경우 (b) 유압이 높은 경우

그림 10-22 바이메탈방식 유압계의 작동원리

(2) 밸런싱 코일 방식

밸런싱 코일 방식(balancing coil type)은 그림 10-23에 나타낸 바와 같이 계기부분과 유닛부분으로 구성되어 있다. 유닛부분은 일종의 가변 저항기이며, 이동 암의 움직임에 따라 저항이 변화한다. 그림에서 C_1에는 축전지 전압이 가해지며 이에 의해 발생한 자속이 가동 철편을 눈금 판의 L(Low)쪽이 정지하도록 작용한다.

한편 C_2에서 발생하는 자속은 가동 철편을 눈금 판의 H(High)쪽으로 회전시키려고 하는 방향으로 작용한다. 이에 따라 가동 철편은 L쪽에 정지시키려는 코일 C_1의 힘과 H쪽으로 회전시키려는 코일

C_2의 힘이 합성된 방향으로 움직인다. 작동은 다음과 같다. 유압이 낮을 때에는 유닛부분의 다이어프램의 변형이 적고 이동 암의 저항 값이 크기 때문에 코일 C_2에는 적은 전류가 흐른다. 이에 따라 가동 철편에는 거의 코일 C_1만의 흡입력이 작동하여 지침이 L쪽에 머물도록 한다.

반대로 유압이 높을 때에는 다이어프램의 변형이 크게 되며, 이에 따라 이동 암이 움직여 저항 값이 작아진다. 따라서 코일 C_2의 흡인력이 커져 지침이 H쪽에서 머물게 한다.

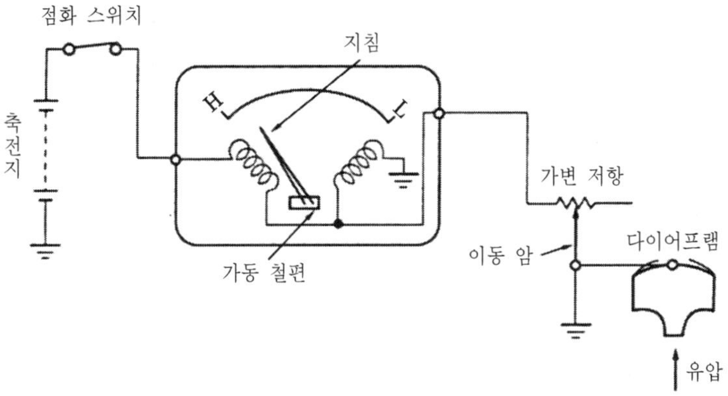

그림 10-23 밸런싱 코일방식 유압계

[2] 유압 경고등(Oil Warning Lamp Type)

유압 경고등은 기관이 작동되는 도중 유압이 규정 값 이하로 떨어지거나 오일량이 부족하면 경고등이 점등되는 방식이다.

작동은 유압이 규정 값에 도달하였을 때에는 유압이 다이어프램을 밀어 올려 접점을 열어서 소등되고, 유압이 규정 값 이하가 되면 스프링의 장력으로 접점이 닫혀 경고등이 점등된다.

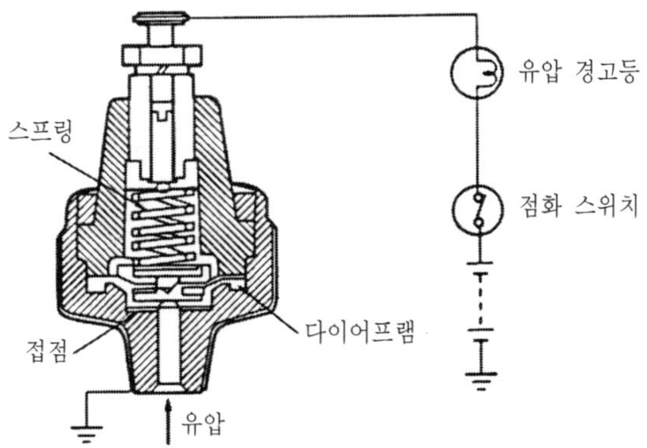

그림 10-24 유압 경고등의 회로

6. 전류계와 충전 경고등

[1] 전류계(Ampere Meter)

전류계는 축전지의 충·방전 상태와 그 크기를 알려주는 계기이다. 눈금 판은 0을 중심으로 하여 좌우로 균일하게 눈금이 새겨져 있으며 0에서 오른쪽으로 바늘이 움직이면 충전을, 왼쪽으로 움직이면 방전을 표시한다. 그리고 전류의 크기는 바늘의 움직임 크기로 표시하며, 전류계는 바이메탈을 이용하지 아니하고 영구 자석과 전자석으로 조립되어 있다.

[2] 충전 경고등

충전 경고등은 경고등의 점멸로 충·방전 상태를 표시한다. 즉, 기관이 정상 작동 중에 축전지를 중심으로 한 충전 계통이 정상이면 소등되고, 이상이 있으면 점등되어 경고한다. 종류에는 스테이터 코일의 결선 중성점의 전압을 검출하여 릴레이를 개폐시켜 충전 경고등을 점멸하는 3상 중성점 검출 방식과 스테이터 코일의 3상 단자 중 1개의 단자와 접지 사이의 전압을 검출하여 작동시키는 단상 전압검출 방식이 있다.

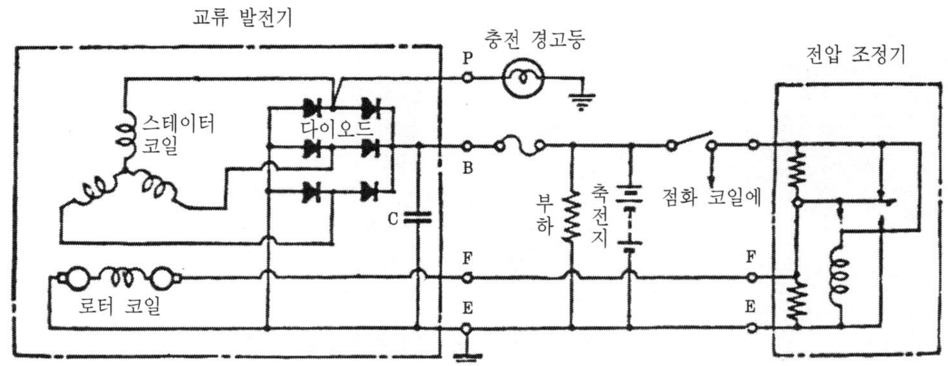

그림 10-25 단상 전압검출 방식의 회로도

7. 온도계(Water Temperature Gauge)

온도계는 실린더헤드 물 재킷의 냉각수 온도를 나타내는 것으로 수온계라고도 부른다. 온도계의 형식에는 밸런싱 코일 방식, 바이메탈 방식, 바이메탈 저항 방식 등이 있다.

[1] 밸런싱 코일 방식

이 방식은 그림 10-26에 나타낸 바와 같이 수신부분은 2개의 코일과 가동철편 및 지침으로 구성되어 있고, 송신부분은 서미스터(thermistor)를 이용한다. 서미스터는 그림 10-27에 나타낸 바와 같이 온도에 의해 저항 값이 변화하는 성질을 이용한 반도체이며, 송신부분에 조립되어 실린더헤드 물 재킷에 설치한다. 냉각수 온도가 낮으면 서미스터의 저항 값이 높기 때문에 수신부분의 코일 L_1에 흐르는 전류가 커 가동철편은 코일 L_1쪽으로 회전하여 지침을 C(Cool)쪽으로 움직이고, 온도가 올라가면 서미스터의 저항 값이 낮아지기 때문에 수신부분 유닛 내에 흐르는 전류는 L_2쪽으로 많이 흘러 L_2쪽으로 회전하여 지침은 H(High)쪽으로 움직인다. 두 코일에 흐르는 전류가 같을 때에는 두 코일에 발생하는 자장도 같으므로 지침은 중간에 머문다.

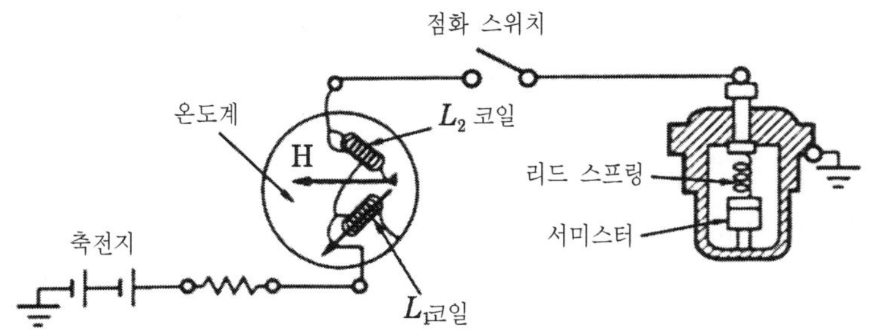

그림 10-26 밸런싱 코일방식 온도계의 회로도

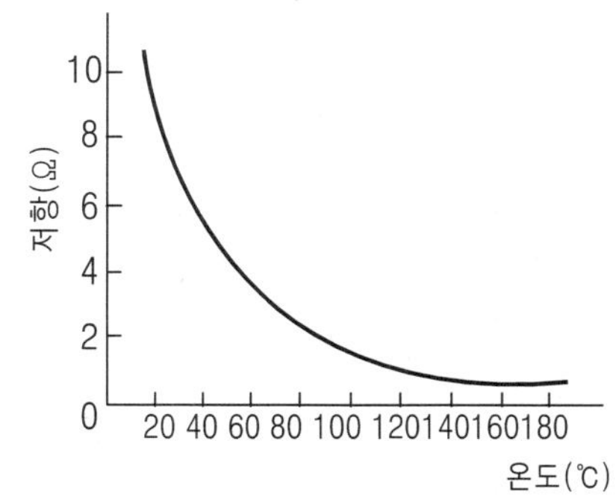

그림 10-27 서미스터의 온도와 저항과의 관계

[2] 바이메탈 방식(Bimetal Type)

이 방식은 그림 10-28에 나타낸 바와 같이 송신부분과 수신부분 모두 바이메탈 구성되어 있으며, 특히 송신부분의 바이메탈은 상온에서 접점이 닫히도록 되어 있다. 송신부분의 바이메탈은 110℃에서 접점이 열리게 되므로 점화스위치를 OFF로 하기 전에는 지침은 항상 최고 위치를 가리킨다. 작동은 다음과 같다.

냉각수 온도가 낮으면 송신부분의 접점이 강하게 닫힌다. 이 접점을 열기 위해서는 열선의 통전시간이 길어져야 하므로 수신부분의 바이메탈도 이에 따라 열을 받으므로 크게 휘어져 지침은 C쪽으로 이동한다.

냉각수 온도가 높아지면 송신부분의 접점이 닫히는 압력이 약해지고 열선의 통전시간도 짧아지므로, 수신부분 바이메탈의 휨도 그만큼 적어지기 때문에 지침은 H쪽을 가리킨다.

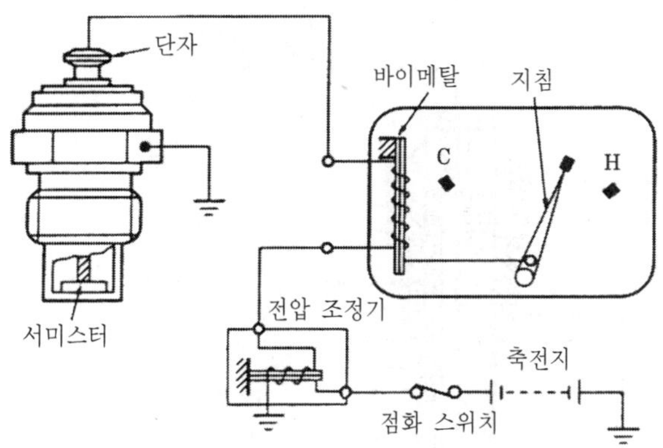

그림 10-28 바이메탈방식 온도계 회로도

[3] 바이메탈 저항 방식

이 방식은 그림 10-29에 나타낸 바와 같이 송신부분에는 냉각수 온도에 따라 변화하는 가변 저항기로 되어 있고, 수신부분은 바이메탈을 사용한다. 냉각수 온도가 높아지면 저항 값이 작아져 전류흐름이 커진다. 이 전류는 직렬로 접속된 열선에 흘러 바이메탈을 가열하여 전류 흐름량에 비례한 만큼 휘므로 지침을 움직여 냉각수 온도를 표시한다. 바이메탈 저항방식은 전류 흐름량에 의해 지시 값이 변동되므로 전원 전압이 변동하면 따라서 지시 값의 오차가 발생한다. 이것을 방지하기 위해 전압 조정기 내에 열선에 의한 바이메탈을 설치하여 오차를 방지한다.

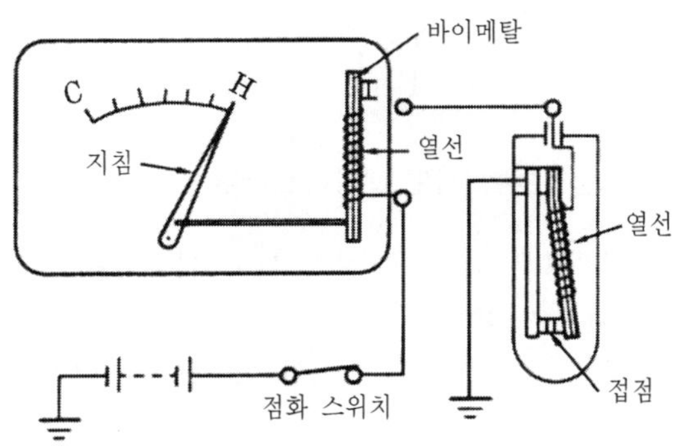

그림 10-29 바이메탈 저항방식 온도계 회로도

[4] 수온 경고등 방식

이 방식은 그림 10-30에 나타낸 바와 같이 송신부분에 바이메탈을 설치한 방식과, 그림 10-31에 나타낸 바와 같이 서모 페라이트(thermo ferrite type)온도센서를 사용하는 방식이 있다. 바이메탈 방식은 냉각수 온도가 규정온도 이상되면 바이메탈이 작용하여 접점을 닫아 경고등이 점등된다.

서모 페라이트 온도센서 방식은 어떤 온도에 도달하면 자력선을 통과시키지 못하는 즉, 투자율이 낮은 합금(Mn-Zn계열)을 자석 사이에 넣고 리드스위치를 설치한 것으로 접점이 항상 열려 있는 상시 개로형과 항상 닫혀 있는 상시 폐로형이 있다.

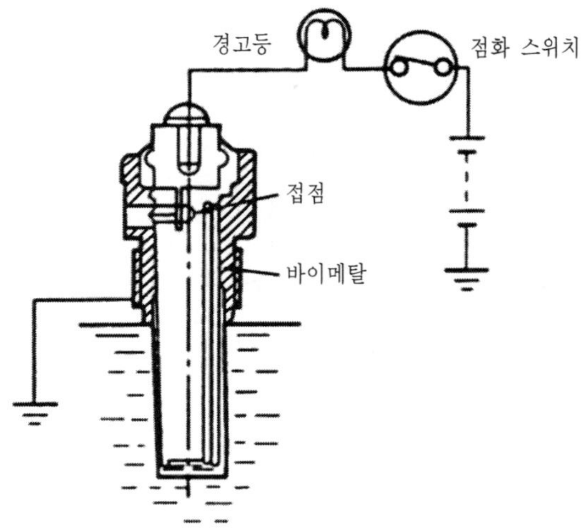

그림 10-30 바이메탈 방식

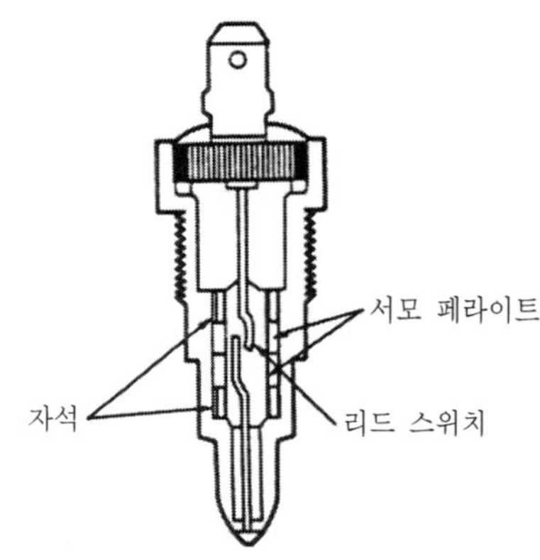

그림 10-31 서모 페라이트 온도센서 방식

상시 개로형은 그림 10-32의 (a)에 나타낸 바와 같이 서모 페라이트 2개 사이에 비자성체인 스페이스(space)를 넣은 것으로 리드스위치는 항상 OFF상태로 되어 있으며, 일정온도 이상되면 그림의 (b)와 같이 서모 페라이트가 상자성체가 되어 자속은 점선으로 표시한 방향으로 통과하여 스위치를 ON으로 하여 경고등을 점등한다.

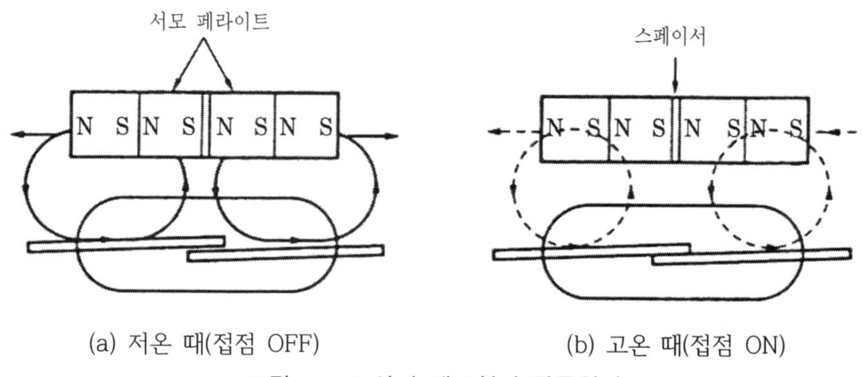

(a) 저온 때(접점 OFF) (b) 고온 때(접점 ON)

그림 10-32 상시 개로형의 작동원리

8. 기관 회전속도계(Engine Taco-Meter)

기관 회전속도계는 기관의 회전속도를 측정하는 계기이며, 형식에는 자석식, 발전식, 펄스식 등이 있으며, 자석식 회전속도계는 2륜 차량 등에서 사용된다.

[1] 발전식 회전속도계

발전식 회전속도계는 그림 10-33에 나타낸 바와 같이 지시부분과 발전부분으로 구성되며, 지시부분에는 가동 코일형의 전압부분과 다이오드를 이용한 정류회로가 설치되어 있다. 발전부분은 교류발전기와 같은 구조이며, 영구자석인 로터(rotor)가 기관에 의해 구동되면 회전속도에 비례하는 전압이 스테이터 코일에서 발생한다. 이 전압을 4개의 다이오드로 전파 정류하여 가동코일의 지시부분으로 보내어 지침을 움직인다. 이때 발생전압은 기관의 회전속도에 비례하여 발생하므로 눈금을 회전속도로 나타내기 때문에 기관의 회전속도(rpm)를 알 수 있다. 이 형식은 디젤기관에서 주로 사용한다.

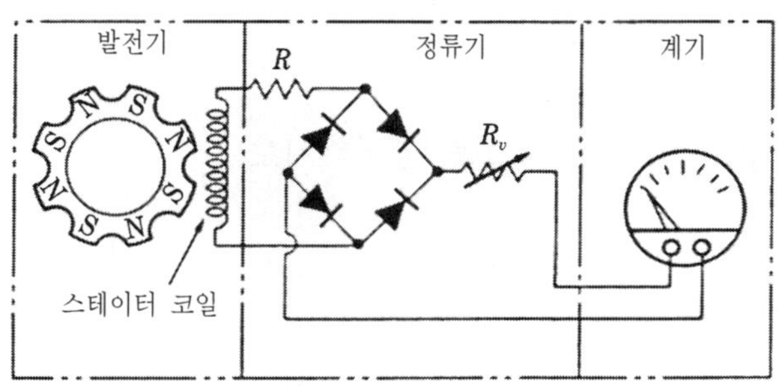

그림 10-33 발전식 회전속도계의 작동원리

[2] 펄스식 회전속도계

펄스식 회전속도계는 그림 10-34에 나타낸 바와 같이 가동 코일형 전류계와 기판으로 구성되어 있다. 이 방식에서는 기관의 회전속도를 점화장치의 파워트랜지스터 신호에 의해 검출하므로 가솔린기관에서 주로 사용한다.

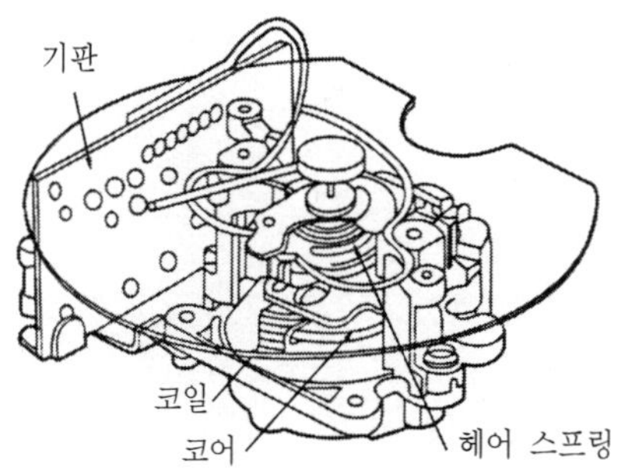

그림 10-34 펄스식 회전속도계의 구조

연습문제

1. 플레셔 유닛의 기능을 설명하시오.

2. 제동등 전구의 점검방법을 설명하시오.

3. 방향지시등은 클러스터에 점등되고 점멸하지 않는 원인에 대하여 설명하시오.

4. 엔진온도계의 종류 중 밸런싱 코일방식에 대하여 설명하시오.

5. 평형경음기의 특징과 음량조절 방법을 설명하시오.

6. 유압경고등 검출방법을 설명하시오.

제11장 운전 편의장치

11.1 음성경보장치(VAS, Voice Alarm System)

1. 음성경보장치의 개요

자동차 운행 중에 발생하는 각종 정보는 계기판에 표시된다. 그러나 운전 중 계기판에 점등되었다고 하더라도 확인하기란 쉽지 않다. 또 경고등은 운전자가 직접 확인하여 알 수 있다. 이러한 문제점을 보완하기 위해 최근에 적용된 IPM(Intelligent integrated Platform Module)는 시각적 정보와 청각적 정보를 제공하고 다양한 차량 기능을 제어한다. 정보를 주고 받기위해 IPM은 CAN 버스 통신 네트워크를 통해 정보 교류을 한다.

음성경보장치는 운전자의 안전과 편의를 돕기 위해 자동차의 주요상태를 운전자에게 음성 메시지로 알려주어 안전운행을 극대화하는데 그 목적이 있다. 그리고 이 장치는 필요한 경우에만 작동되도록 음성경고 조작스위치가 별도로 있다. 음성경보장치는 그림 11-1에 나타낸 바와 같이 자동차 운행 중 발생하는 각종신호를 종합경보 장치부터 수신하여 음성으로 출력하는 것이다.

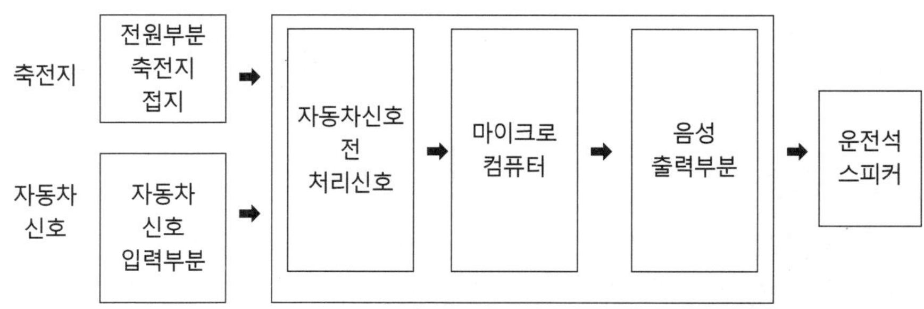

그림 11-1 음성경보장치의 입·출력도

2. 음성경보장치(VAS)의 기능

(1) 경고 제어

시트밸트경고, 키 리마인더(작동) 경고, 주차브레이크 경고, 외장 버저 출력제어, 아람 혼 제어, RPAS off모드 표시 제어, RPAS 제어 등이 있다.

(2) 부저작동

경고음 제어 기능을 위해 두 종류의 부저가 사용된다.

하나는 내장 경고 부저(클러스터에 의해 제어), 다른 하나는 외장 버저(IPM에 의해 제어)

[1] 음성경보장치의 입력기능

(1) 도어(door) 열림 경보

도어 열림 경보는 기관을 시동한(발전기 "L" 단자 입력)직후 자동차가 정지된 상태에서 도어상태를 점검하여 도어가 열려 있으면 우선순위에 따라서 경보문을 1회 출력한다. 자동차가 주행할 경우에도 도어상태를 점검하여 도어가 열려 있으면 우 순위에 따라서 경보문을 1회 출력한다. 경보주기는 자동차가 주행할 경우에는 30초 간격으로 도어상태를 점검하여 도어가 열려 있으면 경보문을 1회 출력하며, 도어를 닫았다가 다시 열었을 때에는 30초 이전이라도 경보문을 출력한다.

(2) 주차브레이크 작동 경보

주차브레이크 작동 경보조건은 주행속도가 3~4Km/h 이상되었을 때 주차 브레이크가 잠겨있으면 경보문을 1회 출력한다. 경보주기는 자동차 주행 중 30초 간격으로 주차 브레이크를 점검하여 잠겨 있으면 다시 경고한다. 또, 주차 브레이크를 풀었다가 다시 잠근 경우에는 30초 이전이라도 경보문을 출력한다.

(3) 트렁크(trunk) 열림 경보

트렁크 열림 경보조건은 기관 시동직후 트렁크 상태를 점검하여 트렁크가 열려 있으면 우선순위에 따라서 경보문을 1회 출력한다. 그리고 자동차가 주행할 때도 트렁크 상태를 점검하여 트렁크가 열려 있으면 우선순위에 따라서 경보문을 1회 출력한다. 경보주기는 자동차가 주행할 때 30초 간격으로 트렁크상태를 점검하여 트렁크가 열려 있으면 경보문을 1회 출력하며 트렁크를 닫았다가 열었을 때는 30초 이전이라도 경보문을 출력한다.

(4) 상향 빔(High Bean) 작동 경보

상향 빔 작동 경보조건은 점화스위치가 ON상태이고, 상향 빔 경고등 ON 후 5분 동안 계속 상향 빔이 켜져 있으면 경보문을 1회 출력한다. 경보주기는 상향 빔 ON 후 5분 주기로 점검하여 상향 빔이 켜져 있는 경우 경보문을 1회 출력한다.

(5) 연료 보유량 부족 경보

연료 보유량 부족 경보조건은 기관 시동 후 연료 보유량 부족 경고등이 점등하면 경보문을 1회 출력한다. 경보주기는 10분마다 경보문을 출력하며 조치 후 다시 이상이 발생되면 10분 이전이라도 경보한다.

(6) 기관오일 부족경보

기관오일 부족 경보조건은 기관 시동 후 유압 경고등 점등하면 경보문을 1회 출력한다. 경보주기는 5분마다 경보문을 출력한다. 조치 후 다시 이상이 발생하면 5분 이전이라도 경보를 발생한다.

(7) 안전띠 미착용 경보

안전띠 미착용 경보조건은 기관 시동 후 주행속도가 1Km/h 이상일 경우 경보문을 1회 출력하고 재시동 이전에는 출력이 없다.

(8) 축전지 방전 경보

축전지 방전 경보조건은 기관 시동 후 발전기 L단자 전압이 9.5V 이하로 3초를 경과하면 경보문을 1회 출력한다. 경보주기는 경보출력 후 5분 간격으로 신호를 점검하여 경보문을 1회 출력한다.

(9) 점화스위치 미회수 경보

점화스위치 미회수 경보기능은 점화스위치 ON상태에서 자동차의 주행속도 3~4Km/h 이하인 경우 점화스위치가 꽂혀 있는 상태에서 운전석 쪽 도어를 열었을 경우 1회 출력한다. 또한 점화스위치 OFF 이후 30초 이내에 경보조건이 발생하면 경보문을 1회 출력한다.

(10) 스피커 입력

스피커 입력은 운전석 스피커 출력선을 음성경보장치 유닛으로 입력시켜 경보조건이 없을 때에는 바이패스(bypass)시키고, 경보조건일 경우에는 릴레이로 스위칭하여 경보 메시지를 운전석 스피커로 출력시킨다.

[2] 음성경보장치의 출력기능

(1) 스피커 출력

운전석 스피커로 경보조건이 발생하면 음성으로 경보음을 송출한다.

(2) 리모트(remote) 출력

오디오/비디오 또는 오디오가 동작중일 경우는 리모트 출력(12V)을 통과시키므로 스피커 구동에 문제가 없으나, 오디오/비디오 또는 오디오를 사용하지 않을 때는 음성경보장치 유닛에서 리모트 신호를 발생시킨다.

(3) 스위치 지시등

자동차의 상태에 따라서 경보기를 해제 또는 설정해 줄 필요가 있다. 스위치에 지시등을 설치하여 경보기의 상태를 운전자에게 알려준다. 경보기를 설정하면 지시등이 점등되고, 해제할 때 등에는 소등된다.

(4) 리모트 출력

오디오/비디오 또는 오디오 동작중일 경우는 스피커의 리모트(12V)단이 음성경보장치 유닛을 통해 바이패스되어 스피커를 구동시킨다. 음성출력 리모트 단을 끊으므로 MUTE 기능을 대신한다.

11.2 후방 및 코너 경고(레이더)장치

1. 후방 및 코너 경고(레이더)장치의 개요

후 측방 경고(레이더) 시스템은 리어 범퍼에 센서(레이더) 2개가 장착되어 초음파(전파 레이더)를 이용하여 후행차량과의 거리 및 속도를 측정하여 주행중 후 측반 사각 지역 장애물 감지 및 경보(시각, 청각)를 제공하는 시스템이다. 종류에는 적외선 발생 발신장치에서 적외선을 발신하여 되돌아오는 적외선을 수신기로 검출하여 부저로 경고하는 적외선 방식과 초음파 센서에서 초음파를 발신하여 되돌아오는 초음파를 수신하여 부저로 경고하는 초음파 방식이 있다.

2. 초음파 방식의 작동

초음파 발신장치에서 초음파를 발신하여 물체에서 반사되어 되돌아오는 초음파를 받아 물체가 어느 정도의 거리에 있는지 판단하여 운전자에게 경보하며, 거리에 따라 경보음은 다르게 울린다. 또 경보음만으로는 어느 위치에 장애물이 있는지 판단하기 어렵다. 이를 위해 장애물이 어느 위치에 있는지 쉽게 볼 수 있는 장치를 설치하고 있어 부저가 울릴 때 해당되는 지점의 램프가 점등된다.

3. 초음파 방식의 구성

후방 및 코너 경고장치는 초음파를 이용하여 주차를 하거나 또는 저속으로 주행할 때 운전자의 육안으로 감지할 수 없는 사각지대를 감지하여 물체의 근접 정도에 따라 경보로 알려줌으로서 사전에 일어날 수 있는 사고를 미연에 방지한다.

이 장치의 구성은 그림 11-2에 나타낸 바와 같이 초음파센서, 제어 유닛과 경보기 및 부저로 되어 있다. 장치의 제어는 6개의 초음파센서가 입력되어 제어 유닛에서 제어되어 작동램프와 부저를 작동시킨다.

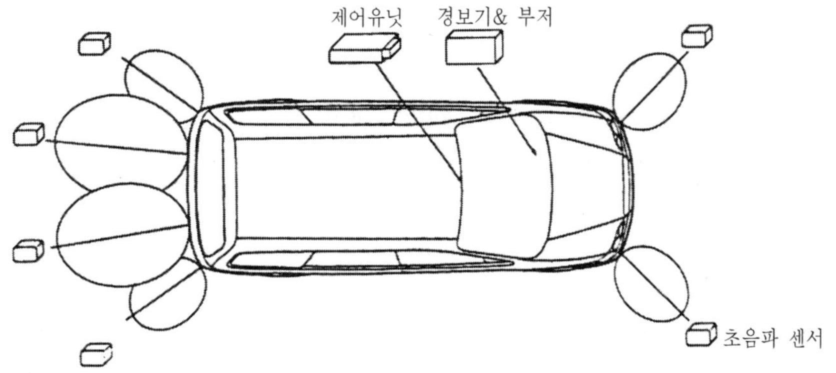

그림 11-2 후방 및 코너 경고장치 부품 배치도

4. 코너 경고장치의 경고방법 및 감지 범위

[1] 작동신호 및 경고방법

전방 코너 센서는 주차위치를 제외한 나머지에서 작동하며, 후방센서는 후진기어를 넣으면 작동한다. 코너 감지는 약 30~50cm 이내에 장애물을 감지하며 표시등과 부저를 연동 작동시키며, 후방 감지는 후진할 때 장애물이 150~100cm에 있으면 1차 경보를 나타내고 장애물이 100~50cm에 있으면 2차 경보를 장애물이 50~30cm에 있으면 코너 경보조건과 같은 경보음을 낸다.

[2] 경고장치의 작동

이 경고장치는 초음파의 전송속도와 초음파의 이동시간을 이용하여 자동차 후방 및 전방의 장애물을 감지하여 정해진 영역 이내에 물체가 있으면, 작동램프 및 부저로 운전자에게 경고를 하는 보조장치이다.

11.3 레인센서(Rain Sensor)

1. 레인센서의 개요

에탁스(ETACS)가 와이퍼 전동기를 제어하는 방식에서는 와이퍼 전동기 구동시간을 다기능 스위치를 간헐(INT) 위치에 놓으면 간헐 볼륨저항 입력신호에 따라 와이퍼 구동시간을 제어한다. 그러나 강우량에 따라 운전자가 와이퍼 전동기의 구동시간을 조절해 주어야 하는 불편함이 있다.

레인센서 와이퍼 제어장치(rain sensor wiper control system)는 와이퍼 전동기 구동제어를 에탁스가 앞 창유리의 위쪽에 설치된 레인센서 및 유닛에서 강우량을 감지하여 운전자가 스위치를 조작하지 않고도 와이퍼 작동시간 및 저속·고속으로 자동으로 제어하는 장치이다. 레인센서 와이퍼 제어장치는 그림 11-3에 나타낸 바와 같이 레인센서 및 유닛과 와이퍼 전동기, 다기능 스위치로 구성된다.

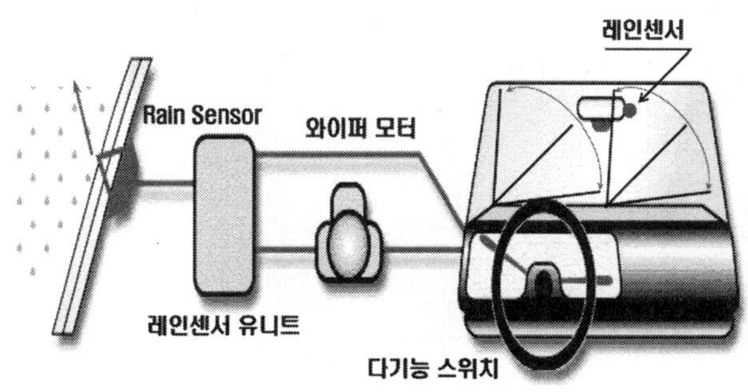

그림 11-3 레인센서 와이퍼 제어장치의 구성도

2. 레인 센서의 작동원리

발광다이오드로부터 발산되는 빛(beam)이 윈드 쉴드의 외부 표면에서 전반사 되어 수광(photo) 다이오드로 돌아온다. 이때 윈드 쉴드의 외부 표면에 물이 있으면, 빔(beam)은 광학 분리가 이루어지며 잔류한 빛의 강도가 수광 다이오드에서 측정 된다, 윈드 쉴드에 물이 있다는 것은 빔(beam)이 전반사가 이루어지지 않는다는 의미이기 때문에 그 손실된 빛의 강도가 글라스 표면의 젖음 정도를 나타낸다.

3. 레인센서의 작동모드

레인센서 제어장치는 기존의 와이퍼 기능 즉, OFF, MIST, LOW, HIGH, 와셔(washer) 기능에 자동모드(기존의 INT위치)가 있으며, 자동위치에 설정해 놓으면

레인센서의 작동 모드

와이퍼 스위치의 위치	레인센서 동작모드	장치 동작모드
이슬비(MIST)	MIST	스위치가 MIST 위치에 있으면 와이퍼 전동기는 저속으로 구동되고, 와이퍼 블레이드는 회전 후 정위치(Park)로 복귀한다.
OFF	OFF	와이퍼가 정위치에 있지 않을 때 와이퍼가 정위치로 갈 때까지는 와이퍼 전동기는 저속으로 회전한다.
자동(AUTO)	AUTO	① 자동 모드는 운전자 성향에 따라 조절이 가능하다. ② 자동 모드는 1~16단계로 조절이 가능하다. ③ 자동지연(delay) 및 자동속도제어가 가능하다. ④ 유리창에 쌓이는 빗물의 감지는 와이퍼 스위치로 감지 조절된다.
저속(LOW)	수동 (MANUAL)	와이퍼 전동기가 45회/분의 저속으로 연속적으로 작동한다.
고속(HI)	수동 (MANUAL)	와이퍼 전동기가 70회/분의 고속으로 연속적으로 작동한다.
세척 요구 (WASH-DEMAND)	WASH	버튼을 누르고 있는 동안 와셔 액이 나오고 미리 지정된 회수만큼 와이퍼가 회전 와이퍼는 와셔 모드 선택 전에 동작모드로 돌아온다.
세척 학습 (WASH-PROGRAMMED)	WASH	미리 지정된 시간동안 와셔 액이 나오고, 지정된 회수만큼 와이퍼가 회전. 와이퍼는 와셔 모드 선택 전에 동 모드로 돌아온다.

4. 레인 센서 및 유닛 동작특성

[1] 전원 안정시간

전원이 공급되고 250msec 이내에 레인센서는 유효출력이 나올 때까지 OFF신호를 출력한다. 유효출력은 전원공급 후 2초 후에 가능해진다.

[2] 와이퍼의 속도와 회전빈도(Frequency)제어

레인센서의 주된 기능은 와이퍼 속도와 와이퍼 구동간 지연시간을 조절하고 운전자가 선택한 강우량(즉, 빗물이 유리창을 덮는 정도)을 유지하는 것이다.

설정된 감지와 빗물의 측정량에 따라 레인센서 알고리즘은 동작모드, 즉, 자동지연(automatic delay), 자동저속(automatic low speed), 자동고속(automatic high speed)을 결정한다. 일단 감지가 설정되면 운전자가 스위치 조작을 하지 않고도 지속적인 와이퍼 동작이 이루어진다.

[3] 모드간 전환

레인센서 & 유닛은 자동지연, 자동저속, 자동고속 사이의 전환을 원활히 수행한다. 따라서 와이퍼 동작의 시작과 정지가 덜컹거리지 않는다. 속도의 전환은 와이퍼가 "안쪽 영역" 위치를 통과할 때에만 일어난다.

[4] 조절 기능 감지성능

레인센서 감지가 와이퍼 스위치에 의해 설정될 수 있다. 감지는 구현된 장치에 따라 1단계에서 16단계까지 설정 가능하다. 센서 감지를 1단계 이상으로 설정할 수 있는 장치에서 각 단계는 충분히 구별되어서 빗물의 축적에 대한 모든 운전자들의 취향을 만족시킬 수 있다.

조절 범위는 짧은 지연시간(1~5초)에서 긴 지연(20초 이상)까지 넓은 범위로 조절될 수 있어야 약하게 내리는 비에도 대응할 수 있다. 그러나 비가 많이 올 때에는 센서 감지설정에 상관없이 고속으로 연속동작 된다.

[5] 자동저속 모드의 응답 특성

강우량이 0에서 자동저속 모드로 와이퍼를 작동시켜야 할 정도로 바뀔 때 레인센서 & 유닛이 저속작동 모드 요구신호를 출력하는 시간은 1초 이하의 휴지기간을 포함하여 8초를 넘지 않는다.

[6] 자동고속 모드의 응답 특성

강우량이 0에서 자동고속 모드로 와이퍼를 작동시켜야 할 정도로 바뀔 때 레인센서가 고속작동 모드 요구신호를 출력하는 시간은 9초를 넘지 않는다.

[7] 자동저속 모드에서 자동고속 모드로의 응답 특성

강우량이 자동저속 모드로 와이퍼를 작동시켜야 할 정도에서 자동고속 모드로 와이퍼를 작동시켜야 할 정도로 바뀔 때 레인센서가 고속작동 모드 요구신호를 출력하는 시간은 6초를 넘지 않는다.

[8] 자동고속 모드에서 OFF로의 응답특성

강우량이 자동고속 모드로 와이퍼를 작동시켜 할 정도에서 0으로 바뀔 때에는 장치가 고속모드일 때와 저속모드일 때의 와이퍼 횟수를 카운트하여 총 와이퍼 회수가 12회를 넘지 않는다.

[9] 와이퍼의 즉각 구동(Instant Wiper)

와이퍼 장치가 와이퍼 스위치에 의해 작동될 때, 이 장치는 와이퍼 블레이드로 하여금 안쪽 영역/정위치에 돌아가기 전에 유리창을 한 번 닦도록 한다. 이렇게 한 번 와이퍼를 구동하는 것은 더 높은 단계의 감지를 설정하기 위하여 와이퍼위치를 조작할 때마다 일어난다.

그러나 이는 와이퍼 스위치가 더 낮은 감지위치로 바뀔 때에는 일어나지 않는다. 점화 스위치가 OFF이고, 와이퍼 스위치가 임의의 감지 설정 값으로 되어 있는 상태에서 점화스위치가 ON되면 와이퍼의 즉각 구동이 한 번 일어나 운전자에게 와이퍼 장치가 시작되었음을 알린다. 비의 양이 부족하여 자동모드로 와이퍼를 동작시킬 수 없을 때에는 레인센서는 자동지연 모드에 길게 머문다.

11.4 입체 클러스터

입체클러스터의 통합경고등은 문제가 발생 시 10초간 팝업을 띄운 후, 경고등이 표출되는 타입으로 발전하였다. 그 외 전자제어서스펜션, 엔진오일부족, TPMS 점검등도 경고등이 표출된다. 문제가 되는 통합경고등은 다음과 같다.

① 스마트크루즈 컨트롤
② 영상기록장치
③ 전방충돌보조장치
④ 차로변경 보조 기능
⑤ 차로유지 보조 시스템
⑥ 램프류 고장

입체클러스터는 클러스터 카메라로 운전자의 시선을 추적하여 베리어(좌우 눈으로 서로 다른 영상을 보도록 한쪽의 정보를 가려줌) 제어를 통해 별도의 특수한 안경이 없이 자연스럽게 입체적으로 RPM, 속도계, 팝업경고 등 표시를 깊이감 있게 구현하여 주며, 카메라는 얼굴 방향, 시선, 눈의 개폐 기반 전방 주시태만 등 카메라를 활용한 운전자 얼굴 모니터링 기능을 이용하여 운전자 상태 경고 시스템에도 이용한다.

블라인드 스팟뷰 모니터(BVM)는 차속 및 변속단과 무관하게 시동이 ON되고 운전자가 방향지시등을 작동시키면 후측방 영상(SVM 카메라)을 클러스터에 표시하여 사각지대에 대한 운전자의 불안감을 해소하는 주행 안전 시스템도 적용되고 있다.

또한 AVN(Audio Video Navigation)시스템에는 AVM 카메라로 차량 주변의 정방, 후방, 좌측, 우측, 탑 영상을 촬영하고 전송하여 스마트폰 앱(CS: Connected Service)을 통해 원격으로 확인이 가능한 자차 주변 스마트폰 확인 기능과 발레 파킹과 타인이 운전 시 개인정보 표시 및 사용제한과 차량상태인 발레 시작시각, 시동종료, 운행시간, 최고속도, 운행거리들을 제공하는 발레 모드시스템도 제공하고, 차량 내 간편 결제 서비스 가능, 차량제어, 목적지 검색, 음성인식 공조 제어가 가능한 자연어 기반의 음성인식 기능도 탑재되어지고 있다.

이 베리어 방식(시차 격벽 방식)은 디스플레이 앞에 베리어 막을 놓아서 입체감을 느끼게 하는 방식이다.

베리어가 각각의 눈이 픽셀들을 보게 함으로써, 운전자의 눈이 이미지의 깊이를 느끼게 하여 입체카드와 같이 입체감을 느끼게 해주는 원리이다. 패널 위에 검은색의 베리어 부분을 ON/OFF 기능을 만들면 2D에서 3D변환이 가능한 장점이 있다.

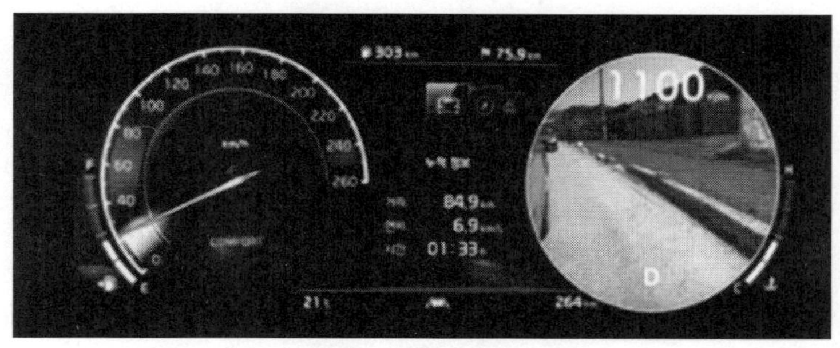

그림 11-4 입체 클러스터

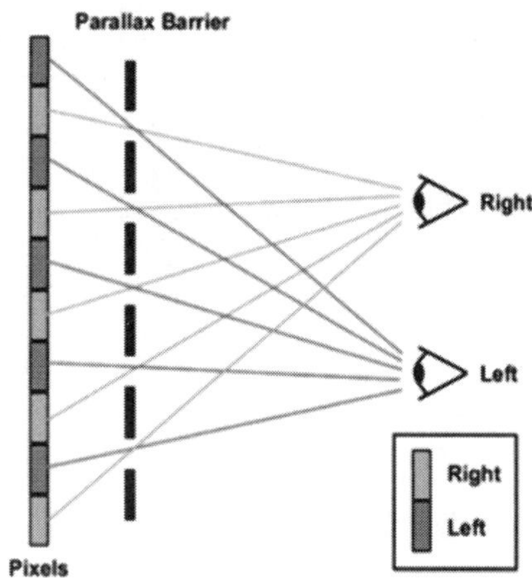

그림 11-5 시차 격벽 방식

11.5 파워 윈도(Power Window)

파워 윈도는 전동기를 사용하여 윈도를 상승 · 하강시키는 장치이다. 전동기는 와이퍼 전동기와 그 작동이 매우 비슷하다. 윈도가 상승 또는 하강하여야 하므로 전동기의 방향전환이 필요하다. 전동기의 방향전환 방법에는 전동기의 브러시 극성을 전환시키는 방법과 브러시를 3개 사용하여 (+)쪽 브러시만을 전환하는 방법 등 2가지 방법이 있다.

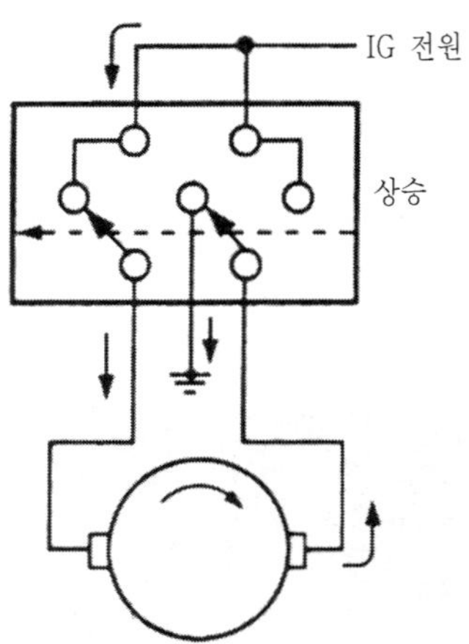

그림 11-6 전동기의 브러시 극성을 전환시키는 방법

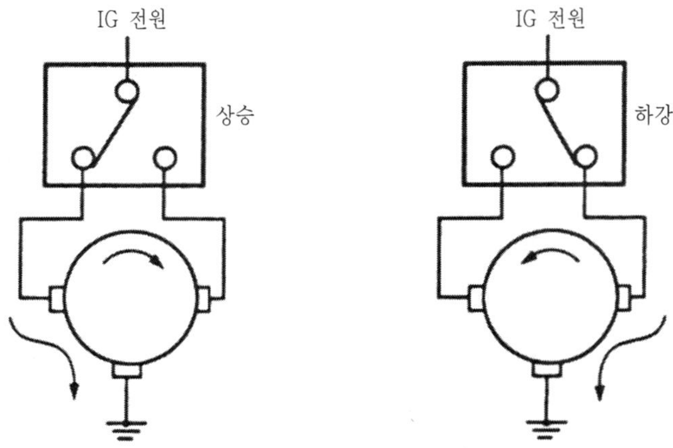

그림 11-7 (+)쪽 브러시만을 전환하는 방법

1. 원터치 파워윈도(One-Touch Type)

원터치 파워윈도는 운전자가 윈도를 열거나 닫기 위해 스위치를 눌렀다가 놓으면 작동한다. 작동방식에는 스위치를 작동하면 그 상태 그대로를 유지하는 방식과 연속 작동하는 방식이 있다.

[1] 스위치를 조작하면 그 상태 그대로를 유지하는 방식

이 형식은 2단으로 작동하는 스위치이며, 1번 누를 때마다 윈도가 스위치를 누른 만큼 상승 또는 하강한다. 또 스위치를 세게 누르면 윈도가 완전히 닫히거나 열린 후 스위치는 자동으로 본래의 위치로 복귀한다. 그리고 2단 스위치가 작동하면 트랜지스터의 베이스에 전류가 흐르게 되어 트랜지스터가 통전 상태로 되고 홀딩 코일에 전류가 흐르므로 스위치는 그 상태를 유지하게 된다.

윈도가 완전히 열리면 전동기는 작동을 정지하고 전압은 Ⓐ브러시에서 12V가 된다. 이때 전류는 더 이상 흐르지 않고 트랜지스터에 전류흐름이 차단되며 스위치는 본래의 위치로 복귀한다.

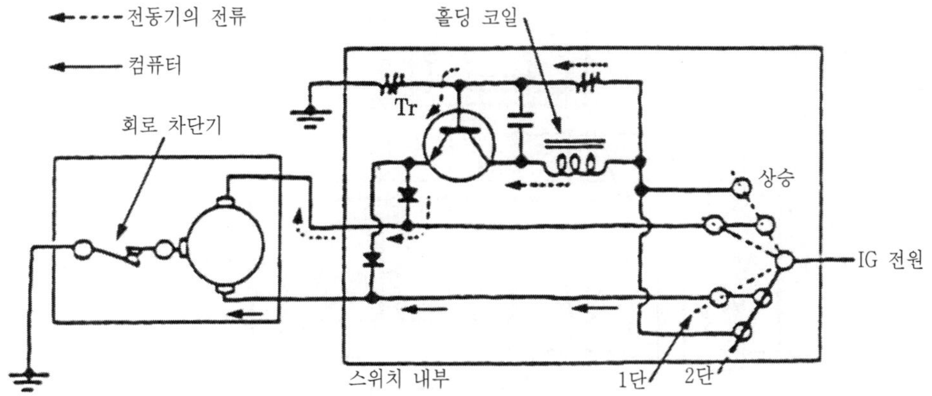

그림 11-8 스위치를 조작하면 그 상태 그대로를 유지하는 작동(1)

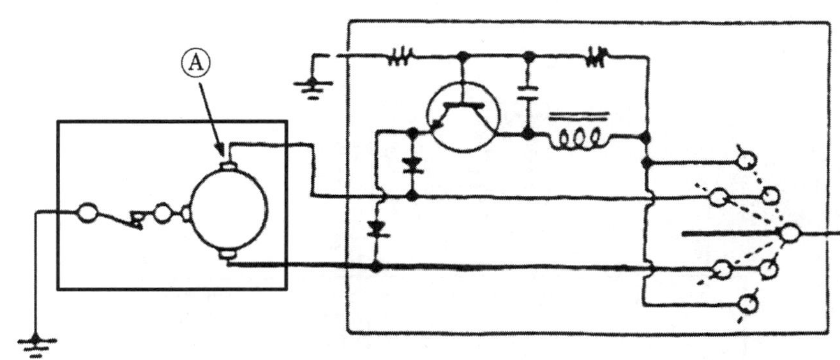

그림 11-9 스위치를 조작하면 그 상태 그대로를 유지하는 작동(2)

[2] 연속적으로 작동하는 방식

스위치를 한번 눌렀을 때 스위치는 본래의 위치로 복귀하더라도 전동기는 윈도가 완전히 열리거나 닫힐 때까지 연속적으로 작동을 하는 방식이다.

(1) 수동스위치를 조작할 때

수동스위치를 조작할 때에는 릴레이 코일 L_1이 여자되어 스위치 ①이 통전되면 전동기가 작동한다. 전동기의 전류는 IG전원에서 스위치 ① 및 ② 접지로 흐른다. 전동기가 작동을 시작하고 통전(ON) 신호가 나올 때 트랜지스터 Tr_1과 Tr_2는 통전이 된다.

(2) 강하게 또는 약하게 조작할 때

강하게 또는 약하게 조작할 때에는 수동스위치의 작동이 차단되고 원터치 스위치(1단 스위치)가 통전되면 릴레이 코일 L_1을 여자시킨 IG전원에서 트랜지스터 Tr_2의 이미터와 베이스를 거쳐 1단 스위치 L_1접지로 흐른다. 스위치 ①은 통전 상태이며 전동기는 계속 회전한다.

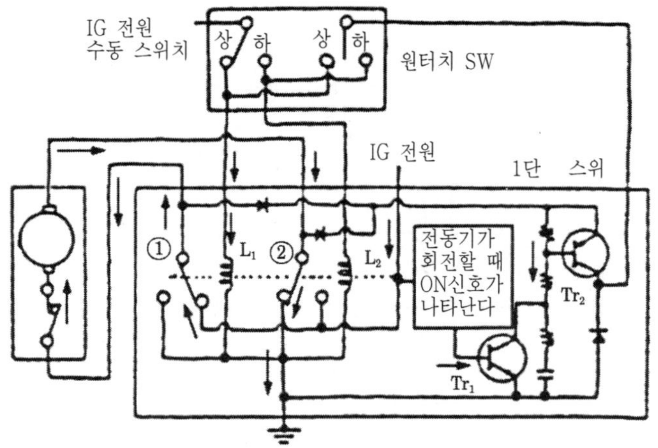

그림 11-10 수동스위치를 조작할 때

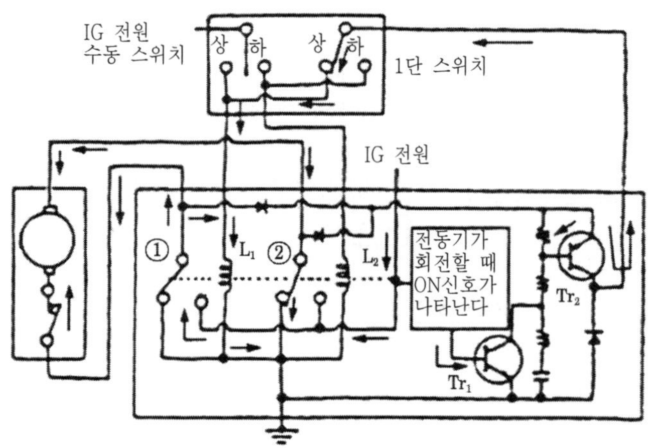

그림 11-11 강하게 또는 약하게 조작할 때

(3) 윈도를 완전히 개폐할 때

윈도를 완전히 개폐할 때에는 전동기의 작동이 정지하고 통전 신호가 차단되면 트랜지스터 Tr_1과 Tr_2에 전류 흐름이 차단되고 여자 전류는 코일 L_1에 흐르지 않는다.

스위치 ①은 본래의 위치로 복귀되고 1단 스위치는 상승 또는 하강의 위치에서 다음 작동 때까지 머무른다.

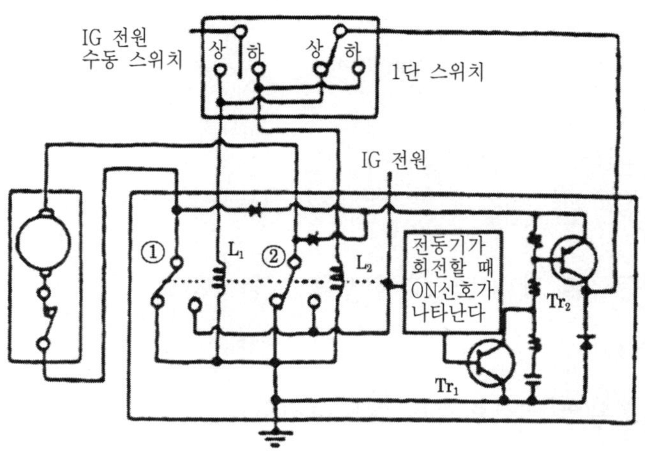

그림 11-12 윈도를 완전히 개폐할 때

연습문제

1. 레인센서의 자동원리에 대하여 설명하시오.

2. 음성경보장치의 종류별 제어방법과 위치를 설명하시오.

3. 세이프티 파워윈도우의 리셋방법을 설명하시오.

4. 윈도우 모터가 상승, 하강 시 회로를 설명하시오.

5. 코너 경보장치의 경보방법을 설명하시오.

6. 점화스위치 미 회수경보장치에 대하여 설명하시오.

제12장 에어백(Air Bag)

12.1 에어백 개요

에어백은 운전자 및 승객을 보호하기 위한 안전장치로 운전자와 조향핸들 사이 또는 크래쉬 패드 내에 장착된 에어백을 순간적으로 부풀게 하여 부상을 최소화하는 2차 충격 흡수 장치이다. 에어백의 구성은 다음과 같다. 조향핸들 중앙에 설치한 DAB(driver air bag module, 운전석 에어백 모듈), PAB (passenger air bag module, 조수석 에어백 모듈), CAB(Curtain Airbag, 커튼에어백), KAB(Knee Airbag, 무릎 에어백), BPT(belt pre tensioner) 센서, 에어백 컴퓨터, 클럭 스프링(clock spring), 사이드 충격감지 센서(side impact sensor), 인터페이스 모듈, 에어백 경고등, 배선 등으로 되어 있으며, 에어백 컴퓨터에 내장된 충격 센서에 의해 충격신호를 받았을 때 작동한다. 에어백의 형식은 다음과 같다.

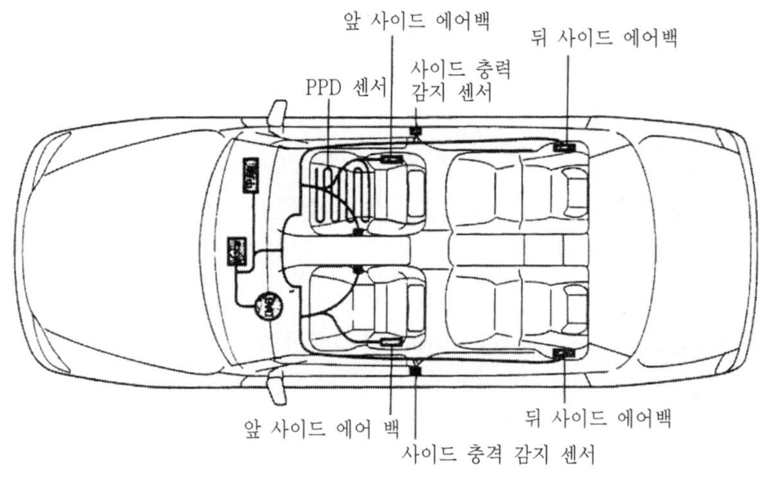

그림 12-1 에어백 설치 위치

1. MES 형식(Machine Electric Sensor Type)

MES 형식의 에어백은 자동차의 정면부분에서 충돌이 발생하였을 때 기계적으로 접점이 ON(작동)되는 충격감지센서(impact sensor)를 앞쪽 좌우에 1개씩 설치하였으며, 충격감지센서의 오작동을 방지하기 위하여 에어백 컴퓨터 내부에 기계적으로 작동되는 안전센서(safe sensor)를 두고 있다.

따라서 앞쪽의 충격감지센서와 에어백 컴퓨터 내부의 안전센서가 동시에 ON으로 되어야만 에어백이 펼쳐지며, 2종류의 센서 중 하나의 센서 신호만으로는 에어백이 펼쳐지지 않는다.

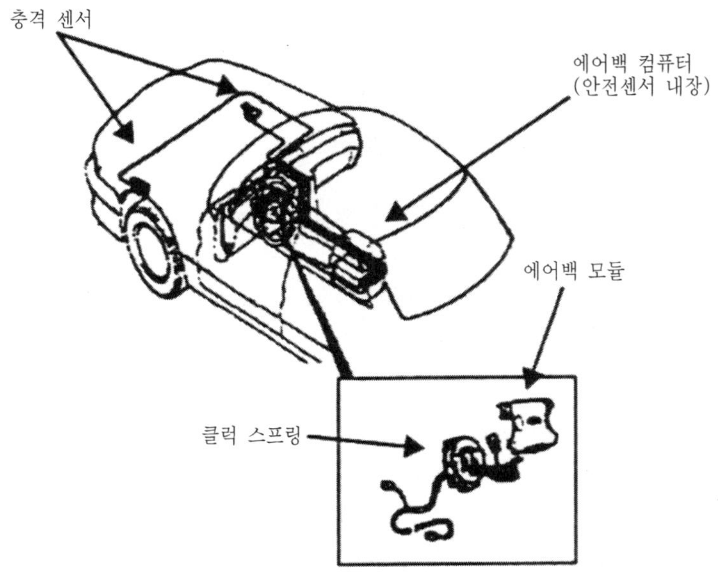

그림 12-2 MES 형식의 구성도

2. SAE 형식(Siemens Air bag Electronic Type)

SAE 형식의 에어백은 에어백 컴퓨터 내에 충격감지센서와 안전센서가 들어있으며, 그 구성은 다음과 같다.

[1] 충격감지센서

이 센서는 자동차가 충돌하였을 때 전기적으로 충돌을 감지하여 에어백 컴퓨터로 전달한다.

[2] 안전센서

이 센서는 기계적으로 충돌을 감지하는 센서이며, 충격센서의 오작동을 감지한다. SAE 형식도 에어백이 펼쳐지기 위해서는 충격감지센서와 안전센서가 동시에 ON으로 되어야 한다.

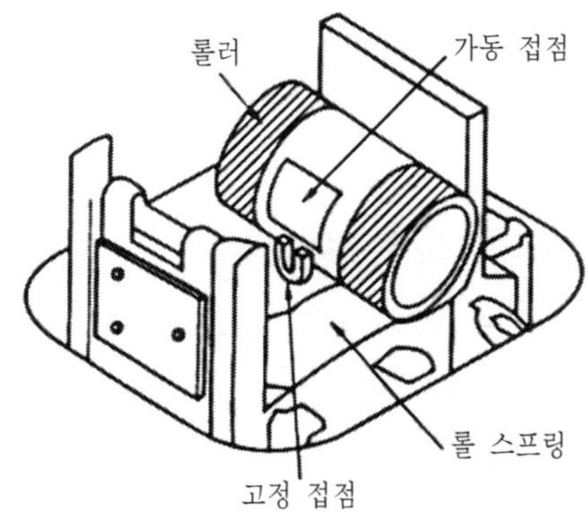

그림 12-3 충격감지센서의 구조

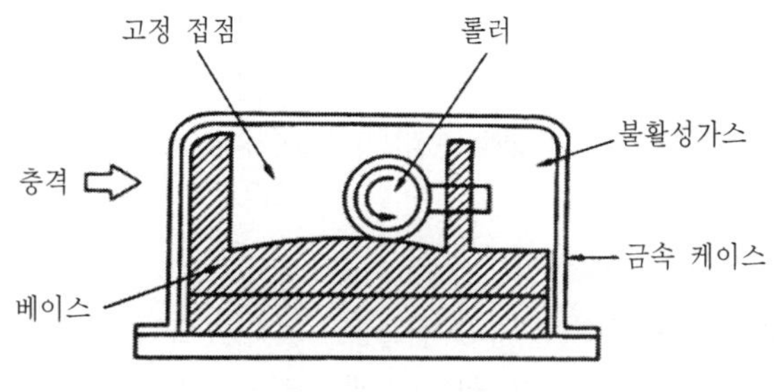

그림 12-4 안전센서의 구조

3. SDM-GH 형식

SDM-GH 형식은 SAE와 비슷하나 제어논리가 약간 다르며, 가장 큰 차이점은 버클센서(buckle sensor)를 설치하여 벨트 프리 텐셔너(belt pre tensioner)를 제어한다. 버클센서의 기능은 조수석에 탑승한 승객의 안전벨트에서 전달되는 신호를 에어백 컴퓨터가 판단하여 설정된 속도에 따른 에어백 및 프리 텐셔너를 제어한다. 즉 버클센서는 안전벨트 버클 안에 들어있으며, 착용할 때 저항 값이 변화하여 컴퓨터가 안전벨트 착용상태 여부를 판단할 수 있도록 한다.

12.2 에어백 구성요소

1. 에어백 모듈(Air Bag Module)

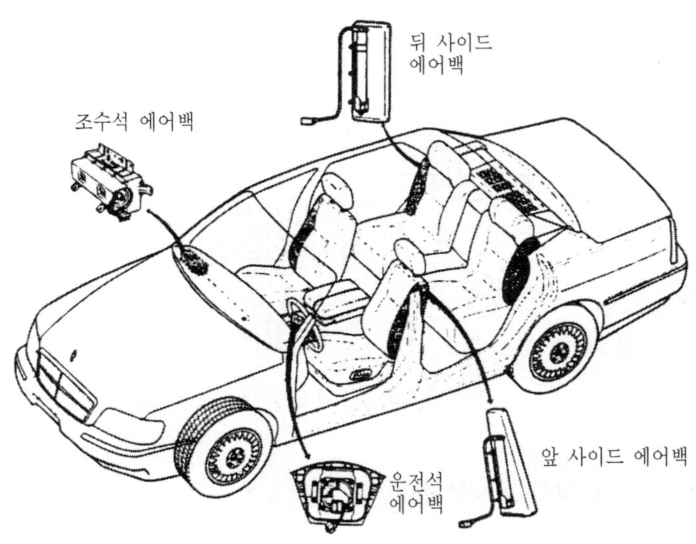

그림 12-5 에어백 모듈 설치위치

에어백 모듈은 에어백을 비롯하여 패트 커버, 인플레이터(inflater)와 에어백 모듈 고정용 부품으로 이루어져 있으며 운전석 에어백은 조향핸들 중앙에 설치되고 조수석 에어백은 글로 박스 위쪽에 설치된다. 또 에어백 모듈은 분해하는 부품이 아니므로 분해 및 저항 측정을 해서는 안 된다. 만약, 에어백 모듈의 저항을 측정할 때 뜻하지 않은 에어백의 전개(全開)로 위험을 초래할 수 있다. 에어백 모듈은 DAB(운전석 에어백), PAB(조수석 에어백), SAB (사이드 에어백) 등이 있다.

[1] 에어백

에어백은 안쪽에 고무로 코팅한 나일론제의 면으로 되어 있으며, 인플레이터와 함께 설치된다. 에어백은 점화 회로에서 발생한 질소 가스에 의하여 팽창하고, 팽창 후 짧은 시간 후 백(bag) 배출 구멍으로 질소 가스를 배출하여 충돌 후 운전자가 에어백에 눌리는 것을 방지한다.

[2] 패트 커버(Pat Cover - 에어백 모듈 커버)

패트 커버는 에어백이 펼쳐질 때 입구가 갈라져 고정 부분을 지점으로 전개하며, 에어백이 밖으로 퉁겨 나와 팽창하는 구조로 되어 있다. 또한 패트 커버에는 그물 망이 형성되어 있어 에어백이 펼쳐질 때의 파편이 승객에게 피해를 주는 것을 방지한다.

[3] 인플레이터 - 화약 점화 방식

인플레이터에는 화약, 점화제, 가스 발생기, 디퓨저 스크린 등을 알루미늄 용기에 넣은 것으로 에어백 모듈 하우징에 설치된다. 인플레이터 내에는 점화 전류가 흐르는 전기 접속 부분이 있어 화약에 전류가 흐르면 화약이 연소하여 점화제가 연소하면 그 열에 의하여 가스 발생제가 연소한다. 연소에 의해 급격히 발생한 질소 가스가 디퓨저 스크린을 통과하여 에어백 안으로 들어온다. 디퓨저 스크린은 연소 가스의 이물질을 제거하는 여과 작용 이외에도 가스 온도의 냉각, 가스 소음을 감소시키는 작용을 한다.

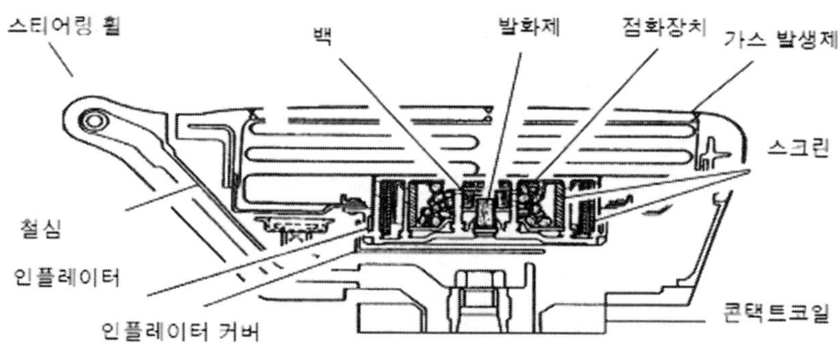

그림 12-6 인플레이터의 구조(출처: 쌍용자동차)

[4] 인플레이터 - 하이브리드 방식(조수석 용)

하이브리드 방식의 에어백 모듈은 조수석 에어백(PAB; Passenger Air Bag)에 설치된다. 하이브리드 방식과 화약 점화 방식의 가장 큰 차이점은 에어백을 펼치는 방법이다. 하이브리드 방식은 에어백 모듈에 일정량의 가스를 보관해 둔 상태에서 자동차가 충돌할 때 가스와 에어백을 연결하는 통로를 화약에 의하여 폭발 후 연결시키면 보관해 두었던 가스에 의하여 에어백이 팽창하는 구조로 되어 있다. 그러나 하이브리드 방식의 가장 큰 문제점은 오랫동안 모듈 안에 가스를 보관해 두어야 하는 점이다.

만약, 가스가 누출되어 에어백이 작동할 때 백이 부풀어 오르지 않아 안전을 확보하지 못하게 된다. 이러한 단점을 보완하기 위하여 모듈의 재질을 강화하여 가스가 누출되는 것을 방지하고 있다. 또한 저압 스위치를 모듈 안에 설치하여 가스의 압력을 항상 감지하였으나 최근에는 기술의 발달로 가스 누출을 최소화하여 저압 스위치를 두지 않는다.

2. 클럭 스프링(Clock Spring)

클럭 스프링은 에어백 컴퓨터의 전기신호를 에어백 모듈로 전달하여 주는 역할을 한다. 에어백 모듈 내의 화약을 점화시키기 위해서는 컴퓨터가 내부에 구성된 센서의 신호를 받아 에어백 모듈로 전기를 보내주어야 한다. 그러나 운전석 에어백 모듈은 핸들과 일체로 구성되어 있으므로 핸들 조작시 좌우로 같이 움직인다. 이때, 일반배선으로 모듈을 연결시 핸들조작을 몇 번 반복하면 배선이 끊어지고 만다. 그래서 생각해낸 것이 클럭 스프링이다.

클럭 스프링은 스프링처럼 꼬여있는 배선을 내장하여 핸들을 조작할 때마다 같이 따라 돌도록 제작되어 끊어질 염려가 없다. 클럭 스프링의 장착위치는 핸들과 다기능스위치(전조등이나 와이퍼를 작동시키는 스위치) 사이에 장착된다.

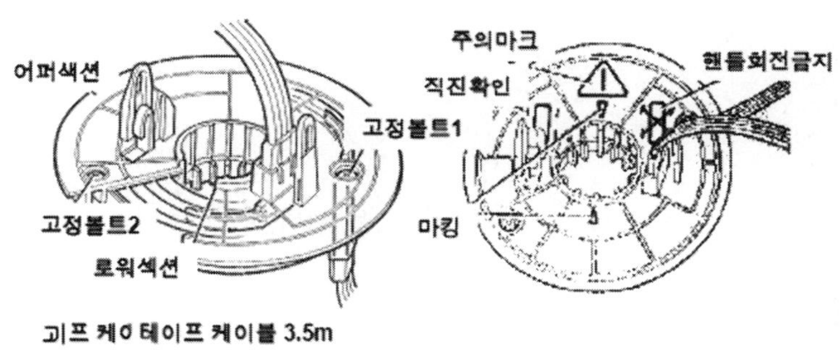

그림 12-7 클럭 스프링의 구조

3. 벨트 프리 텐셔너(Belt Pre Tensioner)

[1] 벨트 프리 텐셔너의 역할

자동차가 충돌할 때 에어백이 작동하기 전에 프리 텐셔너를 작동시켜 안전벨트의 느슨한 부분을 되감아 충돌로 인하여 움직임이 심해질 승객을 확실하게 시트에 고정시켜 크래시 패드나 앞 창유리에 부딪히는 것을 방지하며, 에어백이 펼쳐질 때 올바른 자세를 가질 수 있도록 한다. 또 충격이 크지 않은 경우에는 에어백은 펼쳐지지 않고 프리 텐셔너만 작동하기도 한다. 안전 벨트 프리 텐셔너(BPT) 모듈의 저항을 직접 측정해서는 안된다. 이는 예기치 않은 안전 벨트 프리 텐셔너의 작동을 야기할 수 있어 매우 위험하다.

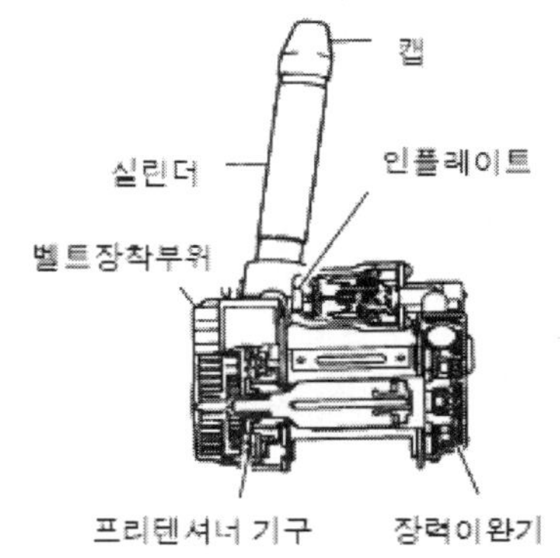

그림 12-8 벨트 프리 텐셔너의 구조

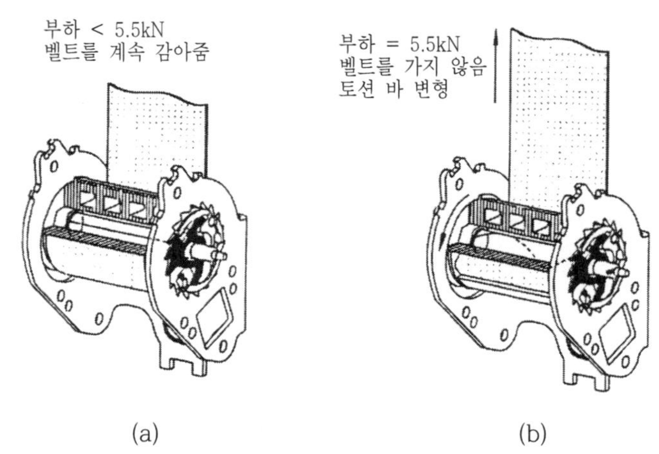

(a) (b)

그림 12-9 벨트 프리 텐셔너의 작동

[2] 벨트 프리 텐셔너의 작동

벨트 프리 텐셔너 내부에는 화약에 의한 점화 회로와 안전 벨트를 되감는 피스톤이 들어 있기 때문에 컴퓨터에서 점화시키면 화약의 폭발력으로 피스톤을 밀어 벨트를 되감을 수 있다. 작동된 프리 텐셔너는 반드시 교환하여야 하지만 에어백 컴퓨터는 6번까지 프리 텐셔너를 점화시킬 수 있으므로 재사용이 가능하다.

4. 에어백 컴퓨터 회로의 안전장치

에어백 컴퓨터는 에어백 장치를 중앙에서 제어하며, 고장이 나면 경고등을 점등시켜 운전자에게 고장 여부를 알려준다.

[1] 단락 바(Short Bar)

에어백 컴퓨터를 떼어내면 경고등이 점등되어야 한다. 또 컴퓨터를 떼어낼 때 각종 에어백 회로가 전원과 접지에 노출되어 에어백이 펼쳐질 수 있다. 단락 바는 이러한 사고를 미연에 방지하기 위해 에어백 컴퓨터를 떼어낼 때 경고등과 접지를 연결시켜 에어백 경고등을 점등시키며, 에어백 점화라인 중 High선과 Low선을 서로 단락시켜 에어백 점화회로가 구성되지 않도록 하는 부품이다.

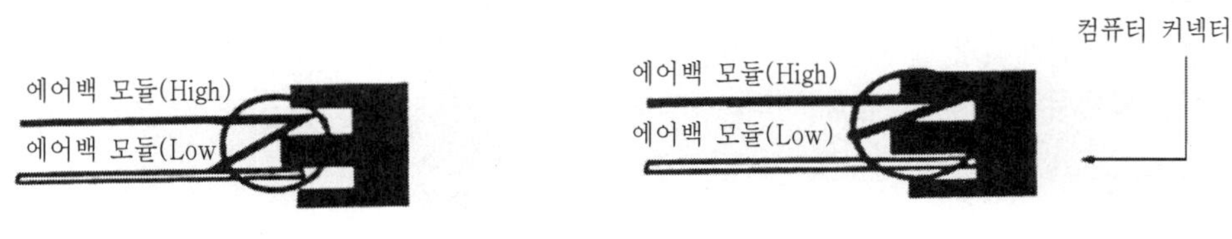

(a) 컴퓨터 커넥터 분리 상태　　　　(b) 컴퓨터 커넥터 삽입

그림 12-10 단락 바의 구조

[2] 2차 록 장치(Second Lock System)

에어백 장치에서 커넥터 접촉불량 및 이탈은 장치의 전반에 큰 영향을 주며, 승객의 안전을 확실히 보장할 수 없다. 따라서 에어백에서 사용하는 각종 배선들은 어떤 악조건에서도 커넥터의 이탈을 방지하기 위하여 커넥터를 끼울 때 1차로 잠금이 되며, 커넥터 위쪽의 레버를 누르거나 당기면 2차로 잠금이 되어 접촉 불량 및 커넥터의 이탈을 방지하고 있다.

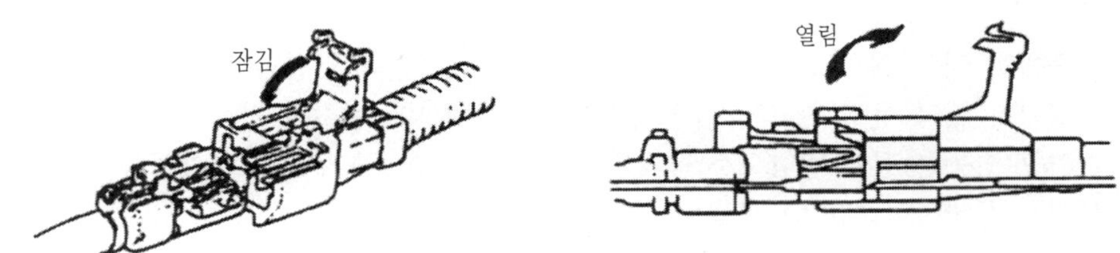

그림 12-11 2차 록 장치의 구조

[3] 에너지 저장기능

자동차가 충돌할 때 뜻하지 않은 전원 차단으로 인하여 에어백에 점화가 불가능할 때 원활한 에어백 점화를 위하여 에어백 컴퓨터는 전원이 차단되더라도 일정시간(약 150ms) 동안 에너지를 컴퓨터 내부의 축전기(condenser)에 저장한다. 이는 점화스위치를 ON에서 OFF로 할 경우에도 동일하다.

12.3 에어백 전개(펼침)제어

자동차가 주행 중 충돌이 발생하였을 때 가속도 값(G 값)이 충격 한계 이상이면 에어백을 전개시켜 운전자의 안전을 보호한다.

1. 충격감지 센서

전자식 에어백이 장착된 모든 차량에 적용되어 있으며 에어백 컴퓨터 내부에 장착된다. 충돌감지 센서는 주행중 발생하는 모든 충격을 전자적으로 감지하여 감지된 충격을 에어백 컴퓨터로 보내준다. 에어백 컴퓨터는 이 충격신호를 바탕으로 차량 충돌시 운전자에게 큰 상해를 입힐 정도의 충격이 감지되면 에어백을 전개시켜 운전자의 생명을 보호한다. 측면에어백이 추가된 차량에는 좌/우 측면에 측면 충돌감지 센서가 하나씩 장착 된다.

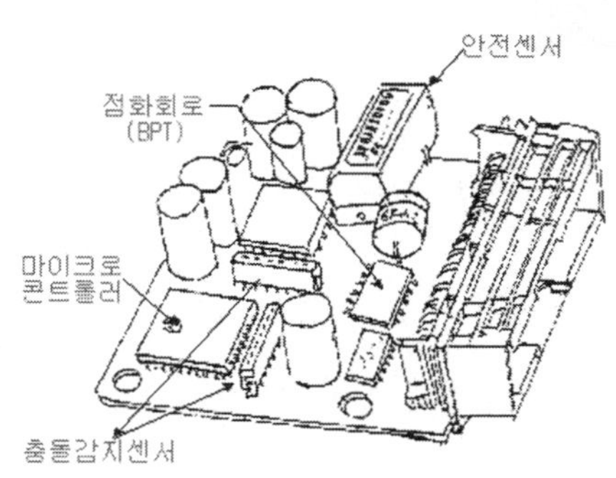

그림 12-12충격감지센서

2. 안전 센서(Safe Sensor)

안전 센서는 충돌할 때 기계적으로 작동한다. 센서 한쪽은 전원과 연결되어 있고 다른 한쪽은 에어백 모듈과 연결되어 있어 주행 중 충돌이 발생하면 센서 내부에 설치된 자석이 관성에 의하여 스프링 장력을 이기고 자동차 진행 방향으로 움직여 리드 스위치를 ON시키면 에어백 전개에 필요한 전원이 안전 센서를 통과하여 에어백 모듈로 전달된다.

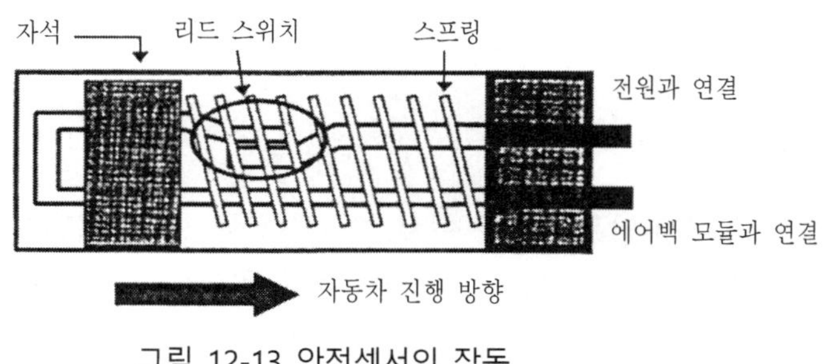

그림 12-13 안전센서의 작동

12.4 승객유무 감지장치(PPD 센서)

1. PPD(Passenger Presence Detect)센서의 역할

PPD 센서는 승객의 존재유무를 판단하는 센서로서 조수석 에어백 장착차량에 선택사양으로 선택할 수 있으며 승객의 몸무게로 존재 유/무를 판단한다. 만일 승객이 탑승하지 않았다면 에어백 전개조건의 충돌이 일어나더라도 조수석 에어백을 전재되지 않는다. 따라서 수리시 조수석 에어백을 교환할 필요가 없다. 장착위치는 조수석석 시트 쿠션부에 장착된다.

감지유/무	감지 무게	비고
승객 있음	15Kg 이상	사람이나 짐 탑승시 무게로만 감지
승객 없음	15Kg 이하	

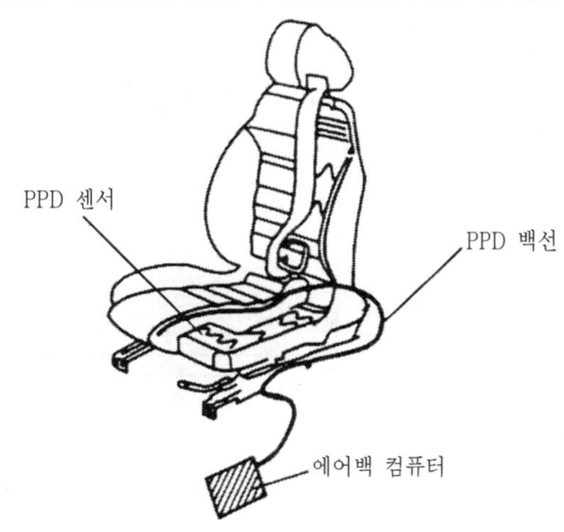

그림 12-14 PPD 센서의 구성

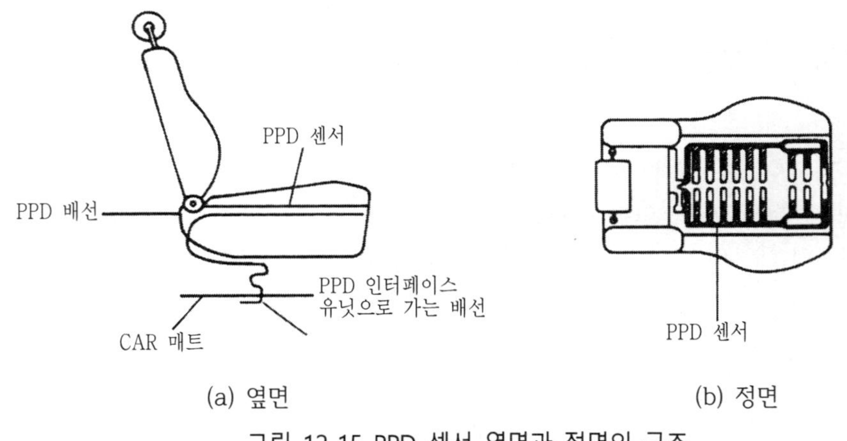

(a) 옆면　　　(b) 정면

그림 12-15 PPD 센서 옆면과 정면의 구조

2. PPD 센서의 작동 원리

PPD 인터페이스 모듈의 2개의 커넥터 중 녹색 커넥터가 PPD 커넥터이다. 커넥터는 2핀(pin)으로 이루어져 있으며, 각각 다른 2개의 배선 사이에서 하중에 따라 저항 값이 변화하는 압전 소자를 설치하여 승객의 하중에 따라 변화하는 저항 값을 가지고 승객 존재유무를 판단한다.

3. PPD 인터페이스 유닛

PPD 센서에서 출력되는 저항 값은 아날로그 신호이므로 에어백 컴퓨터는 PPD 센서 값을 인식하지 못한다. 그러나 저항 값으로 출력되는 PPD 센서 값을 인터페이스 유닛이 디지털 신호로 변환하여 컴퓨터로 입력시킨다. 인터페이스 유닛에서 컴퓨터로 일 방향 통신을 하며 다음의 3가지 신호를 보낸다.

① 승객 있음
② 승객 없음
③ PPD 센서 고장

컴퓨터는 이 3가지 신호 중 어떤 신호든지 입력되지 않으면 PPD 인터페이스의 고장으로 인식하며, 인터페이스 유닛은 조수석 시트 아래쪽에 설치된다.

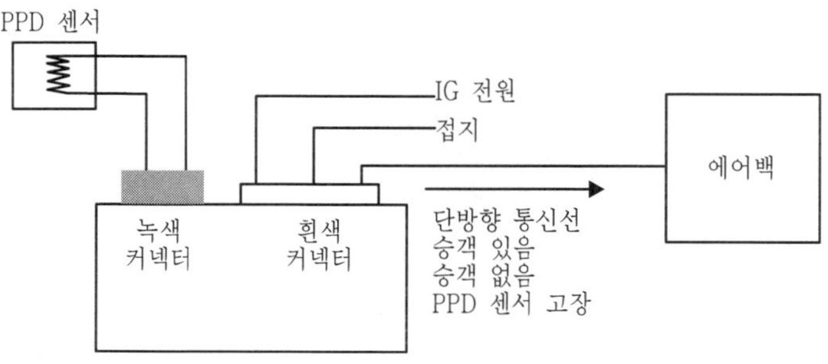

그림 12-16 PPD 인터페이스 유닛 구성회로도

12.5 사이드 에어백(Side Air Bag)

사이드 에어백은 자동차 측면에서 충돌이 발생하였을 때 운전자 및 승객의 머리와 어깨를 보호하는 장치이며, 시트 안에 들어 있다. 옆면 충격감지 센서는 자동차 좌·우측에 들어있는 옆면 충격감지 센서와 에어백 컴퓨터 내부의 옆면 충격감지 센서에 의하여 작동하며 2가지의 센서가 모두 작동하여야 에어백이 작동한다.

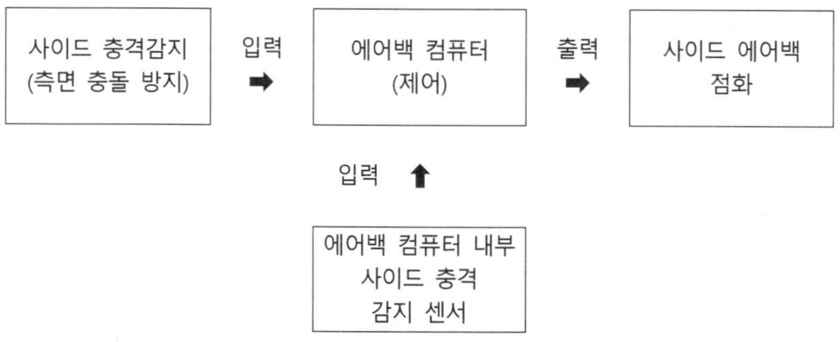

그림 12-17 사이드 에어백의 작동원리

12.6 액티브 헤드레스트

액티브 헤드레스트는 차량 후방에서 추돌시 2단으로 구성된 헤드레스트 앞부분이 센서 신호에 의해 앞쪽과 윗쪽으로 자동으로 이동하여 탑승자의 머리와 목 부분의 충격을 완화시켜 주는 안전보조장치입니다.

그림 12-18 액티브 헤드레스트(출처: 쌍용자동차)

12.7 센터 사이드 에어백(Center Side Air Bag)

센터 사이드 에어백은 주로 사람과 사람이 부딪히는 2차 충돌을 방지한다. 측면 충돌 직후, 테더(Tether)라는 끈 모양의 고정 장치를 활용하여 승객이 반대편으로 넘어가는 것을 방지해 사람간의 충돌은 물론, 내장재와의 충돌도 막아주는 개념으로, 전개된 에어백이 승객을 감싸는 형태로 고정돼 충돌 후 구성 요소의 위치나 길이에 따라 구속력을 가감하여 승객의 움직임을 제어한다.

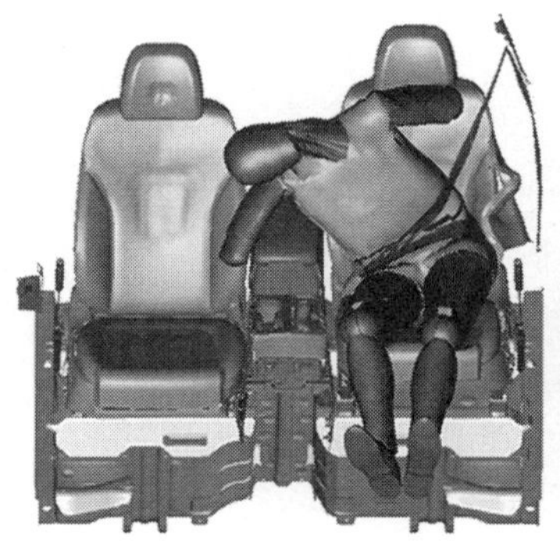

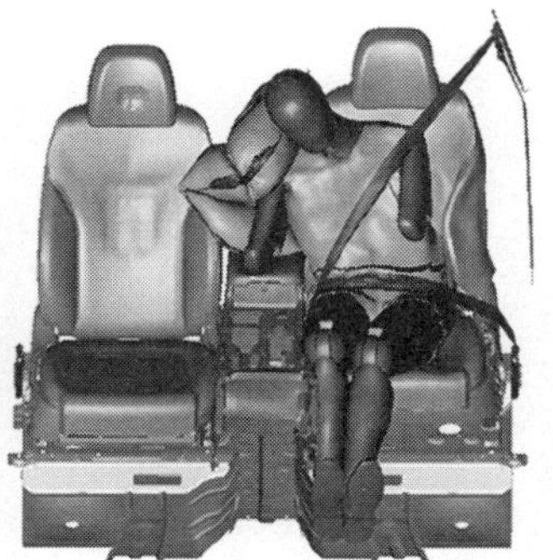

그림 12-19 센터 사이드 에어백 (출처: HMG 저널)

연습문제

1. 단락 바의 기능을 설명하시오.

2. 안전센서의 기능을 설명하시오.

3. ACU의 기능에 대하여 설명하시오.

4. 에어백의 미 전개조건을 설명하시오.

5. 클럭스프링의 장착방법과 주의사항을 설명하시오.

6. 에어백 모듈의 취급방법을 설명하시오.

제13장 난방 및 냉방장치

13.1 난 · 냉방장치의 개요

온도 · 습도 및 풍속을 쾌적 감각의 3요소라 하며, 이 3요소를 조절하여 안전하고 쾌적한 자동차 운전을 확보하기 위해 설치한 장치를 난 · 냉방장치라 한다. 그리고 자동차의 열부하에는 환기부하, 관류부하, 복사부하, 승원부하 등이 있다.

① 환기부하 : 자연 또는 강제의 양쪽 환기를 포함한다.
② 관류(貫流)부하 : 자동차 실내 벽, 바닥 또는 창 면으로부터의 열 이동에 의한다.
③ 복사부하 : 직사 일광, 하늘로부터의 복사에 의한다.
④ 승원부하 : 승차인원의 열 발생(난방을 할 때에는 열원)

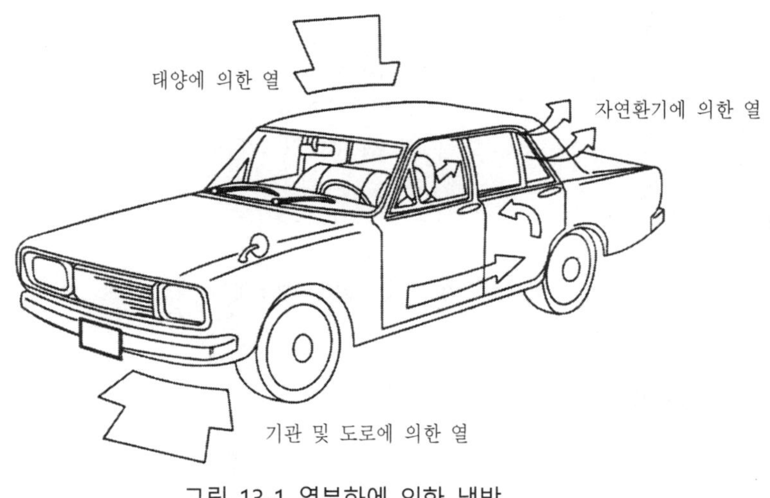

그림 13-1 열부하에 의한 냉방

13.2 난방장치(Heater)

1. 난방장치의 종류

난방장치를 열원별로 분류하면 온수 방식, 배기열 방식, 연소 방식 등 3가지가 있으며, 구조나 용량으로 분류하면 일반 승용차나 소형 화물차에서 사용하는 것과 대형 차량에서 사용하는 것이 있다.

[1] 온수(溫水) 방식

이 방식은 기관 냉각수의 열을 이용한다. 수랭식 기관 자동차에서 구조가 간단하므로 많이 사용된다.

[2] PTC(Positive Temperature Coefficient Thermistor)제어 방식

난방장치는 히터코어 옆에 장착된 PTC 코일(전류가 인가되면 발열하고 급격하게 저항이 증가하여 추가적인 전류가 흐르지 못함으로써 화재로부터 안전한 소자)을 전기적으로 가열하여 실내로 유입되는 공기의 온도를 높이는 장치이며, 간접형 연소식 히터와 같이 온수식 난방의 보조 장치로 커먼레일 차량에 적용하고 있다. 배기열 방식은 배기가스의 열을 이용하는 것으로, 공랭식 기관 자동차에서 사용하며, 구조는 간단하나 열용량이 부족하기 쉽다.

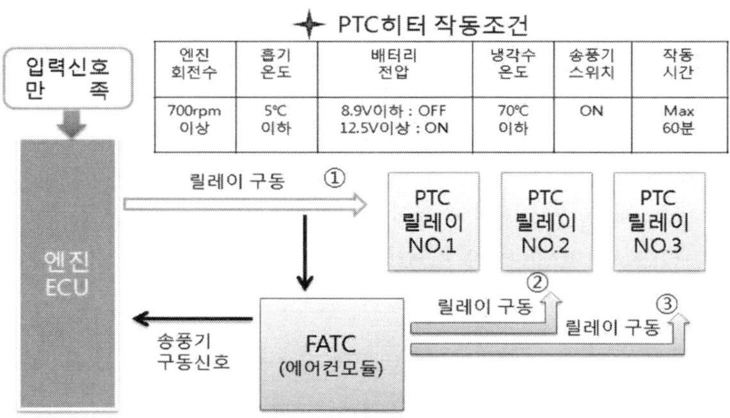

그림 13-2 PTC히터 작동도

[3] 연소 방식

연소방식은 연료를 연소시켜 그 열을 이용한다. 대형 차량에서 사용하며, 구조는 약간 복잡하나 열용량이 커 한랭 지역용으로 적합하다.

[4] 가열플러그 난방장치

가열플러그 난방장치는 프리히터라고도 하는데, 냉각수 라인(히터) 내에 설치되어 있으며 외기 온도가 낮을 경우 일정 시간 동안 작동시켜 엔진에서 히터코어로 유입되는 냉각수의 온도를 높여줌으로써 온수식 난방장치의 성능을 향상시킨다.

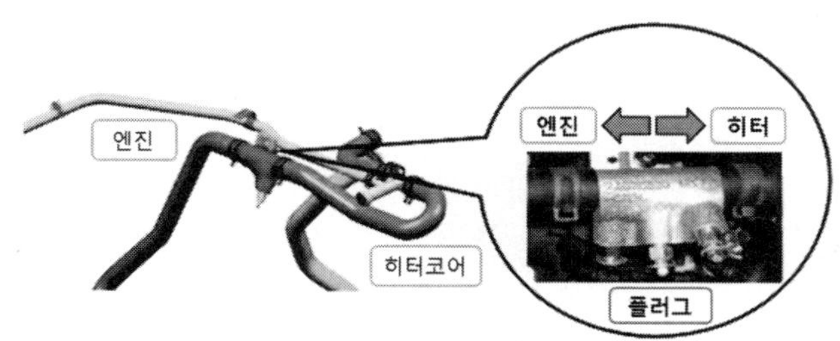

그림 13-3가열플러그 난방장치

2. 온수방식 난방장치의 구조와 작동

온수방식은 그림 13-2에 나타낸 바와 같이 기관 냉각수의 일부를 히터유닛(heater unit)으로 흐르도록 하고, 냉각수가 배출하는 열량으로 유닛 내부의 공기를 데워서 이것을 송풍기로 자동차 실내로 보내어 난방하며, 동시에 바람의 일부를 앞 또는 옆 창유리에 불어 흐림을 방지하, 또 성에가 생기는 것을 방지한다.

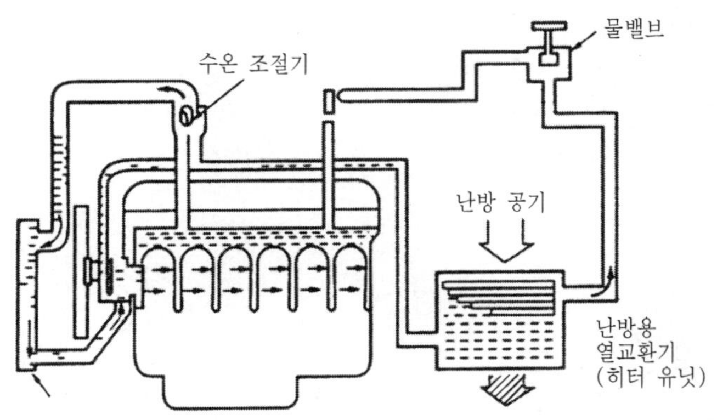

그림 13-4 온수방식의 냉각수 흐름 경로

[1] 온수방식의 종류

히터 유닛으로의 공기 도입방법에 따라 외기 도입방식과 내기 순환방식이 있다.

(1) 외기 도입방식

이 방식은 공기의 신선도는 높으나 열교환 량이 큰 히터 유닛을 필요로 한다.

(2) 내기 순환방식

이 방식은 공기의 신선도는 약간 떨어지나 구조가 간단하고 자동차 실내를 더욱 따뜻하게 할 수 있다.

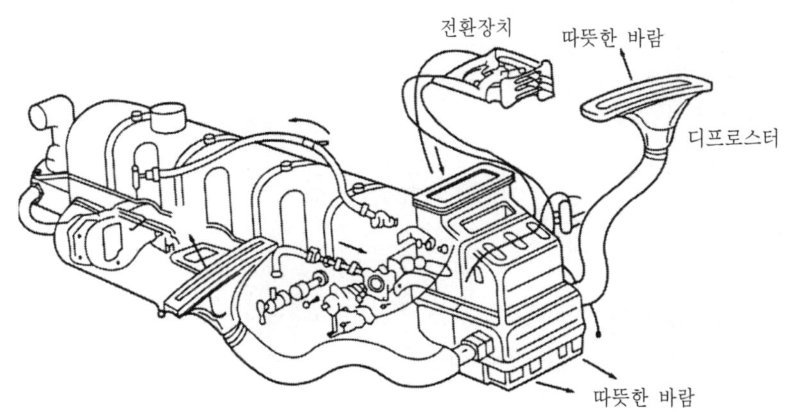

그림 13-5 외부도입 내기순환 전환방식의 예

3. 온수방식 난방장치의 구조

[1] 히터 유닛(Heat Unit)

(1) 히터유닛의 개요

히터유닛은 계기판 안쪽의 자동차 중앙에 설치되어 있으며, 외관은 플라스틱 케이스로 되어 있다. 케이스 내에 기관 냉각수가 흐르는 히터 코어(heat core)와 공기방향 조절용 모드 도어(mode door), 온도 조절용 에어믹스 도어(air mix door) 등으로 구성되어 있다. 또 도어 작동용 진공 엑츄에이터(vacuum actuator)나 전기 엑츄에이터(electronic actuator) 등이 부착되어 있으며, 히터코어를 흐르는 냉각수 온도 측정용 수온센서가 부착되기도 한다.

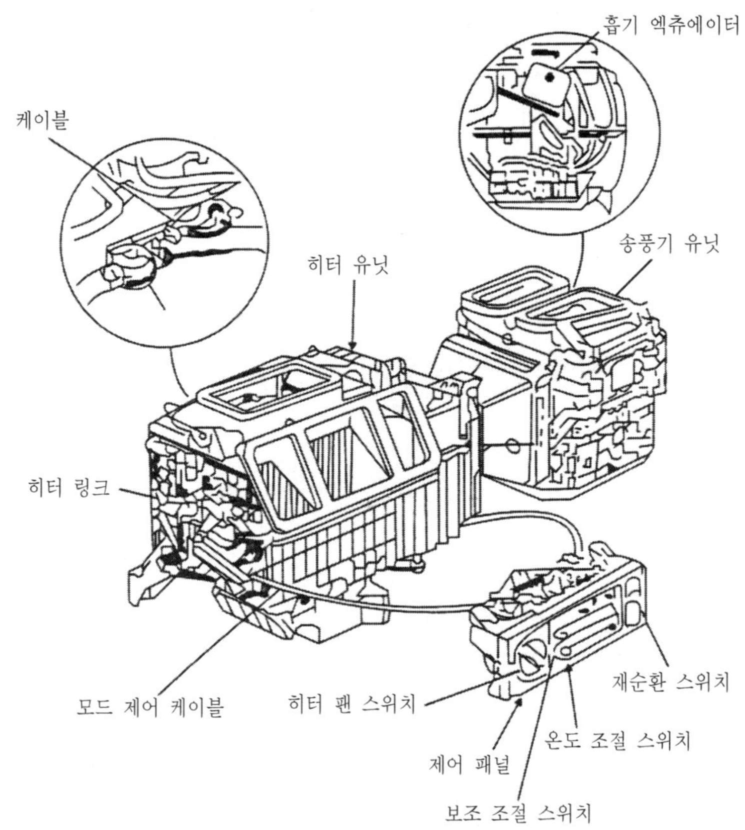

그림 13-6 히터유닛의 구성부품.

(2) 도어(Door)의 종류

도어는 히터내부에 조립되어, 조화된 공기를 얻고자 하는 방향으로 보내기도 하고, 또 바람의 양을 조절하는 기능을 지니고 있다. 도어들의 작동은 조절기구에 의해 이루어진다. 그리고 도어들을 작동하는 힘으로 분류하면 3가지가 있는데 조절레버를 이동시켜 여기에 연결된 케이블로 작동시키는 수동식, 기관에서 발생하는 진공을 이용하는 방식과 전동기의 힘을 이용한 전기식 등이 있다.

(3) 캠(Cam)과 링크(Link)

캠과 링크는 도어와의 연결로 조절 작동에 의해 각 도어의 작동을 제어하는 기능을 지니고 있다. 도어들의 개폐 정도는 캠과 링크의 형상에 따라 조절된다.

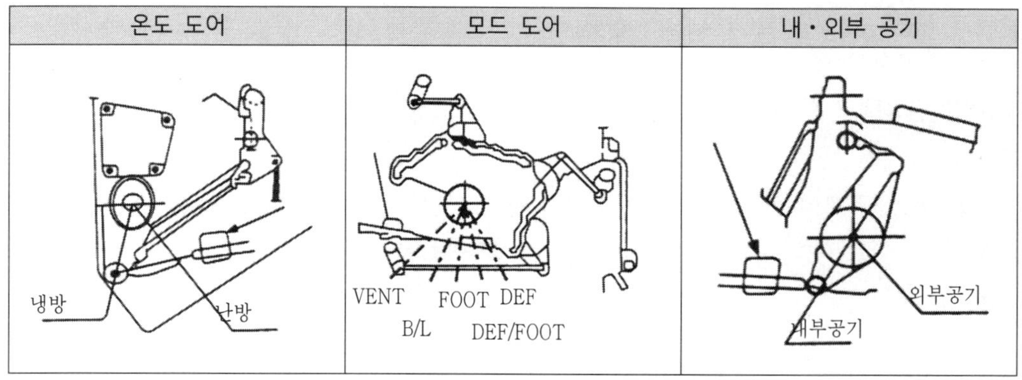

그림 13-7 도어 링크의 구조

(4) 진공 엑츄에이터(Vacuum Actuator)

진공모터는 기관에서 발생되는 진공의 흡입력과 진공모터 내의 스프링장력을 이용한 도어 개폐기구이다. 진공모터는 기능상으로 전기 엑츄에이터와 기능이 같다.

진공모터는 구조가 간단하여 고장 발생률이 낮고, 값이 싼 장점이 있는 반면에 직선운동에 따른 설치 장소의 제약을 받으며 작동시간이 느리고, 작동 중 진공누설에 따른 소음 및 다이어프램 마찰 소음 등이 단점으로 지적되어 최근에서는 점차적으로 사용빈도가 낮아지는 추세이다.

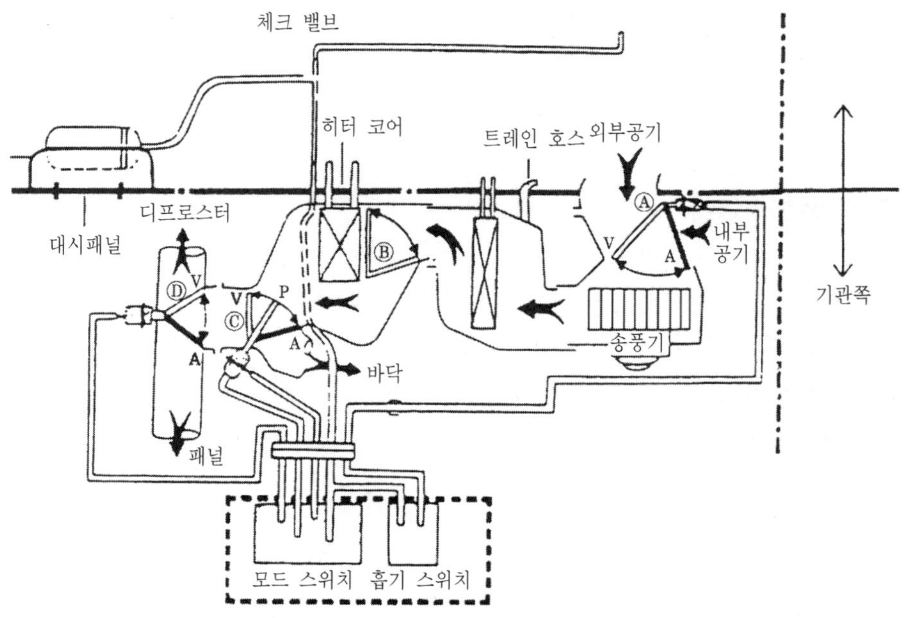

그림 13-8 진공모터를 이용한 도어 작동원리

(5) 체크밸브(Check Uvalve)

체크밸브는 진공 발생부분인 기관과 진공 사용부분인 진공탱크 및 진공모터의 진공호스 사이에 위치하여 진공의 역류를 방지하기 위한 개폐기구이다. 작동은 다음과 같다.

① 기관에서 진공이 생성될 때(그림 13-9 참조)

기관에서 진공이 생성될 경우에는 포트 A 방향으로 진공이 작용하여 다이어프램이 포트 A쪽으로 움직임에 따라 진공탱크 쪽 포트 B와 진공모터 쪽으로 포트 C를 통하여 공기가 흡입된다(즉, 진공이 공급된다).

2차 작용으로는 진공모터 쪽 포트 C로 진공이 공급되나 진공모터에서 필요로 하는 진공량 이외의 잉여 진공량 또는 진공모터가 작동하지 않는 경우의 진공량 등은 포트 B에 연결된 진공탱크에 저장된다.

② 기관에서 진공이 생성되지 않을 때(그림 13-9 참조)

기관에서 진공이 생성되지 않는 경우에는 진공탱크 내에 저장되어 있던 진공이 기관 쪽으로 누출되어 진공모터는 전혀 작동할 수 없게 된다. 이런 경우에는 다이어프램이 포트 C쪽으로 이동하여 통로를 차단해 진공탱크 내에 저장되어 있던 진공이 외부로 누출되는 것을 방지한다.

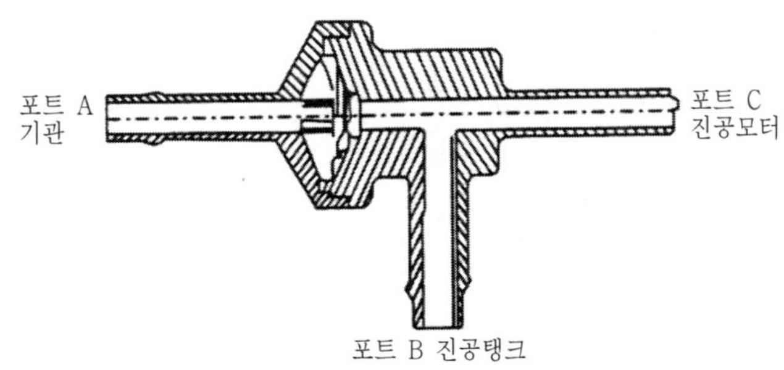

그림 13-9 체크밸브의 구조

(6) 전기 엑츄에이터

전기 엑츄에이터는 전동기의 회전력을 이용한 것이며, 전동기의 회전을 웜 기어(worm gear)로 감속시키고, 래크(tack)기구로 한번 더 감속시킨 후 직선운동으로 변환시킨다. 이 래크가 연결기구를 통하여 도어의 열림 정도를 조절한다.

전기 엑츄에이터는 전기배선, 회전방향과 회전량을 조절하기 위한 전기장치 및 조절장치가 필요하며, 진공 엑츄에이터보다 값이 비싼 결점이 있으나 조절 정도, 내구력 및 소음 측면에서 우수하다.

① 내 · 외기(內 · 外氣) 엑츄에이터

응축기와 송풍기 유닛의 내 · 외부 공기 도입 부분 덕트에 부착되어 있으며, 내 · 외부 공기 선택 스위치에 의해 내 · 외부 공기 도어를 구동시킨다.

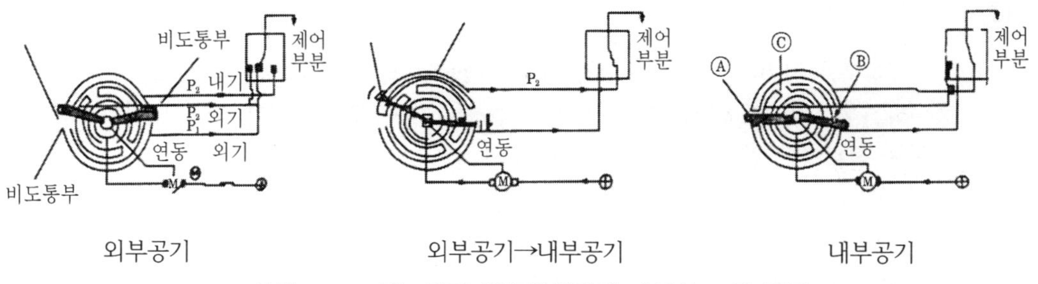

그림 13-10 내·외기 엑츄에이터의 내부회로 및 작동

② 온도 엑츄에이터

온도 엑츄에이터는 히터유닛 케이스 아래쪽에 위치하며 조절기구로부터 신호를 받아 소형 직류전동기로 온도 도어의 위치를 조절하며, 엑츄에이터 내의 전위차계는 온도도어의 현재 위치를 조절기구로 피드백시켜 조절기구가 요구하는 위치에 도달하였을 때 엑츄에이터의 직류전동기가 작동을 멈추도록 조절기구로부터 나가는 신호를 OFF시킨다.

[2] 송풍기(Blow)

송풍기에 사용되는 전동기는 직류 직권방식이며, 연속적으로 고속회전을 하므로 베어링에는 오일리스 베어링(oil less bearing)을 사용한다. 전기자 축의 한끝에는 팬(fan)이 부착되어 있어, 이 팬에 의해 히터 유닛의 열을 강제로 방출시킨다.

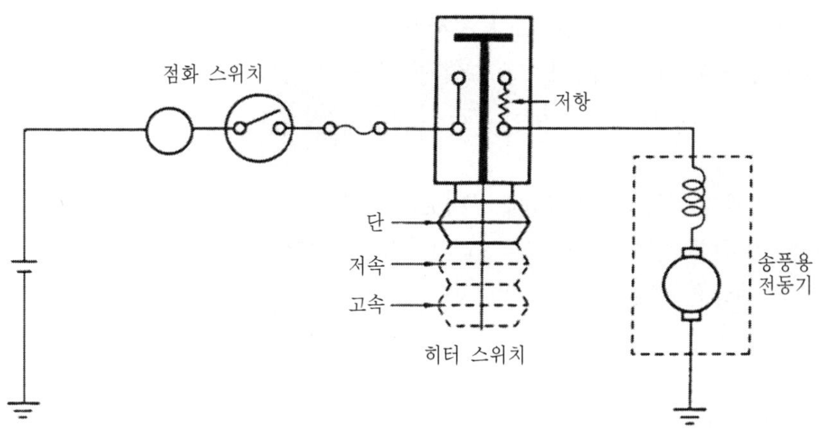

그림 13-11 히터 회로

[3] 파이프 및 덕트(Pipe & Duct)

냉각수가 순환하는 파이프에는 물의 양을 조절하거나 사용하기 위한 밸브가 설치되어 있다. 덕트는 외부 공기도입용, 디프로스터용, 실내로 공기 불어내기용 등이 있으며, 이들을 통과하는 공기량을 조절하거나 전환하기 위한 밸브가 설치되어 있다. 이 밸브의 조작은 운전석에서 하도록 되어 있다.

[4] 전기회로

송풍기의 회전은 대부분은 저속 및 고속으로 전환이 가능하도록 되어 있다. 회전속도 조정은 전동기에 직렬로 저항을 접속하면 저속이 되고, 저항을 통과하지 않으면 고속으로 된다. 이 저항은 히터 스위치나 송풍용 전동기 부근에 설치되어 있다.

13·3 냉방장치(Air Con)

1. 에어컨의 작동원리

냉동사이클은 증발→압축→응축→팽창 4가지 작용을 순환 반복한다.

[1] 증발

냉매는 증발기 내에서 액체가 기체로 변화한다. 이때 냉매는 증발잠열을 필요로 하므로 증발기의 냉각된 주위의 공기 즉, 자동차 실내의 공기로부터 열을 흡수한다. 이에 따라 자동차 실내의 공기를 팬(fan)으로 순환시키며 자동차 실내의 온도를 낮춘다.

[2] 압축

증발기 내의 냉매 압력을 낮은 상태로 유지시키고, 냉매의 온도가 0℃가 되더라도 계속 증발하려는 성질이 있으며 상온에서도 쉽게 액화(液化)할 수 있는 압력까지 냉매를 흡입하여 압축시킨다.

[3] 응축

냉매는 응축기 내에서 외부공기에 의해 기체로부터 액체로 변화한다. 압축기에서 나온 고온·고압가스는 외부 공기에 의해 냉각되어 액화하며 리시버드라이어(receiver-dryer)로 공급된다. 이때 응축기를 거쳐 외부로 배출된 열을 응축열이라 한다.

[4] 팽창

냉매는 팽창밸브에 의하여 증발되기 쉬운 상태까지 압력이 내려간다. 액화된 냉매를 증발기로 보내기 전에 증발하기 쉬운 상태로 압력을 낮추는 작용을 팽창이라 한다. 이 작용을 하는 팽창밸브는 감압작용과 동시에 냉매의 유량도 조절한다.

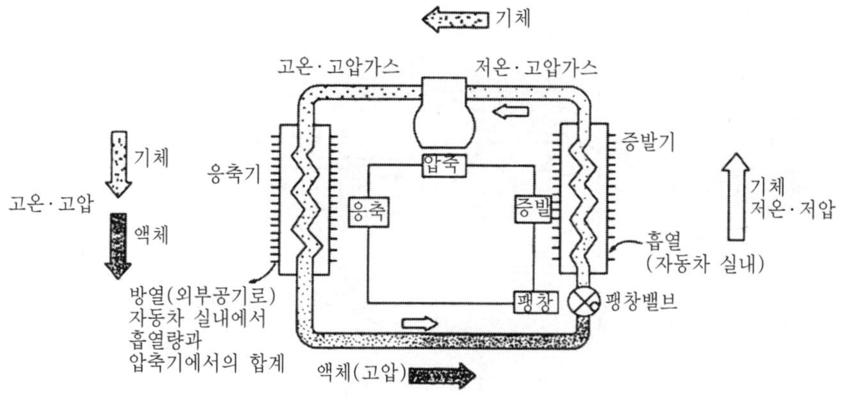

그림 13-12 냉방사이클의 원리

2. 자동차 에어컨의 구조와 작용

에어컨은 에어컨디셔너(Air Conditioner)의 줄임 말이며, 공기조화장치(냉·난방 장치)를 의미한다. 이것은 "일정한 공간의 요구에 알맞은 온도·습도 및 청결도 등을 동시에 조절하기 위한 공기 취급과정"이라 정의된다.

공기조화장치를 작동시키는 장치에는 다음과 같은 것들이 있다.

① 온도조절 장치(냉·난방 장치)
② 습도조절 정치
③ 공기를 청정 및 정제시키는 여과 장치
④ 공기를 이동 및 순환시키는 장치

[1] 에어컨의 구성

자동차용 에어컨의 구성은 기본적으로 그림 13-13 및 13-14에 나타낸 바와 같다. 즉, 압축기, 응축기(콘덴서), 리시버드라이어, 팽창밸브, 증발기(에버퍼레이트) 등이 주요 구성부품이며, 이들 부품은 알루미늄 또는 구리파이프와 고무호스 등으로 연결되어 있다.

그리고 그 구성부품 내에는 냉매(冷媒)라 부르는 열의 이동작용을 하는 물질이 들어있다. 이들 부품 사이를 냉매가 순환을 하면서 액체→기체→액체로 연속적으로 변화하여 냉방효과를 발휘한다.

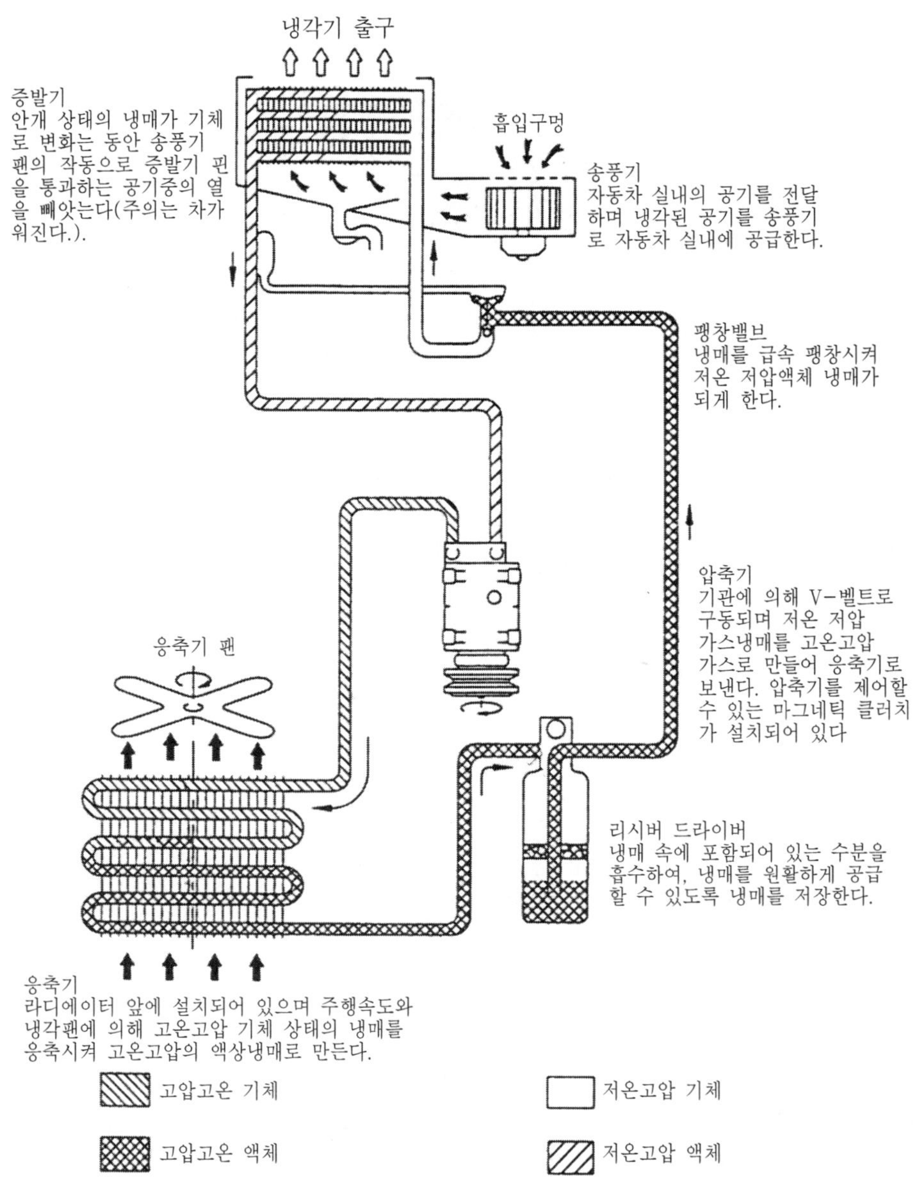

그림 13-13 에어컨의 구성(TXV형)

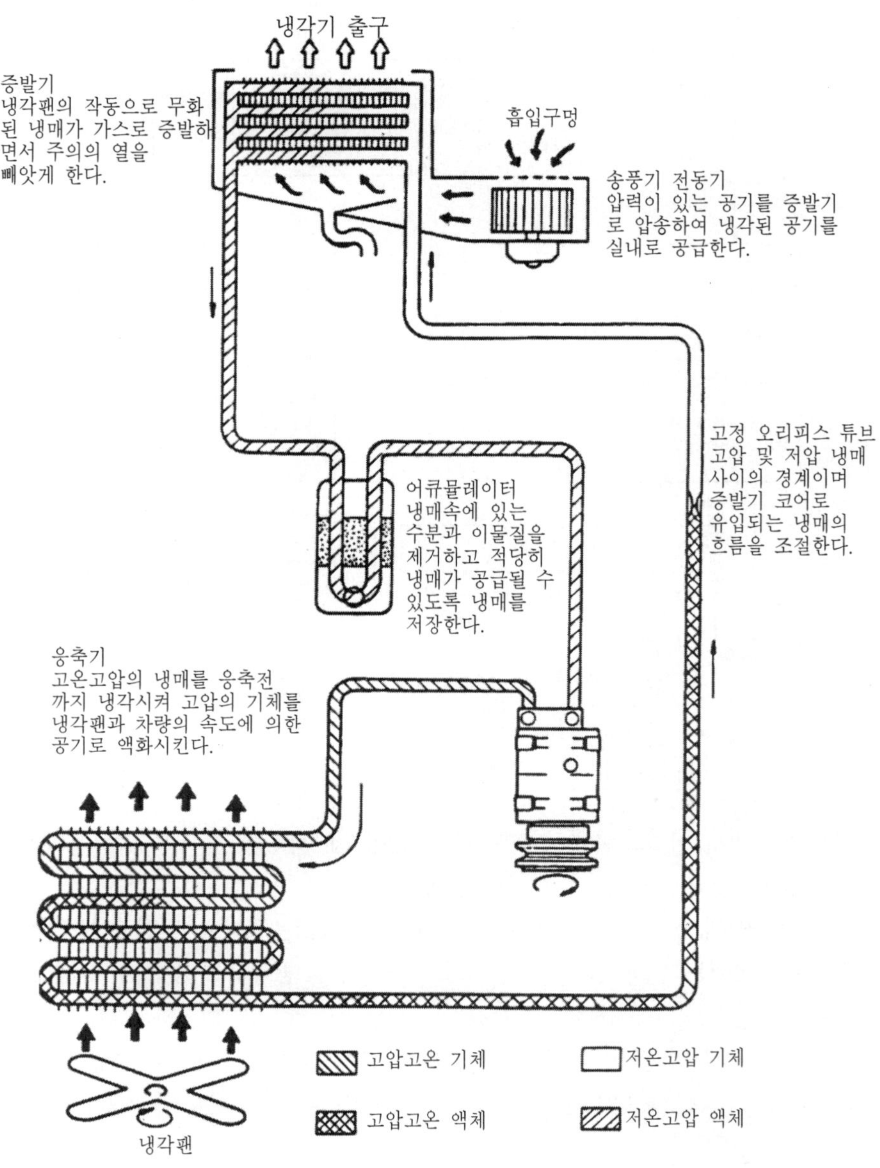

그림 13-14 에어컨의 구성(CCOT형)

[2] 에어컨의 작동

저온(低溫)으로 만들기 위해 냉매는 압축기→응축기→리시버 드라이어→팽창밸브→증발기를 거쳐서 다시 압축기로 되돌아오는 순환을 반복한다. 이 동안에 냉매는 액체→기체→액체 상태로 그 상태를 변화시켜 열을 이동한다. 이 냉매가 하는 열의 이동작용을 "냉동(또는 냉방)사이클"이라 한다. 그리고 냉매가 기체(증기) 또는 액체로 되어 상태가 변화하는 냉동사이클을 "증발압축 냉동사이클"이라 하며, 자동차용 에어컨은 이 원리를 이용한다. 그러면 실제 에어컨 장치에 있어서의 냉동 사이클을 그림 13-15에 대비하여 설명하면 다음과 같다.

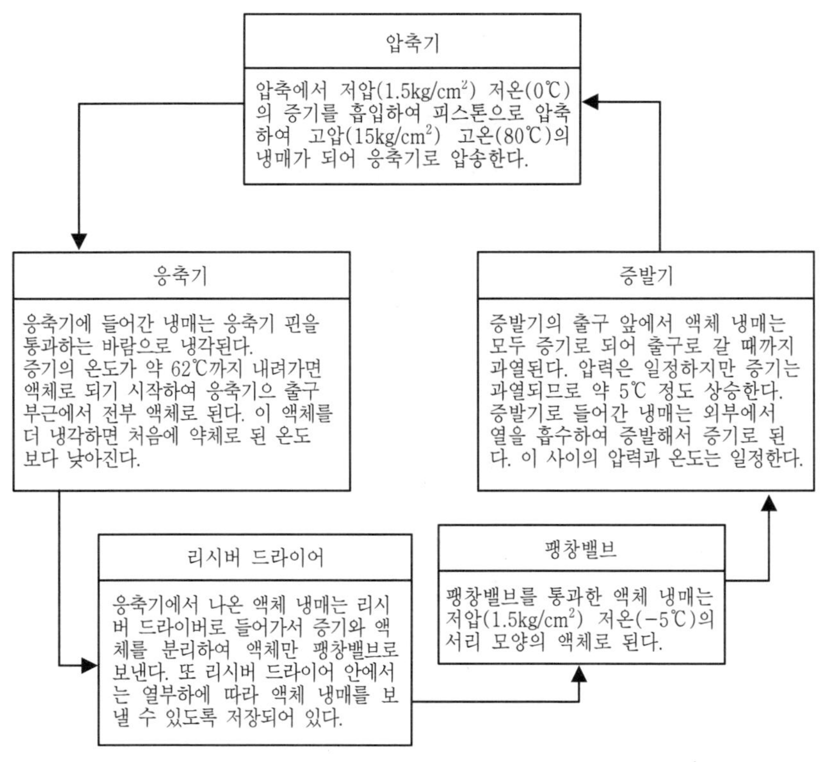

그림 13-15 냉매의 변화

① 냉매는 압축기에서 압축되어 약 70°C에서 15kgf/㎠ 정도의 고온 · 고압 상태가 된다.
② 압축된 고온 · 고압의 냉매는 응축기로 압송된다.
③ 응축기에서는 냉매(약 70°C)와 외부온도(약 30 ~ 40°C)의 온도차이로 인해 냉매는 약 50°C로 온도가 낮아진다. 냉매는 온도 상으로 약 20°C 정도 밖에 냉각되지 않으나 기체에서 액체로 상태가 변화한다.
④ 액화된 냉매는 리시버드라이어에 의해 수분과 먼지 등이 제거된 후 팽창밸브로 이동을 한다.
⑤ 팽창밸브에서는 액화된 고압의 냉매가 급격히 팽창하여 약 -5°C에서 1.5kgf/㎠ 정도의 저온 · 저압의 안개모양으로 된다.
⑥ 팽창하여 저온 · 저압의 안개모양으로 된 냉매는 증발기로 이동하여 증발기 주위의 온도가 높은 공기(자동차 실내의 공기)에서 열을 흡수하여 증발해 기체상태의 냉매로 되어 다시 흡입 · 압축된다.

위의 ① ~ ⑥ 작동을 반복하는 것이 냉동사이클이다. 그리고 ⑥에서 증발기 속에 저온의 냉매가 주위의 공기로부터 열을 흡수하는 작용은 자동차 실내공기에 의해 가열된다. 즉, 자동차 실내공기가 냉매에 의해 냉각되는 것이며,

이 단계에서 자동차 실내는 냉방된다. 그리고 응축기에 의해 대기 속으로 배출된 열량이 자동차 실내에서 흡수된 열량이 된다. 또, 자동차 실내의 공기는 냉각됨과 동시에 습기 제거작용도 한다.

(1) 냉매(Refrigerant)

냉매란 냉동에서 냉동효과를 얻기 위해 사용하는 물질이며, 저온부분에서 열을 흡수하여 액체가 기체로 되고, 이것을 압축하면 고온부분에서 열을 방출하여 다시 액체로 되는 것과 같이 냉매가 상태변화를 일으켜 열을 흡수·방출하는 역할을 하는 것이다. 냉매의 가장 중요한 특성은 그다지 높지 않은 압력에서 쉽게 응축, 즉 액체로 되어야 한다. 냉매는 예전에는 R-12(프레온 가스)를 사용하다환경문제로 R-134a로 대체되고 현제는 R-1234yf 사용하고 있다. 냉매의 구비조건과 R-134a의 장점은 다음과 같다.

① 냉매의 구비조건

㉮ 비등점이 적당히 낮을 것 - 비등점이 너무 높은 냉매를 저온용으로 사용하면 압축기의 흡입압력이 극도의 진공이 되어 효율이 저하한다. 그리고 주위와의 압력차이가 너무 크게 되며, 응축되지 않은 가스가 유입되거나 냉매가 누출되기 쉽다.

㉯ 냉매의 증발잠열이 클 것 - 증발잠열이 크면 적은 양의 냉매를 증발시켜도 냉동작용이 증가한다.

㉰ 응축압력이 적당히 낮을 것 - 공기나 물로 냉각을 할 때 대기압력 이상의 적당한 압력에서 응축되는 것이 바람직하다. 압력이 너무 낮으면 장치 내로 응축되지 않은 가스가 유입되고, 너무 높으면 장치가 파손되기 쉽다.

㉱ 증기의 비체적이 클 것 - 압축기 흡입증기의 비체적이 클수록 피스톤의 배출량은 적어도 되므로 장치를 소형화 할 수 있다.

㉲ 압축기 배출가스의 온도가 낮을 것 - 압축기에서 배출되는 가스의 온도가 너무 높으면 체적효율이 저하할 뿐만 아니라 냉동오일의 탄화나 열화 또는 분해가 발생하기 쉽고, 윤활 작용의 저하가 일어날 수 있기 때문에 낮을수록 좋다.

㉳ 임계온도가 충분히 높을 것 - 임계온도가 낮은 증기는 임계온도 이상에서 압력을 아무리 높여도 응축되지 않기 때문에 다시 냉매로 사용할 수 없다.

㉴ 부식성이 적을 것 - 냉매에 오일, 공기, 수분 등이 유입되었더라도 장치에 사용되는 재료를 부식시키거나 변질시켜서는 안 된다.

㉵ 안정성이 높을 것 - 냉동장치에서 그 자신이 분해되어 응축되지 않은 가스를 생성하거나 성질이 변화하지 않아야 한다.

㉶ 전기 절연성능이 좋을 것 - 전기 절연재료를 침식하지 않고, 통전률이 적으며, 저기 저항 값이 커야 한다.

② R-134a의 장점

㉮ 오존을 파괴하는 염소(Cl)가 없다.

㉯ 다른 물질과 쉽게 반응하지 않은 안정된 분자 구조로 되어있다.

㉰ R-12와 비슷한 열역학적 성질을 지니고 있다.

㉱ 불연성이고 독성이 없으며, 오존을 파괴하지 않는 물질이다.

(2) 압축기(Compressor)

① 압축기의 역할

압축기의 역할은 증발기에서 증발한 기체냉매가 응축되기 쉽도록 냉매의 압력을 높이는 것이다. 즉,

기체냉매를 압축하는 작용이다.

이러한 압축기의 작용에 의해 냉매는 응축과 증발 과정을 반복하면서 에어컨장치 내를 순환하며, 열을 차가운 곳에서 따뜻한 곳으로 운반한다.

① 흡입작용 : 증발기 내에서 냉매압력을 낮추어 액체상태의 냉매가 낮은 온도에서 증발할 수 있도록 한다.

② 압축작용 : 기화된 냉매를 고온·고압으로 압축시켜 응축기로 보내어 상온에서 액화될 수 있도록 한다.

③ 펌프작용 : 흡입과 압축작용을 통하여 냉매를 순환시켜 연속적인 작용이 되도록 한다.

② 압축기의 종류

에어컨용 압축기의 종류에는 크랭크형, 사판형, 로터리형 등이 있으며, 여기서는 현재 자동차에서 주로 사용되고 있는 사판형과 로터리형에 대해서만 설명하도록 한다.

① 사판형(Swash Plate type) 압축기의 구조와 작동

㉮ 사판형 압축기의 구조

사판형 압축기는 축(shaft)에 사판(swash plate)을 설치하고, 축을 회전시켜 사판의 회전운동을 피스톤의 왕복운동으로 변화시켜 냉매가스의 흡입 및 압축작용을 한다. 피스톤의 양끝에는 냉매가스의 흡입 및 배출을 실행하는 밸브 판(valve plate), 축과 실린더헤드 사이에는 누출을 방지하기 위한 축 실(shaft seal)이 조립되어 있다.

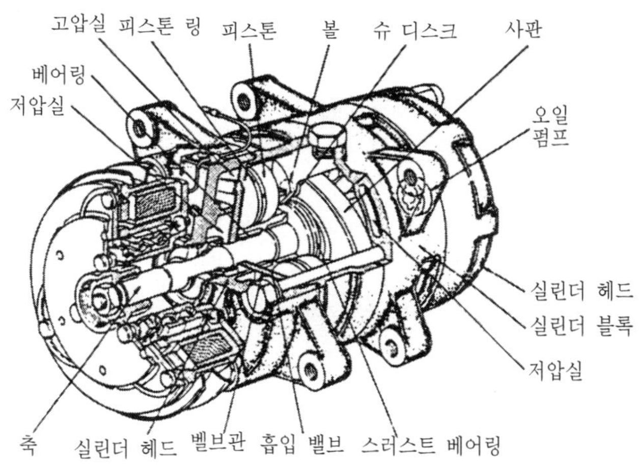

그림 13-16 사판형 압축기의 구조

ⓐ 사판과 피스톤의 구조

피스톤은 사판의 축을 중심으로 72°로 등분된 동일 원둘레 상에 5개가 있다. 각각의 피스톤은 사판의 양끝에 힌지(hinge) 역할을 하는 슈 디스크(shoe disk)라 부르는 반구형의 볼(ball)이 조립되어 있다. 사판의 회전에 의해 피스톤은 실린더 내를 왕복 운동하여 1개의 피스톤이 2실린더의 작동을 한다. 이에 따라 압축기 전체로는 10실린더의 작동을 실행한다.

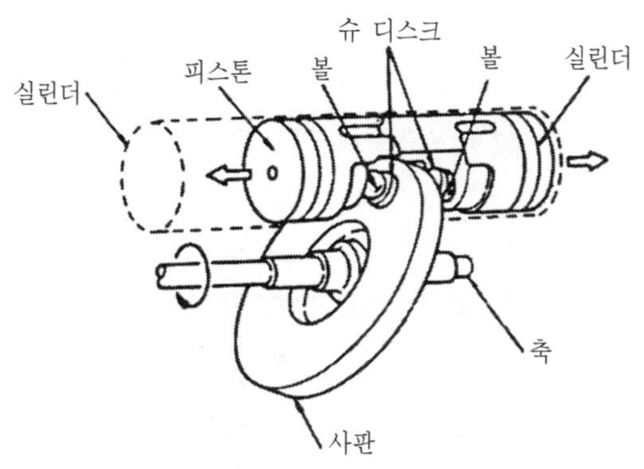

그림 13-17 사판과 피스톤의 구조

ⓑ 흡입 및 배출밸브의 구조

냉매의 흡입 및 배출작용은 밸브 판(valve plate)을 사이에 두고 바깥쪽에 배출, 안쪽에는 흡입 리드 밸브가 각각 위치하여, 흡입·압축행정을 할 때 실린더 내·외부의 압력 차이에 의하여 개폐된다.

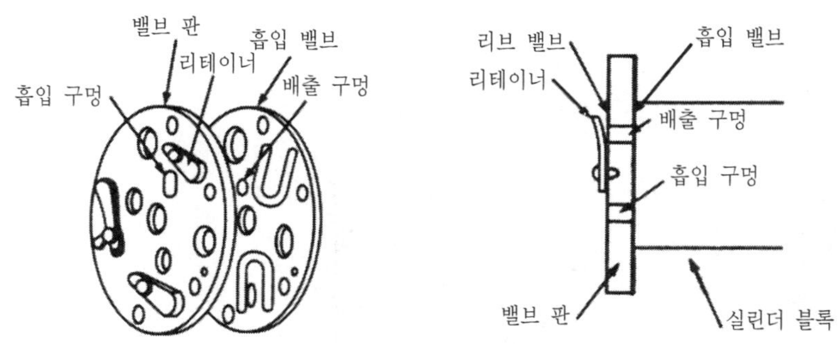

그림 13-18 흡입 및 배출밸브의 구조

㉯ 사판식 압축기의 작동

축이 회전하면 사판도 일체로 회전하며, 축의 회전에 의해 사판에 슈 디스크와 볼을 끼워져 있으며, 피스톤은 사판에 의해 왕복운동을 한다. 축이 1회전하면 흡입과 압축의 1행정이 완료된다.

ⓐ 냉매가스의 흡입(하사점)

피스톤이 뒤쪽으로 이동을 하면 앞쪽 실린더 내의 압력이 낮아져 저압실의 냉매가스가 흡입구멍을 통하여 흡입밸브를 밀어내려 실린더 내로 들어간다. 이때 뒤쪽 실린더는 압축작용을 한다.

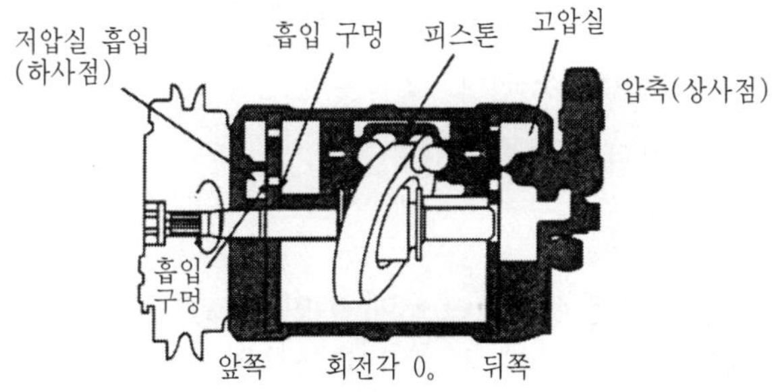

그림 13-19 냉매가스의 흡입행정

ⓑ 냉매가스의 압축(행정)

피스톤이 앞쪽으로 이동을 하면 앞쪽 실린더 내의 압력이 높아져 실린더 내의 냉매가스가 배출 구멍을 통하여 리드밸브를 밀어 올려 고압실로 배출된다. 이때 뒤쪽 실린더는 흡입작용을 한다.

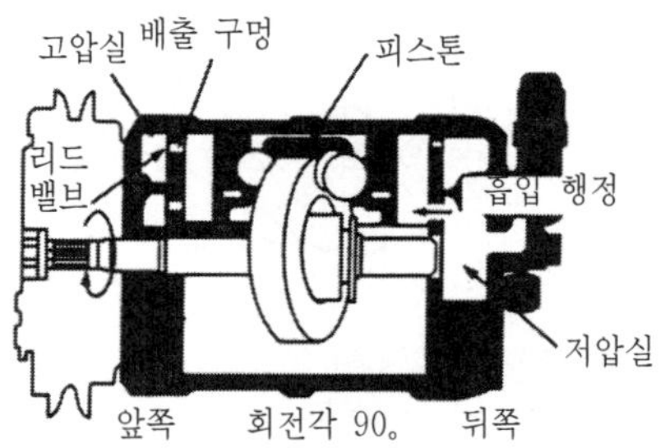

그림 13-20 냉매가스의 압축행정

ⓒ 냉매가스의 압축(상사점)

피스톤이 앞쪽 최대 위치로 이동을 하면 앞쪽 실린더 내의 압축 및 뒤쪽 실린더의 흡입작용이 완료된다.

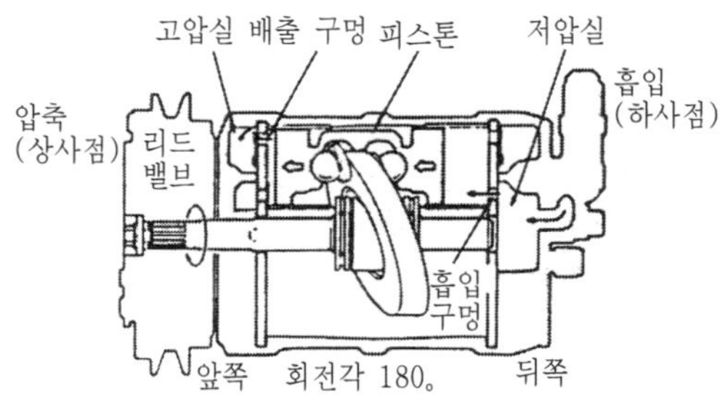

그림 13-21 냉매가스의 압축 상사점

㉰ 사판식 압축기의 역할

ⓐ 마그네틱 클러치에 의해 작동하며, 에어컨 사이클에 냉매를 반복하여 다시 사용하는데 필요한 기구이다.

ⓑ 증발기에서 열 교환이 끝난 냉매 가스를 온도가 높은 환경에서도 비교적 액화가 가능한 상태로 하기 위해 기체 냉매를 압축하여 고온 · 고압 냉매로 만드는 역할을 한다.

ⓒ 압축기의 흡입구멍으로 흡입될 때 냉매의 온도는 약 0℃, 압력은 1.5kgf/cm^{2}이고, 배출할 때는 온도가 70 ~ 80℃, 압력은 15kgf/cm^{2}이다.

② 로터리형(rotary type) 압축기의 구조와 작용

㉮ 로터리형 압축기의 구조

로터리형 압축기는 축에 조립된 로터(rotor)에 베인(vane)이 조립되어 축이 회전함에 따라 베인이 원심력으로 튀어나와 로터와 실린더 사이의 체적을 변화시켜 냉매가스를 흡입 및 압축한다. 밸브는 충전밸브 및 밸브 스토퍼가 실린더블록에 조립되어 있고, 흡입밸브는 없으며, 축과 실린더

헤드 사이에는 축 실(seal)이, 실린더블록에는 베인에 배압(背壓)을 가하는 트리거 밸브(trigger valve)가, 셀(shell)에는 냉매가스의 배출온도를 검출하는 센서가 각각 부착되어 있다. 압축기 오일은 셀 내에 규정량이 봉입되어 냉매가스의 배출압력으로 각 부분에 공급된다.

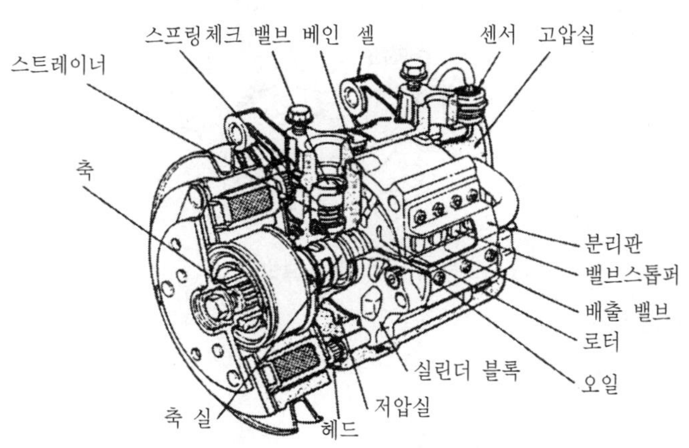

그림 13-22 로터리형 압축기의 구조

ⓐ 로터와 실린더블록의 구조

실린더블록 내의 로터에 베인이 조립되어 있으며, 로터의 회전으로 베인이 실린더블록 면 쪽으로 튀어나와 실린더 내를 여러 개의 구역으로 분할한다. 실린더블록에는 냉매가스의 흡입구멍 및 배출구멍이 설치되어 있으며, 배출구멍에는 배출밸브가 조립되어 있다.

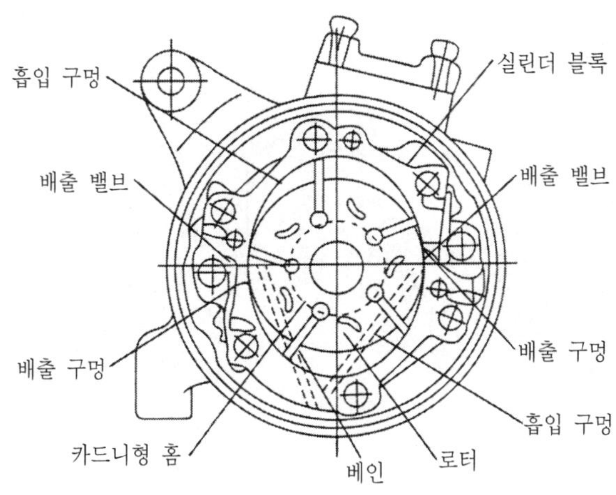

그림 13-23 로터리형 압축기의 작동 구조

ⓑ 배출밸브(discharge valve)

배출밸브는 실린더블록의 배출구멍에 밀착 조립되어 냉매가스의 역류를 방지한다. 그리고 밸브 스토퍼는 배출밸브를 보호하기 위해 밸브 위쪽에 조립되어 있다.

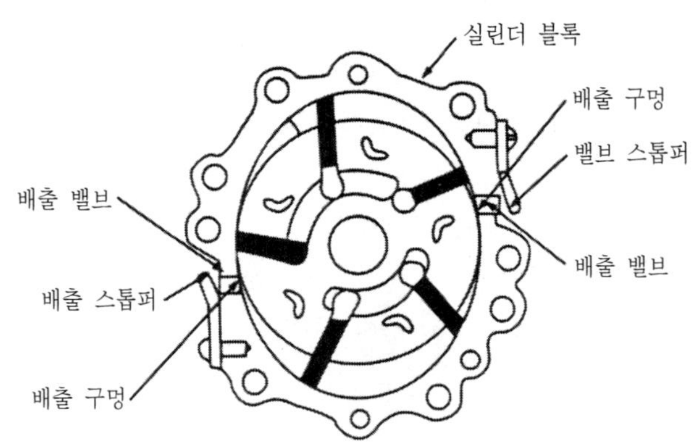

그림 13-24 배출밸브의 구조

③ 마그네틱 클러치(magnetic clutch)

㉮ 마그네틱 클러치의 구조와 작용

ⓐ 풀리 : 기관 크랭크축으로부터 전달되는 동력이 구동벨트로 연결되어 공전을 하다가 에어컨 스위치의 ON에 의해 압축기를 구동시킨다.

ⓑ 계자 코일(field coil) : 축전지에서 나오는 직류 12V 전원으로 자속이 형성되고, 이 자속이 풀리의 벽을 타고 흘러서 자력을 발생시켜 디스크 허브의 디스크를 흡입한다.

ⓒ 디스크 허브(disc hub) : 풀리의 벽을 타고 흐르는 자속이 디스크로 전달되면 에어 갭(air gab)으로 N극과 S극의 교번이 형성되면서 흡입 자력이 발생될 때 스프링 특성을 지니는 탄성부품이 일정거리를 변화하면서 디스크가 풀리의 마찰 면과 붙게 된다.

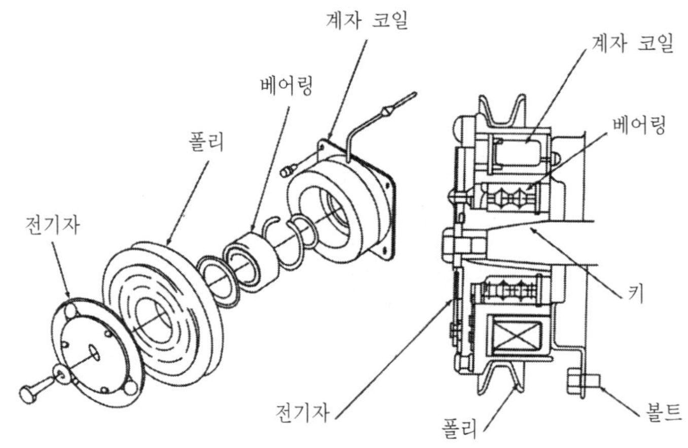

그림 13-25 마그네틱 클러치의 구조

㉯ 마그네틱 클러치의 작동순서

에어컨 스위치를 ON으로 하였을 때	에어컨 스위치를 OFF로 하였을 때
1. 계자 코일에 전류가 흐름 2. 자속(자력)이 발생함 3. 디스크가 흡인 흡착됨 4. 압축기 작동	1. 계자 코일에 전류가 차단됨 2. 자속이 소멸 됨 3. 디스크가 떨어짐 4. 압축기 정지(풀리는 계속 회전함)

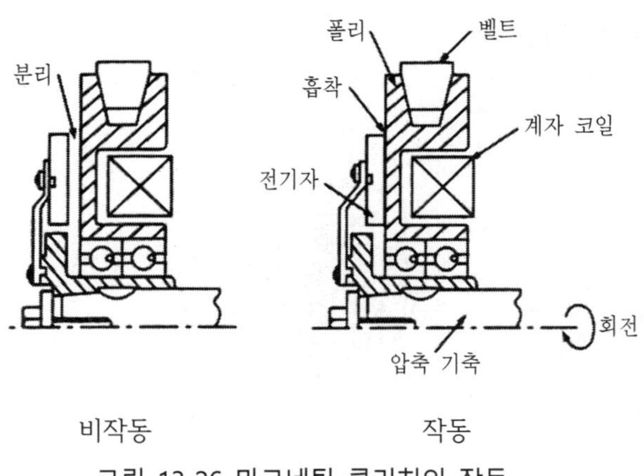

그림 13-26 마그네틱 클러치의 작동

④ 고압안전밸브(PRV, Pressure Relief Valve)

고압안전밸브는 에어컨 장치의 내부 막힘, 냉매의 과다한 충전으로 인한 냉매과다, 응축기 팬 작동불량으로 인하여 장치내부의 압력이 상승하여 손상되는 것을 방지하기 위하여 압축기 내부에 이상고압이 발생하였을 때 이 밸브를 통하여 냉매와 오일을 배출시켜 장치를 안정시키는 역할을 한다. 따라서 고압안전밸브가 작동한 후에는 에어컨 장치 내에 냉매의 재충전과 오일을 보충하여야 한다.

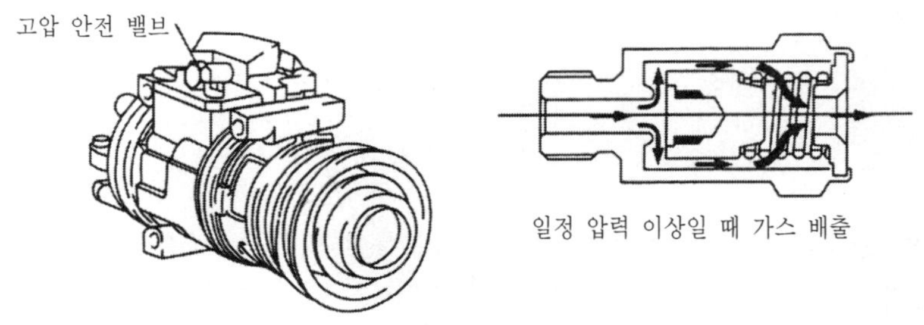

그림 13-27 고압안전밸브의 설치위치와 작용

⑤ 온도센서(thermal sensor)

온도센서는 에어컨 장치의 냉매가 누출되어 흡입압력이 낮아져 운전 압력비율이 증가하고 배출온도가 상승할 경우 배출 쪽 냉매온도를 감지하여 규정온도를 초과하면 압축기의 보호를 위하여 바이메탈형 자동 복귀방식에 의해 마그네틱 클러치 전원을 차단시킨다. 일반적으로 냉매온도가 155℃ 내외에서 작동되어 압축기를 OFF시키고 냉매온도가 135℃ 내외가 되면 압축기를 ON시킨다.

⑥ 벨트고착(belt lock) 보호기능

현재 자동차의 기관을 개발할 때 동력손실을 줄이기 위하여 1-벨트방식의 사용이 늘어나고 있다. 이 1-벨트에 연결된 에어컨 압축기가 내부 고착이나 클러치의 미끄러짐이 발생하면 벨트에 손상이 생겨 끊어지면 주행이 어려우므로 이에 대한 보호기능으로 벨트고착 제어기능이 추가되었으며 다음의 방식들이 있다.

㉮ 스피드 센서에 의한 방식

압축기의 회전속도를 감지하는 스피드 센서(speed sensor)를 압축기에 설치하고, 기관 회전속도와 비교해 미끄러짐 여부를 판단하여 일정 이상의 미끄러짐 비율에서는 압축기 전원을 차단시켜 벨트를 보호하는 방식이며 별도의 제어기구가 설치되어 있다.

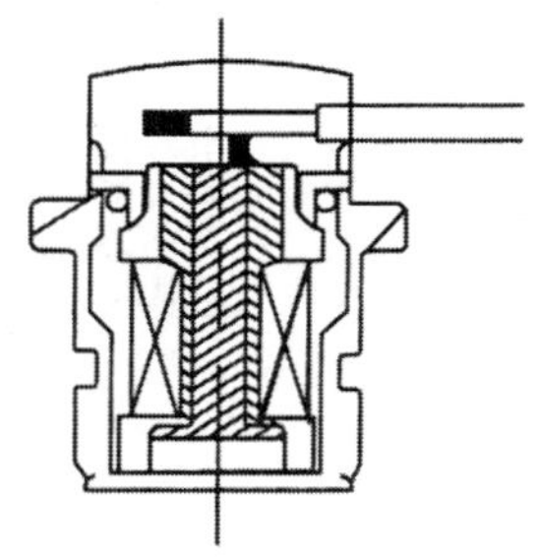

그림 13-28 스피드 센서의 구조

㈏ 온도퓨즈(thermal fuse)에 의한 방식

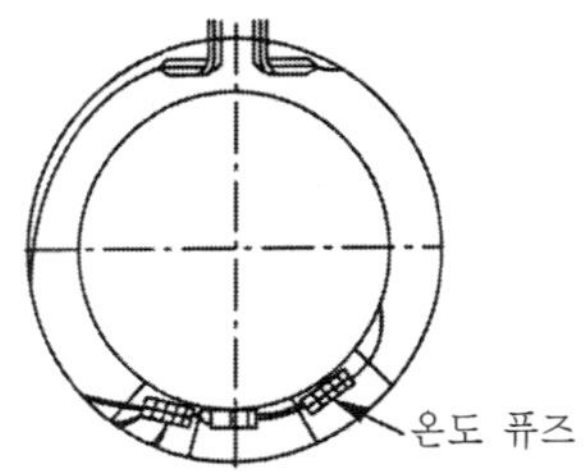

그림 13-29 온도퓨즈의 설치 위치

압축기 마그네틱 클러치 내부에 온도퓨즈(184℃ OFF)를 부착하고, 압축기에 이상이 발생하였을 때 마그네틱 클러치 미끄럼 열을 감지하여 온도퓨즈가 끊어지도록 함으로서 계자 코일의 전원을 차단하여 마그네틱 클러치 작동을 중지하도록 하고 마그네틱 클러치 미끄러짐이나 풀리 베어링의 손상이 계속 진행되지 않도록 하여 벨트와 기관을 보호하는 기능이다.

(3) 증발기(Evaporator)

① 증발기의 기능

증발기는 팽창과정을 거쳐 유입되는 습포화 증기 상태의 저온·저압의 냉매를 자동차 실내·외의 공기와 열 교환시켜 기체(과열증기)로 변화시킨다. 열을 빼앗긴 공기는 저온(低溫)·저습(低濕) 상태로 변화하고 이 공기는 송풍기(blower)에 의해 실내로 들어가 환경을 쾌적하게 유지시킬 수 있다.

증발기 코어(core)도 응축기와 같은 특성이 요구되며, 그밖에 증발기 코어만의 독특한 특성이 있는데 이것은 증발기 코어의 배수(排水) 성능이다. 냉각작용에 의해서 공기 중의 습기가 응축되어 수분으로 되면 증발기 코어의 바깥쪽 표면에 응축수가 남게 되어 공기가 통과할 수 있는 면적을 감소시키고, 또 표면이 얼게 되어 바람의 양을 감소시키는 결과를 초래한다. 따라서 열 관성률의 값이 작게 되어 방열량이 감소하므로 배수 성능을 고려하는 것이 증발기 코어만이 지니고 있는 독특한 설계가 된다.

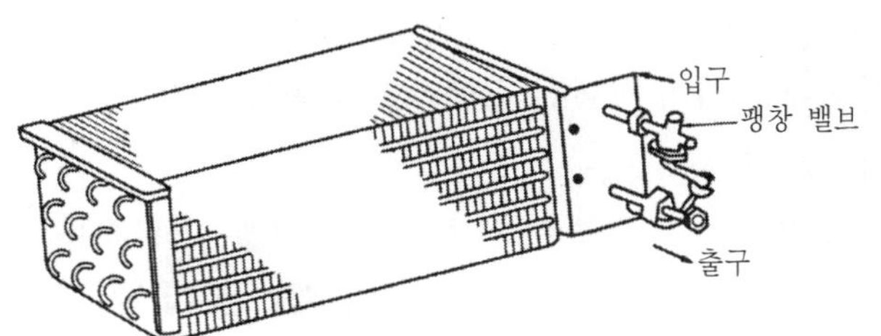

그림 13-30 증발기의 구조

② 증발기의 종류와 그 특성

증발기의 종류에는 핀 & 튜브 방식(fin & tube type), 세펜틴 방식(serpentine type), 라미네이트 방식(laminate type) 등이 있으며, 알루미늄 판 2개를 1조로 하여 일렬로 적층하고, 그 사이에 핀(fin)을 삽입한 형태로 적층형이라고도 부른다. 알루미늄 판의 상하에는 공간이 형성되어 있으며, 이런 판들이 조합된 후에는 냉매를 위한 공간이 형성되어 저장고 및 오일통로의 역할을 한다. 최근에는 전체 체적을 축소시킨 한쪽에만 공간이 형성된 One 방식이 사용된다.

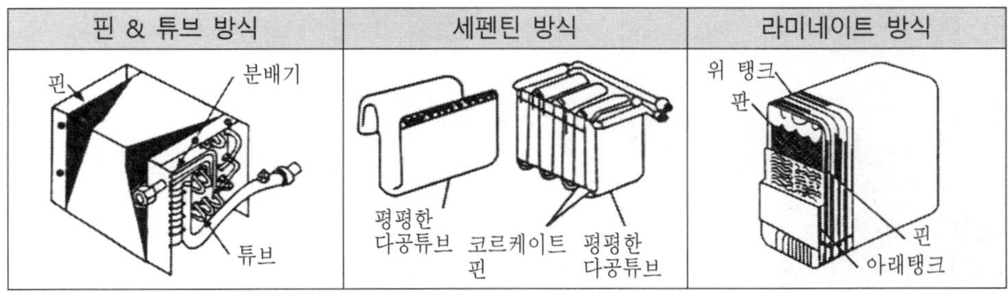

핀 & 튜브 방식	세펜틴 방식	라미네이트 방식
핀 분배기 튜브	평평한 다공튜브 코르케이트 핀 평평한 다공튜브	위 탱크 판 핀 아래탱크

그림 13-31 증발기의 종류

③ 증발기 동결방지 기능

냉방부하가 감소되어도 압축기가 계속 가동되는 경우에는 증발기 표면이 동결되어 공기 흐름량을 감소시켜 냉방성능 저하를 초래한다. 따라서 동결방지 기능을 하는 서모스탯(thermostat), 서모 컨트롤러(thermo control) 등을 설치하며, 또 증발기센서는 증발기 표면 온도(또는 공기온도)를 감지하여 냉동사이클의 작동을 일시 정지시켜 증발기의 동결을 방지한다.

㉮ 서모스탯(thermostat)

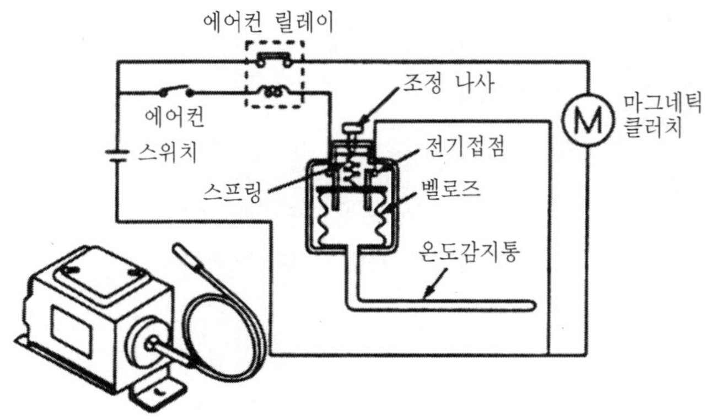

그림 13-32 서모스탯의 구조

서모스탯은 온도 감지통 내에 봉입되어 있는 냉매 가스의 변화에 따라 벨로즈(bellow) 내의 압력과 스프링 장력에 의하여 에어컨 릴레이를 작동시켜 마그네틱 클러치를 ON/OFF한다.

㉯ 서모 컨트롤러(thermo controller)

증발기의 배출구멍 또는 흡입구멍 쪽에 부착된 센서에 의해 자동차 실내의 온도를 감지하여 서모 컨트롤러에 입력된다. 서모 컨트롤러에서 비교된 결과를 기관 컴퓨터(ECU)에서 출력하여 에어컨 압축기 릴레이를 작동시켜 마그네틱 클러치를 ON/OFF한다.

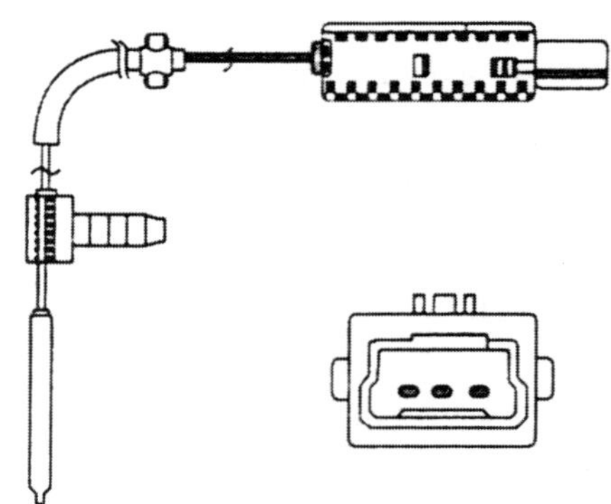

그림 13-33 서모 컨트롤러 형상 및 단자

④ 증발기센서

이 센서는 증발기 코어의 온도를 감지하여 증발기의 빙결을 방지하기 위한 자동 제어의 입력 신호로 사용한다. 그리고 센서 단자 사이의 저항 값을 측정할 때 저항 값은 그림 13-34의 그래프 온도 범위 내에 있어야 한다.

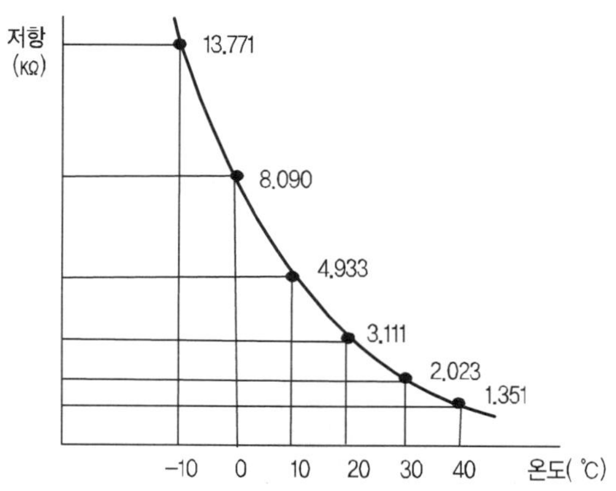

그림 13-34 증발기센서 저항특성

⑤ 드레인 호스(drain hose)

드레인 호스는 습한 공기가 증발기를 통과하면서 제거되는 수분을 밖으로 배출하기 위한 통로이다.

⑥ 공기 필터

공기 필터는 자동차 외부로부터 유입되는 먼지를 제거하는 파티클 필터(particle filter)와 냄새 제거 기능을 지닌 복합 필터(combination filter) 등 2가지가 있다.

필터를 교환하지 아니하고 장시간 사용하면 필터가 막혀 송풍기에서 바람이 제대로 배출되지 않아 냉방성능이 감소한다. 따라서 필터의 교환 주기는 5,000~12,000km이나 대기 오염이 심한 지역이나 도로 조건이 나빠 먼지, 매연 등이 많이 발생하는 지역을 운행할 때에는 수시로 점검 및 교환해 주어야 한다.

(4) 팽창밸브(Expansion Valve)

① 팽창밸브의 기능

팽창밸브는 증발기 입구에 설치되며, 리시버드라이어로부터 유입되는 중온(中溫)·고압의 액체 냉매를 교축작용을 통하여 저온·저압의 습포화 증기상태로 변화시킨다. 그리고 팽창밸브를 사용하는 에어컨을 TXV(Thermal Expansion Valve) 형식이라 부르며, 기능은 다음과 같다.

㉮ 교축작용

액체 냉매를 교축작용을 통하여 저온·저압의 습포화 증기로 변화시키는 기능이며, 이론적으로는 단열 과정이며 엔탈피의 변화가 없다.

㉯ 유량조절

내·외부 환경, 압축기 회전속도 등에 따라 변화하는 냉동 사이클의 열 부하에 대응하여 최대 냉방성능을 발휘할 수 있도록 냉매 유동량을 조절하는 기능이다. 이것은 증발기 출구 쪽의 압력 및 팽창밸브 입구 쪽의 압력과 미리 설정된 밸브스프링 장력을 상호 조화시켜 통로의 단면적을 변화시켜 조절한다.

② 팽창밸브의 종류

팽창밸브의 종류에는 블록형(block type)과 앵글형(angle type)이 있으며, 앵글형은 다시 내부 균일 압력방식과 외부 균일 압력방식으로 나누어진다.

㉮ 블록형(block type)

블록형 팽창 밸브는 기존의 앵글형과 기능은 같으나 부품 형상, 설치 위치 및 온도 감지통 구조가 다르다. 기관 룸 대시패널 부위에 설치되므로 압력을 낮출 때 발생되는 팽창밸브 소음이 자동차 실내로 유입되는 현상을 최소화시킬 수 있고 교환작업이 앵글형에 비해 훨씬 쉽다. 팽창밸브 위쪽에 플라스틱 캡이 씌워져 있는데 이 플라스틱 캡이 이탈되면 팽창밸브의 온도 감지통에 추가로 기관 룸의 열이 전달되어 팽창 밸브 다이어프램에 가해지는 압력이 상승되어 증발기로 냉매가 과다하게 공급될 수 있다. 증발기로 과다한 냉매가 공급되면 증발기에서 증발되지 못한 액체 냉매가 압축기로 유입될 수 있는 소지가 커져 압축기로 액체 냉매가 유입되어 압축기의 손상을 가져올 수 있기 때문에 주의하여야 한다. 또 팽창밸브 조립부위 특히, 안쪽의 오일 실 등의 기밀유지가 필요하다.

㉯ 앵글형(angle type)

ⓐ 내부 균일 압력방식(internal equalization type)

밸브의 교축 팽창 직후의 냉매압력을 감지하는 방식이며, 증발기 앞뒤의 압력강하를 보상할 수 없다. 주로 증발기 앞뒤의 압력차이가 적은 자동차에서 사용한다.

ⓑ 외부 균일 압력방식(external equalization type)

밸브 출구의 압력 및 온도를 감지하는 방식으로 증발기 앞뒤의 압력차이를 보상할 수 있어 증발기 앞뒤의 압력차이가 큰 자동차에서 사용한다. 승용차 냉방장치에서 주로 사용된다.

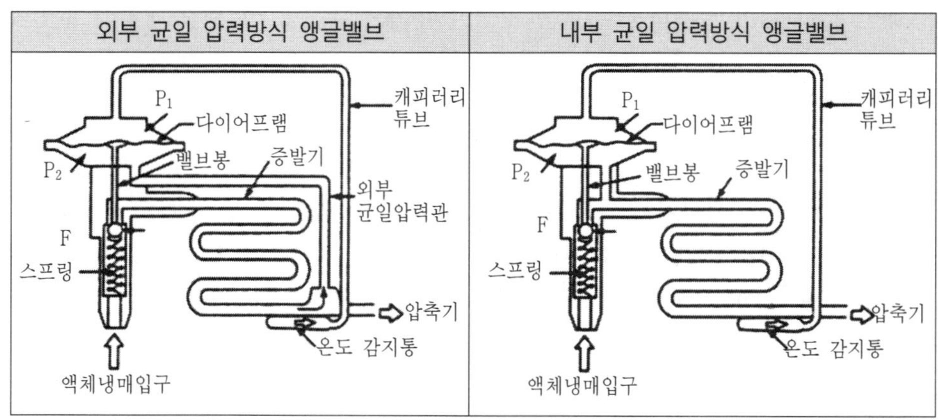

그림 13-35 앵글형 팽창밸브의 구조

③ 팽창밸브의 구조

팽창밸브는 몸체, 다이어프램(diaphragm), 볼 밸브(ball valve), 스프링, 온도 감지통, 균일 압력관 등으로 구성되어 있다. 감온통은 EVAP 출구측의 냉매온도를 감지, 이를 압력으로 변환하여 다이어프램 상부에 전달하며, 균압관은 냉매의 압력을 감지하여 다이어프램 하단으로 전달, 이를 힘과 스프링의 관계에 의하여 냉매 유로의 개도를 조절한다.

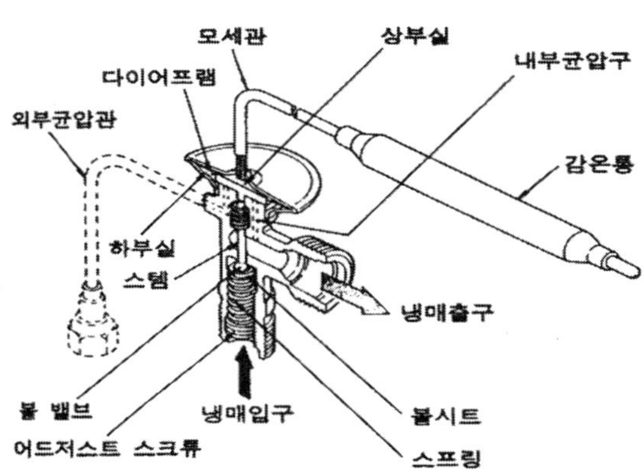

그림 13-36 팽창밸브의 구조

④ 팽창밸브의 유량제어기능

㉮ 증발기의 냉각부하에 대하여 팽창밸브(TXV, Thermo Expansion Valve)의 열림 정도가 적합할 때

는 증발기로 들어간 액체 냉매가 증발기 출구까지 완전하게 증발을 완료하여 압축기로 흡입된다.

㉯ 냉각부하가 감소되거나 팽창밸브의 열림 정도를 지나치게 크게 하면 액체 냉매가 충분하게 증발하지 못하고, 압축기에 흡입되는 냉매 중에 액체로 남아 있는 상태가 계속되면 액체의 되돌림(liquid back)이 일어나서 압축기의 밸브를 손상시키고, 나아가 액체의 흡입량이 많아지거나, 배관 중에 고여 있는 액체가 일시에 압축기로 흡입되면 액체의 압축을 일으켜 압축기를 파손시킬 염려가 있다.

㉰ 냉각부하가 커지거나 밸브 열림 정도가 적어지면 증발기 출구에 도달하기 전에 냉매가 완전하게 증발하고, 더욱더 열을 흡수하게 되므로 냉매 증기는 증발 온도보다 온도가 상승한다. 이 과열도가 커지면 압축기의 배출 온도가 현저하게 상승하여 실린더의 과열을 초래한다.

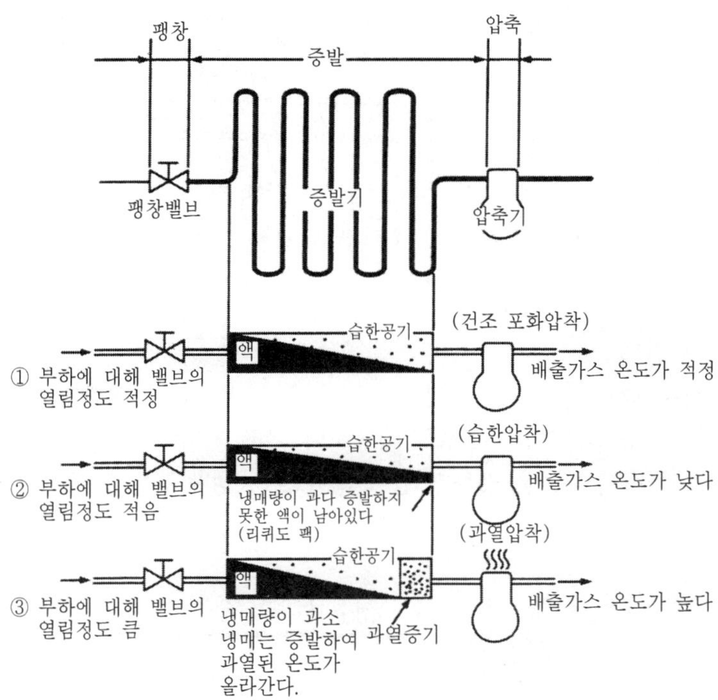

그림 13-37 냉방부하에 따른 팽창밸브의 유량제어기능

⑤ 내부 균일 압력방식 팽창밸브의 작동

㉮ 안정된 제어위치

- P_1 : 온도 감지통의 압력
- P_2 : 증발 압력
- P_3 : 스프링 장력
- P_4 : 과열도 : 증발 온도와 압축기 온도와의 차이를 말한다(그림 13-38의 경우는 5℃임).

위의 조건에 따라 설명하면 현재 볼 밸브의 위치가 평형 상태의 위치에 있을 때 온도 감지통 속에는 냉동사이클에 사용된 동일한 냉매 가스가 봉입되어 있기 때문에 과열도 만큼 온도가 상승하여 온도 감지통 내의 압력을 다이어프램 위쪽 방으로 전달한다. 볼 밸브에는 힘 P_1(온도 감지통의 압력)과 이 힘에 대응하여 다이어프램 아래쪽 방의 밸브를 닫는 방향의 힘 P_2(증발압력), 그리고 스프링장력 P_3가 작용한다. 이상 3개의 힘들이 평형상태에 있을 때, $P_1 = P_2 + P_3$의 안정된 제어위치에 있게 된다.

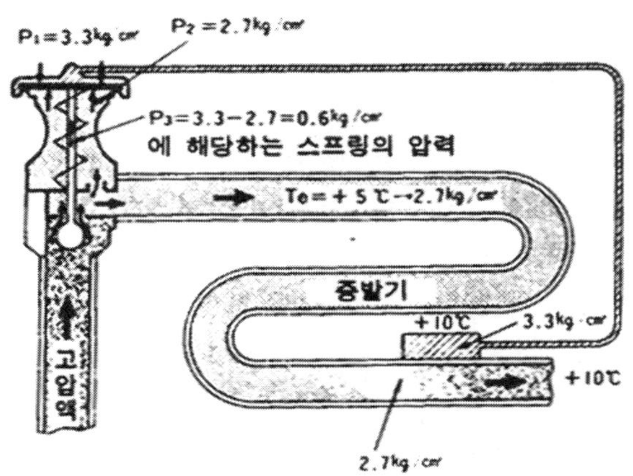

P1 : 감온통 압력, **P2** : 증발 압력, **P3** : 스프링 압력

그림 13-38 안정된 제어 위치(P1 = P2 + P3)

㈏ 부하가 증가된 경우

부하가 증가되어 과열도가 상승할 때 온도 감지통은 온도를 감지하여 온도 감지통 내의 압력이 상승한다. 따라서 증발 압력과 스프링 장력보다 크게 된다($P_1 > P_2 + P_3$). 이에 따라 다이어프램은 아래쪽으로 눌려지므로 볼 밸브가 점차 많이 열려 냉매 유량을 증가시켜 과열도의 상승을 방지한다.

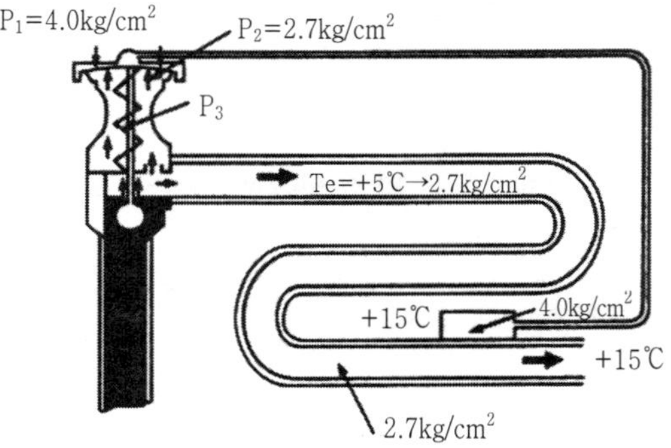

그림 13-39 부하가 증가된 경우 (P1 > P2 + P3)

㈐ 부하가 감소된 경우

부하가 감소되어 증발기 출구의 냉매 온도가 내려가면 온도 감지통 내의 압력이 떨어져 다이어프램 위쪽 방의 압력도 감소하여 증발 압력과 스프링 장력의 합성력이 커진다($P_1 < P_2 + P_3$). 따

라서 다이어프램은 위쪽으로 눌려져 볼 밸브가 점차 닫혀 냉매 유량이 감소되어 과열도를 적정 값으로 유지시킨다.

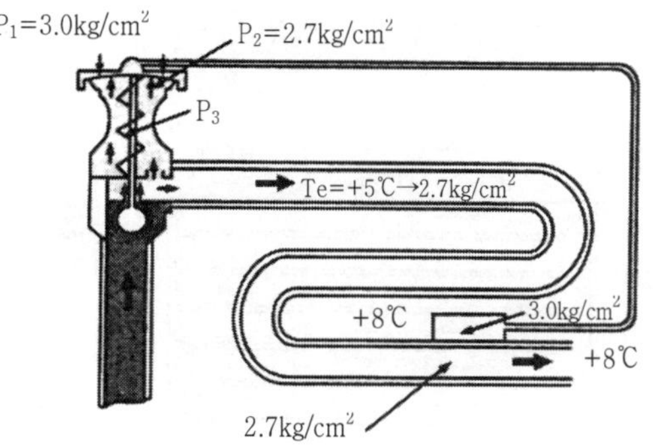

그림 13-40 부하가 감소된 경우(P1 < P2 + P3)

⑥ 외부 균일 압력방식 팽창밸브의 작동

그림 13-41의 Ⓐ점에서 증발기 온도는 5°C(압력 2.7kgf/cm^2)로 하고 증발기의 압력강하를 0.6kgf/cm^{2}로 하면 Ⓒ점의 압력은(2.7kgf/cm^2-0.6kgf/cm^2) 2.1kgf/cm^{2}로 된다. 이 압력은 즉시 외부 균일 압력관에 의하여 팽창밸브로 피드 백(feed back)되어 다이어프램 아래쪽 방에서는 증발기에서의 압력강하에 관계없이 증발기 출구의 압력 2.1kgf/cm^{2}를 감지한다.

따라서 스프링 장력이 0.6kgf/cm^{2}를 더한 2.7kgf/cm^{2}의 압력이 다이어프램 위쪽 방에 가해진다면 좋을 것이다. 이($P_1 = P_2 + P_3$) 2.7kgf/cm^{2}의 압력에서는 포화 온도가 5°C이므로 Ⓒ점의 압력 2.1kgf/cm^{2}에서 포화 온도 0°C를 5°C 정도로 상승시켜 Ⓒ점은 과열도 5°C가 유지된다.

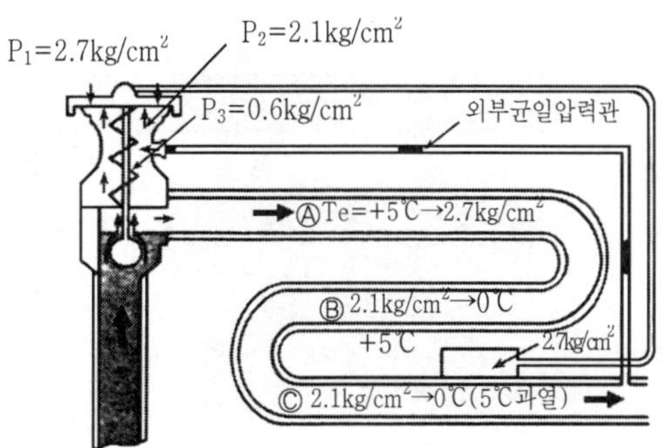

그림 13-41 외부 균일 압력방식 팽창밸브의 작동

(5) 응축기(Condenser)

① 응축기의 기능 및 구조

응축기는 압축기로부터 유입되는 고온 · 고압의 냉매 가스를 냉각 팬(cooling fan)으로 강제 냉각시켜 냉매를 액화시키는 기능을 한다. 응축기의 냉각 양은 압축기의 냉각 양과 증발기의 냉각 양에 의해 결정되며, 응축상태가 불량하면 냉동사이클의 압력이 과다하게 높아져 냉방 성능을 저하시키므로 용량 결정 및 관리에 주의하여야 한다. CONDENSER는 다른 열교환기와 같이 공기측 핀(FIN)과 냉매측 튜브(TUBE)로 구성되어 있으며, 핀과 튜브는 주로 알루미늄을 사용하고 있다. 냉매가스는 튜브내를 흐르면서 외기로 열을 방출하며, 핀 사이를 통과하는 공기로 열을 방출한다.

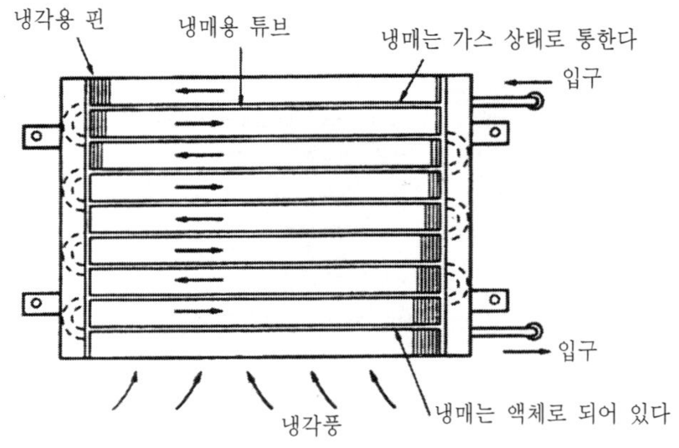

그림 13-42 응축기의 구조

② 응축기의 분류와 그 특징

㉮ 핀과 튜브형(fin & tube type)

냉각 튜브에 냉각 핀을 2mm 정도의 간격으로 설치한 것이며, 튜브는 구리, 핀은 알루미늄을 사용한다.

㉯ 세펜틴형(serpentine type)

핀과 튜브형 응축기보다 강성은 약간 떨어지나 생산성이 좋고, 가격이 싸며, 냉각 효율이 우수하다. 알루미늄 합금 냉각핀에 여러 개의 냉각용 핀이 부착되어 있다.

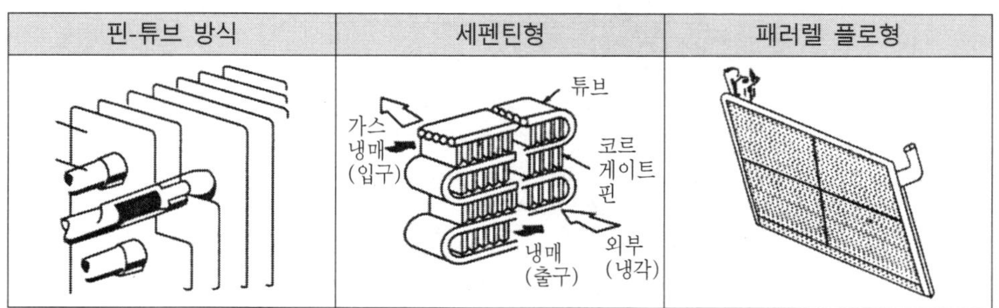

그림 13-43 응축기의 종류 및 구조

(6) 리시버드라이어(건조기, Receiver Drier)

① 리시버드라이어의 기능

㉮ 냉매 저장기능

냉동사이클의 부하 변화에 대응하여 냉매 순환량도 변동되어야 하므로 적절한 양의 냉매를 저장하며, 그 변동에 대응하도록 한다.

㉯ 기포 분리기능

응축기로부터 배출된 액체 냉매가 기포를 포함하고 있을 경우 냉방성능의 저하를 초래하므로 기포와 액체를 분리하여 액체 냉매만 팽창밸브로 보낸다.

㉰ 수분 흡수기능

건조제와 필터를 사용하여 냉매 중의 수분 및 이물질을 제거한다.

㉱ 냉매량 관찰기능

사이트 글라스(sight glass)를 통하여 냉매량의 적정여부를 확인하는 기능이나, 최근에는 냉매가 R-134a로 바뀌면서 없어지는 추세이다.

② 리시버드라이어의 구조

철제 또는 알류미늄 원통형 본체에 필터, 건조제, 파이프, 사이트 글래스 등으로 구성되어 있다.

입구측 파이프로 유입된 액냉매는 필터와 건조제를 통과 하면서 이물질 및 수분이 제거되고 본체 바닥까지 내려와 있는 출구측 파이프를 통하여 팽창밸브 쪽으로 배출된다.

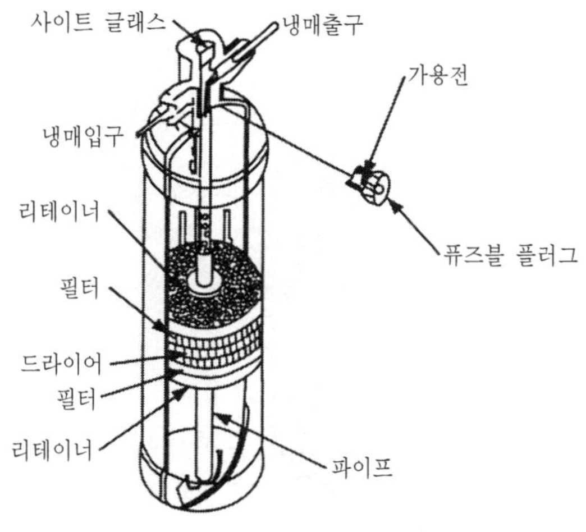

그림 13-44 리시버드라이어의 구조

(7) 어큐뮬레이터(Accumulator)

① 어큐뮬레이터의 기능

어큐뮬레이터는 증발기와 압축기 사이에 설치되어 있으며, 증발기에서 증발된 기체냉매의 압력은 바깥 온도나 실내 온도 및 압축기의 회전속도에 의하여 변화가 매우 크다. 만약 증발기에서 증발된 냉매가 직접 압축기로 흡입되면 압축기의 부하가 매우 커지므로 기관에 큰 영향을 미친다.

어큐뮬레이터는 증발기에서 기체화된 냉매를 잠시 저장하여 수분과 이물질을 제거한 후 일정한 압력으로 압축기로 공급하는 일을 한다. 어큐뮬레이터에는 저압 스위치가 설치되어 증발기에서 증발된 냉매의 압력이 낮으면 실내는 냉각상태이므로 스위치가 OFF되어 압축기의 작동을 중지시키고, 압력이 규정값 이상으로 상승하면 다시 ON되어 압축기를 작동시킨다. 어큐뮬레이터의 주요 기능은 리시버드라이어와 비슷하나 리시버드라이어는 TXV 형식에서 고압 쪽에 설치되는데 비해, 어큐뮬레이터는 CCOT 형식에서 저압 쪽에 위치하는 점이 다르다. 어큐뮬레이터의 기능은 다음과 같다.

㉮ 저장 및 2차 증발기능 - 냉동사이클의 부하변동에 대응하여 냉매순환 양도 변환되어야 하므로 적절한 냉매를 저장하며, 그 변동에 대응하도록 한다.
㉯ 액체 분리기능 - 증발기에서 증발된 냉매는 때에 따라 완전증발이 일어나지 못하고 일부 액체 냉매를 포함하는 경우가 있다. 이 액체 냉매가 압축기로 유입되면 구동부분의 손상을 초래할 수 있으므로 액체 냉매를 분리하여 완전한 기체냉매만이 압축기로 유입되도록 한다.
㉰ 수분 흡수기능 - 건조제를 사용하여 냉매 중의 수분을 흡수한다.
㉱ 오일 순환기능 - 출구 쪽 아래쪽에 오일 회수용 필터를 설치하여 압축기 오일의 순환을 용이하게 한다.
㉲ 증발기 동결 방지기능 : 저압 스위치(low pressure switch - A/C clutch cycling)를 설치하여 저압 쪽 압력이 규정 값보다 낮아지는 경우에 압축기의 작동을 일시 정지시켜 증발기의 동결을 방지한다.

② 어큐뮬레이터의 구조와 작동

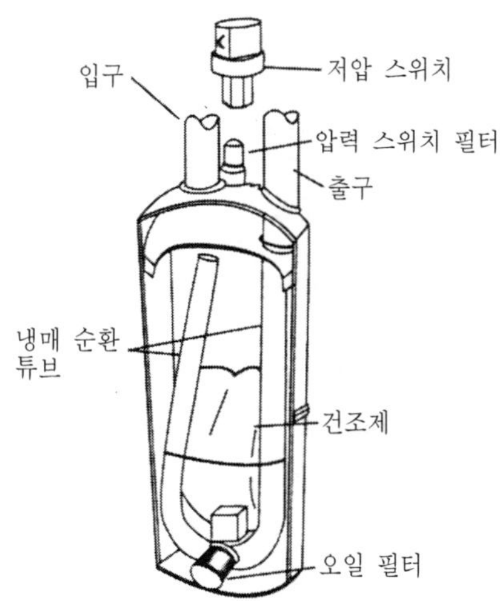

그림 13-45 어큐뮬레이터의 구조

철제 또는 알루미늄 합금 원통형 본체에 필터, 건조제, 파이프, 저압 스위치 등으로 구성되어 있다. 입구 쪽 파이프로 유입된 냉매는 건조제를 통과하면서 수분이 제거되고 본체 위쪽에 있는 출구 쪽 파이프를 통하여 압축기로 배출된다. 또한 출구용 파이프 아래쪽에 설치된 오일 순환용 필터를 통하여 압축기 오일을 회수하여 압축기로 순환시킨다. 본체 내에 잔류되는 액체 냉매는 2차로 증발되어 다시 압축기로 보내진다.

(8) 듀얼 압력 스위치(Dual Pressure Switch)

에어컨 고압 라인에 압력(저압,고압)에 따라 한개의 스위치로 2가지의 기능을 수행한다.

하나, 냉방 사이클내 냉매가 없을 때 스위치를 OFF 시켜 컴퓨레서 작동 전원을 차단한다.

둘, 고압측 압력이 규정치 이상으로 상승하면 스위치를 OFF 시켜 컴퓨레서의 전원 차단하여 이상고압으로 인한 에어컨 시스템을 보호한다.

① 듀얼 압력 스위치의 기능

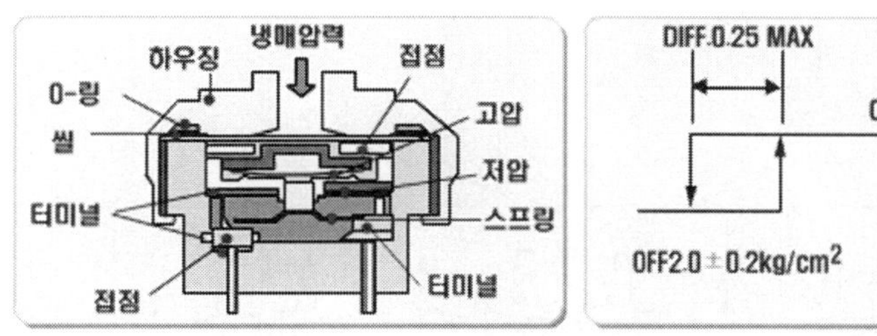

그림 13-46 듀얼 압력 스위치의 구조 및 작동(출처: 쌍용자동차)

㉮ high side 저압 스위치

에어컨 장치 내에 냉매가 없거나 외부 온도가 0℃ 이하인 경우 스위치를 열어(open) 압축기 마그네틱 클러치로의 전원 공급을 차단하여 압축기의 파손을 방지한다.

㉯ 고압 컷 아웃(high pressure cut out)

고압 쪽 냉매 압력을 감지하여 압력이 규정 값 이상으로 올라가면 스위치 접점을 열어 전원 공급을 차단하여 에어컨 장치를 이상 고압으로부터 보호한다.

② 듀얼 압력 스위치 작동 원리

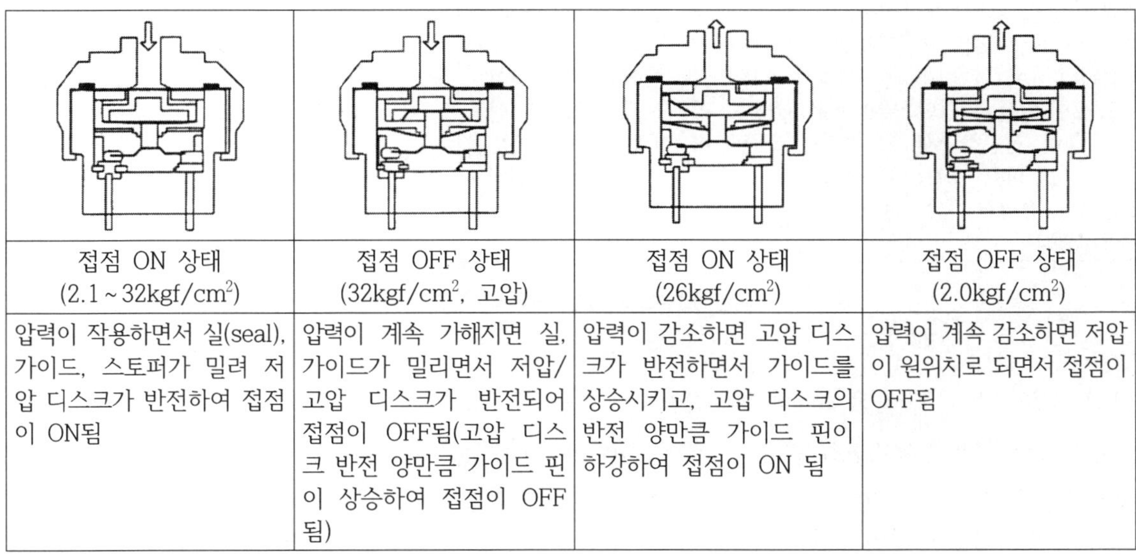

접점 ON 상태 (2.1 ~ 32kgf/cm²)	접점 OFF 상태 (32kgf/cm², 고압)	접점 ON 상태 (26kgf/cm²)	접점 OFF 상태 (2.0kgf/cm²)
압력이 작용하면서 실(seal), 가이드, 스토퍼가 밀려 저압 디스크가 반전하여 접점이 ON됨	압력이 계속 가해지면 실, 가이드가 밀리면서 저압/고압 디스크가 반전되어 접점이 OFF됨(고압 디스크 반전 양만큼 가이드 핀이 상승하여 접점이 OFF됨)	압력이 감소하면 고압 디스크가 반전하면서 가이드를 상승시키고, 고압 디스크의 반전 양만큼 가이드 핀이 하강하여 접점이 ON 됨	압력이 계속 감소하면 저압이 원위치로 되면서 접점이 OFF됨

그림 13-47 듀얼 압력 스위치의 작동 원리

(9) 트리플 스위치(Triple Switch)

① 트리플 스위치의 기능

트리플 스위치는 3개의 압력 설정 값을 지니고 있으며, 듀얼 스위치 기능에 냉각 팬(fan) 회전속도 조정용 고압 스위치 기능을 추가시킨 것이다. 고압 쪽 냉매 압력을 감지하여 압력이 규정 값 이상으로 올라가면 스위치 접점을 닫아(close) 냉각 팬을 고속용 릴레이로 전환시켜 팬이 고속으로 회전하도록 한다.

② 트리플 스위치의 작동원리

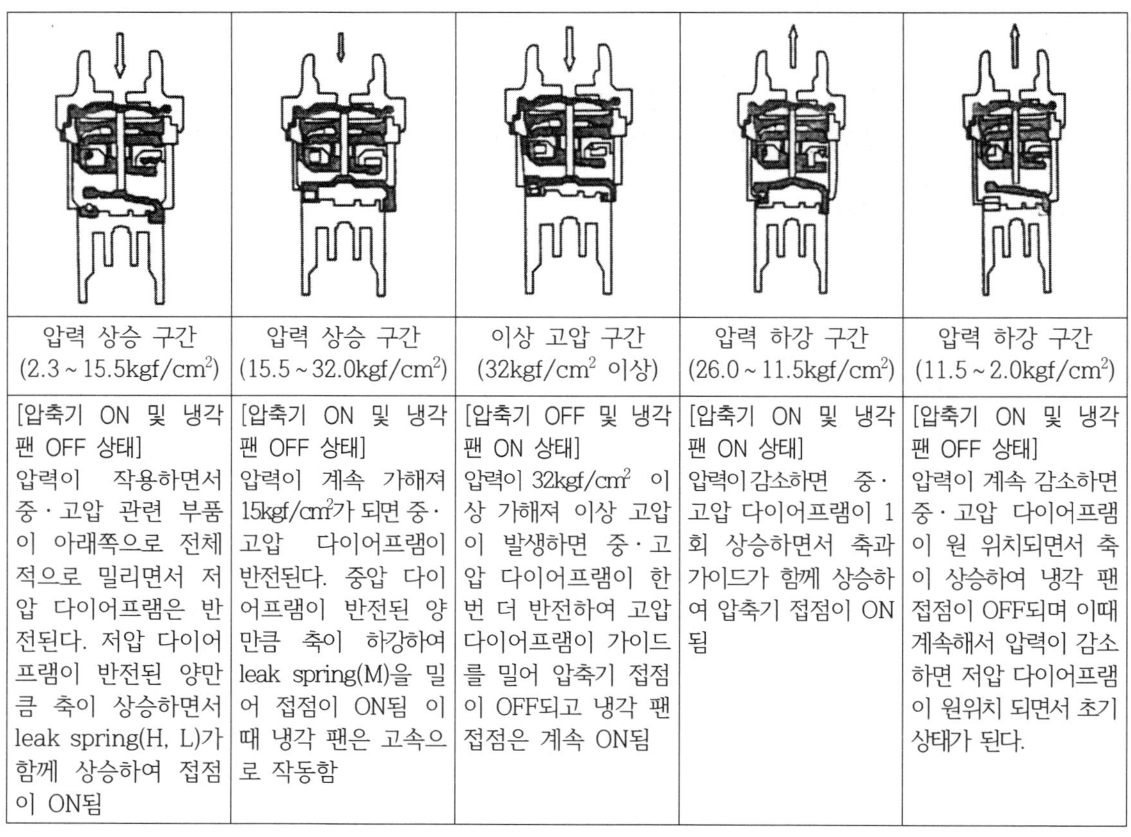

압력 상승 구간 (2.3 ~ 15.5kgf/cm^2)	압력 상승 구간 (15.5 ~ 32.0kgf/cm^2)	이상 고압 구간 (32kgf/cm^2 이상)	압력 하강 구간 (26.0 ~ 11.5kgf/cm^2)	압력 하강 구간 (11.5 ~ 2.0kgf/cm^2)
[압축기 ON 및 냉각 팬 OFF 상태] 압력이 작용하면서 중·고압 관련 부품이 아래쪽으로 전체적으로 밀리면서 저압 다이어프램은 반전된다. 저압 다이어프램이 반전된 양만큼 축이 상승하면서 leak spring(H, L)가 함께 상승하여 접점이 ON됨	[압축기 ON 및 냉각 팬 OFF 상태] 압력이 계속 가해져 15kgf/cm^2가 되면 중·고압 다이어프램이 반전된다. 중압 다이어프램이 반전된 양만큼 축이 하강하여 leak spring(M)을 밀어 접점이 ON됨 이때 냉각 팬은 고속으로 작동함	[압축기 OFF 및 냉각 팬 ON 상태] 압력이 32kgf/cm^2 이상 가해져 이상 고압이 발생하면 중·고압 다이어프램이 한 번 더 반전하여 고압 다이어프램이 가이드를 밀어 압축기 접점이 OFF되고 냉각 팬 접점은 계속 ON됨	[압축기 ON 및 냉각 팬 ON 상태] 압력이감소하면 중·고압 다이어프램이 1회 상승하면서 축과 가이드가 함께 상승하여 압축기 접점이 ON됨	[압축기 ON 및 냉각 팬 OFF 상태] 압력이 계속 감소하면 중·고압 다이어프램이 원 위치되면서 축이 상승하여 냉각 팬 접점이 OFF되며 이때 계속해서 압력이 감소하면 저압 다이어프램이 원위치 되면서 초기 상태가 된다.

그림 13-48 트리플 위치의 작동원리

(10) 저압 스위치(Low Pressure Switch)

저압 스위치(클러치 사이클링 스위치)는 CCOT형(Clutch Cycling Orifice Tube type)에서 사용하며, 어큐뮬레이터 위쪽에 설치되어 있다. 작동은 어큐뮬레이터의 흡입 압력에 의해 스위치 작동이 조정된다. 전기 접점은 흡입 압력이 144kPa(21psi)일 때 정상적으로 열리고 흡입 압력이 약 323kPa(47psi) 이상 상승하면 닫힌다. 이 스위치는 압축기 마그네틱 코일의 전기적 회로를 조정한다. 스위치가 ON일 때 마그네틱 클러치 코일이 작동하여 에어컨 클러치가 압축기를 작동시키게 된다. 스위치가 OFF일 경우 마그네틱 코일이 끊어져 에어컨 클러치 작동을 중단시켜 압축기를 중지시킨다. 저압 스위치의 기능은 증발기 냉각 핀의 표면 온도가 빙점의 바로 위 온도를 유지할 수 있도록 증발기 코어의 압력을 조절하는 것이며 증발기의 빙결과 공기흐름이 막히는 것을 방지한다.

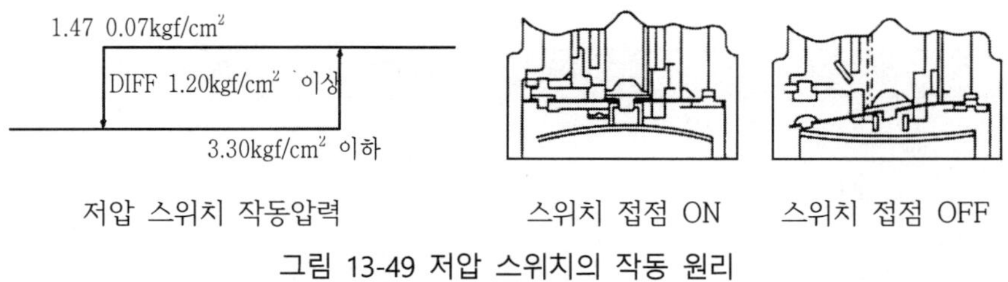

그림 13-49 저압 스위치의 작동 원리

(11) 오리피스 튜브(Orifice Tube)

① 오리피스 튜브의 기능

오리피스 튜브의 기능은 팽창 밸브의 기능과 동일하나, 냉매 유량 조절 기능은 없으며 일반적으로 LIQ-PIP에 삽입되어 있다.

팽창 과정에서 팽창 밸브를 사용하는지 또는 오리피스 튜브를 사용하는지에 따라 TXV 또는 CCOT TYPE으로 구분되며, ORICIE TUBE를 사용하는 냉동 시스템을 CCOT TYPE이라 한다.

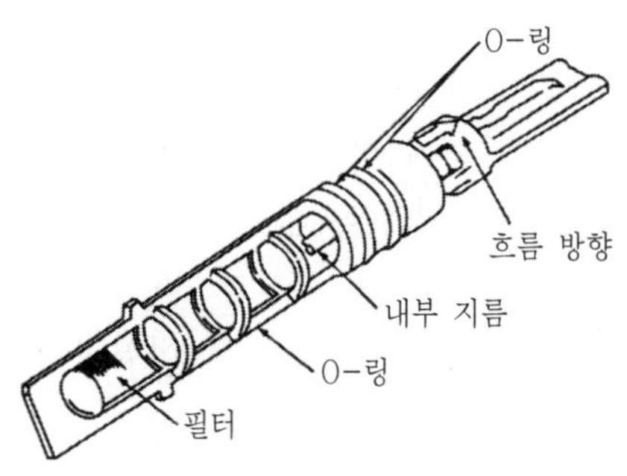

그림 13-50 오리피스 튜브의 구조

(12) 파이프와 호스(Pipe & Hose)

파이프와 호스는 냉방 장치의 각 구성 부품들을 연결하여 냉매를 순환시키는 일을 한다. 파이프는 알루미늄 또는 철제이며 진동 부위나 좁은 공간 등에는 파이프 사이에 플랙시블 호스(flexible hose)를 추가하여 사용한다.

파이프와 호스는 각 차종별로 크기와 형상이 다르다. 저압용 파이프 및 호스의 지름은 상대적으로 큰 Φ16이나 Φ20을 사용하는데 이것은 순환 냉매가 기체 상태로 비체적이 상대적으로 크기 때문이다. 고압용 파이프 및 호스는 반대로 지름이 작은 Φ8 또는 Φ12를 사용한다.

① 파이프 연결부분(pipe fitting)

파이프 연결방식은 스프링 록 커플링 방식, O-링 방식 및 조인트 플랜지 방식 등 3가지가 있으며, 연결부분 치수는 인치(inch)계열과 밀리미터(mm)계열이 사용되는데 R-134a에서는 밀리미터 계열을 사용된다.

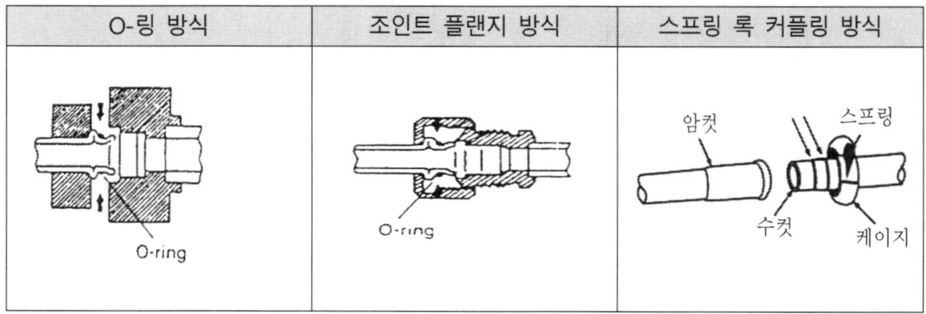

그림 13-51 파이프 연결부분의 종류

② 호스(flexible hose)

진동부분이나 치수 관리가 어려운 부분의 배관에서 사용하며, 냉매나 압축기 오일과 상용성이 있는 재질의 특수 합성고무가 사용된다. R-134a용 호스는 사용 냉매 특성상 투과율이 크기 때문에 호스 안쪽 면에 플라스틱 코팅 처리가 된 전용호스 사용이 가능하다.

(13) 장력 풀리(Tension Pulley)

장력 풀리는 공전 풀리(idle pulley)라고도 부르며, 압축기 구동벨트의 장력을 조정하는 일을 한다. 풀리는 설치용 브래킷에 조립되어 있는데 조정용 볼트에 의해 상하 운동을 하면서 벨트의 장력을 조정한다. 풀리의 홈 형상은 기관의 크랭크축 풀리의 형상에 따라 좌우되며, 일반적으로 홈의 수에 따라 V, 4PK, 5PK 등으로 부른다. 최근에는 벨트의 바깥 면에 접촉되어 장력 기능을 조정하는 평면 모양의 풀리를 주로 사용하고 있는데 이를 백 푸시 형식(back push type)이라 부른다.

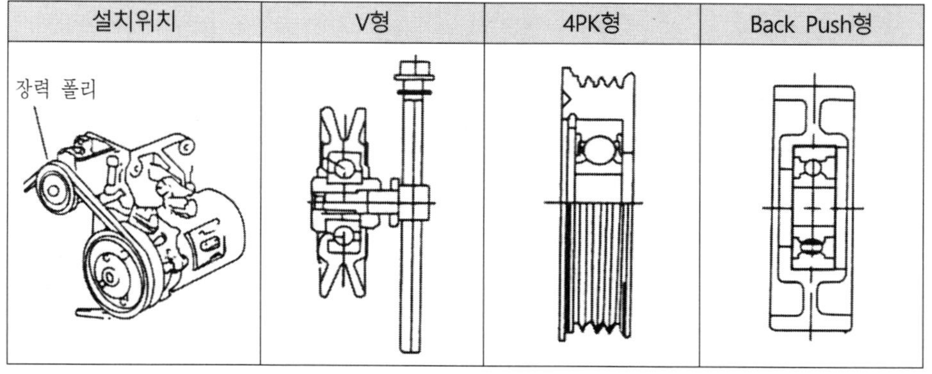

그림 13-52 장력 풀리의 종류

(14) V-벨트

V-벨트는 기관의 구동력을 압축기 등 보조기구로 전달하는 동력전달장치이며, 내온성 및 내구성을 위하여 특수고무로 만들어진다. V-벨트는 안쪽 면의 형상에 따라 다음과 같이 구분할 수 있다.

① V-벨트
벨트 단면이 V자형으로, 특수 배합 고무와 특수 섬유를 층으로 쌓아 만든다.

② V-리브드 벨트(V-ribbed belt)
벨트 단면이 다수의 V자형으로, 특수 배합 고무와 특수 섬유 층으로 쌓아서 만든다. 동력 전달 성능이 V-벨트 보다 우수하며, 소음 등에도 강하기 때문에 최근에 널리 사용된다.

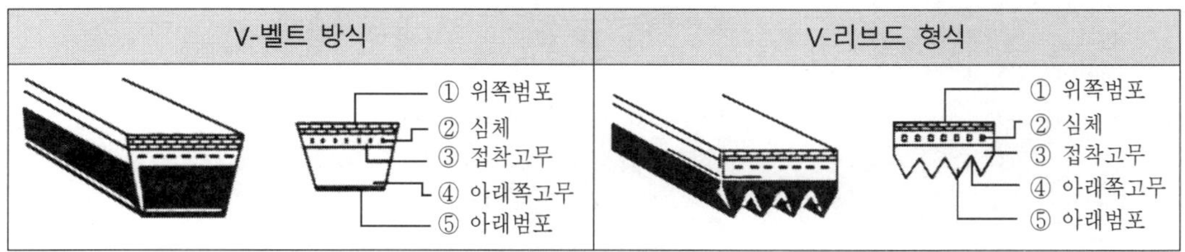

그림 13-53 V-벨트의 종류

(15) 서비스 밸브(Service Valve)

서비스 밸브는 냉매의 충전 및 배출을 위한 접속구멍이며, 고압용과 저압용으로 구분된다. 주요 재질은 철제 및 알루미늄이다. 서비스 밸브는 본체(valve stem), 코어(core), 마개(cap)로 구성된다. 밸브의 체결 부분은 R-134a용은 작용성능을 고려하여 원터치 방식으로 되어 있다.

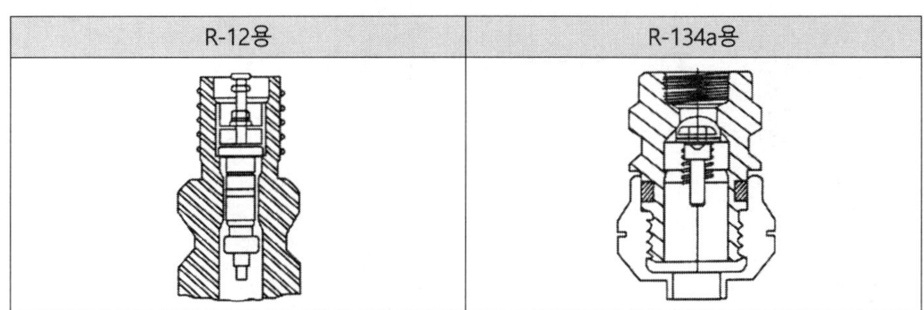

그림 13-54 서비스 밸브의 종류

(16) 송풍기 유닛(Blower Unit)

① 송풍기 유닛의 기능
송풍기 유닛은 공기를 증발기의 핀(fin) 사이로 통과시켜 냉각한 후 자동차 실내로 불어내는 일을 한다.

② 레지스터와 송풍기 스위치

송풍기 스위치와 레지스터(resistor, 저항기)를 조합하여 송풍용 전동기의 회로를 제어하고 바람의 양을 3단 또는 4단으로 변환할 수 있다.

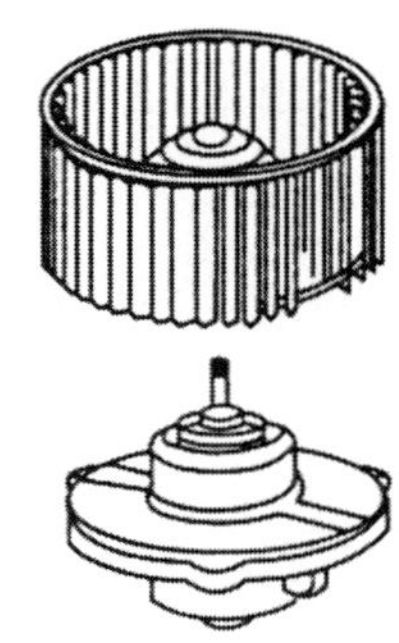

그림 13-55 송풍용 전동기의 구조

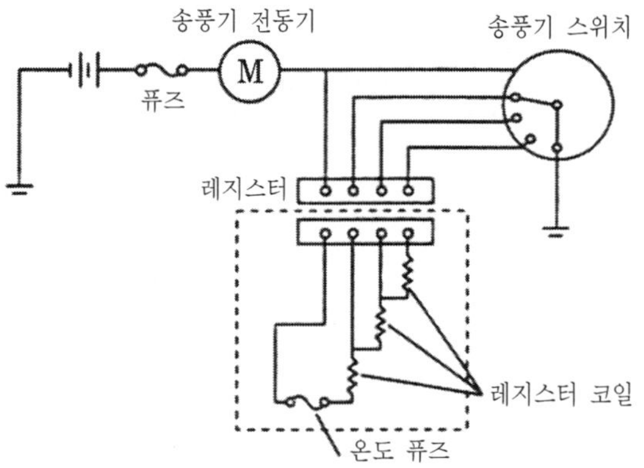

그림 13-56 송풍기 스위치와 레지스터 회로

㉮ 송풍기 스위치 : 로터리형(rotary type), 레버형(lever type), 푸시형(push type) 등이 있으나 기본적인 작동은 같다.

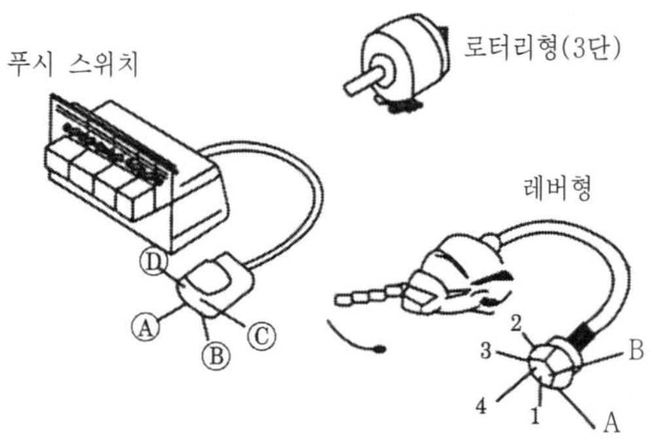

그림 13-57 송풍기 스위치의 형식

㉯ 레지스터(Resister)

레지스터(저항기)는 히터 또는 송풍기유닛에 설치되어 송풍용 전동기의 회전속도를 조절하는데 사용한다. 레지스터는 몇 개의 저항으로 회로를 구성하며, 각 저항을 적절히 조합하여 각 회전속도 단별 저항을 구성한다. 또한 저항에 따른 발열에 대한 안전 장치로 퓨즈(fuse) 기능을 내장하고 있다.

항목	코일(coil) 형식	히트 싱크 (heat sink)형식	세라믹(ceramic)형식	알루미늄 판 형식
공기 유동 저항	유동 저항 면적은 다소 넓으나 부품 간극이 충분하여 실질적 유동 저항이 불리하지 않다.	유동 저항이 크며, 부품 사이의 간극이 조밀하여 whistle(휘파람 소리)음 발생 가능이 있음	유동 저항 면적은 다소 넓으나 유동 방향에 대한 밀폐 구조이다.	유동 저항 면적이 최소이다.
냉각 특성	코일 저항을 직접 공기로 냉각시킴	알루미늄 압축 히트 싱크 부분에 의한 간접 공랭	세라믹 몰딩 부분에 의한 간접 공랭	알루미늄 다이캐스팅 히트 싱크 부분에 의한 간접 공랭

그림 13-58 레지스터의 종류 및 특성

③ 파워 트랜지스터(Power Transistor)

파워 트랜지스터는 N형 반도체와 P형 반도체를 접합시켜 이루어진 능동 소자이다. 따라서 정해진 저항 값에 따라 전류를 변화시켜 송풍용 전동기를 회전시키는 레지스터와 달리 FATC(ECU)의 작은 신호 출력에 따라 입력되는 베이스(base) 전류로 송풍용 전동기에 흐르는 큰 전류를 제어하여 전동기의 회전속도를 조절하는 부품이다.

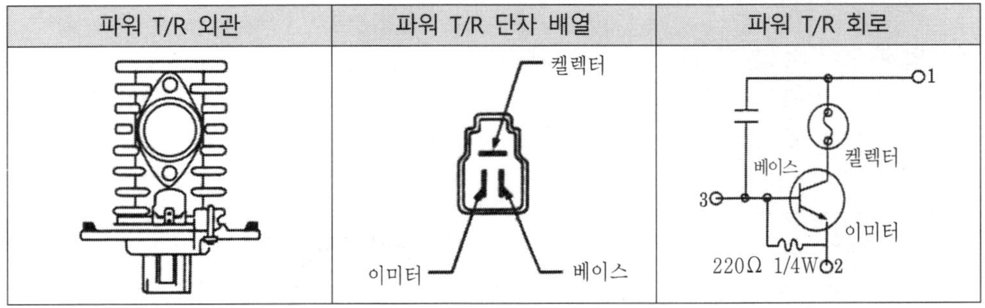

그림 13-59 파워 트랜지스터 형상 및 단자도

따라서 정해진 레지스터의 회전속도 단수보다 세분화하여 회전속도 단수를 나눌 수 있다. 또한 전동기가 회전할 때 여러 가지 변수에 따라서 세팅된 회전속도와 다르게 회전하는 현상을 방지하기 위하여 컬렉터(collector) 전압을 FATC로 읽어들여 사용자가 세팅한 전압 값과 적절히 연산하여 파워 트랜지스터의 베이스로 출력하여 일정한 회전속도를 유지할 수 있다. 한편, 전동기가 회전할 때 파워 트랜지스터에서 열이 발생한다. 정상적으로 회전할 경우에는 파워 트랜지스터의 열을 냉각시킬 수 있으나 전동기가 구속될 경우에는 더 많은 전류에 따른 열이 발생한다. 이때 컬렉터와 직렬로 연결된 온도 퓨즈가 세팅된 온도가 되면 단락되어 흐르는 전류를 차단하여 파워 트랜지스터 및 기관의 손상을 방지할 수 있다.

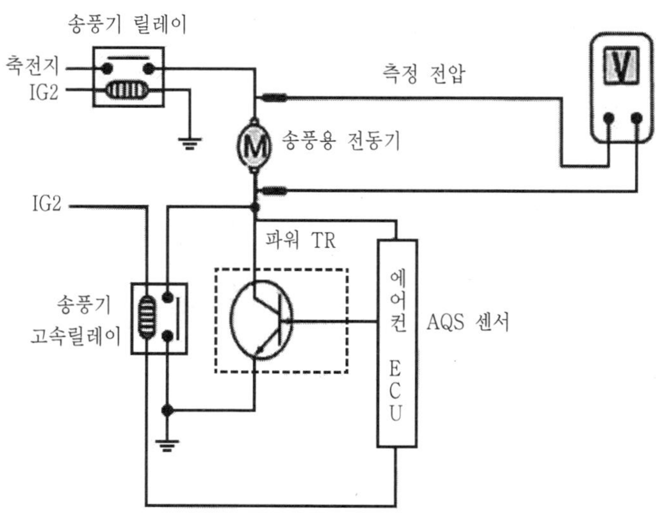

송풍기 회전 속도	전압값(V)
2단	5.2±0.5
4단	8.1±0.5
6단	10.8±0.5

그림 13-60 파워 트랜지스터 관련 회로

(17) AQS 유닛(Air Quality System Unit)

① AQS 유닛의 개요

AQS는 배기가스를 비롯하여 대기 중에 함유되어 있는 유해 및 악취 가스를 감지하여 이들 가스의 실내 유입을 차단하여 운전자와 탑승자의 건강을 고려한 공기정화 장치이다.

그림 13-61 AQS의 작동 개요

② AQS의 기능

㉮ 운전 중 피로, 졸음, 두통, 무기력 등의 원인이 되는 유해 배기가스의 유입을 차단하여 탑승자의 건강을 보호한다.

㉯ 깨끗한 공기만을 유입시켜 승차 공간의 밀폐로 인한 산소 결핍 현상 등을 방지한다.

㉰ 승차 공간 내의 공기 청정도와 환기 상태를 최적으로 유지한다.

(18) BLC(벨트 록 컨트롤러, Belt Lock Controller)

① BLC의 개요

엔진 회전과 동시에 알터네이터와 연결하여 컴프레서가 회전할 때 냉매량 부족 등으로 컴프레서 내부가 소손되면 고착(Lock)되어 벨트가 끊어진다. 따라서 알터네이터 등 다른 중요 부분의 구동도 정지된다. 컴프레서 로크를 검출하여 고착이 일어나기 직전 마그네틱 클러치를 Off 시켜 캠축이 알터네이터만 회전시키도록 하는 장치가 BLC 시스템이다.

㉮ 엔진회전수가 750 rpm 이상일 때 On, 500 rpm 이하일 때 Off

㉯ 에바퍼레이터 출구온도가 통상 에어컨시 4℃ 이상일 때 On, 3℃ 이하일 때 Off, 이코노미시 11℃이상일 때 On, 10℃ 이하일 때 Off

㉰ 슬립율 40% 미만일 때 On, 40% 이상일 때 Off

앰플리파이어는 AND게이트 사용하여 위의 가, 나, 다항 3가지 모두 On 조건 즉, 1이 되었을 때만이 릴레이를 거쳐 마그네틱 클러치를 On 시킨다. 즉, 어느 하나라도 Off 조건으로 되어 있으면 AND게이트는 0이 되어 마그네틱 클러치는 Off 된다. 여기서 컴프레서의 로크 여부 판단은 엔진회전수와 컴프레서 회전수로부터 슬립율을 계산하여 판정한다.

② BLC 장치의 구성

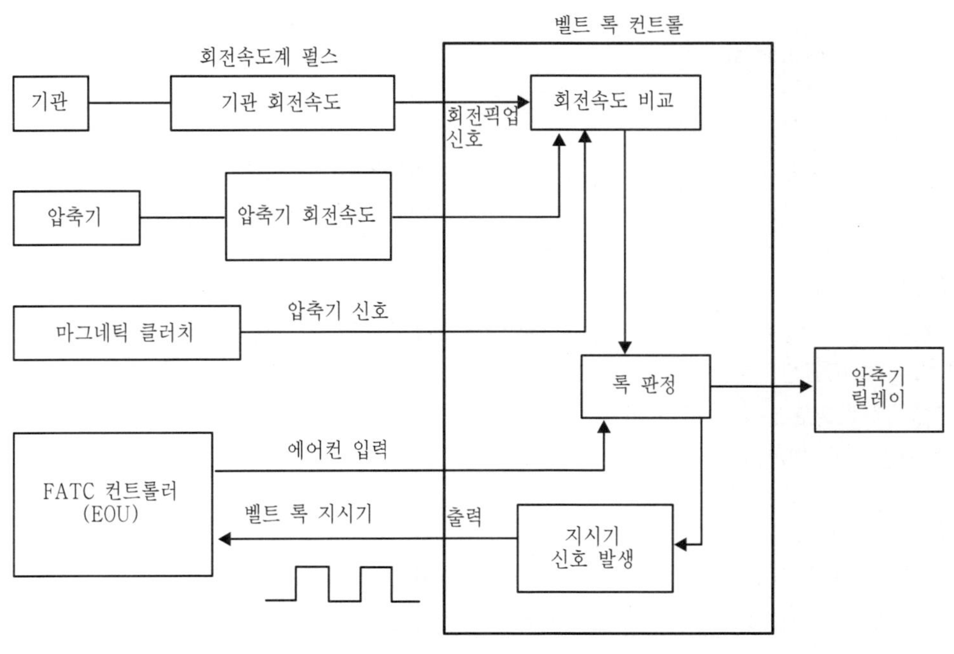

그림 13-62 BLC 장치의 구성

3. FATC(Full Auto Temperature Control)

[1] FATC의 개요

FATC(전자동 에어컨) 장치는 각종 센서에 의해 검출된 자동차 실내외의 냉난방 부하량을 컴퓨터가 입력받아 자동차 실내의 온도를 운전자가 설정한 온도로 항상 일정하게 유지시킬 뿐만 아니라, 자동차 실내의 습도나 일사량 증가에 따른 보정 제어와 유해가스 유입 차단 제어를 통한 자동차 실내의 공기 청정도까지도 각종 엑츄에이터를 이용하여 자동적으로 조절해 항상 쾌적한 실내 공간을 유지시켜준다.

[2] FATC 입력요소의 종류와 작동

입력 부분	제어부분	출력 부분
-실내온도 센서 -외기온도 센서 -일사량 센서 -핀서머 센서 -수온 센서 -온도조절 엑츄에이터 위치센서 -AQS 센서 -스위치 입력 -전원공급	FATC 컴퓨터	-온도조절 엑츄에이터 -풍향조절 엑츄에이터 -내외기조절 엑츄에이터 -파워 T/R -고속 송풍기 릴레이 -에어컨 출력 -제어 패널 화면 Display -센서 전원 -자기진단 출력

그림 13-63 FATC 입출력 구성도

(1) 실내온도 센서(in car sensor)

① 실내온도 센서의 기능
이 센서는 자동차 실내의 온도를 감지하여 FATC 컴퓨터로 입력시키며, FATC 제어패널 상에 설치되어 있다. 부특성(NTC) 서미스터이므로 감지온도와 센서 출력 값이 반비례하는 특성을 지닌다.

② 에어 튜브(air tube)
일부 자동차의 경우 실내온도 센서 뒤쪽에 에어 튜브가 설치되어 송풍기 유닛 또는 히터 유닛까지 연결되어 있는데 FATC 작동 중 송풍용 전동기의 송풍에 의해 발생되는 진공을 이용하여 자동차 실내의 공기를 센서 쪽으로 흡입하여 센서가 감지하는 온도의 오차를 줄이고, 자동차 실내의 평균온도를 정확히 검출하기 위해 설치한다.

③ 실내 온도 센서 입력
FATC 컴퓨터는 실내 온도 센서 쪽으로 5V의 풀업 전원을 인가하고, 센서가 감지한 실내 온도의 변화에 따라 저항 값의 변화가 발생하면 그 만큼의 전압 강하가 발생한다. FATC 컴퓨터는 이 전압 값을 입력받아 현재 자동차 실내의 온도를 판단한다.

(2) 외기 온도 센서(ambient sensor)

이 센서는 앞 범퍼 뒤쪽 즉, 응축기 앞쪽에 설치되어 있으며, 외부 공기온도를 감지하여 FATC 컴퓨터로 입력시킨다. FATC 컴퓨터는 실내 온도 센서와 외기 온도 센서 신호를 기준으로 냉·난방 자동제어를 실행한다. 외기 온도센서는 설치위치를 임의로 변경하거나 외부충격에 의해 센서가 정해진 위치를 이탈하면 센서가 감지한 온도와 실제 외기 온도와의 차이가 발생할 수 있기 때문에 주의하여야 한다.

(3) 일사량 센서(photo sensor)

이 센서는 실내 크래시 패드 정중앙에 설치되어 있으며, 자동차 실내로 내리쬐는 햇빛의 양을 감지하여 FATC 컴퓨터로 입력시킨다. 광전도 특성을 가지는 반도체 소자를 재료로 이용하며 햇빛의 양에 비례하여 출력전압이 상승하는 특징이 있다. 그리고 햇빛의 양에 의해 자체 기전력이 발생하는 형식이므로 FATC 컴퓨터가 별도로 센서전원을 공급하지 않는다.

(4) 핀 서모 센서(fin thermo sensor)

이 센서는 증발기 코어의 평균 온도가 검출되는 부위에 설치되어 있으며, 증발기 코어 핀의 온도를 검출하여 FATC 컴퓨터로 입력시키는 일을 한다. 부특성 서미스터로 되어 있어 증발기의 온도가 낮아질수록 센서의 출력전압은 상승한다.

(5) 수온 센서(water temperature sensor)

이 센서는 실내 히터유닛 부위에 설치되어 있으며, 히터 코어를 순환하는 냉각수 온도를 검출하여 FATC 컴퓨터로 입력시킨다. 부특성 서미스터를 이용하며, FATC 컴퓨터는 수온센서에 의해 검출된 냉각수 온도가 29℃ 이하일 경우 난방 시동제어를 실행한다.

(6) 온도조절 엑츄에이터 위치 센서(temperature actuator feed back)

이 센서는 실내 히터유닛에 설치된 온도조절 엑츄에이터 내부에 설치되어 있으며, 히터유닛 내부에서 히터 코어를 통과하는 온풍과 히터 코어를 통과하지 아니한 냉풍을 적절히 혼합해주는 댐퍼 도어의 위치를 검출하여 FATC 컴퓨터로 피드백 시키는 일을 한다. 온도조절 엑츄에이터 위치 센서는 가변 저항방식의 센서이며, 최소 난방위치(17℃)에서 약 0.3V의 전압이 출력되고, 최대 난방위치(32℃)에서 약 3.5V의 전압이 출력된다. FATC 컴퓨터는 이 값을 기준으로 현재 자동차 실내로 배출되는 바람의 온도를 판단하고 운전자가 설정한 온도에 최대한 신속하게 도달하기 위해 엑츄에이터의 작동을 피드백 제어한다.

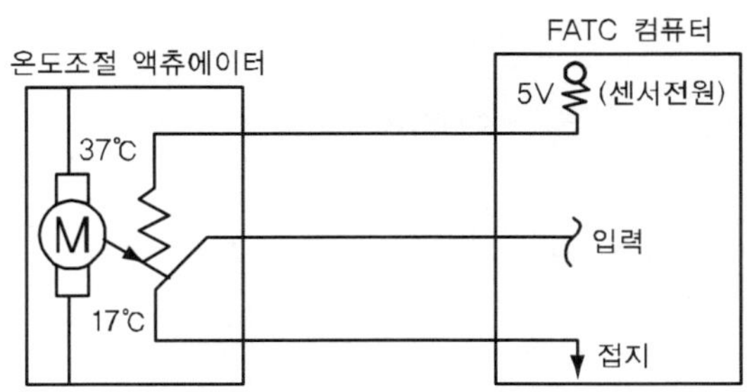

그림 13-64 온도조절 엑츄에이터 위치 센서 작동원리

(7) 습도 센서(humidity sensor)

이 센서는 뒤 선반 위쪽에 설치되어 있으며, 자동차 실내의 상대 습도를 검출하여 FATC 컴퓨터로 입력시키는 일을 한다. FATC 컴퓨터는 이 산호를 기준으로 AUTO 모드로 작동중 에어컨 압축기를 자동으로 ON/OFF시켜 실내 습도를 가감한다.

[3] FATC 출력요소 기능 및 작동원리

(1) 온도조절 엑츄에이터(TEMP Actuator)

① 온도조절 엑츄에이터 기능 및 특징

온도조절 엑츄에이터는 실내 히터유닛 아래쪽에 설치되며, 소형 직류전동기로서 FATC 컴퓨터의 전원 및 접지 출력을 통하여 정방향과 역방향으로 회전이 가능하다.

② 배출온도 제어방식

FATC 컴퓨터는 온도조절 엑츄에이터를 이용하여 송풍용 전동기로부터 송출된 바람을 히터 코어를 통과하는 온풍과 히터 코어를 통과하지 않는 냉풍을 적절히 혼합하여 실내로 배출되는 바람의 온도를 제어한다. 엑츄에이터 내부에는 위치 센서가 설치되어 있으며, FATC 컴퓨터는 이 값을 피드백 받아 현재 자동차 실내로 배출되는 바람의 온도를 판단하고 운전자가 설정한 온도의 바람이 송출될 수 있도록 계속적으로 제어한다.

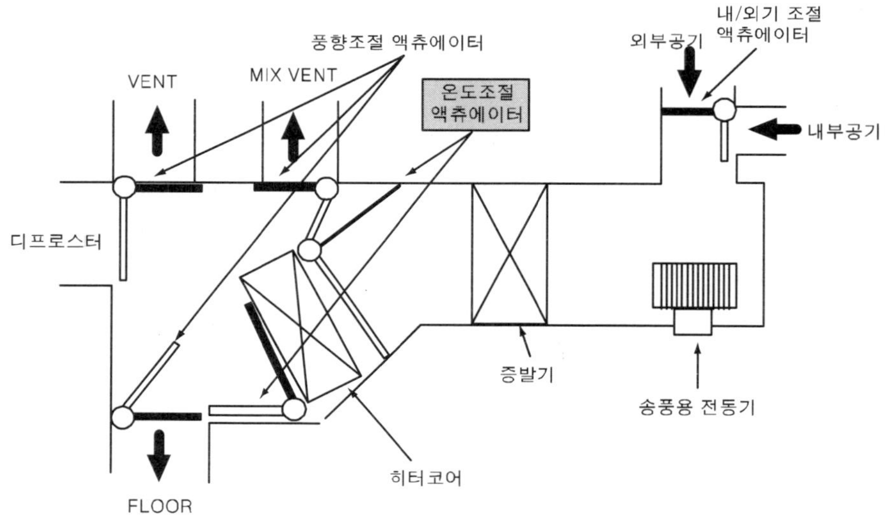

그림 13-65 배출 온도 제어 기능

(2) 풍향조절 엑츄에이터(Mode Actuator)

① 풍향조절 엑츄에이터의 기능 및 특징

풍향조절 엑츄에이터도 소형 직류전동기이며, FATC 컴퓨터의 전원 및 접지 출력을 통하여 작동되며, 온도조절 엑츄에이터에 의해 적절히 혼합된 바람을 운전자가 원하는 배출구멍으로 송출하는 역할을 한다.

② 배출풍향 제어방식

FATC 컴퓨터는 운전자의 풍향조절(모드) 선택 스위치 신호가 입력되면 풍향조절 엑츄에이터를 정해진 위치까지 회전시킨다. 이때 엑츄에이터와 연결된 래크(rack)기구에 의해 각각의 배출구멍을 열고 닫는 댐퍼가 일정 각도만큼 개폐되고 운전자가 선택한 배출 모드마다 정해진 비율로 각각의 배출구멍으로 바람이 송출된다.

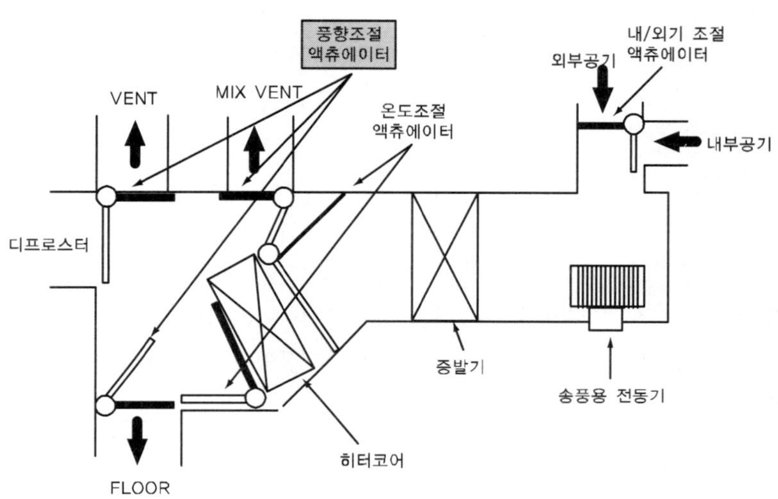

그림 13-66 배출풍향 제어 기능

(3) 내 · 외기 엑츄에이터(intake actuator)

내 · 외기 엑츄에이터는 송풍기 유닛에 설치되어 있으며, 운전자의 내 · 외기 선택 스위치 신호가 입력되거나 AQS 제어중 AQS 센서가 감지한 외부 공기의 오염 정도 신호를 FATC 컴퓨터가 입력받아 엑츄에이터의 전원 및 접지 출력을 제어한다.

(4) 파워트랜지스터(power transistor)

① 파워트랜지스터 기능 및 특징

파워트랜지스터는 실내 송풍기 유닛 또는 증발기 유닛에 설치되어 있으며, FATC 작동 중 송풍용 전동기의 전류량을 가변시켜 배출 풍량을 제어하는 일을 한다. 파워트랜지스터는 FATC 작동 중 트랜지스터 내부를 흐르는 전류 때문에 열이 발생하므로 송풍기 유닛 내부로 노출시켜 송풍용 전동기가 송출하는 바람에 의해 냉각되도록 설치되어 있다.

② 파워 트랜지스터 작동 회로

FATC 컴퓨터는 운전자의 송풍기 속도 선택 스위치 신호를 입력받아 파워 트랜지스터의 베이스 전류를 제어하고, 베이스에서 이미터로 흐르는 전류량의 변화는 컬렉터에서 이미터로 흐르는 컬렉터 전류량의 변화를 가져온다. 파워 트랜지스터 컬렉터 전류는 송풍용 전동기의 작동 전류가 되기 때문에 송풍용 전동기의 회전속도는 FATC 컴퓨터가 제어하는 베이스 전류량에 의해 결정된다. 송풍기 속도를 단계적으로 상승시켰을 때 파워 트랜지스터의 베이스 전압이 약 0.2V에서 2.0V까지 단계적으로 상승한다면 FATC 컴퓨터는 정상이다.

(5) 고속 송풍기 릴레이(High Blower Relay)

고속 송풍기 릴레이는 송풍용 전동기 케이스 아래쪽에 설치되어 있으며, 송풍용 전동기 속도를 최대로 하였을 때 송풍용 전동기 작동 전류를 제어한다. FATC 컴퓨터는 송풍기 스위치의 최대 선택신호가 입력되면 고속 송풍기 릴레이를 내부 접지시킨다. 고속 송풍기 릴레이가 작동되면 송풍용 전동기 작동 전류는 파워 트랜지스터를 통하지 아니하고 고속 송풍기 릴레이 접점을 통해 차체로 직접 접지되기 때문에 허용 최대전류가 흐르고 전동기의 회전속도도 최대가 된다.

(6) 에어컨(압축기 구동 신호) 출력

FATC 컴퓨터는 에어컨 스위치 ON 신호가 입력되거나, AUTO 모드로 작동 중 각종 입력 센서들의 정보를 기초로 압축기의 작동 여부를 판단한다. 압축기 작동 조건으로 판단되면 FATC 컴퓨터는 12V 전원을 출력한다. FATC 컴퓨터에서 출력된 12V 전원은 리시버드라이어에 설치된 트리플 스위치 내부의 듀얼 스위치 접점을 거쳐 기관 컴퓨터로 최종 입력되고, 기관 컴퓨터는 이 신호가 입력되면 압축기 릴레이와 냉각 팬 릴레이를 작동시킨다.

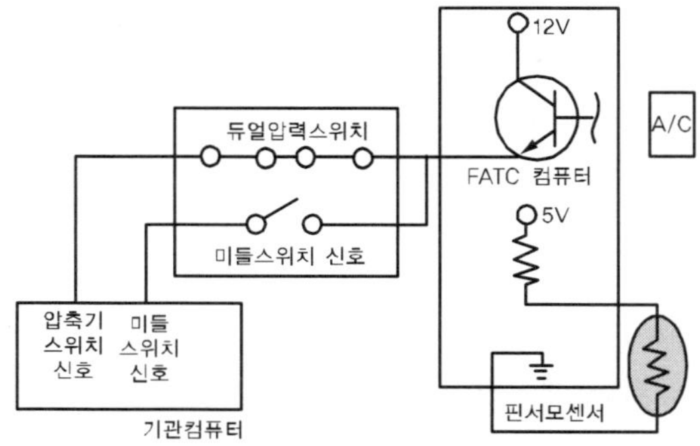

그림 13-67 압축기 제어 과정

[4] FATC 제어기능

(1) 배출온도 제어기능(Temperature Control)

배출온도 제어는 히터유닛에 설치된 온도조절 엑츄에이터를 FATC 컴퓨터가 작동시켜 제어한다. FATC 컴퓨터는 엑츄에이터 위치에 상응하는 배출온도 맵핑(maping) 값을 지니고 있기 때문에 엑츄에이터 위치센서의 변화 값을 피드백 받으면서 엑츄에이터 구동 출력을 제어한다. 운전자가 설정한 온도가 17℃일 경우 히터 코어 쪽 통로를 완전히 닫는 방향으로 엑츄에이터를 고정시키고, 32℃를 설정할 경우 히터 코어 쪽 통로를 완전히 개방하는 위치로 고정시킨다. 17.5℃에서 31.5℃ 사이의 온도를 설정하면 실내 온도 센서 입력 값을 피드백 받으면서 자동차 실내의 온도가 운전자가 설정한 온도에 도달할 때까지 엑츄에이터를 단계적으로 제어한다.

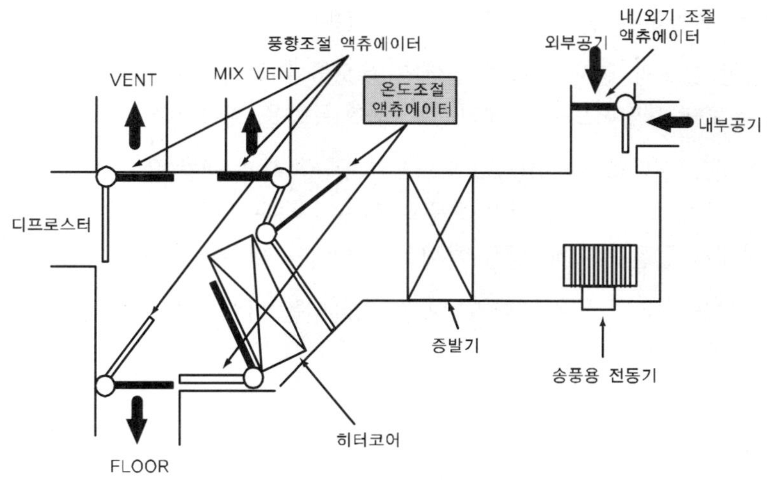

그림 13-68 배출온도 제어기능

(2) 배출모드 제어기능(Mode Control)

배출모드는 FATC 컴퓨터가 풍향조절 엑츄에이터를 작동시켜 제어한다. 운전자의 모드 선택 스위치 신호 입력에 따라 VENT(벤트)→BI/LEVEL(바이 레벨)→FLOOR(플로어)→MIX(믹스)→DEFROST(디프로스트) 순서로 순차적으로 제어한다. 배출 모드는 AUTO 모드로 작동중 운전자가 설정한 온도에 따라 자동으로 제어되기도 하는데, AUTO 모드에서 최대 냉방 온도인 17℃를 선택하면 VENT 모드로 고정되고, 최대 난방 온도인 32℃를 선택하면 FLOOR 모드로 고정된다. 설정 온도가 17.5℃에서 31.5℃ 사이이면 VENT↔BI/LEVEL↔FLOOR 순서로 골고루 순환하면서 바람을 배출한다.

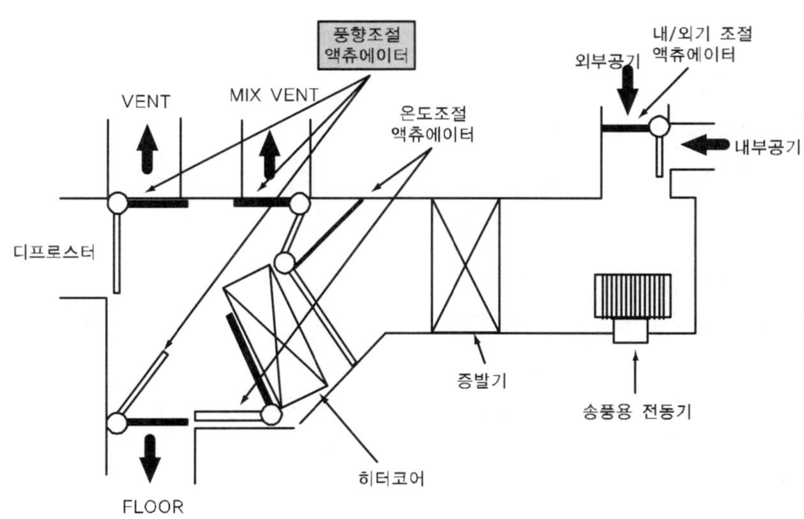

그림 13-69 배출 모드 제어 기능

(3) 배출 풍량 제어기능(Blower Speed Control)

배출 풍량(風量)은 수동으로 제어하면 7~12단계로 제어되고, AUTO 모드로 작동 중에는 무단 제어가 이루어지는데 FATC 컴퓨터는 파워 트랜지스터 베이스 전류를 단계적으로 가변시켜 목표 회전속도가 되도록 송풍용 전동기의 전류를 자동으로 제어한다.

즉, 운전자가 설정한 온도와 현재 자동차 실내의 온도를 비교하여 최대한 신속하게 실내의 온도를 운전자가 설정한 온도에 도달하도록 단계적으로 배출 풍량을 제어한다.

송풍기 스위치를 최대로 선택하거나 AUTO 모드로 작동 중 최대 냉방 온도인 17℃를 설정하면 FATC 컴퓨터는 고속 송풍기 릴레이를 작동시켜 송풍용 전동기 작동 전류가 파워 트랜지스터를 통하지 않고 고속 송풍기 릴레이 접점을 통해 직접 차체로 접지되기 때문에 송풍기 속도는 최대가 된다.

반대로, 최대 난방 온도인 32℃를 선택하면 FATC 컴퓨터는 파워 트랜지스터를 통해 제어할 수 있는 최대 단(AUTO HI)으로 제어한다.

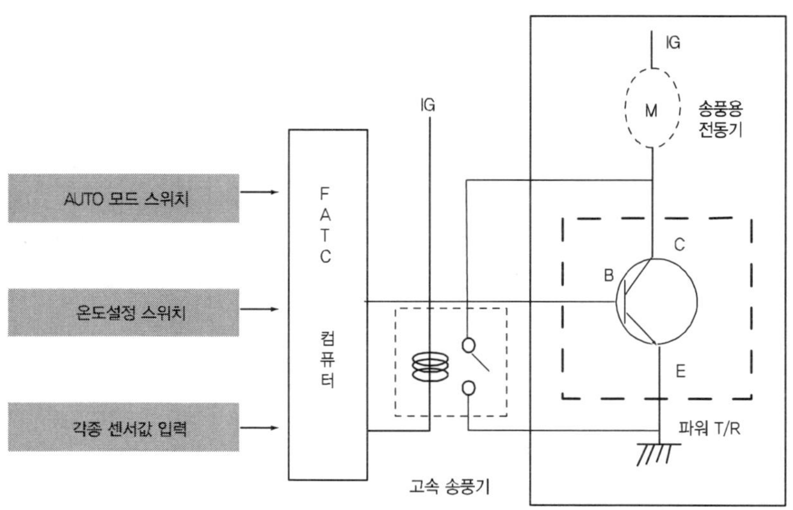

그림 13-70 배출 풍량 제어기능

(4) 난방시동 제어기능(CELO, Cold Engine Lock Out)

겨울철 초기 난방 시 외부에서 유입되는 차가운 공기가 발쪽으로 토출되는 방지하기 위함으로 난방시동 제어가 작동하지 않는 조건은 다음과 같다.

① 외기온도 15℃, 냉각수 온도 68℃ 이하 시
② 설전 모드가 발쪽(Floor) 또는 창문/발쪽(Mix) 일 경우
③ 블로워 모터 속도를 1단으로 유지 시

그러나 IGN On후 15분 또는 냉각수 온도가 상승 시는 해제된다.

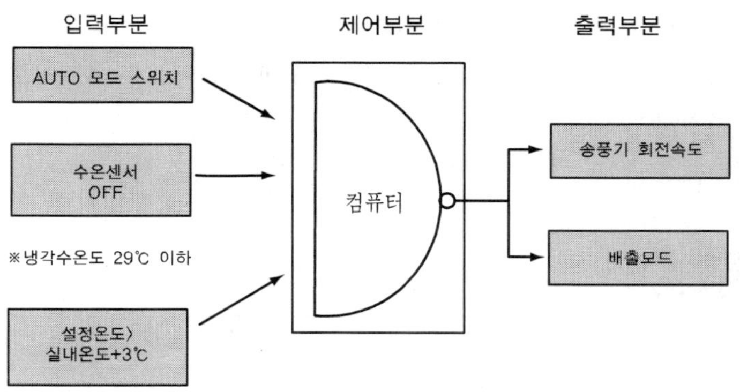

그림 13-71 난방시동 제어기능

(5) 냉방시동 제어기능

냉방시동 제어는 앞에서 설명한 난방시동 제어와 반대되는 제어형태를 볼 수 있는데, 증발기의 온도가 높은 (30℃ 이상)상태에서 에어컨을 작동시켰을 때 미처 냉각되지 않은 뜨거운 바람이 운전자 쪽으로 강하게 배출되는 현상을 방지하는 제어 기능이다. 냉방 시동 제어 작동 조건은 다음과 같다.

① AUTO 모드로 작동 중 일 때
② 핀 서모 센서에 의해 감지된 증발기 코어 핀의 온도가 30℃ 이상일 때
③ 에어컨이 ON 상태일 때
④ 배출 모드는 벤트(vent)모드 일 때

위와 같은 조건이 만족되면 FATC 컴퓨터는 냉방 시동 제어를 실행하게 되는데, FATC 컴퓨터는 송풍용 전동기의 속도를 1단(low)으로 약 10초 동안 고정시킨 후 10초가 지난 다음 정상 AUTO 모드로 복귀시킨다.

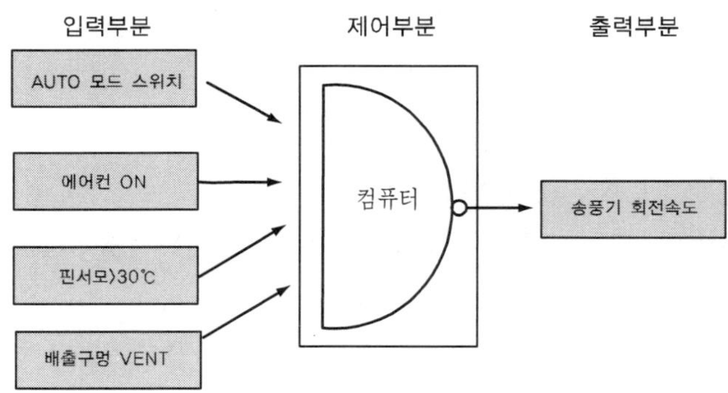

그림 13-72 냉방시동 제어기능

(6) 일사량 보정 제어기능

자동차 실내의 운전자가 느끼는 체감온도는 실내로 내리쬐는 햇빛에 의한 복사열에 많은 영향을 받는다. 일사량 보정 제어는 자동차 실내로 내리쬐는 햇빛의 양이 증가됨에 따라 운전자의 체감온도가 동반 상승되는 것을 방지해주는 FATC 컴퓨터의 보정 제어기능이다. FATC 컴퓨터는 일사량 센서에 의해 검출된

햇빛의 양이 증가하면 송풍용 전동기의 속도를 단계적으로 상승시켜 운전자 신체의 열 방출을 도와줌으로서 운전자 체감 온도 상승을 최소화시킨다. 배출 풍량이 벤트(vent) 모드일 경우 일사량 증가에 따라 송풍기 속도는 최대 45스텝까지 증가되고, 바이 레벨(BI/LEVEL) 모드일 경우에는 최대 25스텝까지 증가시켜준다.

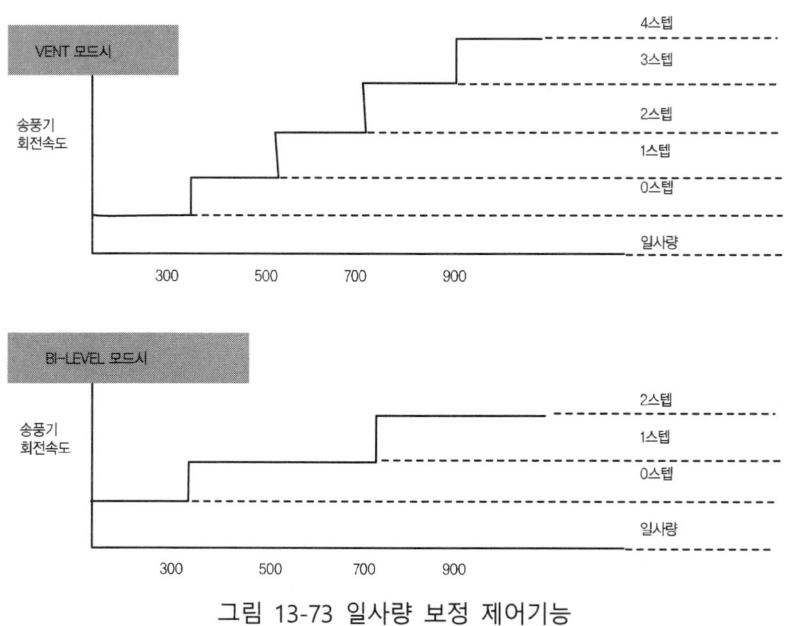

그림 13-73 일사량 보정 제어기능

(7) 최대 냉·난방 제어 기능

최대 냉·난방 제어 기능은 운전자가 설정 온도를 17℃ 또는 32℃를 선택하였을 때 FATC 컴퓨터가 배출 온도, 배출 풍량(모드), 배출 풍량(송풍기 속도) 및 내·외기 모드 등을 특정 모드로 고정 제어하는 기능이다.

① 설정 온도를 17℃로 선택할 경우

① 배출 풍량(모드)을 벤트 모드로 고정한다.
② 온도 조절 엑츄에이터는 히터 코어 쪽 통로를 완전히 막는 위치로 고정시킨다.
③ 내·외기 엑츄에이터는 내기 순환 모드로 고정시킨다.
④ 송풍기 속도는 최대 단으로 고정시킨다(고속 송풍기 릴레이 ON).

② 설정 온도를 32℃로 선택할 경우

① 배출 풍량(모드)을 플로어(floor) 모드로 고정시킨다.
② 온도 조절 엑츄에이터는 히터코어 쪽 통로를 완전히 개방하는 위치로 고정시킨다.
③ 내·외기 엑츄에이터는 외기 유입 모드로 고정시킨다.
④ 송풍기 속도는 AUTO 고속(HI)단으로 고정시킨다-(일부 차종은 최대 단으로 고정됨)
⑤ 압축기 작동을 강제로 OFF시킨다.

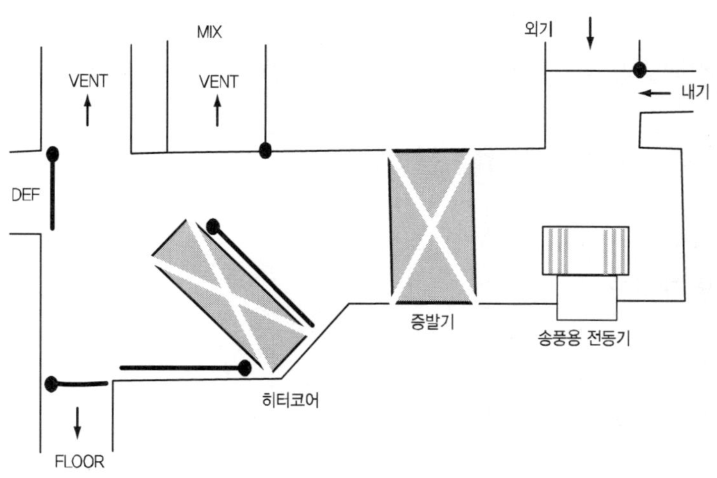

그림 13-74 최대 냉·난방 제어 기능

(8) 압축기(컴프레서) ON/OFF 제어 기능

FATC 컴퓨터는 운전자의 에어컨 스위치 ON 신호가 입력되거나 AUTO 모드로 작동중 각종 센서의 입력 정보를 연산하여 압축기 구동 신호를 ON/OFF한다. 압축기 구동 신호는 트리플 스위치 내부의 듀얼 압력 스위치 접점을 지나 기관 컴퓨터로 입력되고 기관 컴퓨터는 이 신호를 기준으로 압축기 릴레이의 ON/OFF를 제어한다.

연습문제

1. 트리플 스위치를 사용하는 목적을 설명하시오.

2. BLC기능을 설명하시오.

3. 어큐물레이터의 기능을 설명하시오.

4. 자동차 열부하의 종류를 설명하시오.

5. 에어컨의 작동원리를 설명하시오.

6. 모드 엑츄에이터의 기능을 설명하시오.

제14장 바디 콘트롤 모듈(BCM) 및 IMS

14.1 바디 콘트롤 모듈(BCM: Body Control Module)

1. BCM의 개요

바디 콘트롤 모듈(BCM) 시스템은 각종 스위치의 신호를 입력 받아 시간(Time)제어 및 경보(Alarm) 제어에 관련한 기능들을 자동적으로 제어하는 시스템이다. BCM은 실내 정션 박스(SJB) 및 인스트루먼트 클러스터(CLU)와 CAN통신으로 상호 연결되어 배선의 최적화 및 제어의 안정성을 이용하여 단거리 유닛의 신호를 입력 받아 필요 유닛에게 CAN통신으로 송신하는 타입이다. 출력의 신호도 와이어가 아닌 CAN통신으로 SJB등으로 송신하고 SJB가 릴레이 IPS를 제어하는 방식이다. 따라서 개별 유닛별로 센서 데이터와 강제구동 데이터가 할당되어 있다.

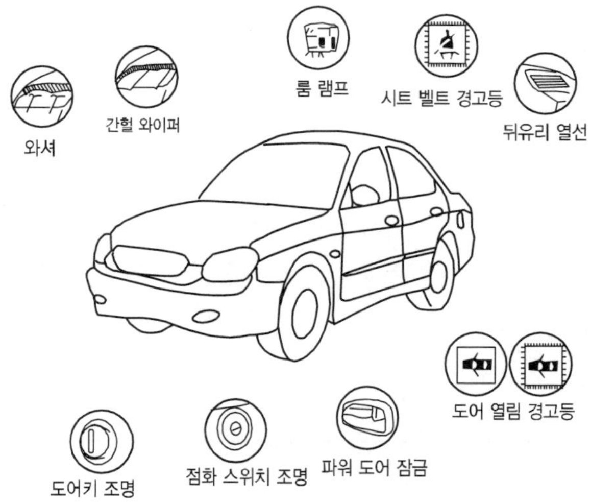

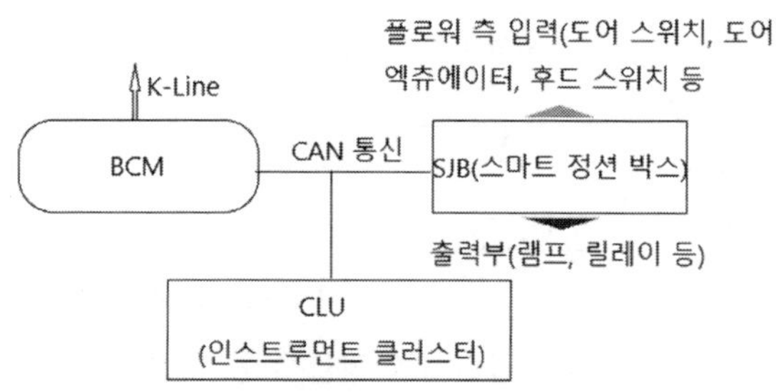

그림 14-1 BCM의 구성

2. BCM의 입 · 출력 기능

BCM, Body Control Module의 약자이며, 시간과 경보장치에 관련된 요소가 1개의 컴퓨터에 의해 제어되는 장치를 말한다.

바디 콘트롤 모듈(BCM)의 입 · 출력 다이어그램

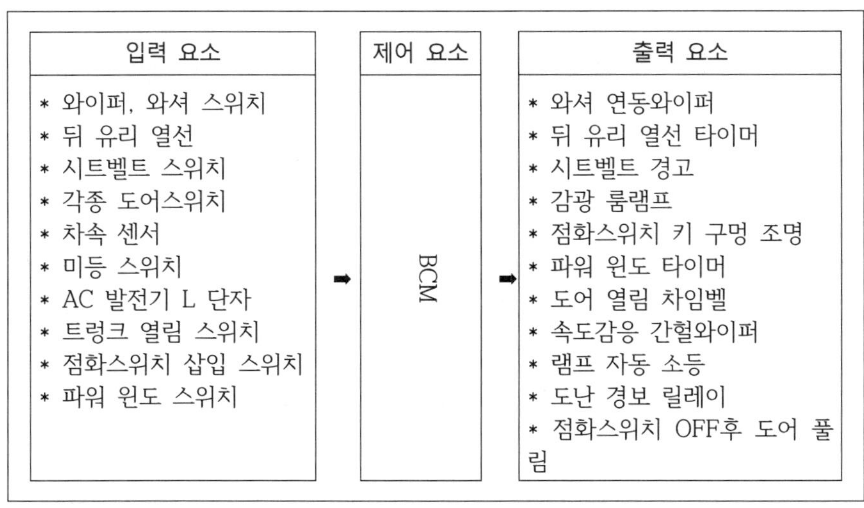

3. BCM의 기능

[1] 간헐 와이퍼 제어기능

와이퍼 스위치를 간헐(INT)에 놓으면 1 ~ 13초 사이에서 간헐적으로 작동되며 약 0.6초 뒤에 와이퍼 모터 작동출력이 1초 단위로 발생한다. 간헐 와이퍼 작동속도 조정을 위해서는 볼륨 손잡이를 돌려야 하며 또 주행속도가 증가하면서 간헐 주기가 주행속도에 비례하여 응답하는 차속 간헐 와이퍼와 빗물의 굵기 정도에 따라 작동되는 레인 센서 와이퍼 기능도 있다.

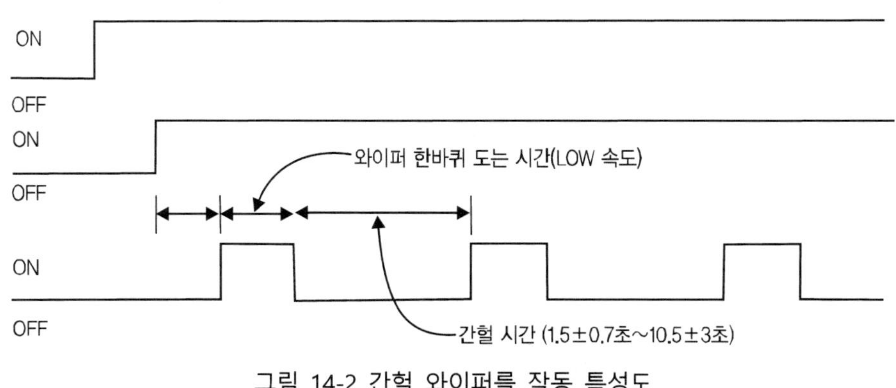

그림 14-2 간헐 와이퍼를 작동 특성도

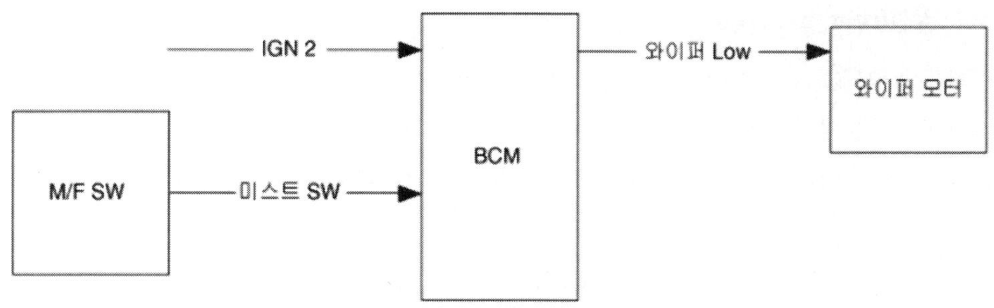

(와이퍼의 입력 및 출력 다이어그램)

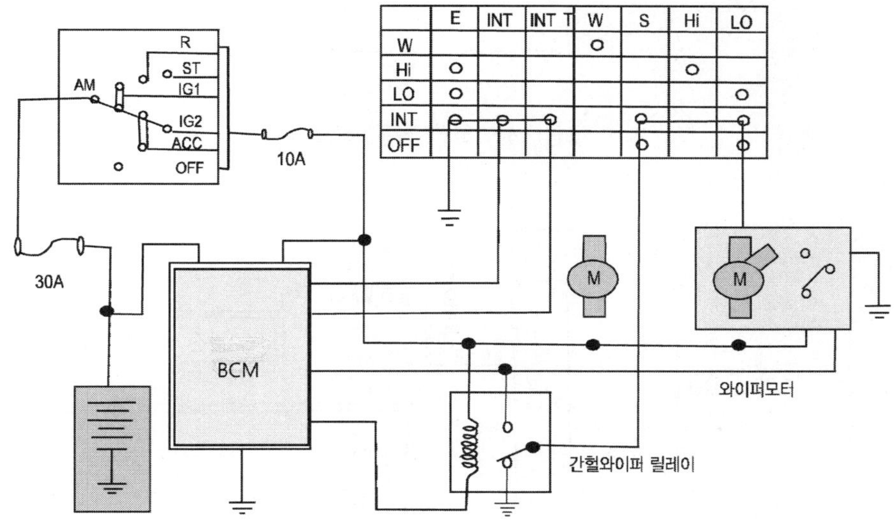

그림 14-3 와이퍼의 입력과 출력 및 간헐 와이퍼 회로도

[2] 와셔 연동 와이퍼 제어

점화스위치를 ON으로 한 후 와셔 스위치를 작동시켰을 때 0.6초 후에 윈드 실드와이퍼에 출력을 보내어 2회 작동시킨다. 또 와셔 스위치가 OFF되면 2.5~3.8초 동안 윈드 실드와이퍼를 작동시킨다.

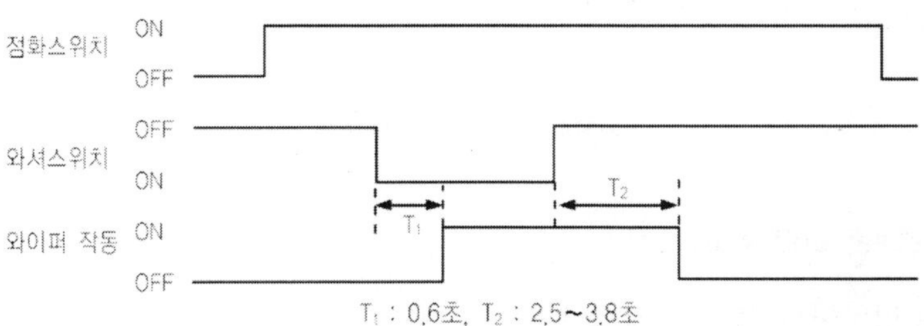

그림 14-4 와셔 연동 와이퍼 작동 특성

[3] 뒤 유리 열선(rear defogger timer)

교류발전기"L"단자 ON 후 열선 스위치를 ON하면 열선이 약 15분간 작동되며, 열선 스위치는 원터치 방식이기 때문에 열선 출력 중 다시 열선 스위치를 ON 으로 하면 열선작동이 정지된다.

열선 출력 중 점화스위치를 OFF로 하면 열선 작동도 정지된다.

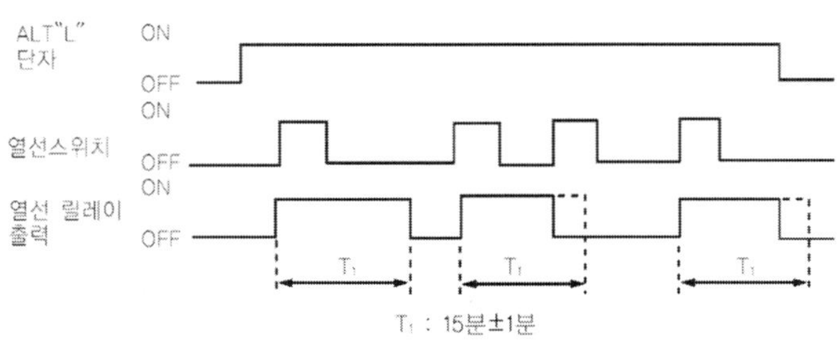

그림 14-5 열선 작동 특성

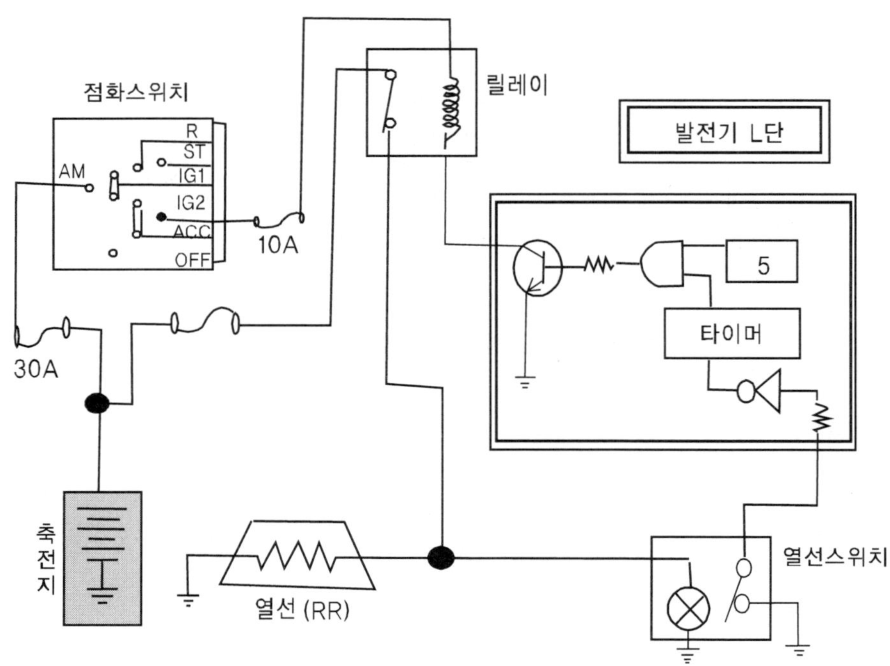

그림 14-6 열선 회로도

[4] 시트벨트 경고(Seat belt warning)

시트벨트(안전띠)를 착용하지 않고 점화스위치를 ON으로 하면 경고램프를 0.6초 주기로 차임벨은 0.9초 주기로 듀티율 50%로 6초 동안 경고등을 작동한다.

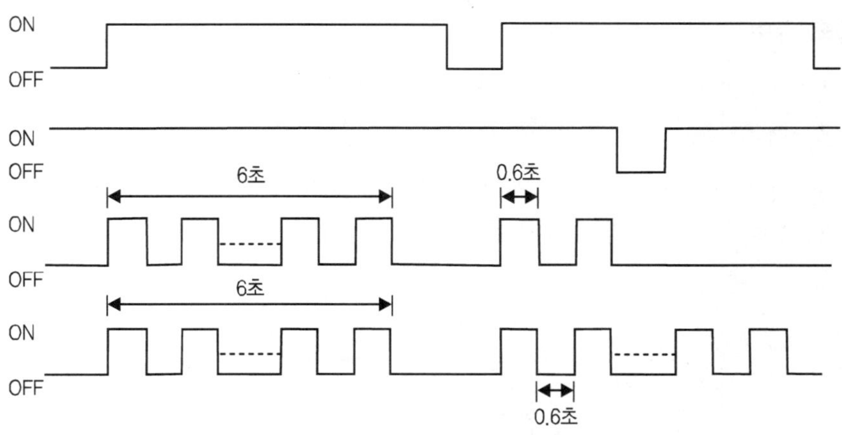

그림 14-7 시트벨트 작동 특성

[5] 도어 키 구멍 조명(door key hole illumination)

야간에 자동차에 승차할 때 운전석 도어를 열기 위해 손잡이를 잡아당기면 도어 키 구멍 주위에 연록색 램프가 점등되어 도어 키 구멍을 쉽게 찾도록 해준다.

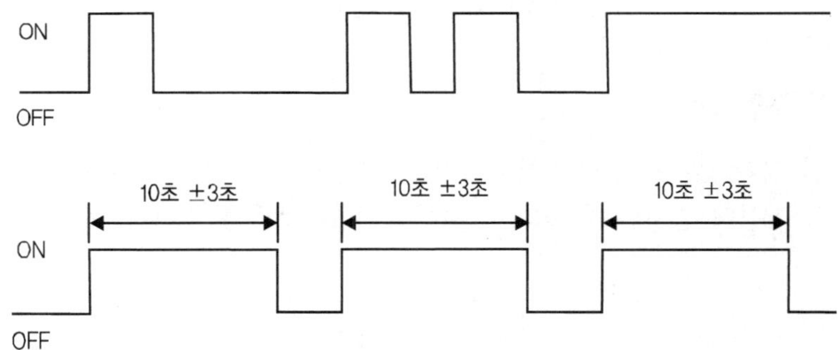

그림 14-8 도어 키 구멍 조명 작동특성

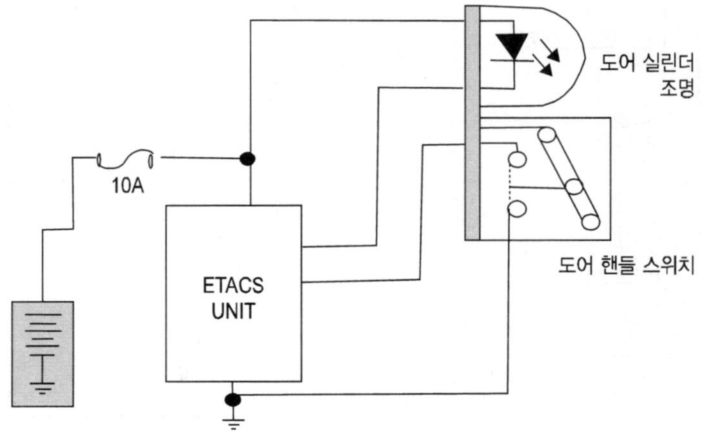

그림 14-9 도어 키 구멍 조명 회로

[6] 감광 룸램프 제어

도어가 열릴 때(도어 스위치 ON) 실내등을 점등한다. 도어가 닫히면(도어 스위치 OFF) 즉시 75% 감광 후 서서히 감광하여 5~6초 후에 소등하여야 한다.

도어 스위치 ON 시간이 0.1초 이하인 경우에는 감광 작동을 하지 않고, 감광 작동중 점화 스위치를 ON으로 하면 즉시 감광 작동을 멈추어야 한다.

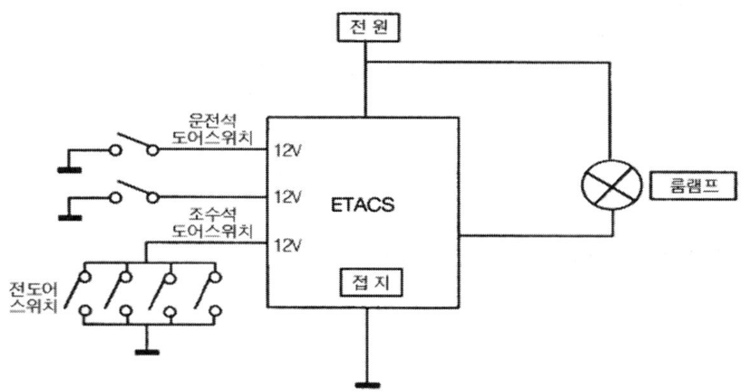

그림 14-10 감광 방식 룸램프 작동도

[7] 점화 스위치 키 구멍 조명

운전석 도어를 열면 점화스위치 키 구멍에서 조명이 점등되고, 운전석 도어를 닫으면 10초간 키 홀 조명 후 소등 된다. 야간에 승차한 후 점화 스위치 위치를 쉽게 찾을 수 있도록 해준다.

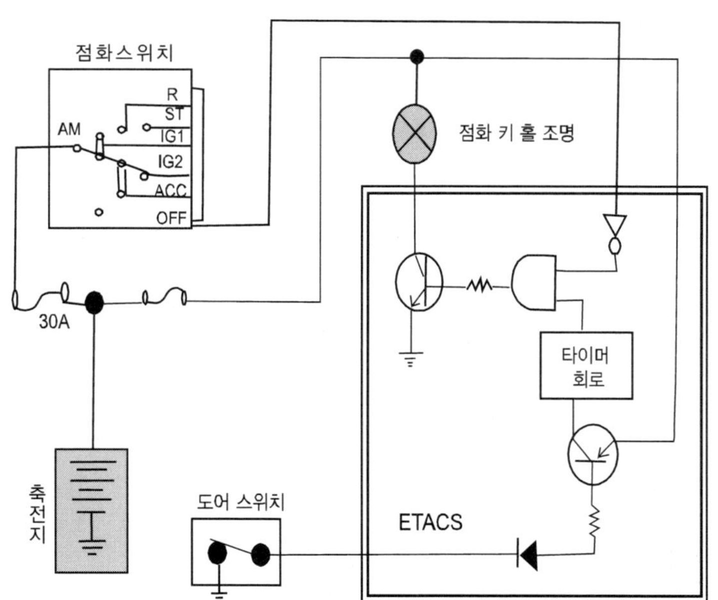

그림 14-11 점화 스위치 키 구멍 조명 회로

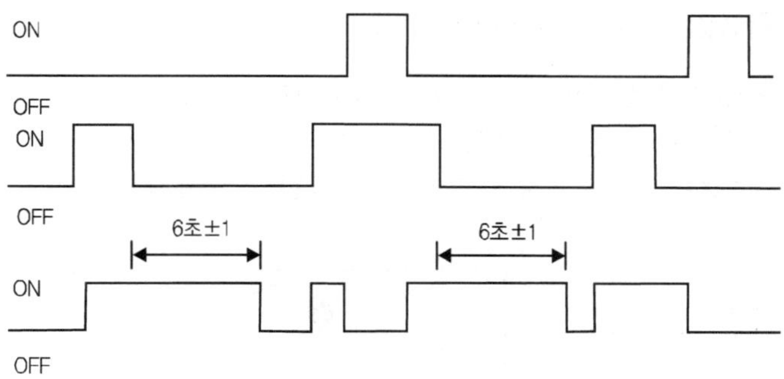

그림 14-12 점화 스위치 키 구멍 작동특성

[8] 파워 윈도 타이머(Power Window Timer)

점화 스위치를 OFF로 한 후에도 파워윈도우 릴레이 출력을 30초 동안 유지하여 윈도를 작동할 수 있도록 하여 주차 후의 편의성을 향상시키는 기능이다. 다만, 운전석이나 조수석 도어를 열면 차종에 따라 출력이 정지되기도 한다.

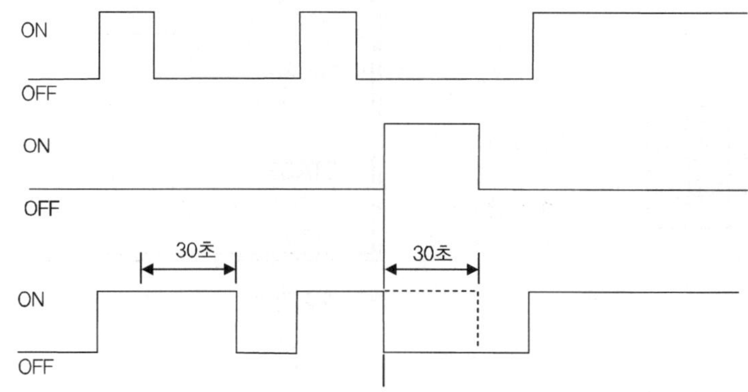

그림 14-13 파워윈도 작동특성

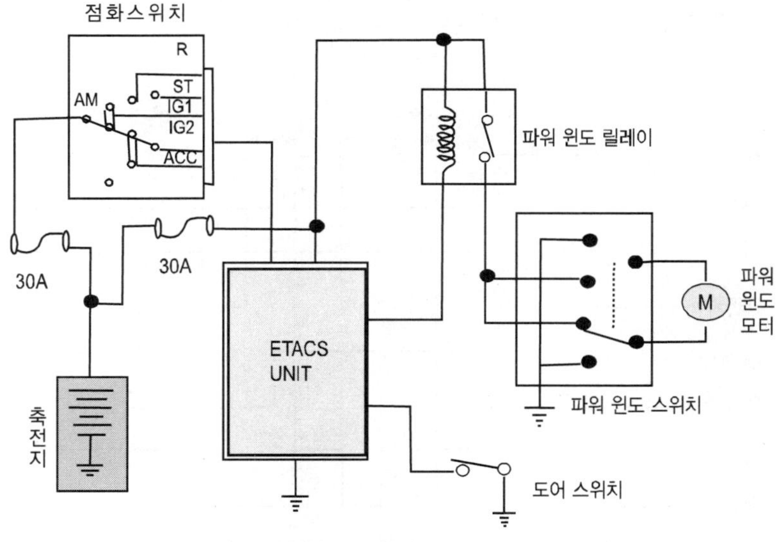

그림 14-14 파워윈도 회로

[9] 점화 스위치 회수기능(Ignition Key Reminder)

점화 스위치를 키 홀에 삽입한 상태에서 운전석 도어를 열고 도어 잠금 노브로 LOCK할 경우 5초동안 UNLOCK 출력시켜 도어 록이 불가능하게 하여 점화 스위치가 꽂힌 상태에서 도어 록을 작동시키는 것을 방지한다. 작동해제는 점화 스위치를 빼거나 운전석 도어를 닫으면 출력은 정지한다.

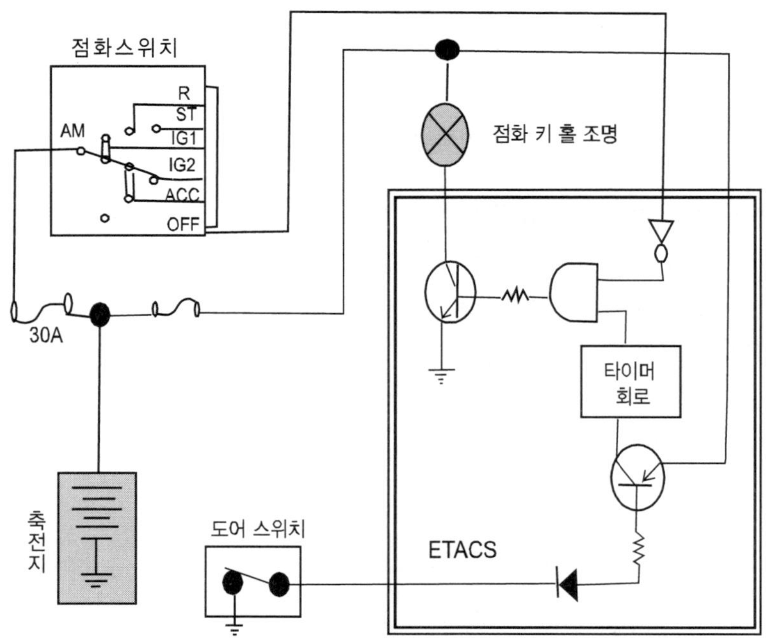

그림 14-15 점화 스위치 회수기능 작동특성

[10] 미등 자동소등(Lamp Auto Cut)

운전자가 미등을 점등시킨 상태에서 점화 스위치를 OFF한 후 차량에서 내리면 자동적으로 미등을 소등시켜 축전지가 방전되는 것을 방지해주는 기능이다.

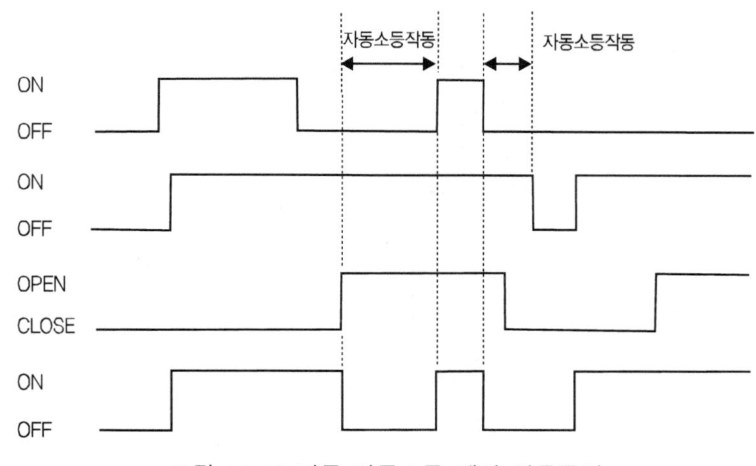

그림 14-16 미등 자동소등 제어 작동특성

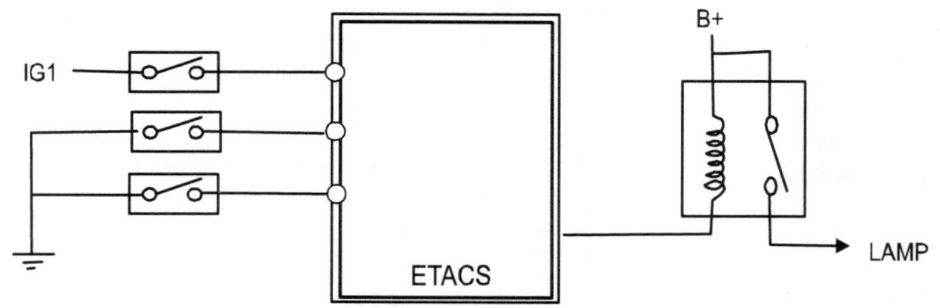

그림 14-17 미등 자동소등 회로도

[11] 도난 경보장치

점화 스위치가 키 구멍으로부터 분리되고 각종 출입구가 닫힘 상태에서 리모컨의 잠금(lock)신호를 수신하면 도어 잠금 출력을 ON하고, 경계상태로 들어간다.

경계모드에서 각종 출입구 중 1개 이상 열림이 발생할 경우 버글러 알람 릴레이를 ON으로 하여 점화 스위치에 의한 기관 시동기능을 정지시키고 비상등 및 사이렌 출력을 발생한다.

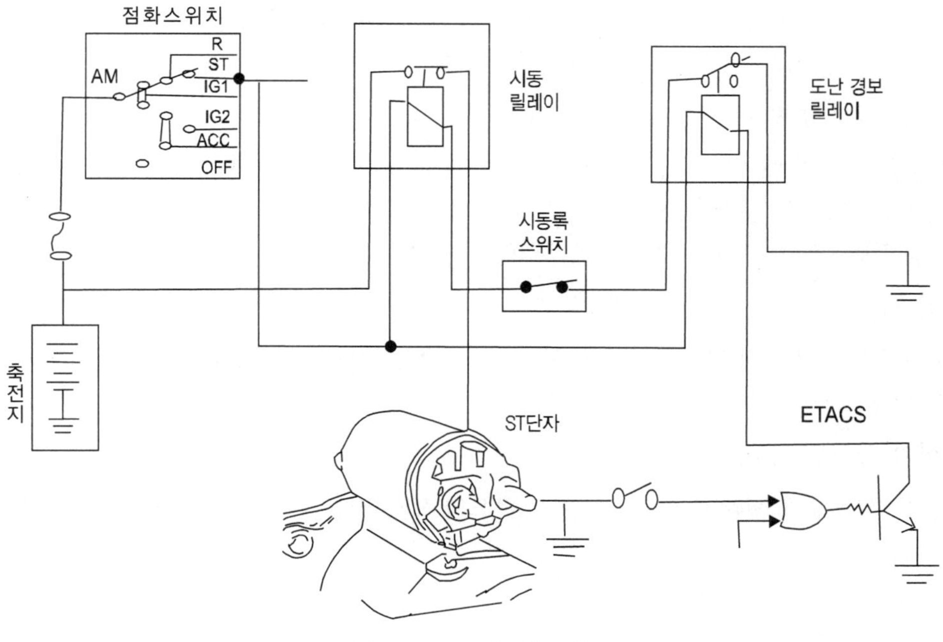

그림 14-18 도난 경보 회로

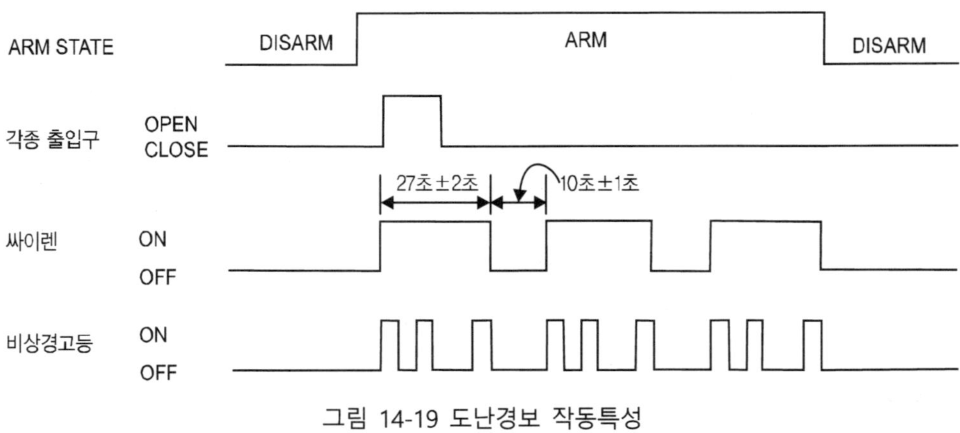

그림 14-19 도난경보 작동특성

[12] 웰컴 시스템

스마트키를 소지한 운전자가 접근하면 이를 감지하고 반응하는 시스템이다.

1단계(스마트 운전자인지 시스템 작동단계)

스마트키를 소지한 운전자가 1미터 이내로 접근하면 아웃사이드 미러 작동(언폴딩), 아웃사이드 미러 하단의 퍼들램프 점등, 프런트도어 손잡이 조명 점등.

2단계(스마트 감성 조명 시스템 점등)

운전자가 문을 열기 위해 언락(UNLOCK) 작동 시 아웃사이드미러 하단 푸들램프 재 점등, 도어손잡이 램프 재 점등, 브레이킹 풋램프 점등, 대형실내등 점등, 문짝 아래 가니쉬 조명 점등, 보조석 보관박스의 크러쉬 패드 조명 점등 등의 6개의 조명이 작동.

3단계(웰컴 사운드 작동)

운전석 도어를 열고 자리에 앉은 후 문을 닫게 되면 웰컴사운드라는 소리와 함께 내비게이션 화면에 환영(에니메이션 로고 표시) 표시가 작동.

4단계(굿바이 사운드 작동)

차량 정지 후 시동을 끄는 과정에서 굿바이 사운드와 또 보자는 메시지가 내비게이션 화면에 팝업되는 기능.

14.2 IMS(Integrated Memory System)

1. IMS의 개요

운전자 자신이 설정한 최적의 시트(seat)위치를 메모리 스위치(memory switch)와 포지션 센서(position sensor)에 의해 컴퓨터에 기억시켜 시트위치가 변화하여도 1회의 스위치 조작으로 자신이 설정한 시트위치로 재생시킬 수 있는 기능으로 운전자가 편안한 운전 자세를 유지할 수 있도록 해주는 운전석 파워시트(power seat) 기억장치를 IMS라 한다.

IMS의 기능은 다음과 같다.

① 운전석 시트의 위치를 자동으로 복귀시킬 수 있다.
② 아웃사이드 및 룸미러의 각도를 자동으로 복귀시킬 수 있다.
③ 조향핸들의 위치를 자동으로 복귀시킬 수 있다.
④ 승차 및 하차를 할 때의 시트위치 및 조향핸들의 틸트 각도를 자동으로 제어할 수 있다.

2. 메모리 파워시트(Memory Power Seat)

[1] 메모리 파워시트 구성도

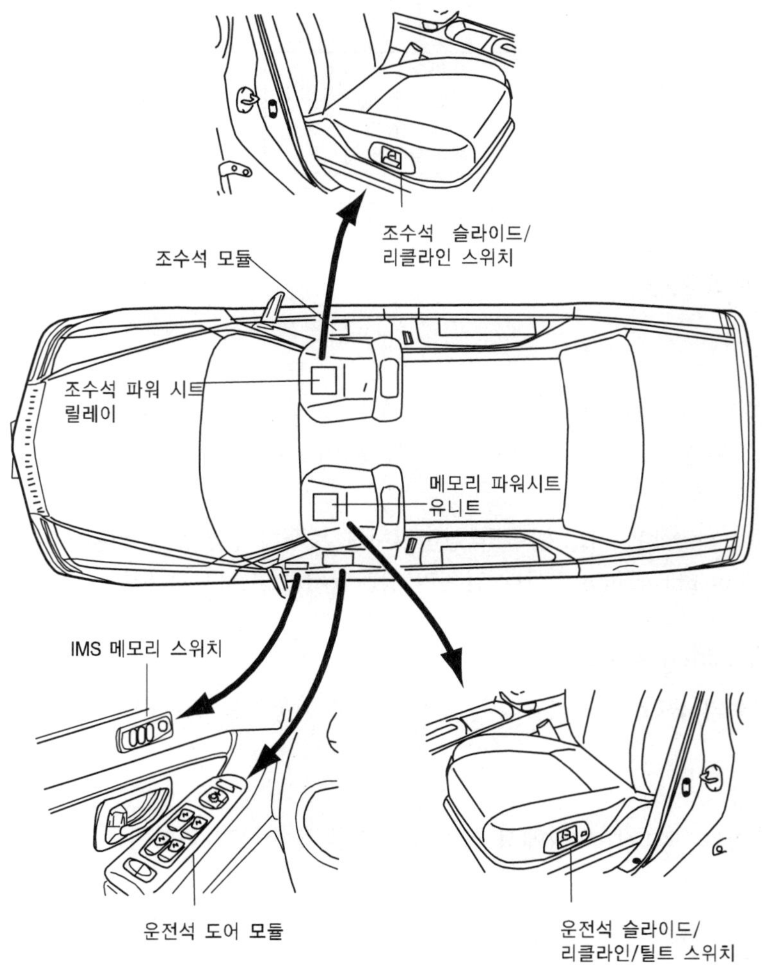

그림 14-20 메모리 파워시트 구성도

[2] 입·출력 다이어그램

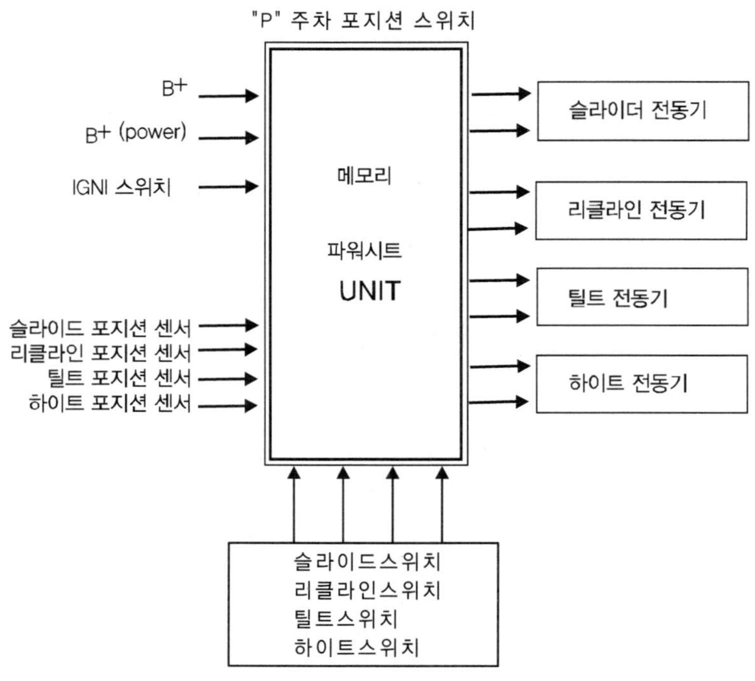

그림 14-21 입·출력 다이어그램

[3] 메모리 파워 시트 기능

(1) 메모리 스위치

① 슬라이드 스위치(slide switch) : 시트를 앞쪽 또는 뒤쪽으로 이동시켜 주는 스위치이다.

② 리클라이닝 스위치(reclining switch) : 시트 백(seat back)을 앞쪽 또는 뒤쪽으로 기울려 주는 스위치이다.

③ 틸트 스위치(tilt switch) : 시트 앞쪽의 상하위치를 조정하기 위한 스위치이다.

④ 하이트 스위치(height switch) : 시트 뒤쪽의 상하위치를 조정하기 위한 스위치이다.

(2) 포지션 센서(position sensor)

포지션 센서는 시트의 슬라이드, 리클라이닝, 하이트의 이동량을 감지하기 위한 가변 저항방식이다.

(3) 속도 센서

속도 센서는 주행속도 3km/h 이상에서 작동되는 것을 방지하기 위하여 차량의 주행상태를 감지하는 것이다.

(4) "P"포지션 센서

"P" 포지션 센서는 자동변속기의 주차(parking)에서는 자동 조정을 금지하기 위하여 주차상태를 감지하는 것이다.

(5) 메모리 스위치

① 위치 스위치 1, 2 : 운전자가 설정한 시트, 조향핸들, 미러의 위치를 기억하거나 재생하는 스위치이다.

② 메모리 스위치 : 운전자가 설정한 시트, 조향핸들, 미러의 위치를 기억하기 위한 스위치이다.

③ 자동(auto) 스위치 : 승차 및 하차 연동 작동을 허가 또는 금지하는 모드로 전환하는 스위치이며, 허가모드와 금지모드를 반복적으로 조작할 수 있다.

㉮ auto ON : 승하차 연동제어 가능

㉯ auto OFF : 승하차 연동제어 불가능

[4] 메모리 파워시트 제어

(1) 메모리 스위치에 의한 시트위치 기억 및 재생작동

점화스위치 ON과 동시에 수동 스위치가 모두 OFF의 경우 메모리 스위치를 누른 후 5초 이내에 포지션 스위치를 누르면 현재의 시트위치를 기억한다.

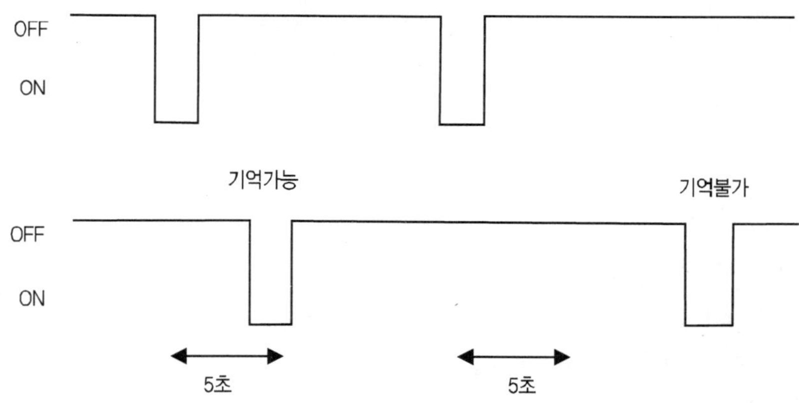

그림 14-22 파워시트 기억 및 재생 동작 특성

그리고 메모리 허가상태의 해제는 다음 조건 중 하나라도 성립되는 경우에 실행한다.

① 메모리 스위치를 ON으로 한 후 4초가 경과된 경우

② 시트 수동 스위치가 ON으로 된 경우

③ 자동 조정이 금지로 된 경우

(2) 메모리 재생동작

① 점화스위치를 ON으로 한 후 메모리 스위치가 OFF인 경우 각 스위치를 누름에 따라 기억되어 있는 위치로 조정한다.

② 기억되어 있지 않은 포지션 스위치의 재생 작동은 실행하지 않는다.

③ 동시에(50m/sec) 1개의 포지션 스위치를 누를 경우 재생 동작을 하지 않는다.

④ 재생 금지 조건

㉮ 인히비터 "P" 스위치 OFF
㉯ 주행속도 2km/h 이상
㉰ 수동 스위치 조작이 있는 경우

⑤ 구동 우선 순위

전동기를 구동할 때 유입되는 전류가 중복되는 것을 방지하기 위하여 자동제어의 경우 전동기 구동시간을 지연시키면 우선 순위는 그림 14-23에 나타낸 바와 같다.

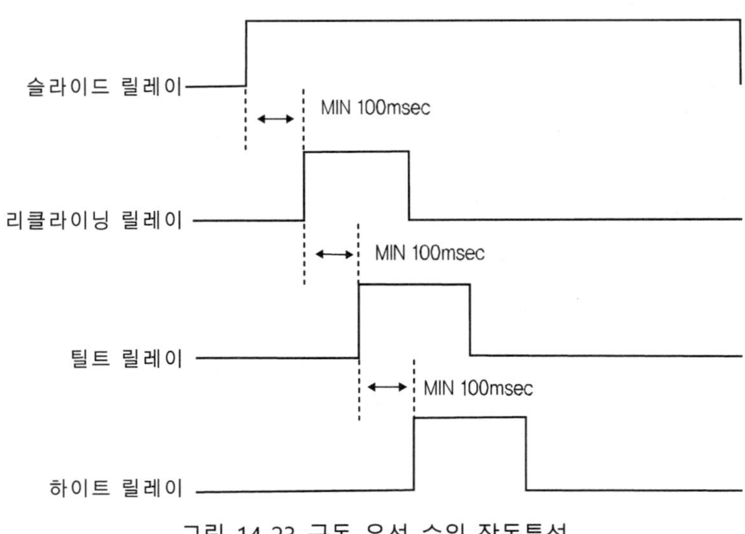

그림 14-23 구동 우선 순위 작동특성

(3) 시트 승 · 하차 연동작동

① 자동스위치 ON상태에서 점화스위치 빼면 시트 슬라이드를 500mm 후퇴 제어를 한다.
② 점화스위치를 삽입하면 점화스위치를 뺄 때의 위치로 복귀한다.
③ 승 · 하차 연동작동 금지조건

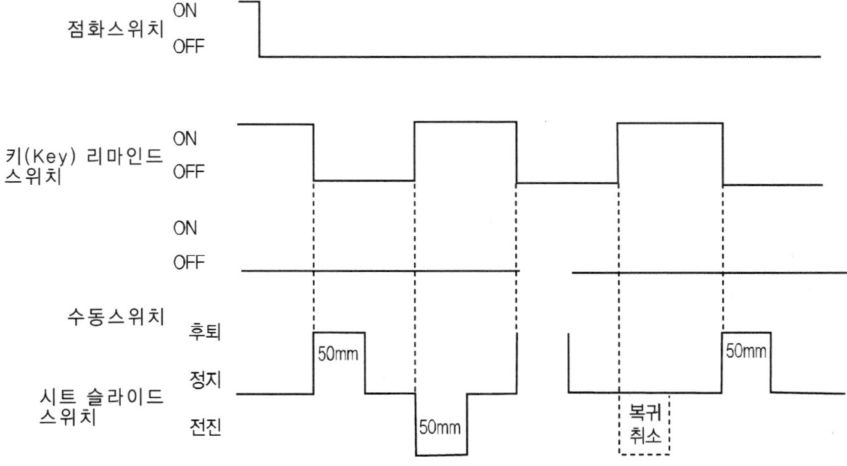

그림 14-24 파워시트 승 · 하차 연동작동 특성

㉮ 자동스위치 OFF
㉯ "P" 포지션 스위치 OFF
㉰ 수동 스위치 조작이 있는 경우

(4) 부저(buzzer) 출력

① 기억 허가상태가 되었을 경우(메모리 스위치 ON)에는 1회 출력한다.
② 기억이 완료(포지션 스위치 ON)되었을 경우 2회 출력한다.
③ 기억 재생 작동(포지션 스위치 ON)을 할 때 1회 출력한다.
④ 센서 고장으로 인한 이상을 검출하였을 때 10회 출력한다.

3. 룸미러 · 전동 틸트 및 텔리스코프

[1] 룸미러 · 전동 틸트 및 텔리스코프의 개요

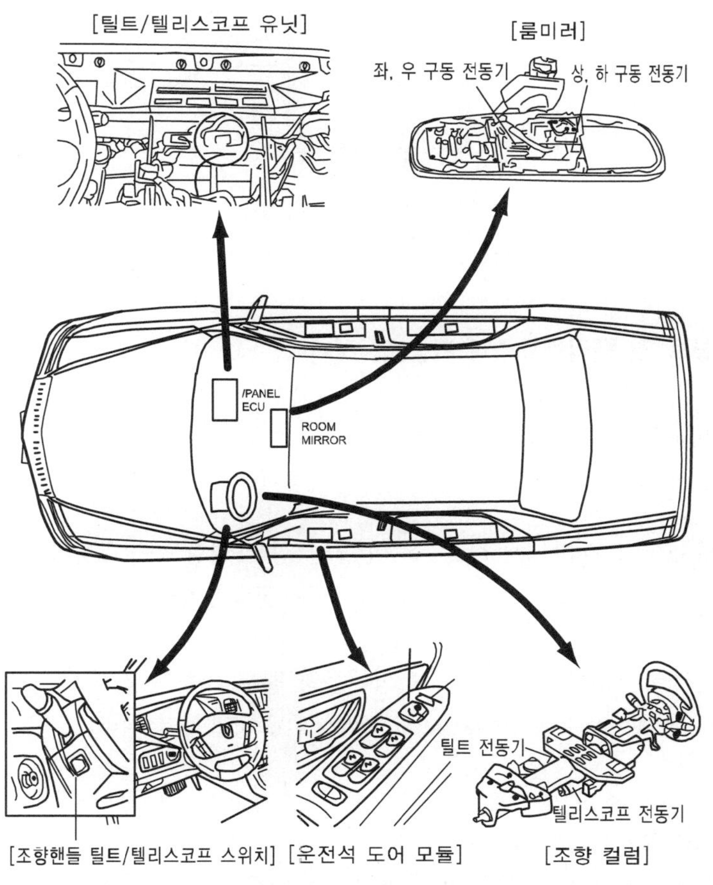

그림 14-25 룸미러 · 전동 틸트 및 텔리스코프 구성도

운전자 자신이 설정한 최적의 룸미러 및 조향핸들의 위치를 메모리 스위치와 포지션 센서에 의해 컴퓨터(ECU)에 기억시켜 미러 및 조향핸들 위치가 변화하여도 1번에 자신이 설정한 위치로 재생시킬

수 있다. 그리고 안전상 주행상태에서의 재생 작동을 금지하는 재생 작동금지 기능이 있다.

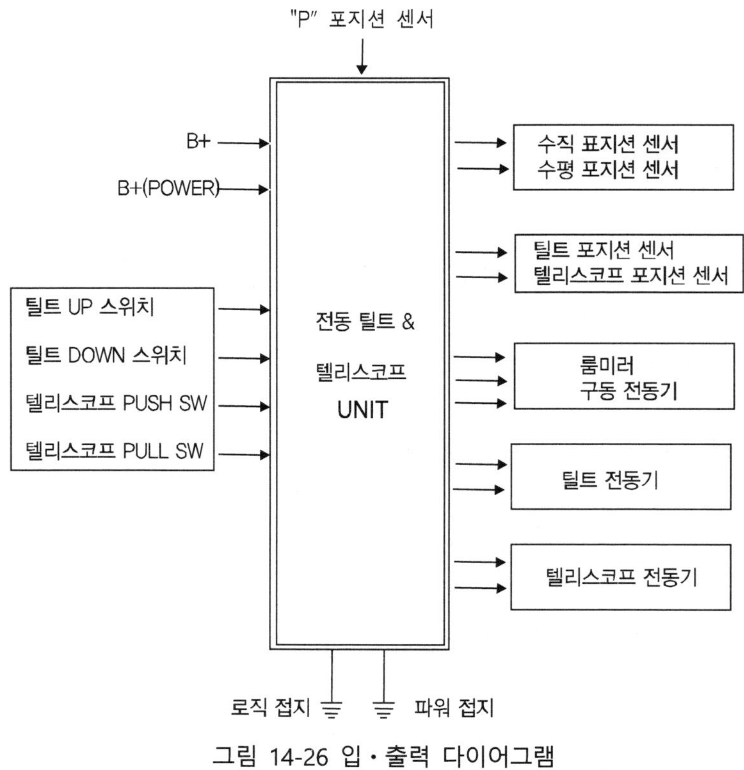

그림 14-26 입·출력 다이어그램

[2] 룸미러·전동 틸트 및 텔리스코프의 기능 및 제어

(1) 룸미러·전동 틸트 및 텔리스코프의 기능

① 입력 기능

① 틸트 수동 스위치(tilt manual switch) : 조향핸들을 상하 방향으로 조정하기 위한 스위치이다

② 텔리스코프 수동 스위치(telescope manual switch) : 조향핸들을 앞 뒤 방향으로 조정하기 위한 스위치이다.

③ 틸트 포지션 센서(tilt position sensor) : 조향핸들의 틸트 위치를 감지하기 위한 센서이다.

④ 텔리스코프 포지션 센서(telescope position sensor) : 조향핸들의 텔리스코프 위치를 감지하기 위한 센서이다.

(2) 틸트 및 텔리스코프 포지션 센서의 작동 특성

틸트 및 텔리스코프 포지션 센서는 가변 저항 방식으로 틸트 포지션 센서는 그림 14-27에 나타낸 바와 같이 위쪽으로 이동시킬 경우에는 저항 값이 낮고, 아래쪽으로 이동시킬 때에는 저항 값이 높다. 그리고 텔리스코프 포지션 센서는 그림 14-28에 나타낸 바와 같이 뒤쪽으로 이동시킬 때 저항 값이 낮고, 앞쪽으로 이동시킬 때에는 저항 값이 높다.

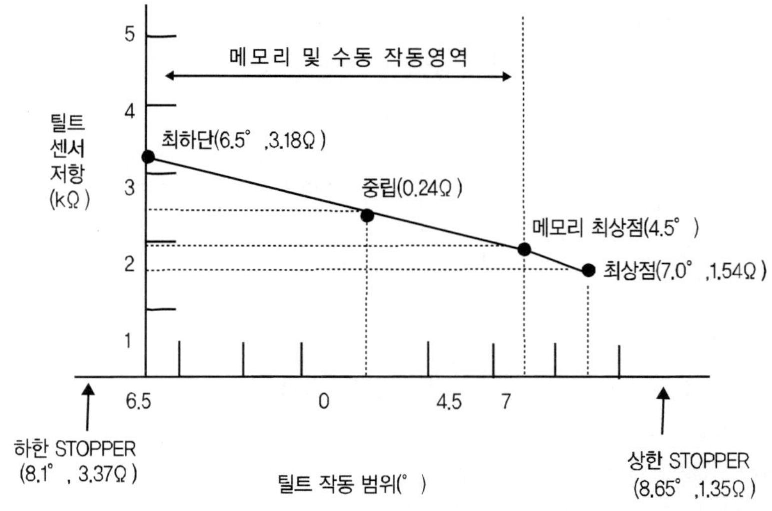

그림 14-27 틸트 포지션 센서의 특징

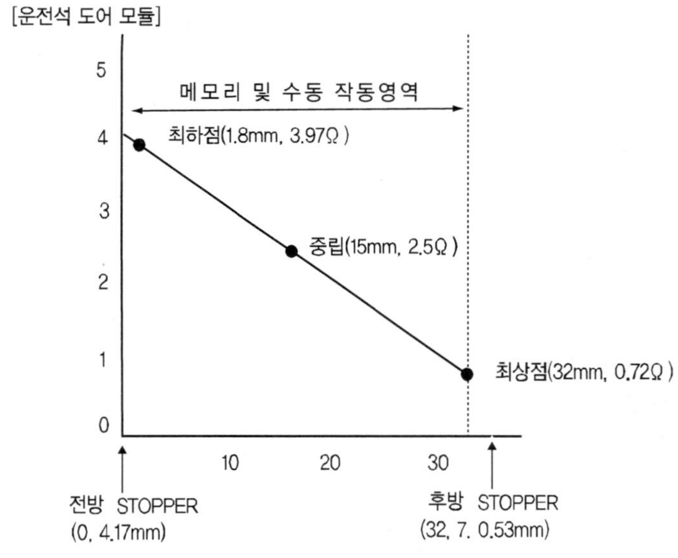

그림 14-28 텔리스코프 포지션 센서의 특징

(2) 룸미러 · 전동 틸트 및 텔리스코프의 제어

① 수동 작동

수동 스위치에 의하여 룸미러의 상하 · 좌우 및 조향핸들의 상하 각도와 앞뒤의 길이를 제어할 수 있다.

② 재생작동

㉮ 메모리의 기억작동 : 점화스위치 ON과 동시에 수동 스위치가 모두 OFF인 경우 룸미러 및 조향핸들의 위치를 기억한다.

㉯ 룸미러 메모리 재생제어

ⓐ 시야 범위의 결정 : 시야 범위는 미러 단품에서 기계적으로 제한을 받지 않는 미러 제어범위 또는 센서특성에 영향을 주지 않는 미러 제어범위를 말한다.

방향	제어 범위
수직 방향	25.5 ~ 32.0°(1.5 ~ 3.5V)
수평 방향	0 ~ 5.0°(1.5 ~ 3.5V)

ⓑ 록(lock) 검출 : 록을 검출하기 위해 타이머를 사용하여 전동기 구동시간을 감시한다.

ⓒ 전동기 구동시간 감시 : 구동 방향마다 각각 같은 방향으로 구동시간을 감시한다. 같은 방향으로 구동이 20초를 경과하는 경우 전동기 출력을 정지시키고 재생제어를 완료한다.

ⓓ 재생 실행시간 감시 : 재생제어 시작으로부터 40초 이내에 재생작동이 완료되지 않을 경우 전동기의 출력을 정지시키고 재생제어를 완료한다.

㉰ 틸트 · 텔리스코픽 재생제어

점화스위치 ON과 동시에 수동스위치 모두가 OFF인 경우 시리얼 통신 데이터로부터 위치 재생 신호를 수신하면 기억된 틸트 및 텔리스코픽 위치에 조향핸들을 자동으로 조정한다.

(3) 승 · 하차 연동제어

㉮ 승 · 하차 연동작동

IMS 컴퓨터에서 승 · 하차 연동 후퇴신호가 발생하면 틸트 위치를 "위쪽"으로 하고 텔리스코프 위치를 "앞쪽" 상태로 자동 조정한다.

㉯ 승 · 하차 연동조건(1) : 틸트 "위쪽" 위치, 텔리스코프 "앞쪽" 위치는 원칙적으로 각 포지션 센서 특징의 "위쪽" 제한위치와 "앞쪽" 제한위치에 있지만 포지션 센서가 고장 난 경우 백업처리로서 전동기 작동시간에 의한 자동 정지처리를 실시한다.

㉰ 승 · 하차 연동조건(2) : 승 · 하차 연동작동 중에 시리얼 통신 데이터로부터 자동조정 금지 또는 수동 스위치가 ON으로 된 경우에는 승 · 하차 연동작동을 중지한다.

④ 그 밖의 제어

㉮ 반전 구동 : 구동중에 전동기를 반대 방향으로 구동하는 경우에는 순방향 릴레이를 OFF하고 나서 50m/sec 이후에 반대 방향의 릴레이를 구동한다.

㉯ 틸트 및 텔리스코프 동시 작동 : 틸트와 텔리스코프를 동시에 구동하는 경우에는 틸트 작동시작으로부터 50m/sec 후에 텔리스코프 작동을 시작한다.

㉰ 위치제어 : 각 전동기의 위치 변화량을 포지션 센서로 항상 감시한다. 위치의 기억은 실행 명령이 기억 명령인 경우에 실행한다. 위치 재생은 재생 실행 명령인 경우 기억 위치 데이터와 현재 데이터와의 차이가 0으로 될 때까지 실행한다. 위치의 수동 제어는 수동 제어입력을 받아 실행하며 기억, 재생 제어에 우선한다.

연습문제

1. IMS의 기능을 설명하시오.

2. 에탁스의 사용 목적을 설명하시오.

3. 이지 억세스란 무엇이고, 기능에는 어떤 것이 있는가 설명하시오.

4. 틸트, 텔레스코프이란 무엇인가 설명하시오.

5. 미등 자동소등의 기능과 목적을 설명하시오.

6. 에탁스의 입 · 출력 요소를 설명하시오.

제15장 다중통신장치(Multi Information System)

15.1 다중통신의 개요

자동차에서의 다중통신 목적은 1개의 신호선에 의해 여러 종류의 신호를 전송하여, 와이어 하니스(wire harness)를 간략화함과 함께, 각종 센서 등을 공용하고자 함이다. 와이어 하니스를 간략화함으로서, 와이어 하니스의 경량화뿐만 아니라, 차체의 하니스 관통부분이나 도어힌지(door hinge) 부분 등의 구조를 개선할 수 있다. 예전에는 여러 개의 신호선에 의해 전동기, 램프(lamp) 등의 부하를 제어하던 것을 멀티플렉서(multi fluxer; 여러 개의 신호에서 하나의 신호를 선택하는 장치)에 의해서 다중화하고, 1개의 신호선에서 부하 쪽으로 송신한다. 수신 쪽에서는 디멀티플렉서(de multi fluxer)에 의해서 각각의 신호를 본래 상태로 되돌려서 부하를 제어한다.

15.2 다중 통신의 기능과 그 구성

다중통신 장치는 도어에 보디 관계 제어장치의 조절스위치들을 집중 배치하여, 각 도어 및 보디에 배치한 컴퓨터(ECU) 사이를 광파이버(porto fiber)로 연결하여, 와이어 하니스를 간략화 한 것이다. 각 컴퓨터에 의해 다음 사항들을 제어한다.

① 도어 잠금 및 풀림 제어
② 벤트 윈도 제어(3각 창의 제어)
③ 파워윈도 제어
④ 파워시트 제어
⑤ 시트히터 제어
⑥ 재떨이 조명, 스위치 조명 제어
⑦ 조명(illuminated) 제어(점화스위치 키 구멍 조명 램프와 발 밑 조명 램프 제어)

각 컴퓨터 사이의 통신은 조보 동기방식을 사용한다. 조보 동기방식이란 데이터의 처음과 끝에 스타트 비트(start bit) 및 스톱 비트(stop bit)를 설치하고 이것에 의해 송신 쪽과 수신 쪽의 동기를 잡는 전송방식이며 전송효율은 불량하다. 그리고, 타이밍 신호가 없기 때문에 전송속도를 지연할 필요가 있으나 데이터에 동기를 잡는 것만으로도 가능하므로 가장 일반적으로 사용한다.

이 장치는 2,000bps(bit per second)의 전송속도로 되어 있다. 즉, 제어 코드에 의해 신호의 종류를 지정하여, 데이터 존에서 처리의 내용 및 각 스위치의 상태를 출력한다. 전조등 및 도어(door)제어용 컴퓨터는 다중통신을 하기 위한 마스터 단자이며, 일정한 순서로 제어신호를 발생하여, 32비트의 기준신호를 보디 컴퓨터를 경유하여, 각 도어 컴퓨터에 송신한다. 각 컴퓨터는 기준신호의 제어코드에 의하여, 스위치 등의 상태를 데이터 존에 기록하고, 보디 컴퓨터에 송신한다.

보디 컴퓨터는 각 컴퓨터의 신호를 기초로 처리하여 엑츄에이터의 구동신호 등을 송신한다. 광통신(光通信)방식은 광 송신기, 광 수신기, 광파이버로 구성된다. 광 송신기는 전기신호를 광 신호로 변환하는 부분이며 발광다이오드를 사용한다. 광 수신기는 광파이버를 통해서 보내진 광 신호를 전기신호로 변환하는 부분이며 포토다이오드를 사용한다. 광 송신기와 광 수신기는 하나의 구조로 되어 있으며 통신 모듈이라 한다.

광파이버는 유리계열 파이버와 플라스틱계열 파이버로 분류한다. 자동차에서는 플라스틱계열의 광파이버를 주로 사용한다. 플라스틱계열 광파이버는 유리계열에 비해 손실이 크고 전송 특성은 떨어지지만, 구부러져도 접히지 않고, 접속이 간단하며 제작비용이 싼 이점이 있다. 광파이버의 구조는 코어(core)와 클래드의 굴절률의 차이를 이용하여 빛을 전파한다.

코어는 클래드에서 굴절률이 높은 플라스틱을 이용하기 때문에 클래드-코어 경계 면에서는 빛은 전체를 반사하여 전파한다.

15.3 다중통신 장치

1. 다중통신 장치의 개요

다중통신 장치(Multi Information System)란 하나의 표시장치에서 많은 정보를 선택에 의해 바꾸어 표시하는 것이다. 일반적으로 표시장치로는 CRT(Cathode Ray Tube)가 많이 사용된다. CRT는 브라운관이라고도 하며, 가정용 TV나 컴퓨터 단말기로 널리 사용되고 있지만, 자동차에 사용되기 시작한 것은 최근이다. CRT은 자유로운 패턴의 컬러 표시, 빠른 응답 속도, 높은 대조(contrast), 넓은 사용 온도 범위 등의 특징이 있다. 그러나, 길이가 길고, 구동방법이 복잡하며, 구동전압이 높은 결점이 있다. 따라서, 휴대용 TV 등에 사용되고 있는 컬러 LCD(Liquid Crystal Display)를 표시장치로 사용하여, 차량에의 탑재 성능을 향상시킨 것도 있다.

2. 다중 통신 장치 기능과 그 구성

계기판 안에 표시장치(컬러 CRT 또는 컬러 LCD)를 설치하며, 표시장치의 주위에는 스위치가 배치되어 있어 운전자의 조작에 의해 각종 정보를 표시한다. 또 복잡한 조작을 가능하게하기 위해 표시화면에 스위치를 표시하고 직접 화면을 터치(touch)하는 터치 스위치나 적외선 원격조작 스위치(remote control switch)가 사용된다. 장치 전체를 제어하는 CRT 컴퓨터(ECU)를 중심으로 하여 조작 스위치 및 표시장치를 지닌 디스플레이, 각종 기능을 제어하는 컴퓨터로 이루어져 있다. 각 컴퓨터 사이는 통신 네트워크(net work)로 접속되어 CRT 컴퓨터를 호스트(host)로 하여 정보를 주고받아 장치 전체를 제어한다. 각 컴퓨터의 역할은 다음과 같다.

[1] CRT(Cathode Ray Tube)용 컴퓨터

CRT용 컴퓨터는 장치 전체를 제어한다. 네비게이션 기능을 이용한 지도 정보나, 연료 소비율 정보, 트립 정보 등의 차량 정보를 표시한다.

[2] 디스플레이(display)

디스 플레이는 스위치 정보를 입력하고, CRT 컴퓨터에 스위치 정보를 전달한다. 또 화면 소스(source)를 교환을 한다.

[3] CD용 컴퓨터(ECU)

CD용 컴퓨터는 CD-ROM 데이터를 읽고, CRT 컴퓨터에 데이터를 전송한다.

[4] TV(Television)용 컴퓨터(ECU)

TV용 컴퓨터는 상용 TV 방송을 수신하여 조작 화면에 표시한다.

[5] 오디오용 컴퓨터(ECU)

오디오용 컴퓨터는 오디오 소스를 제어하여 조작 화면에 표시한다.

[6] 에어컨용 컴퓨터(ECU)

에어컨용 컴퓨터는 에어컨을 제어하여 조작 화면에 표시한다.

[7] GPS용 컴퓨터(ECU)

GPS용 컴퓨터는 GPS위성에서의 전파를 수신하여, 차량의 현재 위치를 산출하여 CRT 컴퓨터에 위치 정보를 전송한다.

[8] 전화용 컴퓨터(ECU)

전화용 컴퓨터는 자동차 전화를 제어하여 조작 화면(다이얼 화면)을 표시한다.

3. 표시되는 정보

[1] 지도 정보

도로 지도를 가지각색의 치수로 표시한다. 표시되는 지도는 지도 장부와 다르며, 스크롤(scroll) 기능에 의해 표시하고 싶은 임의의 지역을 표시할 수 있다. 또, 네비게이션 기능에 의해 차량의 현재 위치가 지도상에 표시되어 항상 차량의 위치를 지도상에서 확인할 수 있다. 그리고 네비게이션 기능에 의해 차량의 현재 위치에서 목적지까지의 주행 경로를 안내하여, 운전자가 도로에서 혼동 없이 목적지에 도달할 수 있는 기능도 포함된다.

[2] 트립(Trip) 정보

차량의 현재 연료 소비율, 기관 회전속도, 남은 연료로 주행 가능한 거리 등의 정보를 표시한다.

[3] 정비(Maintenance) 정보

타이어 교환시기나 기관오일을 교환하였을 때부터의 주행 거리를 표시한다.

[4] 달력(Calender) 정보

달력 정보를 표시한다. 또, 각 날짜마다로 운전자가 필요로 하는 메모(memo) 정보의 기억이 가능하다.

[5] 에어컨 정보

에어컨의 모드, 바람의 양 등의 상태를 표시한다. 또, 표시 화면을 터치함으로서 에어컨의 조작이 가능하다.

[6] 오디오 정보

오디오의 음악 정보, 수신하고 있는 방송국 이름 등의 상태를 표시한다. 또, 표시화면을 터치함으로서 오디오의 조작이 가능하다.

[7] TV 방송

상용 TV 방송을 수신한다. 단, 화면은 정차할 때만 표시되며, 주행할 때는 다른 화면으로 자동적으로 바뀐다. 또, 비디오 단자에 비디오 신호를 접속함으로서 비디오의 재생이 가능하다.

[8] 전화 정보

자동차 전화의 다이얼 화면 등의 정보를 표시하여 표시 화면을 터치함으로서 자동차 전화의 발신, 착신의 조작을 한다.

[9] 후방 감시 카메라 정보

차량을 후진시킬 때 뒤쪽을 감시하는 카메라의 영상을 표시한다.

[10] CD-CRAFT 정보

CD-CRAFT 규격에 의거하여 작성된 판용의 소프트(CD-ROM)를 실행하여 표시한다. CD CRAFT란 다중 통신 장치용에 규격화된 판용 소프트의 규격이다. 이 규격에 의거하여 작성된 소프트는 일반 컴퓨터의 소프트와 마찬가지로 CD CRAFT규격에 준한 다중통신 장치에서 실행 가능하다. CD-CRAFT 규격의 소프트에서는 호텔 안내나 골프장 안내 등의 기능도 있다.

4. 디스플레이(Display)

다중 통신 장치의 표시 장치로는 CRT 디스플레이나 컬러 LCD가 이용된다.

[1] CRT 디스플레이

CRT의 기본적인 구조는 유리관의 속에 전자총, 섀도 마스크(shadow masks), 형광 막을 넣고 봉입한 것이다. 유리관은 콘(cone) 부분과 네크(neck) 부분으로 나누어지며, 콘 부분의 밑에는 각각 빛을 3원색으로 발광하는 3종류의 형광체가 균일하게 칠해져 있다. 전자총은 네크 부분에 빨강(R), 초록(G), 파랑(B)용의 3개가 배열되어 3개의 전자빔이 형광 막에서 작은 점에 모이도록 되어 있다.

형광 막의 바로 앞에는 금속판에 여러 개의 작은 구멍을 규칙적으로 설치한 섀도 마스크가 있으며, 1개의 구멍에 대해서 형광 막의 빨강, 초록, 파랑의 한 조의 형광체에 대응하고 있다. 전자총에서 방사된 3개의 전자빔은 편향 코일에 의해 편향되어 형광 막의 전체 면을 주사한다. 섀도 마스크의 구멍을 통과한 전자빔은 형광 막에 각각의 색의 형광체에 방사된다. 전자빔은 각각의 컬러 신호의 세기에 따라서 제어되므로 형광체의 빨강, 초록, 파랑의 발광 비율이 변화하여 모든 색을 재현할 수 있다.

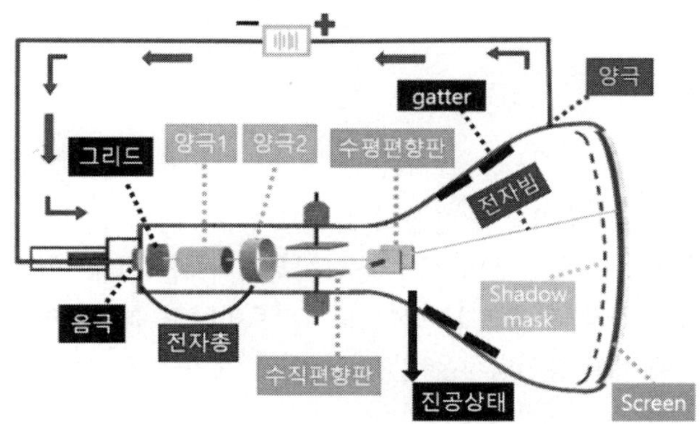

그림 15-1 CRT디스플레이 구조와 역할(출처: 현대자동차)

[2] 컬러 LCD

컬러 LCD는 TN형 LCD사용하며, 각 화소마다로 전극을 배치하여, 화상 신호에 의해 구동하므로서 화면을 형성하여 표시한다. 각 전극의 구동 방식은 액티브(Active) 매트릭스 방식이 사용되고 있다. 액티브 매트릭스 방식은 스위치 소자로 FET(field effect transistor)가 사용된다. 먼저, 주사 회로에 의해 행 전극(게이트 패스) X1, X2, …, Xn을 순차 주사하여, 1차 게이트 패스 상의 전체 FET를 일제히 통전(ON) 상태로 한다. 다음에, 홀드 회로에서 드레인 패스 Y1, Y2, …, Yn을 거쳐서, 전기가 통전하는 상태의 FET로 결합하고 있는 전체 캐패시터에 신호 전하를 공급한다. 이 신호 전하는 다음의 프레임 주사할 때까지 액정을 계속하여 표시화면을 유지한다.

스위치용의 FET는 α-Si, p-Si, CdSe, Te 등의 얇은 막을 사용하는 박막 트랜지스터(TFT)로 구성되며, 백 라이트(back light)에 의한 조명이 가능하다. 따라서 각 화면 요소마다로, 빨강(R), 초록(G), 파랑(B)의 전극을 배치하여, 컬러 필터를 넣음으로서, 빨강, 초록, 파랑의 발광을 제어할 수 있으며, 풀 컬러(full color) 표시를 실현할 수 있다.

5. 터치 스위치(Touch Switch)

터치 스위치는 디스플레이에 스위치 패턴을 표시하여 표시된 스위치 패턴을 직접 손가락으로 터치함으로서 스위치 조작을 검출한다. 스위치 패턴은 그래픽으로 작성되기 때문에, 자유로 임의의 형태 스위치를 만들 수 있으며, 정보 선택을 위한 스위치 조작이 쉽게 된다. 손가락이 디스플레이를 터치한 것을 검출하는 방법의 하나로 적외선 터치 스위치가 있다.

적외선 터치 스위치는 디스플레이의 양끝에 적외선 발광다이오드(LED)와 포토트랜지스터를 마주보고 배치시킨 구조로 되어있다. 적외선 발광다이오드에서 발광된 적외선은 디스플레이의 표면에 아무 것도 없는 경우 포토트랜지스터에 도달하여 포토트랜지스터를 ON으로 한다.

한편, 디스플레이의 표면을 손가락으로 터치하면, 적외선 발광다이오드에서 발광된 적외선이 가로막혀 포토트랜지스터에는 적외선이 도달하지 못하게 되어 포토트랜지스터는 OFF된다. 적외선 발광다이오드와 포토트랜지스터의 구성은 디스플레이의 상하 · 좌우에 여러 개가 배치된다. 따라서, 손가락이 디스플레이의 표면을 터치한 경우 OFF되어 있는 포토트랜지스터의 배치에 의해 터치하고 있는 위치를 검출할 수 있다.

6. 통신 계통

다중통신 장치는 각 기능마다에 컴퓨터가 분산되어 있으며, 각 컴퓨터 사이의 정보 교환은 통신라인에서 이루어진다. 통신방식에는 여러 개의 신호선을 사용하여, 한 번에 여러 개 비트의 정보를 전달하는 패러렐(parallel) 통신방식과, 1개의 신호선으로 1비트마다로 분할하여 정보를 전달하는 시리얼(serial) 통신방식이 있다. 패러렐 통신방식은 한 번에 여러 개의 비트 정보를 전달할 수 있어 고속통신이 가능하지만, 신호선이 여러 개로 되기 때문에 와이어 하니스가 증가하는 결점이 있다. 따라서, 시리얼 통신방식이 사용되고 있는 경우가 많다. 시리얼 통신방식은 각 데이터의 비트의 동기를 잡는 방법으로서, 조보 동기방식, 클럭 동기방식 등이 있지만, 클럭용의 신호선이 필요하지 않는 조보 동기방식을 사용하는 경우가 많다. 조보 동기는 송신 쪽과 수신 쪽이 미리 통신속도를 결정하여 통신하는 방식이다. 통신속도는 bps(bit per second)로 나타내며, 2,400, 4,800, 9,600, …, 56,000bps를 주로 사용한다. 송신 쪽은 정해진 통신속도로, 스타트 비트, 데이터 비트, 스톱 비트의 순서로 송신한다. 수신 쪽은 신호선의 신호 수준이 "H"→"L"로 변화하는 점을 검출하여, 변화 점에서 통신속도의 1/2의 시간을 데이터의 샘플링(sampling) 점으로서, 스타트 비트를 검출한다. 스타트 비트의 검출 점에서 통신속도의 시간 간격에서 신호선을 샘플링함으로서, 통신 데이터를 검출한다. 스톱 비트는 다음의 데이터의 스타트 비트를 위해 "H"로 한다. 통신 데이터의 이상을 검출하기 위해 패리티 비트가 사용되는 경우가 있다. 패리티 비트는 데이터 비트와 스톱 비트의 사이에 송신된다. 패리티는 각 데이터의 "1"의 수와 패리티 비트의 수의 합계가 홀수로 되는 것을 홀수(odd) 패리티, 짝수로 되는 것을 짝수(even) 패리티라고 한다. 이것도 미리 송신과 수신 쪽에서 결정을 하여 둔다.

7. 통합바디제어유닛(IBU: Integrated Body Control Unit)

통합바디제어유닛은 바디제어모듈(BCM), 스마트 키 유닛(SMK), 타이어 공기압 경보 시스템(TPMS)와 이모빌라이저 등의 기능을 하나로 통합하여 제어하는 기능의 유닛이다.

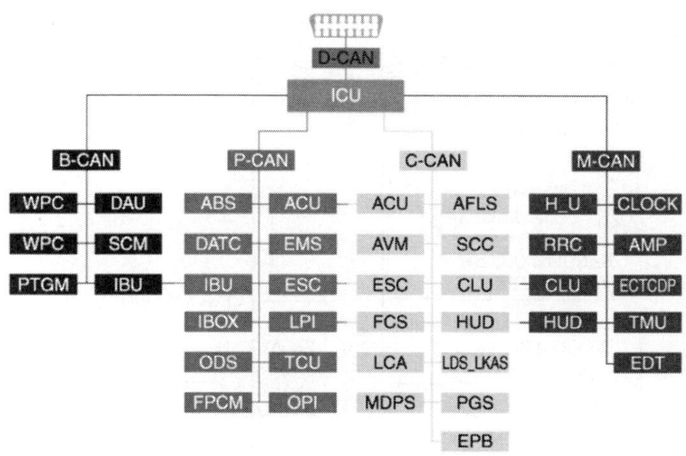

그림 15-2 통신네트워크 다이어그램(출처: 기아자동차)

[1] 바디 제어 모듈(BCM)의 기능

① 버그 알람
- 트렁크 버글 알람: 트렁크 동작에 의한 알람 출력
- 패닉 알람: 패닉(Painc)신호에 따른 경음기(Horn) 및 플래셔(Flasher) 램프 출력
- 보안 표시등 제어: 차량 경계상태에서의 보안 표시등제어

비상등, 열선, 도어, 트렁크, 조향핸들 잠김 등의 신호 및 리모컨에 의한 도어 잠금(lock)/풀림(unlock), 파워윈도, 아웃사이드 거울 및 원격시동 제어신호를 받아 각종 램프, 경보, 알람, 도어 잠금/풀림, 파워윈도 등을 제어한다. 그리고 통신상에서 운전석 및 조수석 도어모듈에 필요한 도어나 트렁크 스위치 신호와 방향지시, 주차 브레이크, 주행속도 및 기관 점검사항 등을 주고받는다.

① 안전띠 경보제어
② 열선 타이머 제어
③ 점화 스위치 미회수 경보제어
④ 파워윈도 타이머제어
⑤ 감광 룸램프 제어
⑥ 중앙집중 방식 도어 잠김/풀림 제어
⑦ 트렁크 열림 제어
⑧ 방향지시등 및 비상등 제어
⑨ 도난 경보제어

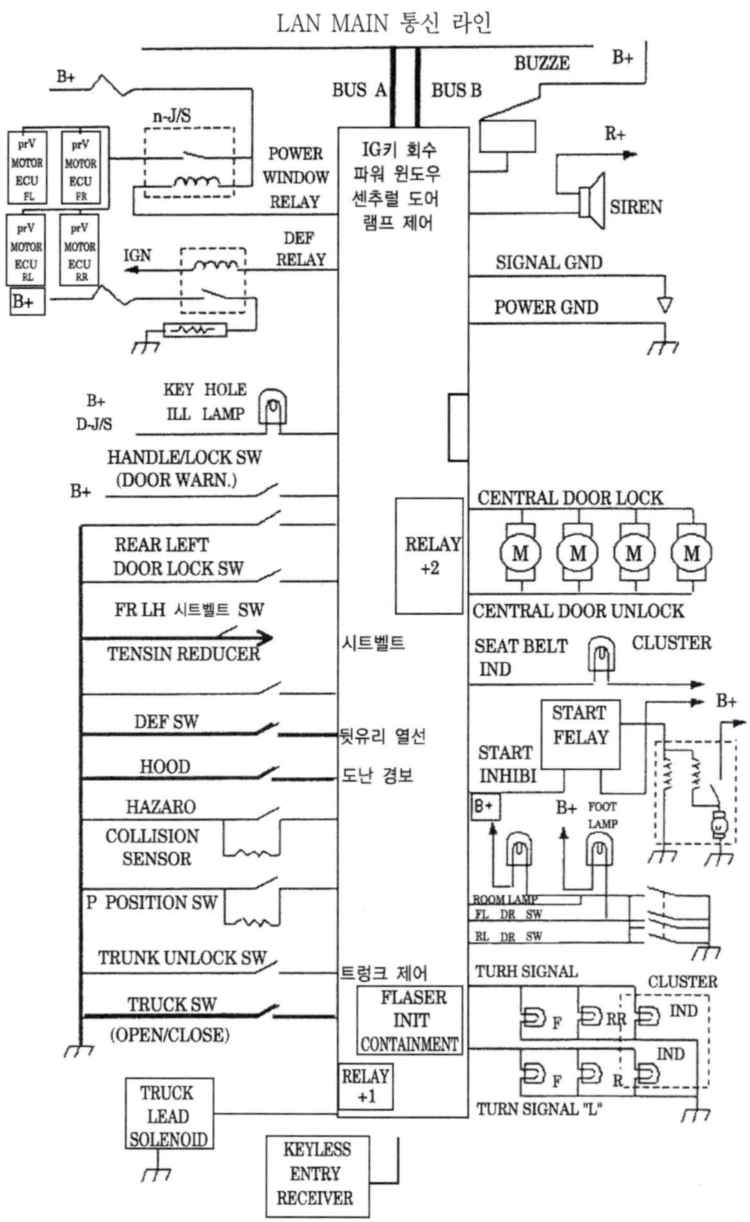

그림 15-3 메인 통신 전기 다이어그램

(3) 인패널(In Panel) 컴퓨터 기능

다기능스위치의 신호를 받아 계기판의 지시등 및 경고등을 제어하고, 전조등, 미등, 안개등 및 관련 제어를 하는 프론트 컴퓨터(front ECU)로 신호를 준다. 인패널 컴퓨터는 네트워크로 구성된 컴퓨터로 방향을 지시를 할 때, 주행속도, 주차 브레이크, 기관 점검 및 진단을 위한 신호 등을 통신상에 올려 놓고, 통신상의 신호 중 각종 도어의 열림/닫힘, 조향핸들 잠김 및 시스템 제어 관련신호를 받는다.

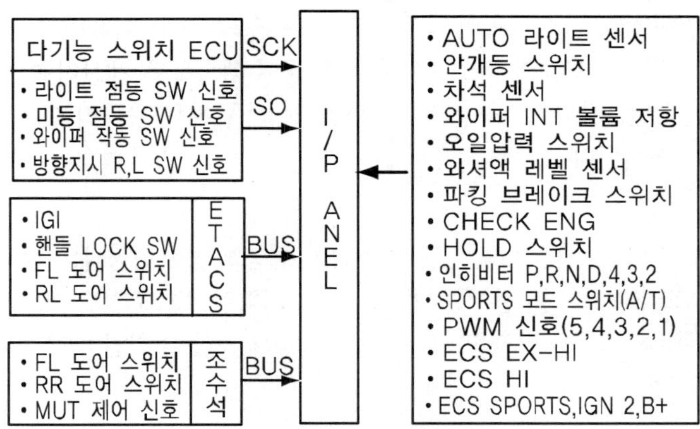

그림 15-4 인패널 컴퓨터 다이어그램

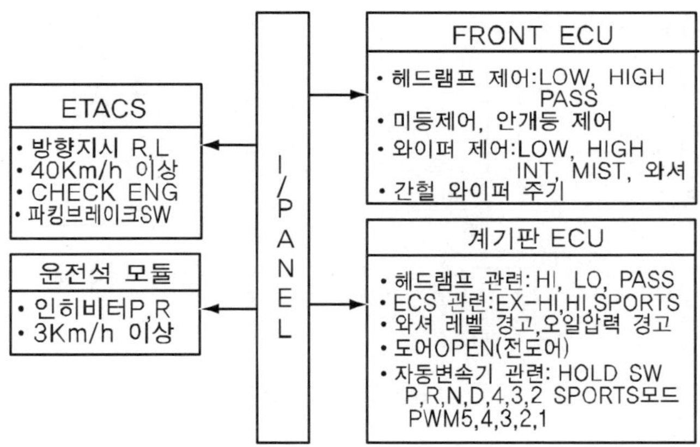

그림 15-5 인패널 컴퓨터 기능

① 미등 자동소등 기능

인패널 컴퓨터는 다기능 스위치로부터 미등 입력신호 및 에탁스로부터 운전석 도어 스위치, 조향핸들 스위치의 신호를 수신하여 미등을 자동소등 제어를 한다.

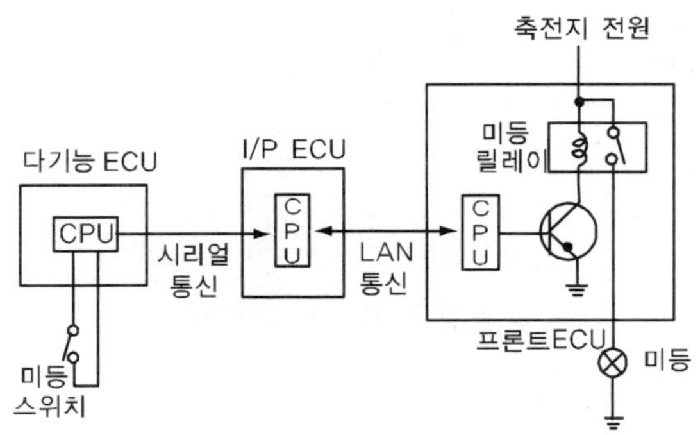

그림 15-6 미등 제어회로

② 오토 라이트(auto light) 기능

인패널 컴퓨터는 다기능 스위치로부터 오토라이트 입력신호를 수신하면 오토라이트 센서 전압 값을 입력받아 이에 대응하여 전조등과 미등의 작동신호를 프론트(front) 컴퓨터와 클러스터(cluster) 컴퓨터로 송신한다. 점화 스위치 ON상태에서 매분마다 평균 주행속도를 계산하여 평균 주행속도에 따라 제어수준이 변경된다. 다만, 점화 스위치 ON 이전의 평균 주행속도는 리셋(reset)되며, 매분마다 새로운 평균 주행속도로 경신된다.

㉮ 연속 점등모드

Auto로 전환할 때 미리 연산된 조도 값을 이용하여 점등조건이 형성되는 경우에는 이에 따른 연속 점등을 수행한다. 그리고 모드를 전환할 때 조도센서 입력이 소등조건도 아니고 점등조건도 아닌 히스테리시스 영역에서는 점등을 유지한다. 모드 전환 직후 소등 조건인 경우에는 소등 3초 지연을 기다리지 않고 즉시 OFF한다.

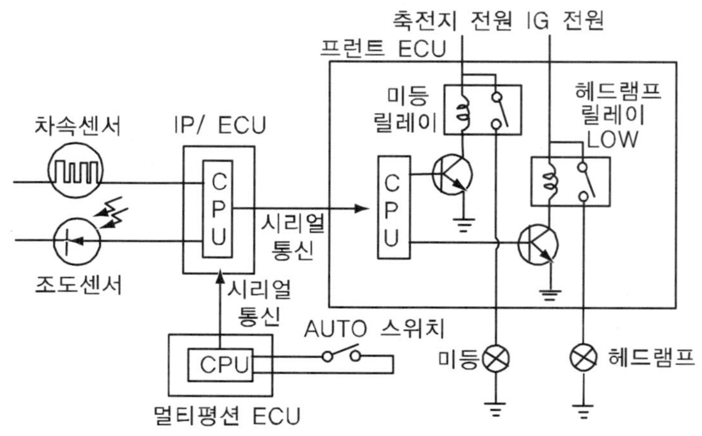

그림 15-7 오토라이트 회로

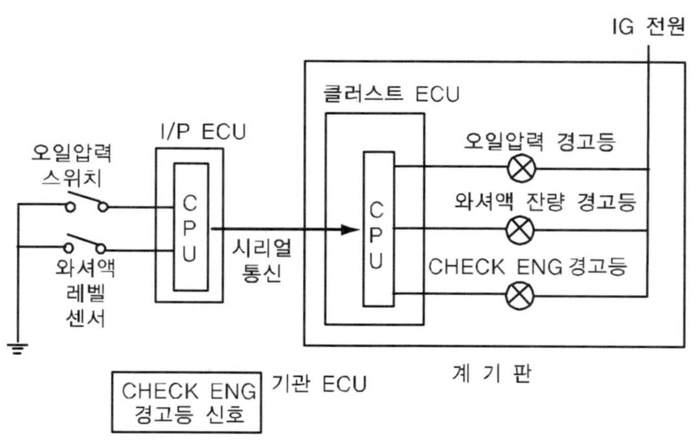

그림 15-8 경고등 제어회로

㉯ Auto 모드에서 전조등 High 제어

다기능스위치 Auto에서 전조등 스위치를 High로 한 경우 또는 전조등 High 모드에서 Auto로 전환한 경우 현재 조도가 전조등 Low ON 조건인 경우에만 전조등 High를 점등한다. 전조등 Low OFF조건이 발생하여 3초 릴레이 도중에 전조등 High에서 전조등 Low 또는 전조등 Low에서 전조등 High로 전환한 경우 릴레이 완료 전까지는 점등모드가 변경된다.

(4) 운전석 도어모듈

운전석 도어모듈은 LAN구성의 일부분으로 기존보다 향상된 통신 프로토콜(protocol, 컴퓨터 상호간의 대화에 필요한 통신 규약)로 조수석 도어모듈, 에탁스, 인패널 컴퓨터와 통신을 하며, IMS(Integrated Memory System)제어와 관련하여 파워시트(power seat) 컴퓨터와 전동 틸트(tilt)/텔리스코프(telescope) 컴퓨터와는 3선 동기방식 양방향 통신을 하며, 도어 파워윈도 제어신호는 단방향 통신을 통하여 세이프티 윈도(safety window) 컴퓨터로 송신한다.

운전석 도어모듈은 운전자가 메인 스위치를 조작하여 파워윈도 및 아웃사이드 거울, 기억장치에 관련된 기능에 주요 역할을 한다.

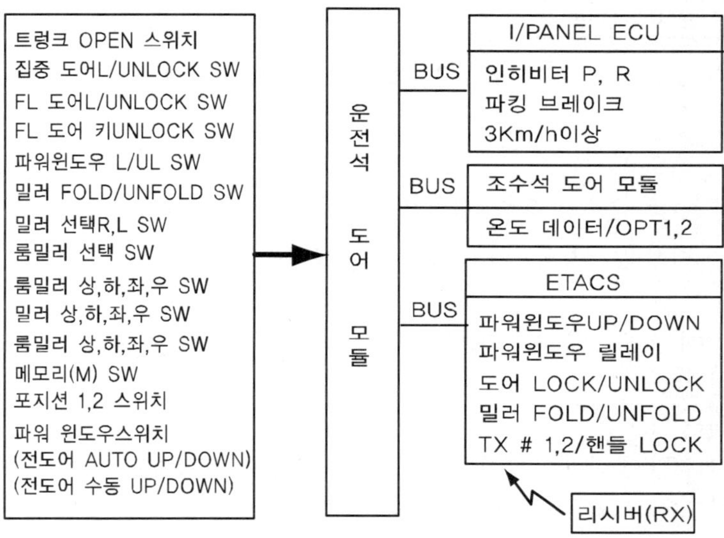

그림 15-9 운전석 도어모듈 다이어그램

(5) 조수석 도어모듈

조수석 도어모듈은 운전석 도어모듈, 에탁스, 인패널 컴퓨터와 통신하며, LAN시스템의 컴퓨터 및 스위치, 엑츄에이터에 대한 이상유무를 MUT와 양방향 통신을 통하여 송 · 수신한다.

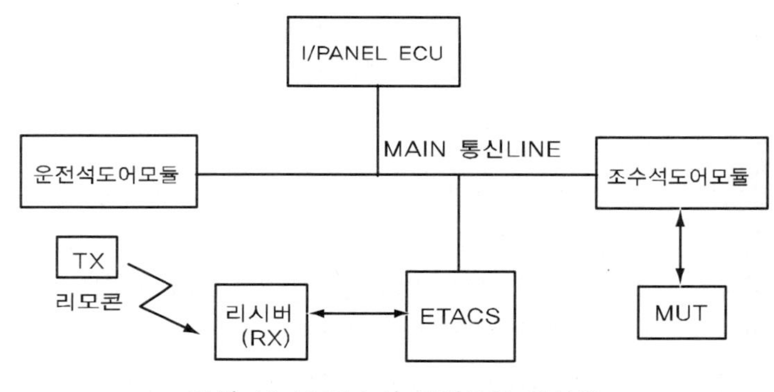

그림 15-10 조수석 도어모듈 구성도

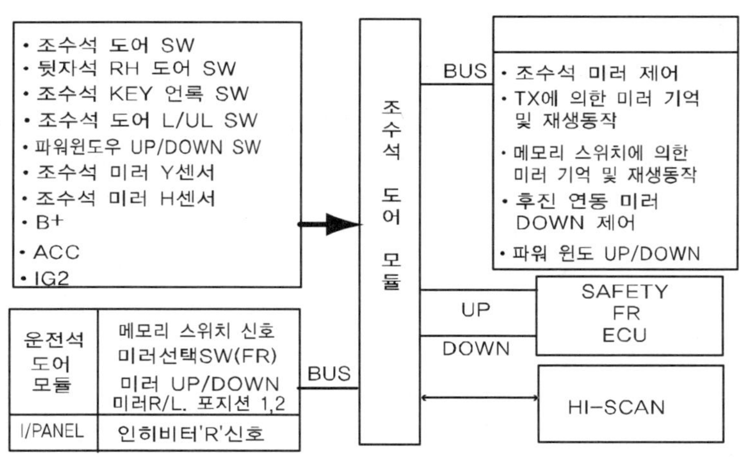

그림 15-11 조수석 도어모듈 다이어그램

[2] 보조통신

메인 통신 이외에 다음과 같은 보조통신을 실행한다.

① 양방향 통신 : 운전석 도어모듈↔파워시트 컴퓨터, 전동 틸트 컴퓨터, 에탁스↔키리스 엔트리 리시버

② 단방향 통신 : 인패널 컴퓨터→클러스터 컴퓨터, 다기능스위치, 프론트 컴퓨터, 운전석 도어모듈 ↔파워윈도 컴퓨터

③ 조수석 도어모듈↔MUT

④ 시리얼 통신 : 시리얼 통신이란 일반적으로 컴퓨터 기기에 접속하는 방법의 하나로, 접속하는 배선의 수신을 절감하고, 또 먼 거리까지 신호를 보낼 수 있도록 구성한 방식이다. 이때 신호가 1비트마다 시리얼(직렬)로 보내지기 때문에 이렇게 부른다.

㉮ 송신 프로그램 모듈(Putchar) : 송신은 비교적 단순하며, 송신요구가 있으면 먼저 스타트 비트(start bit)를 출력하여 일정시간의 타이머(timer)를 작동시킨다. 타이머의 인터럽트(interrupt)가 들어왔으면 순차 데이터를 1비트씩 나르면서 출력한다. 마지막으로 스톱 비트(stop bit)를 송신하여 완료한다.

㉯ 수신 프로그램 모듈(Getchar) : 수신 처리부분에서 먼저 스타트 펄스(start pulse)를 수신할 수 있도록 타이머를 풀 카운트(full count)에서 1개 적은 상태로 설정해 둔다. 따라서, 스타트 비트에 의해 +1 카운트를 하면 인터럽트가 발생하여, 스타트 비트를 검출할 수 있다. 다음은 일정시간마다 타이머 인터럽트가 발생하도록 하여 그때마다 데이터를 입력한다. 이것을 그림으로 나타내면 그림 15-28과 같다.

여기서, 먼저 스타트 비트의 인터럽트가 들어왔다면 확인을 하기 위해 10μs를 기다린 후 다시 한번 입력을 읽어보고 같은 신호이면 스타트 비트로 간주한다. 틀리면 노이즈(noise) 인터럽트가 들어온 것으로 간주하여 무시하고 다음 스타트 비트의 인터럽트를 기다린다. 확실하게 스타트 비트를 받아들였다면 다음의 타이머는 1.5비트 분의 시간으로 작동한다. 그리고 타임 업(time up)의 인터럽트가 들어오면 데이터로 입력을 읽어 들인다. 이것으로 확실한 데이터를 읽어 들이게 된다.

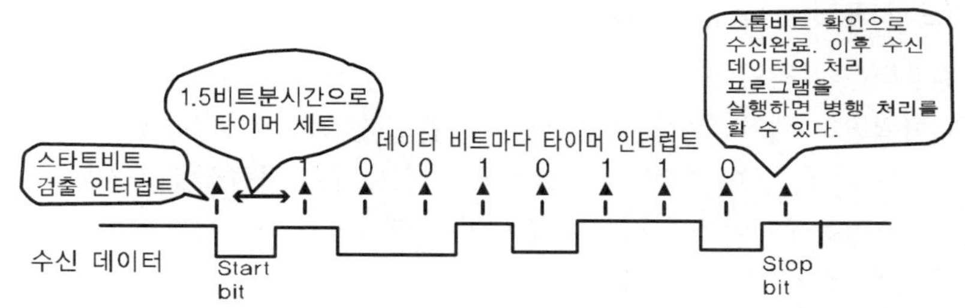

그림 15-12 데이터 입력

(1) 프론트 컴퓨터(Front ECU)

프론트 컴퓨터는 인패널 컴퓨터로부터 단방향 통신을 통해 와이퍼 제어관련 신호와 미등, 전조등 점등관련 신호를 수신하여 와이퍼, 와셔의 구동신호 출력과 미등, 전조등, 안개등의 제어신호를 출력한다. 또 데이터 통신에서 고장이 발생하였을 때 전조등과 와이퍼를 작동시키기 위한 다기능 스위치에서 백업라인(back-up line)이 연결되어 있어 전조등 Low와 와이퍼 Low가 다기능스위치 조작에 의해 직접 제어가 가능하도록 되어있다.

① 와셔 및 와이퍼제어 출력 ② 간헐 와이퍼제어 출력
③ 와셔 연동 와이퍼제어 출력 ④ 미등 및 전조등제어 출력

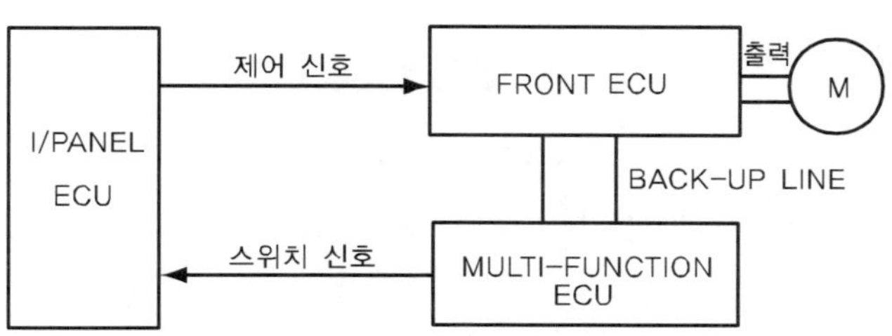

그림 15-13 프론트 컴퓨터 통신 구성도

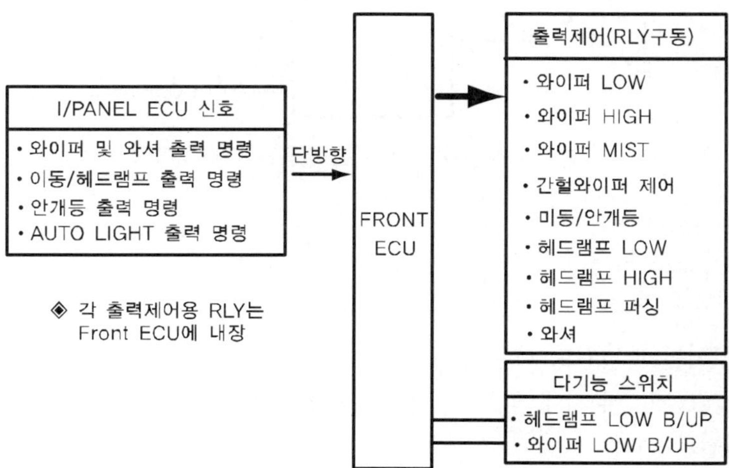

그림 15-14 프론트 컴퓨터 다이어그램

(2) 세이프티 윈도 컴퓨터(safety window ECU)

세이프티 윈도 컴퓨터는 각각의 도어에 설치되어 있으며, 운전석 도어모듈과 단방향 통신을 통해 운전석 도어모듈의 파워윈도 제어신호를 수신하여 파워윈도 상승(up)/하강(down) 전동기의 구동출력을 제어한다. 또, 각 전동기에 설치된 홀(hall) IC에 의해 전동기 회전펄스를 감지하여 파워 윈도 자동 상승 또는 수동 상승 작동 중 이물질에 의한 협착이 발생하였을 때 이를 검출하여 전동기 구동출력을 반전시키는 기능인 세이프티 윈도 제어기능을 한다.

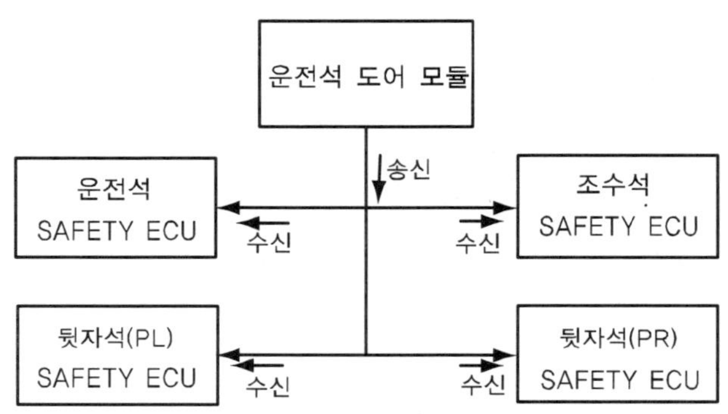

그림 15-15 세이프티 윈도 컴퓨터 통신 구성도

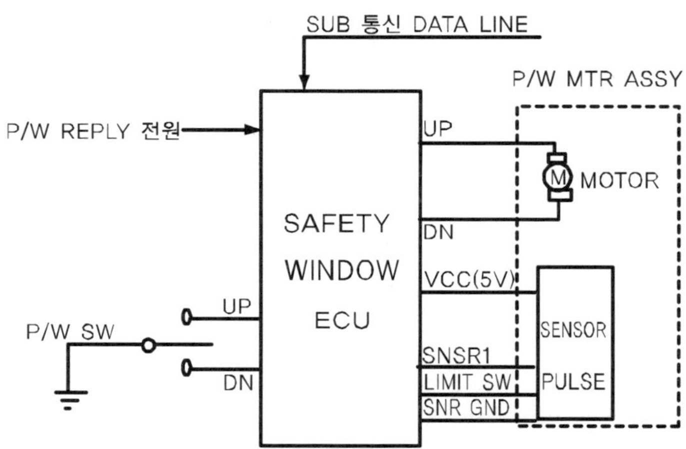

그림 15-16 세이프티 윈도 컴퓨터 다이어그램

① 세이프티 윈도 컴퓨터의 기능

㉮ 운전석 도어모듈과의 단방향 통신에 의한 파워윈도 제어

ⓐ 수동스위치에 의한 파워윈도 수동 상승/하강 제어

ⓑ 자동스위치에 의한 파워윈도 자동 상승/하강 제어

ⓒ 파워윈도 잠금(lock) 스위치에 의한 파워윈도 잠금 제어

㉯ 세이프티 파워윈도 제어

② 세이프티 윈도 컴퓨터의 작동조건

㉮ 운전석 도어모듈의 자동상승을 작동할 때 윈도 사이에 이물질이 협착될 경우 이를 검출하여 파워윈도를 일정시간 하강하도록 한다.

㉯ 윈도 상단위치를 검출하는 리미트(limit) 스위치가 OFF되기 전에 전동기를 구속할 경우 주기 또는 속도 변환율에 의해 이물질 협착으로 감지한다.

㉰ 윈도 상상위치를 감지하는 리미트 스위치가 OFF되면 세이프티 기능을 해제시킨다.

(3) 다기능 컴퓨터(Multi Function ECU)

다기능 컴퓨터는 다기능스위치의 각종 신호를 입력받아 이 신호를 단방향 통신을 통하여 인패널 컴퓨터로 전송하는 일을 한다. 또, 통신상에 고장이 발생하면 페일 세이프(fail safe)를 위하여 전조등 Low와 와이퍼 모터 Low를 작동할 때 백업라인을 통하여 릴레이와 직접 연결되어 있어 통신이 고장일 경우에도 작동이 가능하도록 한다.

그리고 다기능 컴퓨터의 기능은 다음과 같다.

① 다기능 스위치의 각종 신호를 인패널 컴퓨터로 전송한다.

② 전조등 스위치를 ON으로 할 때 미등 스위치 신호와 디머(dimmer) Low 신호를 인패널 컴퓨터로 전송한다.

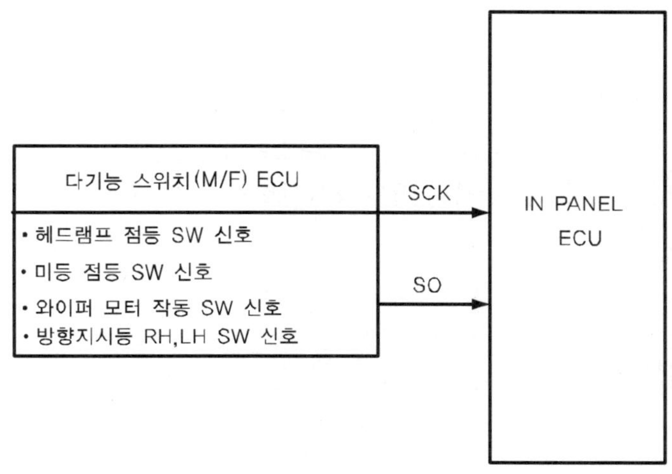

그림 15-17 다기능 컴퓨터 다이어그램

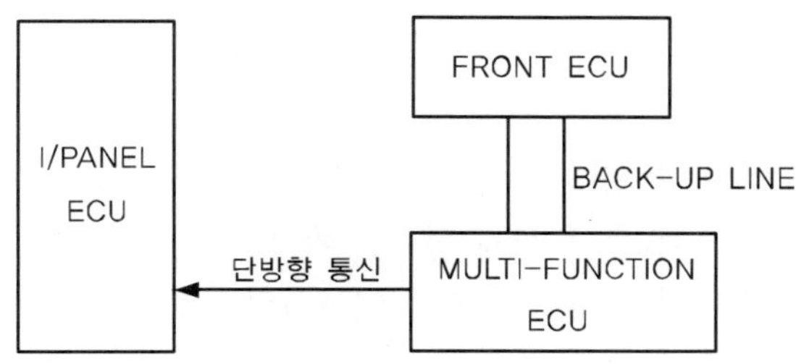

그림 15-18 다기능 컴퓨터 통신 구성도

(4) 클러스터 컴퓨터(cluster ECU)

클러스터 컴퓨터는 계기판 내부에 설치되어 있으며, 인패널 컴퓨터의 보조모듈 중의 하나로 체크기관 경고등, 오일압력 경고등 등 계기판에 설치된 각종 경고등과 자동변속기 변속단 표시등, 홀드 표시등, ECS 표시등과 같은 각종 지시등의 작동을 제어한다.

(5) 파워시트(power seat ECU)

파워시트 컴퓨터는 운전석 도어모듈과 3선 동기방식의 양방향 시리얼 통신라인을 통해 연결된 보조모듈이며, 파워시트 컴퓨터는 IMS 기능이 적용된 자동차에 설치되어 있으며, 운전자가 설정한 최적의 시트위치를 각종 전동기의 위치센서 값을 입력받고, IMS 메모리 스위치를 작동할 때 이 값을 컴퓨터에 기억한다.

따라서 시트위치가 변화하더라도 재생버튼을 누르면 운전자가 기억시켜 둔 위치로 시트위치를 복귀시키는 등 시트와 관련된 전반적인 IMS 제어기능을 담당한다.

(6) 전동 틸트/텔리스코프 컴퓨터

전동 틸트(tilt)/텔리스코프(telescope) 컴퓨터는 운전자가 설정한 최적의 조향핸들 위치와 실내 룸밀러의 상하 · 좌우 각도를 각 구동 전동기의 위치 센서 값과 IMS 메모리 스위치 신호를 입력받아 컴퓨터에 기억하기 때문에 각각의 위치가 변경되더라도 운전자가 기억시켜 놓은 위치로 재생시키는 역할을 한다.

(7) 키 리스 엔트리 리시버

키 리스 엔트리 리시버(key less entry receiver)는 에탁스와 3선 동기방식의 양방향 시리얼 통신을 하는 보조모듈이며, 멀티모드 리모컨의 각종 버튼 조작신호를 입력받고 에탁스로 해당 기능의 작동신호를 송신한다.

15-4 전송 방식

1. 전송 방식

전송 방식이란 두 시스템 사이에서 데이터를 주고받는 방식을 말한다. 이 전송 방식의 구분에는 다음과 같은 3가지 기준이 많이 사용된다.

① 동시 전송성능 : 두 시스템이 동시에 데이터를 송신할 수 있는 성질을 말한다.
② 병렬성능 : 한 순간에 여러 비트를 동시에 전송할 수 있는 성질을 말한다.
③ 동기성능 : 두 시스템 사이에서 정확한 전송이 이루어지도록 하는 성질을 말한다.

2. 단방향 전송과 양방향 전송

동시 전송성능에 따라 전송방식을 구분하면 다음과 같이 3가지로 나누어진다.

[1] 단방향 전송(Simplex)

단방향 전송이란 라디오 방송, TV 방송 등에서와 같이 두 시스템 중에 하나의 시스템만 송신할 수 있는 방식이다.

[2] 양방향 교대 전송(Half-Duplex)

양방향 교대 전송이란 소형 무전기간의 통신에서와 같이 두 시스템이 모두 데이터를 송신할 수 있으나 교대로 이루어지는 방식을 말한다. Two-way alternative 방식이라고도 한다.

[3] 양방향 동시 전송(Full-Duplex)

양방향 동시 전송이란 전화 통신에서와 같이 두 시스템이 모두 동시에 데이터를 송신할 수 있는 방식을 말한다. Two-way simultaneous 방식이라고도 한다.

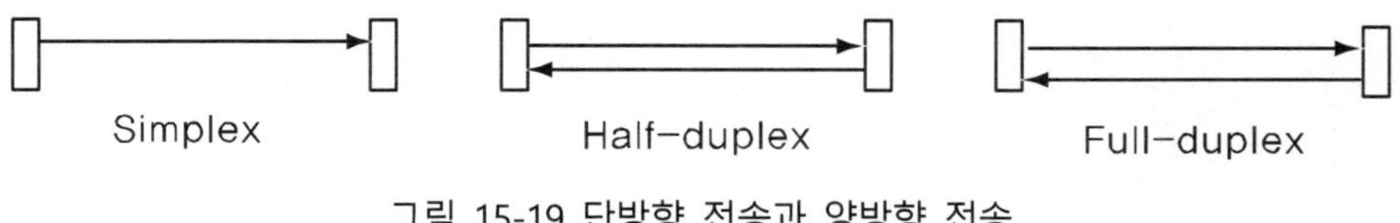

그림 15-19 단방향 전송과 양방향 전송

3. 직렬 전송과 병렬 전송

전송의 성능에 따라 전송방식을 구분하면 다음과 같이 2가지로 나누어진다.

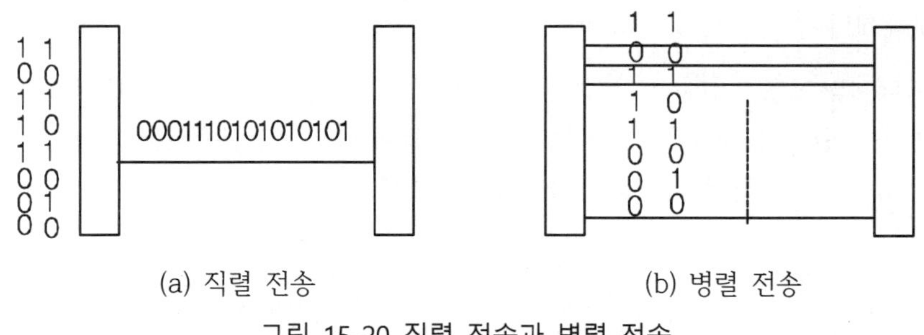

그림 15-20 직렬 전송과 병렬 전송

[1] 직렬전송(Serial)

직렬전송이란 하나의 회선을 통해 한 순간에 하나의 비트가 전송되는 방식이다. 이 방식은 회선 비용의 측면에서 볼 때 장거리 전송에 적합하나, 병렬전송에 비해 속도가 느리다.

[2] 병렬전송(Parallel)

병렬전송이란 여러 개의 회선을 통해 동시에 여러 비트가 전송되는 방식이다. 이 방식은 회선 비용이 크게 문제되지 않는 단거리 전송에 적합하며, 직렬전송에 비해 속도가 빠르다.

4. 비동기식 전송과 동기식 전송

전송의 동기성능에 따라 전송방식을 구분하면 비동기 방식과 동기방식으로 나누어진다. 이 두 가지를 살펴보기 전에 먼저 동기화에 대해서 알아보기로 한다. 두 송·수신 시스템 사이에는 클럭 오차가 존재하기 때문에 송신 비트 시간간격과 수신 비트 시간간격이 정확하게 일치하지 않는다. 따라서, 적절한 방법을 통해 송신 쪽에서 전송한 데이터의 각 비트를 수신 쪽에서 정확하게 수신할 수 있도록 해야 하는데 이러한 기술을 동기화(synchronization)라 한다.

그림 15-21 동기화

5. 동기화 실현기법

송·수신 시스템 사이의 동기화를 실현시키는 방법으로 아래와 같은 2가지를 예로 들 수 있다.

첫 번째 방법은 데이터 전송과 함께 별도의 클럭 라인을 통해 동기 신호를 전송하는 방식이다. 예를 들어, RS-232-C에서 DTE, DCE 간에 동기식 전송이 이루어지게 하려면 24/15, 17번 라인들을 이용하면 된다. 즉, 2, 3번 라인을 통해서 데이터를 보내거나 받으면서 24/15, 17번 라인을 통해서 동기용 클럭을 보내거나 받음으로써 각각의 전송 비트가 정확히 수신되도록 할 수 있다.

두 번째 방법은 데이터 신호 안에 동기 클럭 신호를 내재시키는 방식이다. 맨체스터(Manchester) 인코딩을 통한 데이터 전송이 대표적인 예가 된다. 이 맨체스터 인코딩에서는 각 비트 신호의 중간에서 항상 전이(transition)가 일어나는데 이 전 이점들이 수신 쪽의 정확한 수신을 도와주게 된다.

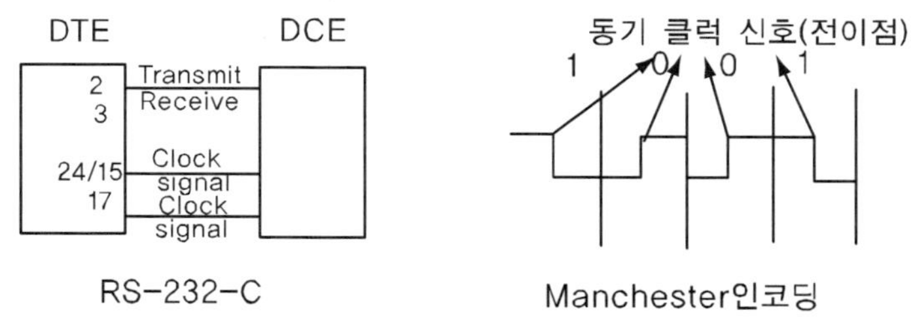

그림 15-22 동기화 실현 기법

[1] 비동기 방식 전송의 특징

비동기 방식 전송이란 동기화를 제공하지 않는 전송방식이다. 이 방식은 동기화를 사용하지 않기 때문에 정확한 비트 수신이 보장되지 않으나 일반적으로 저속으로 한 문자를 전송하는 동안에는 큰 문제가 발생하지 않기 때문에 문자 단위의 일반 저속 통신에서 주로 사용한다. 각 전송 문자의 앞·뒤에는 그림 15-23에 나타낸 바와 같이 반드시 1비트의 start 신호와 1, 1.5, 또는 2비트의 stop 신호가 첨가되어 전송된다. 대부분의 호스트와 단말기 사이의 통신이 이 비동기 방식 전송을 사용한다.

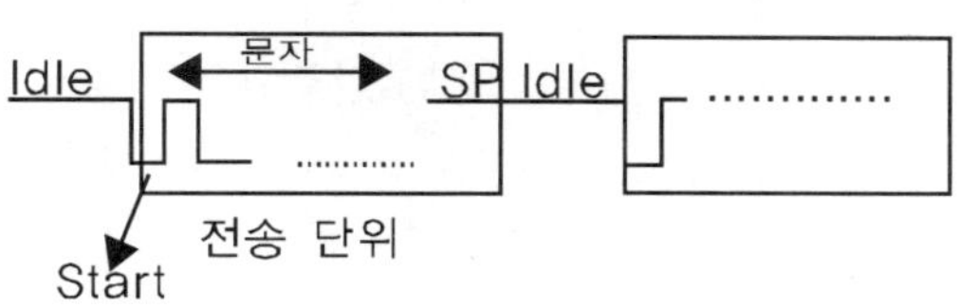

(SP: StoP - 1, 1.5, 또는 2bits)

그림 15-23 비동기 방식의 전송

[2] 동기방식 전송의 특징

동기방식 전송이란 동기화를 제공하는 전송방식을 말한다. 따라서, 수신 쪽의 정확한 수신을 보장해준다. 또, 수신 쪽의 정확한 수신이 보장되기 때문에 블록(block) 단위의 고속 전송에 적합하다. 이때 데이터 블록은 정형화된(structured) 형태로 구성되며 이를 프레임이라 한다. 그림 15-24는 프레임 구조의 대표적인 예로 HDLC(High-level Data Link Control)의 프레임 구조를 보인 것이다.

예 : HDLC 프레임 구조

F	A	C	--- Data block ---	FCS	F

F : start/stop Flag, A : Address,C : Contol
FCS : Frame Check Sequence

그림 15-24 동기방식 전송

6. 인코딩(In Cording)

데이터를 신호로 변환하는 작업을 인코딩이라 한다. 이 인코딩은 다음과 같이 2가지 형태로 나누어진다.

① 디지털 인코딩 : 데이터(디지털, 아날로그)를 디지털 신호로 변환하는 경우를 말한다.
② 아날로그 인코딩 : 데이터(디지털, 아날로그)를 아날로그 신호로 변환하는 경우를 말한다. 이 경우에 대해서는 일반적으로 변조라 한다.

위 2가지 인코딩 형태를 보다 세분하여 표시하면 그림 15-25과 같다.

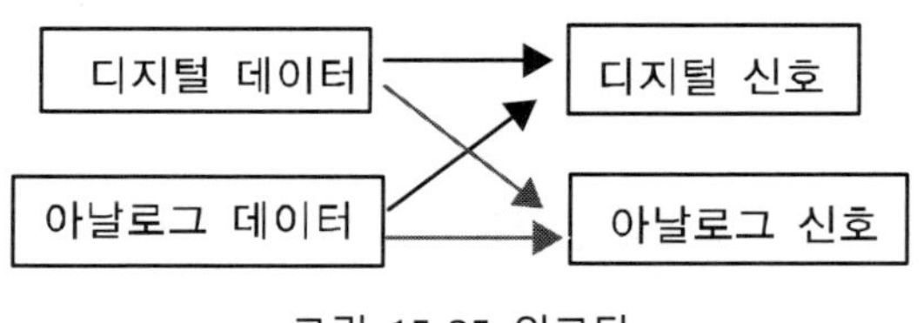

그림 15-25 인코딩

위의 4 가지 형태의 인코딩 중에서(디지털 데이터→디지털 신호), (디지털 데이터→아날로그 신호)의 인코딩이 데이터 통신에 관련된 부분으로, (디지털 데이터→디지털 신호) 인코딩은 디지털 전송통로를 이용하는 경우에 해당되고 (디지털 데이터→아날로그 신호) 인코딩은 아날로그 전송통로를 이용하는 경우에 해당된다. (아날로그 데이터→디지털 신호), (아날로그 데이터→아날로그 신호) 인코딩은 음성, 화상, 영상 등의 전송에 해당되는 부분인데, (아날로그 데이터→디지털 신호) 인코딩은 디지털 전송통로를 이용하는 경우에 해당되고 (아날로그 데이터→아날로그 신호) 인코딩은 신호의 주파수 대역과 다른 주파수 대역의 전송통로를 이용하는 경우에 해당된다.

[1] 디지털 데이터의 디지털 인코딩

디지털 데이터를 디지털 신호로 인코딩하기 위해서는 2진법 데이터 0과 1에 대해 서로 구별되는 전압 펄스 또는 전압 펄스들의 조합을 할당해야 한다. 아래에서는 여기에 대한 대표적인 방법을 소개한다. 디지털 신호 표현방식에는 아래와 같이 polar, unipolar, bipolar 방식 등 3 가지가 있는데, 그림 15-8은 polar 방식을 나타낸 것이다.

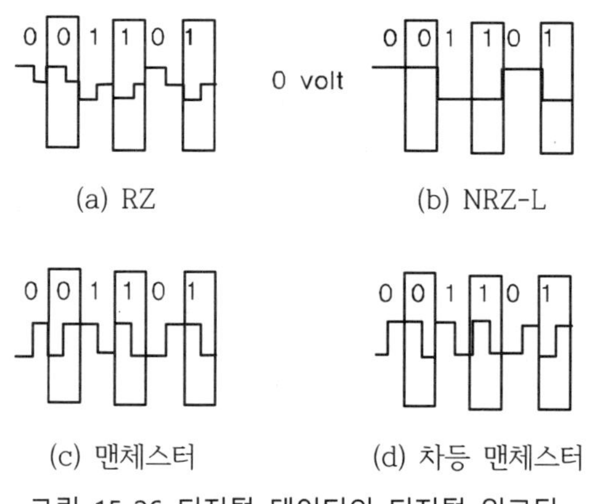

그림 15-26 디지털 데이터의 디지털 인코딩

① Polar : 1은 negative(-) pulse로, 0은 positive(+) pulse로 나타낸다.
② Unipolar : 1은 positive(+) pulse로, 0은 0volt로 나타낸다.
③ Bipolar : 1은 positive(+) pulse와 negative(-) pulse로 교대하여 표시하며 0은 0volt로 표시한다.
④ RZ(Return to Zero) : 0과 1의 신호의 중간에서 0 전압으로의 전이가 발생한다.
⑤ NRZ-L(Non-Return to Zero - Level) : 0과 1의 신호의 중간에서 0 전압으로의 전이가 발생하지 않는다.
⑥ 맨체스터(Manchester) : 0과 1의 신호의 중간에서 반대편 극성으로의 전이가 발생한다.

⑦ 차등 맨체스터(Differential Manchester) : 0과 1의 신호의 중간에서 반대편 극성으로의 전이가 발생하며 더불어 신호를 시작할 때 1 신호에는 전이가 있으나 0 신호에는 전이가 발생하지 않는다.

[2] 디지털 데이터의 아날로그 인코딩

디지털 데이터를 아날로그 신호로 인코딩하기 위해서는 적절한 반송파(carrier signal)를 택해 이 반송파의 진폭, 주파수, 위상 등을 전달하고자 하는 데이터에 따라 변화시켜야 한다. 아래에서는 여기에 대한 대표적인 네 가지 방법을 소개한다(참고로, 반송파란 변조될 때 기준 파형으로 사용되는 진폭이 일정한 정현파(continuos constant sine wave)를 말한다.).

(1) ASK(Amplitude Shift Keying)

반송파의 진폭을 서로 다르게 함으로써 0과 1을 구분한다. 그림 15-9에서는 작은 진폭(0)의 신호로 0을, 큰 진폭의 신호로 1을 나타내고 있다.

(2) FSK(Frequency Shift Keying)

반송파의 주파수를 서로 다르게 함으로써 0과 1을 구분한다. 그림 15-9에서는 큰 주파수의 신호로 0을, 작은 주파수의 신호로 1을 나타내고 있다.

(3) PSK(Phase Shift Keying)

반송파의 위상을 서로 다르게 함으로써 0과 1을 구분한다. 그림 15-9에서는 위상이 180도인 신호로 0을, 위상이 0도인 신호로 1을 나타내고 있다.

(4) APSK(Amplitude Phase Shift Keying)

반송파의 진폭과 위상을 서로 다르게 함으로써 0과 1을 구분한다. 그림 15-9에서는 진폭이 작고 위상이 180도인 신호로 00을, 진폭이 크고 위상이 180도인 신호로 01을, 진폭이 작고 위상이 0도인 신호로 10을, 진폭이 크고 위상이 0도인 신호로 11을 나타내고 있다.

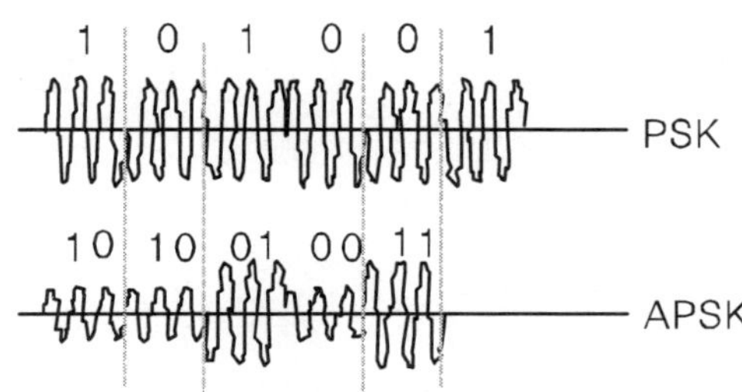

[그림 15-27 디지털 데이터의 아날로그 인코딩

[3] 아날로그 데이터의 디지털 인코딩

아날로그 데이터(보다 정확히는 아날로그 신호)를 디지털 전송통로를 통해서 보내기 위해서는 디지털 신호로 인코딩하여야 한다. 여기에 대한 2가지 대표적인 방법은 다음과 같다.

(1) PCM(Pulse Code Modulation)

아날로그 신호를 신호의 최고 주파수의 두 배의 속도로 샘플링하여 정량화(다른 말로는 정수화)한 후 2진화하여 펄스로 표현한다. 그림 15-10에서는 3.2, 3.4, 4.1, 3.3, …으로 샘플링된 신호가 3, 3, 4, 3, …으로 정수화되고 0000011, 0000011, 0000100, 0000011, …로 2진화되어 전압 펄스로 표현되고 있다.

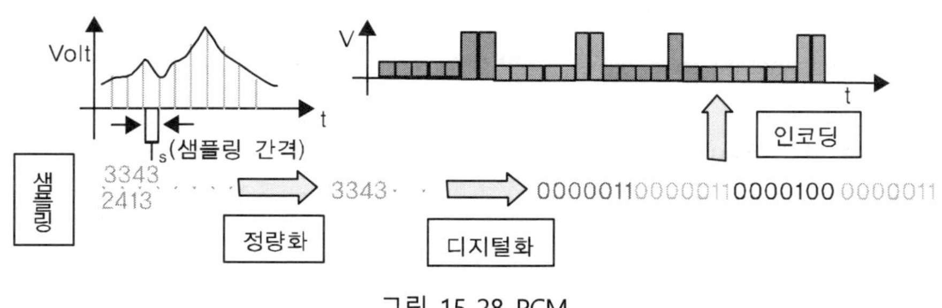

그림 15-28 PCM

(2) DM(Delta Modulation)

아날로그 신호를 적절한 간격으로 샘플링하여 계단형 함수의 오르내림에 따라 1과 0을 출력하여 펄스화한다. 계단형 함수란 샘플링 위치의 함수 값(계단 높이)과 신호 값을 비교하여 신호 값이 크면 정해진 높이만큼의 한 계단을 오르고 신호 값이 함수 값보다 작으면 정해진 높이만큼의 한 계단을 내려가는 함수이다.

그림 15-11에서는 전송하고자 하는 신호가 샘플링될 때마다 계단이 오를 때는 1을, 내릴 때는 0을 출력하여 결론적으로 1110111000...이 생성된다.

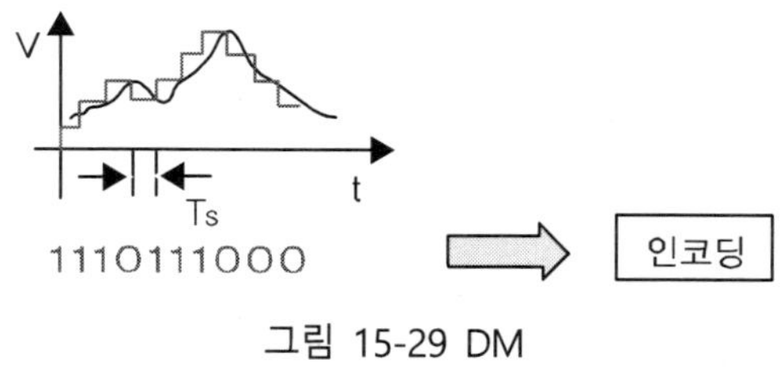

그림 15-29 DM

[4] 아날로그 데이터의 아날로그 인코딩

아날로그 데이터를 원래의 대역과 다른 높은 주파수 대역으로 전송하기 위해서는 해당되는 높은 주파수 대역의 반송파(carrier signal)를 택해 이 반송파의 진폭, 주파수, 또는 위상을 전달하고자 하는 데이터에 따라 변화시켜야 한다. 아래에서는 여기에 대한 대표적인 세 가지 방법을 소개한다.

(1) AM(Amplitude Modulation)

반송파의 진폭을 변화시켜 전송하고자 하는 신호를 표현한다.

(2) FM(Frequency Modulation)

반송파의 주파수를 변화시켜 전송하고자 하는 신호를 표현한다.

(3) PM(Phase Modulation)

반송파의 위상을 변화시켜 전송하고자 하는 신호를 표현한다.

7. 다중화

데이터 통신망에서 하나의 통신 회선은 여러 장치들에 의해서 공유되는 경우가 많은데, 이러한 링크 공유기법을 다중화(multiplying)라 한다. 그림 15-30은 여러 저속의 선로를 통해서 들어온 신호들이 하나의 고속의 선로를 공유하여 전송되고 수신 쪽에서는 적절히 분배되는 상황을 보여 주고 있다. 이러한 상황에서 송신 쪽 다중화기(Mux)의 역할을 다중화, 수신 쪽 다중화기의 역할을 역 다중화라 한다.

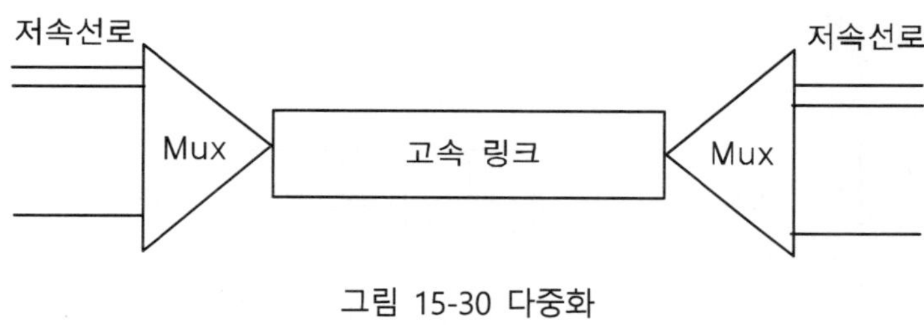

그림 15-30 다중화

[1] FDM과 TDM

다중화 방식은 크게 주파수 분할 다중화(Frequency Division Multi plexing : FDM)와 시분할 다중화(Time Division Multiplexing : TDM)로 나누어진다.

(1) 주파수 분할 다중화

공유되는 링크의 주파수 대역을 분할하여 각 사용자 장치에 할당하는 방식이다.

(2) 시분할 다중화

공유되는 링크 상의 전송시간을 분할하여 각 사용자 장치에 할당하는 방식이다. 그리고, 각 사용자 장치들에 할당되는 주파수 대역 또는 타임 슬롯(time slot)을 채널이라 한다.

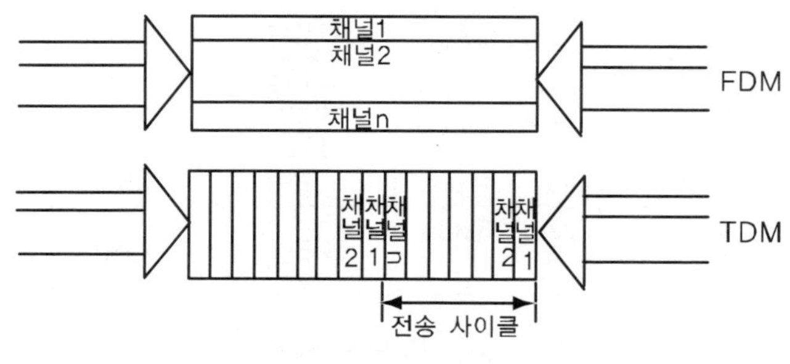

그림 15-31 FDM과 TDM

[2] 동기식 TDM과 비동기식 TDM

시분할 다중화(TDM)는 동기방식과 비동기 방식으로 나누어진다(여기서, 동기, 비동기의 의미는 비동기 방식 전송, 동기방식 전송에서의 의미와 다르니 주의하기 바란다.).

(1) 동기방식 TDM

각 사용자 장치들에 대한 각 프레임 내에서의 타임 슬롯 위치가 항상 일정하게 고정되어 있는 방식이다. 따라서, 모든 사용자 장치들은 각 전송 사이클 당 항상 고정된 위치의 타임 슬롯을 할당받는다.

(2) 비동기 방식 TDM

각 사용자 장치들에 대한 각 프레임 내에서의 타임 슬롯 위치가 다이나믹(dynamic)하게 결정되는 방식이다. 즉, 각 전송 사이클 당 전송할 데이터가 있는 장치들에게만 타임 슬롯을 할당하는 방식이다. 그림 15-32는 사용자 장치 A, B, C, D에서 발생한 데이터들이 동기방식 TDM과 비동기 방식 TDM에 의해 전송되는 상황을 보인 것이다.

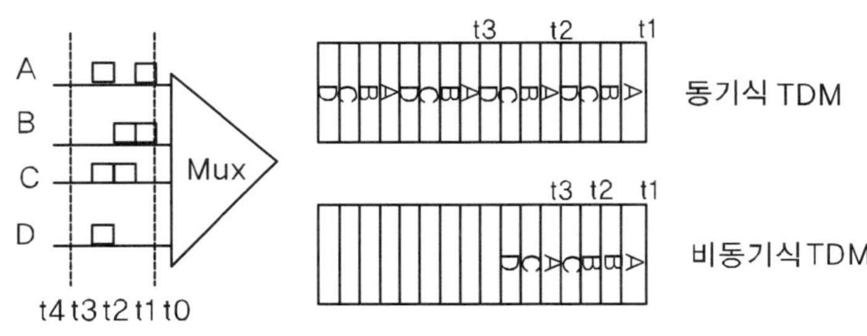

그림 15-32 동기식 TDM과 비동식 TDM

[3] 다중화와 신호 수준

다중화는 신호 수준의 구조와 밀접한 관련이 있는데, 다음 테이블은 동기식 TDM과 디지털 신호 수준과의 관계를 보인 것이다.

미국식 신호레벨	음성 채널 수	속도	유럽식 신호레벨	음성 채널 수	속도
DS-0	1	64Kbps	F-0	1	64Kbps
DS-1	24	1.544Mbps	F-1	30	2.048Mbps
DS-1C	48	3.152Mbps	F-2	120	8.448Mbps
DS-2	96	6.312Mbps	F-3	480	34.368Mbps
DS-3	672	44.736Mbps	F-4	1920	139.264Mbps
DS-4	4032	274.176Mbps	F-5	7680	565.148Mbps

그림 15-33 다중화와 신호 수준

그림 15-33에서 미국식 신호 수준(Digital Signal level 'n' : DS-n)의 경우 신호 수준 1, 1C, 2, 3, 4는 각각 0 수준 또는 앞의 속도의 24, 2, 2, 7, 6배의 다중화 속도에 해당된다. 유럽식 신호 수준(European digital signal level 'n' : E-n)의 경우에도 비슷하게 신호 수준 1, 2, 3, 4, 5는 각각 0 수준 또는 앞의 속도의 30, 4, 4, 4, 4배의 다중화 속도에 해당된다.

15·5 LIN통신(Local Interconnect Network)

1. LIN(Local Interconnect Network)의 개요

LIN(Local Interconnect Network)은 지능형 디바이스를 연결하기 위한 저가형 임베디드 네트워킹 표준으로서 자동차 업계에서 가장 보편적으로 사용된다.

LIN(Local Interconnect Network) 버스는 자동차 네트워크에서 저가형, 로우엔드 멀티플렉스 통신을 구축하기 위해 개발되었으며. CAN은 고대역폭의 고급 에러 핸들링 네트워크 요구사항을 해결하지만, 파워윈도우 기능(power window)과 좌석 조절기 같은 높은 성능이 필요하지 않는 기능을 CAN으로 구현하기에는 지나치게 높은 비용을 필요로하게 된다.

LIN은 CAN의 대역폭과 다양한 기능이 필요하지 않은 어플리케이션에 효율적인 통신을 제공한다. 대부분의 현대식 저가 8-비트 마이크로컨트롤러에 임베드된 표준 시리얼 유니버셜 비동기 송/수신기(UART)를 사용하면 비교적 저렴하게 LIN 통신을 구현할 수 있다.

현대의 자동차 네트워크는 LIN(차체 전자장치에서의 저가형 어플리케이션), CAN(주요 파워트레인 및 차체 통신) 및 FlexRay 버스(능동 현가장치와 같은 고급 시스템에서 고속 동기화된 데이터 통신)의 통합된 형태를 사용한다.

2. LIN통신의 구조

LIN 버스는 LIN 마스터와 하나 이상의 LIN 슬레이브로 구성된 마스터/슬레이브 방식을 사용한다. 메시지 헤더는 프레임의 시작을 파악할 때 사용되는 브레이크와 클럭 동기화를 위해 슬레이브 노드에서 사용되는 동기 필드로 구성된다.

식별자(ID)는 6-비트 메시지 ID와 2-비트 패리티 필드로 구성되며. ID는 특정 메시지 주소를 표시하지만 목적지를 표시하지는 않는다.

ID를 받고 해석할 때 하나의 슬레이브는 메시지 응답을 시작되며. 이는 데이터의 1~8 바이트와 8-비트 체크섬으로 구성됩니다. 그림은 LIN 버스 동작 원리 구성도 및 역할이다.

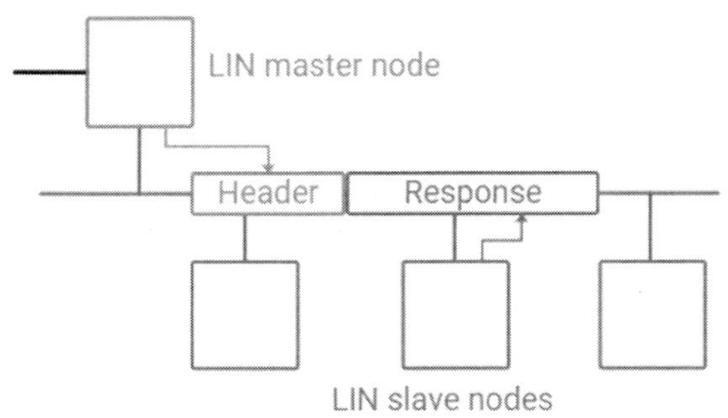

구분	역할
마스터 노드	동신 속도 정의 동기 산호 전송 데이터 모니터링 sleep/Wake up mode 전환
슬레이브 노드	동기 신호 대기 동기 신호를 이용하여 동기화 메시지 식별자 이해

그림 15-34 LIN버스 구조 및 역할

3. 마스터/슬레이브 구조

LIN 버스는 마스터/슬레이브 구조로 되어있다. 이 구조에서는 하나의 마스터 노드가 네트워크 내 모든 통신을 제어한다.

LIN 버스는 데이터를 요청하거나 제어 명령을 전송하는 마스터 노드와 마스터 노드로부터의 데이터 요청에 상응하는 데이터를 수집하여 응답하거나 마스터 노드로부터 수신된 제어 명령에 상응하는 동작을 수행하는 슬레이브 노드들로 구성된다.

LIN 버스는 하나의 마스터 노드와 여러 개(최대 16개까지)의 슬레이브 노드들로 구성되어 있다.

4. LIN메시지 프레임

LIN 버스에서 전송의 기본 단위는 프레임이며, 이는 헤더(header)와 응답(response)으로 나뉘어 진다.

헤더는 항상 마스터 노드의 마스터 태스크가 전송하며, 3개의 필드(SYNC BREAK, SYNC, ID)로 구성되고. 응답은 슬레이브 태스크가 전송하며, 데이터 페이로드(DATA 1~n)와 체크섬(CHECKSUM)으로 구성된다.

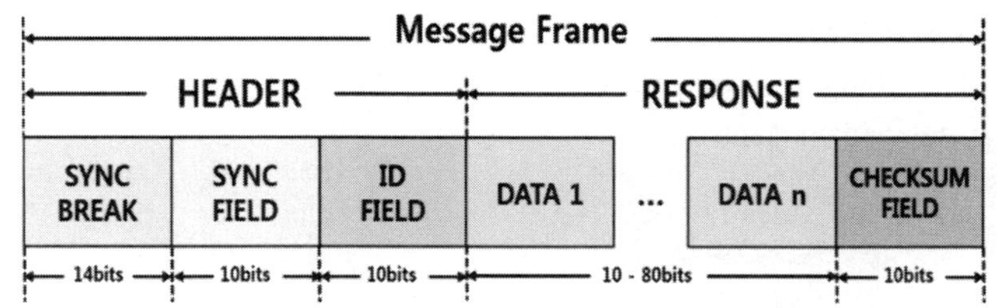

그림 15-35 LIN메시지 프레임 및 실차 정상파형

[1] LIN 메시지 헤더

(1) 동기 브레이크 필드(SYNC BREAK Field)

메시지 프레임의 시작을 나타내는 필드이다. 이 필드는 마스터 태스크가 전송(마스터 태스크만 전송 가능)하며, 슬레이브 태스크가 동기 필드를 준비할 수 있도록 한다.

(2) 동기 필드(SYNC Field)

슬레이브가 마스터 클럭과 동기를 맞추는데 필요한 신호가 포함된 필드이다. 슬레이브들은 이 신호를 이용하여 현재의 bit time을 측정하고, 슬레이브 내부의 baud rate을 다시 계산하여 동기를 맞추게 된다.

(3) 식별자 필드(ID Field)

메시지의 내용(메시지의 주소)과 길이에 대한 정보를 나타내는 필드로. 식별자 필드는 메시지의 목적지를 가리키는 것이 아니라 메시지 프레임의 내용을 설명하여, 궁극적으로 LIN 네트워크에서 어떤 노드가 이 메시지에 어떻게 반응할지(수신, 응답 전송, 무시)를 결정하는 필드이다.

[2] LIN 메시지 응답

(1) 데이터 필드(DATA Field)

데이터 필드는 8비트로 구성된 2~8개의 필드로 구성된다. 데이터 필드는헤더의 식별자에 응답하는 슬레이브 태스크에 의해 쓰여진다. 이때, 버스 중재가 없기 때문에 단 하나의 슬레이브 태스크만 각 식별자에 대해 응답할 수 있으며, 다른 모든 슬레이브 태스크는 응답을 읽는 것이 제한된다.

(2) 체크섬 필드(CHECKSUM Field)

모든 데이터 바이트(식별자를 포함하지 않은 데이터 프레임)의 modulo-256 합을 포함한다. 이를 이용하여 메시지의 유효성을 판단하게 된다.

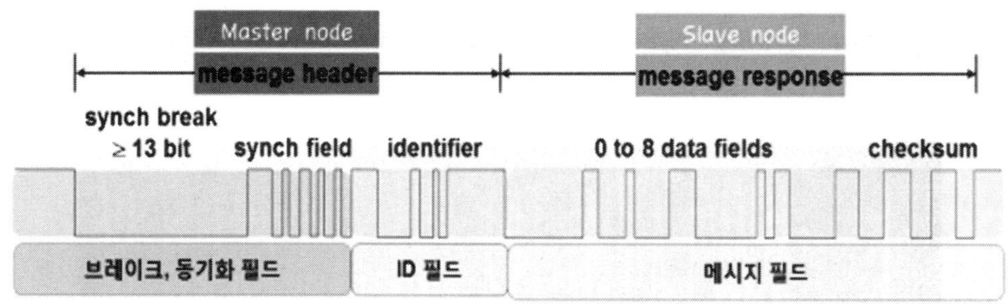

그림 15-36 LIN통신의 구조와 특성

5. 마스터 슬레이브 동작 과정 정리

LIN 네트워크는 마스터 슬레이브 구조로 동작하며, 마스터 노드의 마스터 태스크가 모든 LIN 네트워크 통신을 제어하고. 마스터와 슬레이브의 동작을 도식으로 표현한 그림이다.

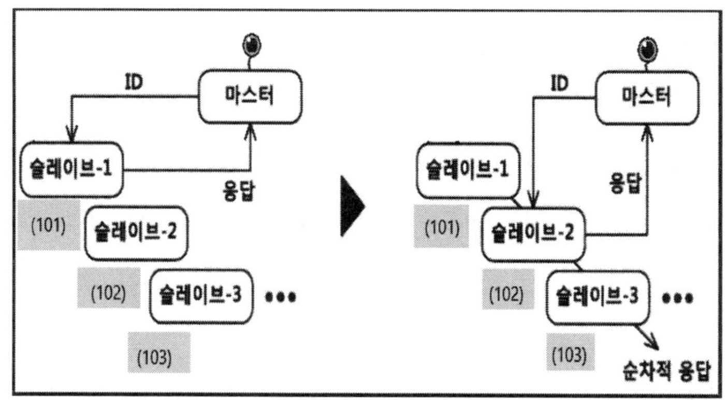

그림 15-37 마스터와 슬레이브의 동작

6. LIN 버스의 두가지 상태

LIN 버스는 두가지 상태(Sleep 모드, Active)를 가진다. 데이터가 버스에 있는 동안, 모든 노드는 Active 상태에 놓여진다. 그러나 특정 시간(4초 이상)동안 버스가 유휴상태이면, 불필요한 전력을 낭비하지 않기 위해 마스터에 의해 LIN 버스는 저전력 동작 모드(Sleep 모드)로 전환된다. 또한 LIN 2.0부터 마스터가 첫 번째 바이트가 0이고, 식별자(ID)가 0x3C인 진단 프레임을 전송하면 모든 슬레이브들은 자동으로 Sleep 모드로 전환된다.

이러한 진단 프레임을 go-to-sleep-command라 부른다. 이후 다시 데이터가 감지되면(WAKEUP 프레임이 LIN 버스에 전송되면) 다시 정상모드(Active)로 복귀한다.

WAKEUP 프레임은 Sleep 모드를 종료시키고 버스를 활성화시키기 위한 프레임이다. WAKEUP은 버스가 sleep 모드이고, 노드 내부적으로 WAKEUP에 대한 요청이 있을 때 버스의 모든 노드(마스터, 슬레이브)에 의해 전송될 수 있다.

15.6 CAN통신

1. CAN(Controller Area Network) 통신의 기능 및 필요성

자동차 ECU(엔진 ECU, 미션 ECU, ABS, Air-Bag, ETACS 등) 간의 정보 공유필하며 늘어나는 차량 Sensors의 공용화 필요성이 부각 되었으며 Noise가 많은 차량환경(주원인은 Spark)에 강인한 통신 필요하고 독립적인 성향의 ECU들 간의 Network 요구에 필요한 정보의 전달이 필요하다.

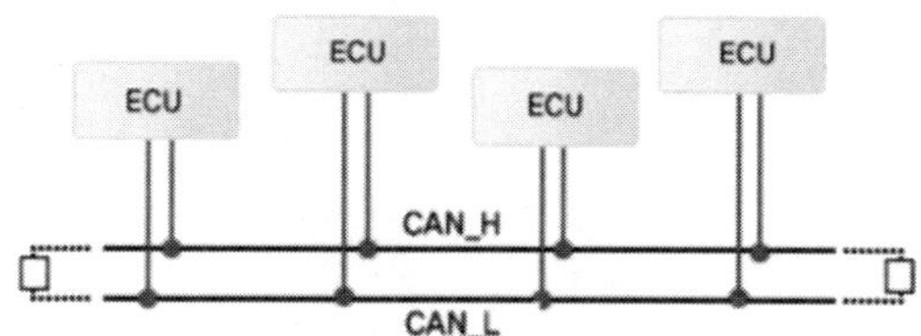

그림 15-38 반이중 통신(Half Duplex)방식

구분	LIN	CAN	FlexRay	MOST
응용분야	저속 통신시스템	소프트 실시간 sys	하드 실시간 sys	멀티미디어 sys
제어	싱글-마스터	멀티-마스터	멀티-마스터	타이밍-마스터
버스엑세스	폴링	CSMA/CD	TDMA/FTDMA	TDMA/CSMA
대폭역	19.6Kbit/s	500Kbit/s	10Kbit/s	24.8Kbit/s
프레임당 데이터바이트	0~8	0~8	0~254	0~60
잉여채널	지원 안됨	지원 안됨	2채널	지원 안됨
물리계측	전기통신(단선)	전기통신(twisted pair)	광통신, 전기통신	주로 광통신

그림 15-39 방식과 기술간 비교

다음은 CAN통신의 특징이다.

① Multi-Master 방식: 모든 CAN의 구성 모듈은 정보 메시지 전송에 자유 권한이 있다.
② 통신 중재: 메시지가 동시에 전송될 경우 중재 규칙에 의해 순서가 정해짐
③ 듀얼(Dual)와이어 접속 방식의 통신선으로 구성이 간편함

④ 고속 통신이 가능함
⑤ 신뢰성·안정성: 에러의 검출 및 처리 성능 우수
⑥ 통신 방식: 비 동기식 직렬 통신
⑦ Low Speed CAN: 125Kbps 이하, 바디 전장 계통의 데이터 통신에 응용
⑧ High Speed CAN: 125Kbps 이상, 실시간(Real Time) 제어에 응용(파워트레인, 섀시)

2. 비트(bit) 정보 인식

ΔV(High 라인과 Low 라인의 전압차이)의 값에 비트 정보 "0" 또는 "1"을 인식한다.

- bit "1" -> ΔV = Vcan_H - Vcan_ L) = 2.5V-2.5V = 0V(열세[Recessive] bit)
- bit "0" -> ΔV = Vcan_H - Vcan_ L) = 3.5V-1.5V = 2V(우세[Dominant] bit)

bit "1"과 bit "0"과 CAN 라인에서 충돌할 때에는 bit "0"이 Dominant(survival; 생존) bit이므로 "0"이 전송된다. 또한 데이터의 충돌을 방지하기 위해 각 메시지(massage)마다 우선 순위(priority)를 다음과 같이 정한다.

priority -> TCS massage > ECU massage > TCU massage

3. 데이터 프레임 구성

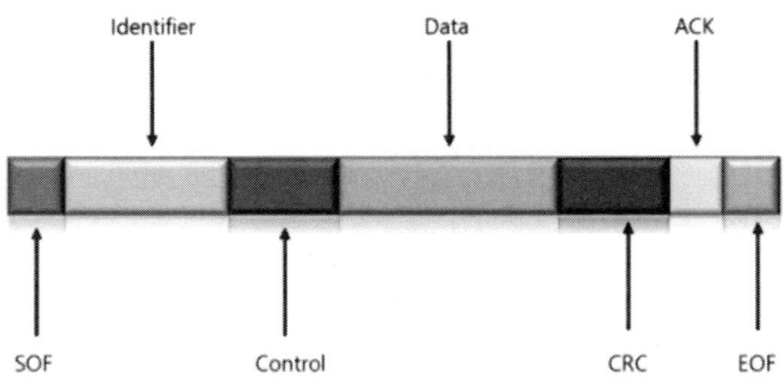

구성요소	SOF	Start of Frame. 노드간 동기화
	Identifier	표준 CAN(11bit), 확장 CAN(29bit)
	Control	데이터의 길이(Date Length Code)
	Data	전달 메시지 데이터
	CRC	프레임 송신 오류 검출 사용
	ACK	수신 확인 및 오류 검사 확인 비트
	EOF	End of Frame. 프레임 종료 의미

그림 15-39 CAN 프레임의 구성 및 요소(출처: 슈어소프트테크)

4. 점검방법

CAN 통신라인은 노드(모듈)들을 주선으로 연결하고 ECM과 클러스터 모듈에 각각 120Ω의 종단 저항을 설치하여 반사파 신호없이 일정하게 전류를 흘려 보낸다. 지선은 주선에 연결되는 보조 와이어링으로서 지선의 길이는 보통 1M이내이며, 주선의 길이는 보통 30M이내이다

아래 그림은 각 콘트롤러와 연결로 저항점검 방법 및 위치도 이다.

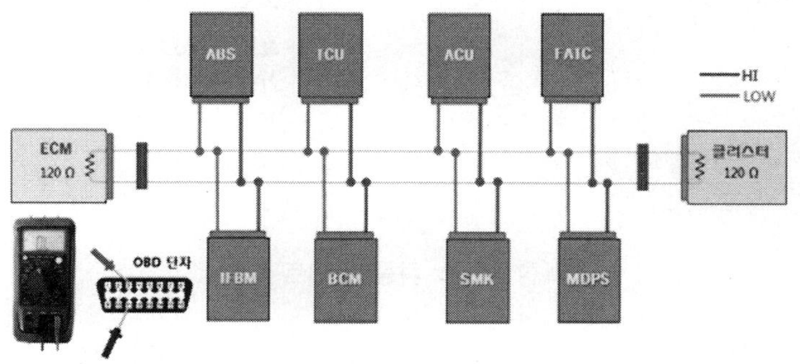

그림 15-40 CAN의 연결과 저항점검

15·7 자동차 네트워크

1, 개요

자동차에 사용하는 통신은 어떤 프로토콜, 즉 어떤 방법과 규칙을 사용하느냐에 따라 명칭과 특성이 달라지게 되지만, 정보공유라는 기본적인 목적은 같다. 자동차에는 대부분 CAN 통신이 사용되고 있다. 과거 자동차에는 여러 가지 필요와 목적에 의해 MUX(먹스) 통신, LIN 통신, LAN 통신과 같은 다양한 통신방식이 사용되었지만 현재는 대부분 CAN 통신이 사용되고 있습니다.

[1] CAN통신

CAN통신은 "Controller Area Network"의 약자로 1985년 로버트 보쉬사에서 최초로 차량용 네트워크 통신방식으로 개발하였고. 이 방식은 자동차의 전자화 및 시스템의 증가에 대응하고, 전기적 노이즈 발생이 많은 자동차 환경에서 신뢰성을 확보하기 위해 개발된 통식방식으로, 자동차용으로 개발되었으나, 현재는 산업 전반에 폭넓게 사용되고 있다.

CAN통신은 현재 1Mbps의 빠른 속도로 실시간 제어가 가능하며, 에러 검출 및 정정이 뛰어나고 다른 통식 방식에 비해 상대적으로 가격이 저렴하며 인터페이스가 단순하다는 장점을 가지고 있어 현재 많이 사용되고 있습니다. 하지만 자동차 시스템의 다양화로 컴퓨터 사용량이 증가함에 따라 1Mbps의 통신 속도도 부족해지는 등 새로운 통신에 대한 요구가 발생할 것입니다. 따라서 이를 보

완하기 위해 최고 10Mbps의 전송이 가능한 FlexRay 2세대와 같은 새로운 기술들이 개발될 것이며, 이러한 통신기술들은 향후 현재 사용하고 있는 CAN을 대체하게 될 것이다.

그림 15-41 자동차 네트워크

차량에서 무수히 많은 제어 장치들, 센서들과 엑츄에이터들 간의 데이터 교환은 주로 CAN(Controller Area Network)를 통해 이루어지며, 높은 대역폭을 필요로 하지 않거나 고성능이 필요하지 않은 간단한 통신의 경우(ex. 문, 지붕, 창문 등)에는 LIN(Local Interconnect Network)를 통해 이루어진다.

또한 차량들의 보다 높은 연결성과 편리성을 위해 제어 유닛들 간의 네트워크뿐만 아니라 무선데이터 서비스 장치들 간의 데이터 교환을 위한 다른 네트워크들의 장착이 꾸준히 증가하고 있다. 이러한 네트워크들은 대량 데이터의 신속한 교환에 맞게 설계가 된다.

제어 유닛들 간에 교환되는 데이터양이 점점 늘어남에 따라 시간당 전송되어야 할 데이터의 양이 증가하면서, 시간 결정과 오류 허용한계와 관련된 수요가 증대되었다. 이러한 수요를 만족시키기 위해 FlexRay 프로토콜이 개발되었다.

[2] FlexRay

FlexRay는 자동차 제조 및 부품업체가 협력하여 개발한 내고장성(fault tolerant) 고속의 버스 시스템으로 x-by-wire 애플리케이션을 위한 오류 허용성 및 시간 확정적인 성능을 제공하며, 고속의 데이터 전송이 가능하면서도 신뢰성이 있는 통신이 가능하기 때문에 고성능 파워트레인, 안전과 관련된 Drive-by-wire, 액티브 서스펜션, 적응 크루즈 컨트롤 등에 적용이 된다.

FlexRay는 CAN, 또는 LIN과 같이 버스형의 네트워크를 구성할 수도 있으며, 별모양의 네트워크를 구성할 수도 있다. 버스형의 경우에는 FlexRay통신 부품들이 케이블을 통해서 직접 연결이 된다. 그런데 CAN이나 LIN과는 다른 점이 있는데, 동일한 구성으로 버스 네트워크를 하나 더 만들 수 있다.

여분의 버스 네트워크를 통해서 얻을 수 있는 이점은 만약 한 버스 네트워크에 문제가 생기더라도, 다른 버스 네트워크를 이용해서 메시지를 전달할 수 있다는 점으로 일종의 백업을 위한 버스를 갖는 것이다.

FlexRay의 백업 버스 네트워크가 고장을 허용하지 않는 시스템에서 훌륭하게 사용될 수 있는데, 만약 데이터 전송의 신뢰성을 높이 요구하지 않는 곳에서는 백업 버스 네트워크를 이용해서 데이터 전송 속도를 2배 증가시킬 수 있다. 즉, 일종의 채널 묶음(channel aggregation)과 같은 효과를 낼 수 있다.

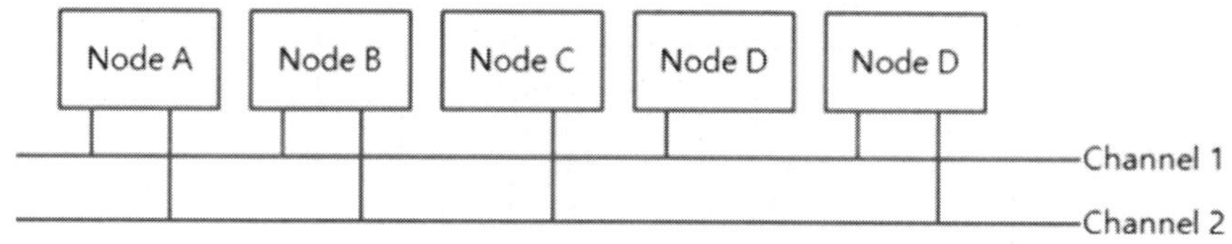

그림 15-42 FlexRay 네트워크(버스형)

별모양과 버스 형태를 혼합한 하이브리드 형태의 네트워크 구성도 가능한다.

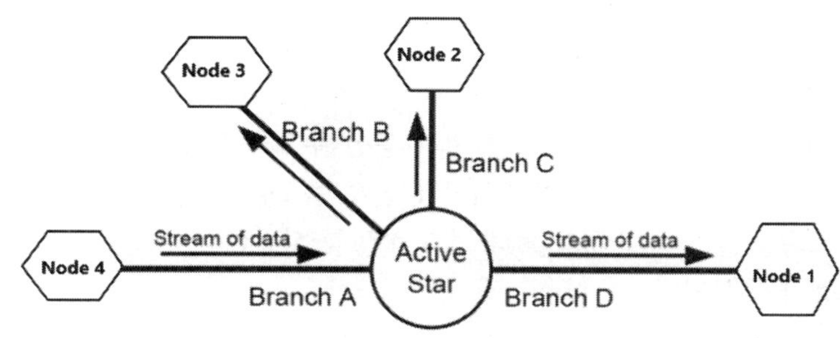

그림 15-43 FlexRay 네트워크(별형)

FlexRay는 두 개의 독립된 버스 네트워크를 갖는데, 각각의 라인은 최대 10Mbps속도로 데이터를 보낼 수 있다. 한편, 두 라인에 다른 정보를 실어 보낸다면 이론적으로 최대 20 Mbps속도로 데이터로 보낼 수 있으며, 데이터를 전송하는 방법에는 두 가지가 있는데, 하나는 시분할 방식에 의해서 정해진 자기 차례가 되면 데이터를 전송하는 방식이다.

이렇게 하면, 버스 시스템에서 서로 다른 ECU가 보낸 데이터가 충돌하는 경우도 없고, 또한 자신이 보낸 메시지가 언제쯤에 목적지에 도달하는지 정확히 알 수 있다. 이러한 이유로 인해 FlexRay는 시간이 결정적(deterministic)하다고 표현하며, 차량 네트워크을 통틀어서 FlexRay만이 갖는 유일한 특성이다. 이러한 특성은 타임 트리거드 프로토콜(TTP : Time Triggered Protocol)로 불리며 CAN과 같은 이벤트 트리거드 방식과는 구분이 된다.

한편, 이렇게 시분할 방식으로 데이터를 전송하는 부분을 정적(static) 할당 구간이라고 하고, 일반 CAN 버스처럼 아무도 사용하지 않는 경우를 살펴서 데이터를 전송하는 구간을 동적(dynamic)할당 구간이라고 한다. 한번의 커뮤니케이션 주기에는 정적 할당구간과 동적 할당 구간이 한번 씩 들어 있다.

FlexRay를 구성하는 ECU내부에는 전송할 데이터 및 전송 받은 데이터를 처리하는 호스트, FlexRay를 통해서 데이터를 내보거나 받는 역할을 하는 통신 컨트롤러(CC : Communication Controller), 그리고 자신에게 할당된 타임 슬롯을 찾아내서, 해당 구간에서만 데이터 전송이 일어나도록 감시하고 조정하는 버스 가디언(BG : Bus Guardian), 그리고 실제로 버스와 연결되어서 데이터를 전송하고 받는 버스 드라이버(BD:Bus Driver)로 구성이 된다.

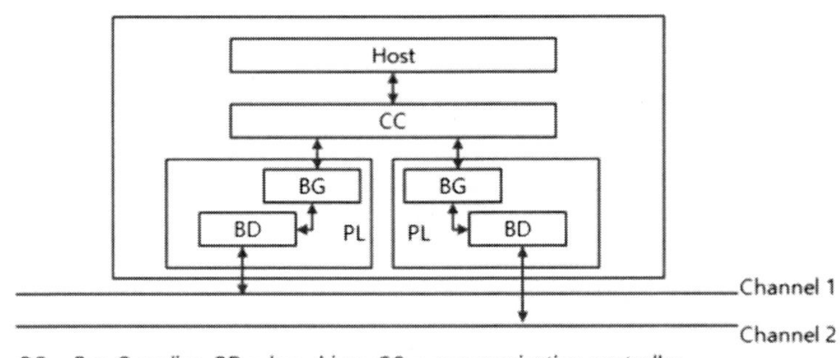

그림 15-44 FlexRay 시스템(출처: 위키미디어 김정섭 저서)

[3] CAN FD

CAN 버스의 최대 전송 속도인 1Mbps는 오늘날의 통신 수요를 맞추기에 턱없이 부족하다. 이러한 대역폭 문제를 위한 해결책 중 하나는 가변 데이터 전송 속도를 갖춘 CAN(CAN FD)을 이용하는 것이다. 향상된 CAN 프로토콜은 최대 8Mbps의 전송 속도를 지원한다. 이는 기존의 CAN에 비해 다음과 같이 두 가지기능이 개선되었다.

하나. 페이로드 데이터 바이트를 더 높은 비트 전송 속도로 전송된다. 최대 케이블 길이 등과 같은 CAN의 다른 특성들을 가급적 동일하게 유지하기 위해 CAN 메시지의 헤더와 트레일러는 정상적인 비트 전송 속도로 전송된다.

둘. CAN FD 메시지에는 한번에 최대 길이가 64바이트인 페이로드 데이터가 포함된다. 8배 빠른 비트 전송 속도가 사용되고 64 바이트인 페이로드 데이터가 전송되면, 전송 시간은 8 바이트인 페이로드 데이터를 전송하는 기존의 CAN 메시지와 비슷하다.

CAN FD 이용 시, 통신 매트릭스의 복잡성이 또 다시 많이 증가한다. 최대 8 배 증가된 메시지에서 효율적인 통신을 위해 네트워크 설계자는 반드시 신호들을 논리적으로 그룹화 시켜야 한다. 또한, 일부 시나리오에서는 사전에 CAN 용으로 정의한 PDU(Protocol Data Units)를 CAN FD에서도 사용할 수 있도록 요구한다. 이 경우 더 긴 길이의 페이로드 데이터의 장점이 없어지므로, 하나의 메시지로 다수의 PDU를 전송할 수 있는 n-PDU-프레임 매핑(n-PDU-to-frame mapping)을 이용한다.

그림 15-45의 CAN 버스 1과 CAN 버스 2 상의 각각의 ECU와 게이트웨이 자체는 CAN FD 버스를 통해 전송하게 될 PDU를 보낸다. 게이트웨이는 메시지 전송 시간까지 CAN FD 메시지에 PDU를 채운다. 각각의 PDU 앞부분에는 작은 헤더(header)를 부착되어 있어 수신기가 메시지에서 각각의 PDU를 추출할 수 있도록 지원한다.

이를 통해 게이트웨이는 더 이상 PDU 전송 순서에 신경을 쓰지 않고, 지정된 메시지 레이아웃을 유지하는 것과 같은 복잡한 업무를 구현할 수 있다. 뿐만 아니라 게이트웨이가 필요로 하는 자원의 요구도 가능한 줄일 수 있게 되었다.

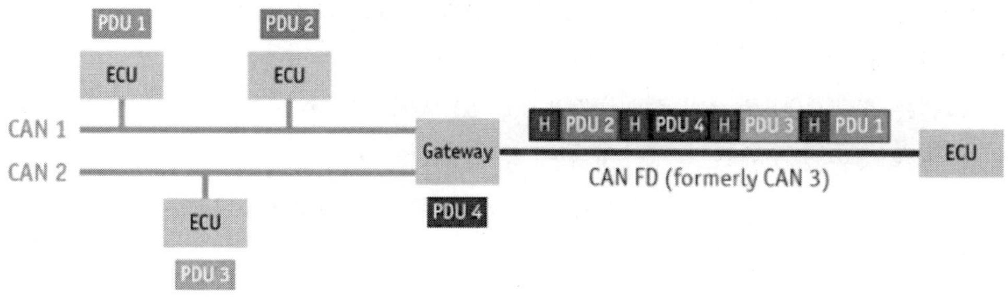

그림 15-45 CAN FD 계략도(출처: 백터 코리아)

[4] Ethernet

CAN과 비교할 때, Ethernet은 최대 페이로드의 데이터 길이가 185 배나 크다. 1500 바이트의 PDU 안에 수천 개의 신호를 삽입하는 기존의 정의는 실제로 현실성이 없다. 그러나 게이트웨이용으로 사용하는 경우 기존의 CAN 또는 FlexRay의 PDU(Protocol Data Units)를 Ethernet의 PDU와 1:1로 전송할 때 유리할 수 있다. CAN FD처럼 하나의 메시지에 다수의 PDU를 포함하여 전송하는 작업은 Ethernet에서도 변경 없이 사용할 수 있다.

CAN FD 및 FlexRay 와는 대조적으로, AUTOSAR에서는 Ethernet에 대해 두 가지의 동등한 접근 방식을 지정하고 있다. 첫번째 접근 방식은 CAN FD처럼 I-PDU 멀티플렉서에 내장된 n-PDU-프레임 매핑을 사용하는 것이다.

동일한 PDU 수집 알고리즘이 소켓 어댑터(Socket Adaptor) 모듈 내에 지정되어 있어 이를 통해 AUTOSAR 아키텍처의 나머지 부분과 TCP/IP 스택을 연결할 수 있다. 소켓 어댑터 사용 시, Ethernet 기반의 통신 수단에 대한 추가적인 제어가 가능하다. 페이로드 데이터 길이 이외에도, Ethernet은 네트워크 토폴로지 및 주소 지정(addressing) 측면에서 다른 네트워크 기술과 상당히 다르다.

그림 15-44. CAN은 기존의 버스 토폴로지(bus topology)를 이용하는 반면 FlexRay는 스타 토폴로지(star topology)를 이용해 물리적으로 구현되는데, 논리적 관점에서 볼 때, 이 또한 버스와 같은 방식으로 구현된다. 이 두 네트워크 기술 모두 노드(node)로 메시지를 발송한다.

각각의 네트워크 노드는 메시지가 노드에 적합한지, 그리고 이를 추가로 처리를 할 것인지에 대해 독립적으로 결정한다. 이러한 작업은 CAN의 경우 CAN ID를 통해, FlexRay의 경우 Slot ID를 통해 이루어진다. 두 경우 모두 ID는 메시지의 내용을 분류하는 데 사용된다.

하나의 메시지를 단지 한 대의 수신기로 선별적으로 발신할 수 있는 옵션은 없다. 따라서 CAN과 FlexRay는 전파 매체이다. Ethernet 또한 초기에는 일종의 버스 시스템이었다.

Ethernet용 케이블로는 동축 케이블과 T소자(T-element)가 사용되었다. 오늘날 대부분의 경우 Ethernet은 점대점(point-to-point) 접속 방식을 통해 충돌을 방지하고 트리 토폴로지(tree topology)를 이용한 능동적 교환(actively switched) 네트워크 방식이다.

그림 15-46은 스위치 두 대로 구성된 Ethernet 네트워크의 예를 보여준다. 첫 번째 스위치는 그림

위쪽의 ECU에 있으며, 두 번째 스위치는 라벨이 붙어있지 않은 ECU에 설치되어 있다. 채색된 부분은 병렬이며 네트워크에서 간섭을 받지 않는 통신 경로이다.

모든 접속 회선은 최대 100Mbps의 전이중(full-duplex) 데이터 전송을 지원한다. 그 결과, 100Mbps의 대역폭은 병렬 경로의 수만큼 늘어나게 된다.

Ethernet은 1:n(multicast)뿐만 아니라 1:전체(broadcast) 통신도 지원한다. 만약 이러한 주소 지정 방법을 잘 사용하지 못하면 Ethernet의 장점을 제대로 활용할 수 없다

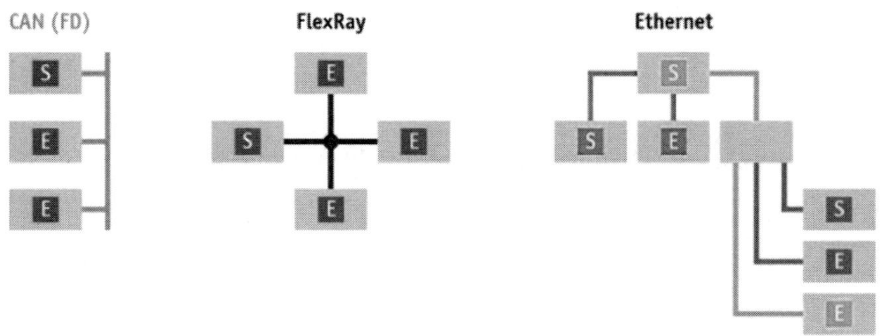

그림 15-46 통신별 비교(출처: Automobil Elektronik)

자동차 전기 전자 공학

지 은 이 | 박태화 · 송용식 · 이완재

펴 낸 이 | 김형근

펴 낸 곳 | 도서출판 기한재

주　　소 | 경기도 파주시 회동길 56
(파주출판도시)

전　　화 | 031)955-0900~2

팩　　스 | 031)955-0100

등　　록 | 1990년 3월 15일 제2-968호

발　　행 | 2023년 9월 20일 1판 2쇄

정　　가 | 25,000원

Published by Kihanjae Co.
ISBN 978-89-7018-807-2
http://www.kihanjae.com
E-mail : kihanjae@daum.net